大数据与人工智能技术丛书

MATLAB智能算法
应用及案例

李晓东 编著

清华大学出版社
北京

内 容 简 介

本书以MATLAB为平台，以人工智能算法为背景，全面详细地介绍了人工智能的各种新型算法。书中做到以理论为基础，以实际应用为主导，循序渐进地向读者展示怎样利用MATLAB人工智能算法解决实际问题。全书共分11章，主要包括MATLAB编程基础、MATLAB科学计算、计算机视觉在图像分割中的应用、机器视觉综合应用、MATLAB自组织神经网络、MATLAB神经网络的应用、MATLAB线性规划、MATLAB整数规划、现代智能优化及规划、经典控制系统设计、MATLAB控制系统的应用等内容。

本书可作为本科生和研究生的学习用书，也可作为科研人员、学者、工程技术人员的相关参考用书。

版权所有，侵权必究。举报：010-62782989，beiqinquan@tup.tsinghua.edu.cn。

图书在版编目（CIP）数据

MATLAB智能算法应用及案例/李晓东编著. -- 北京：清华大学出版社，2025.5. -- （大数据与人工智能技术丛书）. -- ISBN 978-7-302-69192-1

Ⅰ. TP317

中国国家版本馆CIP数据核字第2025GE1248号

责任编辑：黄　芝
封面设计：刘　键
责任校对：申晓焕
责任印制：刘海龙

出版发行：清华大学出版社
网　　址：https://www.tup.com.cn，https://www.wqxuetang.com
地　　址：北京清华大学学研大厦A座　　邮　　编：100084
社 总 机：010-83470000　　邮　　购：010-62786544
投稿与读者服务：010-62776969，c-service@tup.tsinghua.edu.cn
质量反馈：010-62772015，zhiliang@tup.tsinghua.edu.cn
课件下载：https://www.tup.com.cn，010-83470236

印 装 者：三河市人民印务有限公司
经　　销：全国新华书店
开　　本：185mm×260mm　　印　张：24　　字　数：618千字
版　　次：2025年7月第1版　　印　次：2025年7月第1次印刷
印　　数：1～2500
定　　价：99.80元

产品编号：106010-01

前　言

MATLAB是美国MathWorks公司出品的商业数学软件。MathWorks是为工程师和科学家提供数学计算和基于模型的设计的软件开发商和供应商，总部位于美国马萨诸塞州纳蒂克(Natick)。MathWorks公司拥有5000多名员工，在全球拥有33个办公地点，公司开发的MATLAB和Simulink在计算生物学、芯片设计、控制系统、图像处理与计算机视觉、数据科学、物联网、机器人、机器学习、信号处理、无线通信等领域均有广泛应用。MATLAB平台对解决工程和科学问题进行了优化，已成为国际公认的最优秀的科技应用软件之一。

在人工智能的研究领域中，智能计算是其重要的一个分支。智能计算也称计算智能或软计算，是受人类、生物界和有关学科内部规律的启迪，根据其原理模仿设计出来的求解问题的一类算法。智能计算所含算法的范围很广，主要包括神经网络、机器学习、智能控制、自动规划、机器视觉、模式识别、遗传算法、模糊计算、蚁群算法、人工鱼群算法、粒子群算法、免疫算法、禁忌搜索、进化算法、启发式算法、模拟退火算法、混合智能算法等各具特色的算法。这些算法有一个共同的特点，就是通过模仿人类智能或生物智能的某一个或某一些方面来模拟人类智能，依据生物智慧、自然界的规律等设计出最优算法，进行计算机程序化，以解决很广泛的一些实际问题。

本书具有如下特点。

1. 由浅入深，循序渐进

本书以MATLAB为平台，逐渐深入地介绍MATLAB软件，并在MATLAB上利用各种智能算法解决实际问题，让问题的解决变得简单、快捷。

2. 内容新颖，应用全面

本书结合智能算法的使用经验和实际领域的应用问题，将智能算法的原理及其MATLAB实现方法与技术详细地介绍给读者，让读者做到理论与实践相结合，学以致用。

3. 轻松易学，方便快捷

书中通过大量典型的应用来实操，在讲解过程中辅以相应的图片，使读者在阅读时一目了然，从而轻松快速掌握书中的内容。利用算法分析实际问题，可使读者在最短的时间内提升工作效率。

本书讲解了智能算法在MATLAB中的实现，全书共分11章，主要内容如下。

第1章主要介绍数据类型、基本运算、数组创建及运算、稀疏矩阵、单元数组、结构体、多项式及函数等内容。

第2章主要介绍程序结构、交互式命令、插值、回归分析、曲线拟合、傅里叶分析等内容。

第3章主要介绍边缘检测算子、边界跟踪、直线提取、基于阈值选取的图像分割法、区域生长与分裂合并、其他分割法等内容。

第4章主要介绍机器视觉在医学图像中的应用、在数字图像水印技术中的应用、在遥感图像处理中的应用、数字图像在神经网络识别中的应用等内容。

第5章主要介绍自组织特征映射网络、竞争型神经网络、自适应共振理论、学习矢量量化的神经网络、对向传播网络等内容。

第 6 章主要介绍人工神经网络、线性神经网络、感知器、BP 网络、回归神经网络、径向基网络等内容。

第 7 章主要介绍线性规划问题的形式、线性规划、线性规划的求解方法、线性规划的 MATLAB 实现、线性规划案例、线性规划的案例实现等内容。

第 8 章主要介绍求解整数规划、整数规划的理论分析、整数规划的应用、0-1 型整数规划等内容。

第 9 章主要介绍现代智能优化算法、求解现代智能优化问题、其他规划问题概述、其他规划问题的求解、求解其他规划问题等内容。

第 10 章主要介绍经典控制系统设计、控制系统的波特图设计、控制系统的根轨迹设计、PID 控制原理及 PID 控制器设计等内容。

第 11 章主要介绍控制系统的时域分析、控制系统模型、根轨迹分析、控制系统的频域分析、系统校正、极点配置设计方法等内容。

本书由佛山科学技术学院李晓东编写。

由于时间仓促,加之作者水平有限,书中错误和疏漏之处在所难免。在此,诚恳地期望得到各领域的专家和广大读者的批评指正。

作 者

2025 年 2 月

目　录

第 1 章　MATLAB 编程基础 ··· 1
　1.1　数据类型 ··· 1
　　　1.1.1　数值型数据 ·· 1
　　　1.1.2　字符串类型 ·· 5
　1.2　MATLAB 基本运算 ·· 9
　　　1.2.1　算术运算 ··· 9
　　　1.2.2　逻辑运算 ·· 11
　　　1.2.3　关系运算 ·· 12
　1.3　数组的创建及其运算 ··· 13
　　　1.3.1　数组的创建 ··· 13
　　　1.3.2　数组指数、对数及开方运算 ·· 17
　　　1.3.3　数组的操作 ··· 17
　1.4　稀疏矩阵 ·· 19
　1.5　单元数组 ·· 22
　　　1.5.1　单元数组的创建 ··· 23
　　　1.5.2　单元数组的显示 ··· 24
　　　1.5.3　单元数组的操作 ··· 24
　1.6　结构体 ··· 26
　　　1.6.1　创建结构体 ··· 26
　　　1.6.2　操作结构体 ··· 27
　1.7　多项式及其函数 ··· 29
　　　1.7.1　多项式的运算 ·· 30
　　　1.7.2　多项式的展开 ·· 33
　　　1.7.3　多项式的拟合 ·· 34

第 2 章　MATLAB 科学计算 ·· 36
　2.1　MATLAB 程序结构 ·· 36
　　　2.1.1　顺序结构 ·· 36
　　　2.1.2　循环结构 ·· 37
　　　2.1.3　选择结构 ·· 39
　　　2.1.4　分支语句 ·· 42
　　　2.1.5　错误控制结构 ·· 44
　2.2　交互式命令 ··· 45
　2.3　插值 ·· 51
　　　2.3.1　一维插值 ·· 51
　　　2.3.2　二维插值 ·· 53

2.3.3 插值方法 ·· 55
2.4 回归分析 ·· 55
2.4.1 问题概述 ·· 56
2.4.2 线性回归分析 ··· 56
2.4.3 多分量回归分析 ·· 58
2.5 曲线拟合 ·· 59
2.5.1 多项式拟合 ··· 60
2.5.2 线性最小二乘拟合 ·· 63
2.5.3 交互式曲线拟合工具 ··· 65
2.6 傅里叶分析 ··· 68
2.6.1 傅里叶变换及逆变换 ··· 69
2.6.2 傅里叶的幅度与相位 ··· 70
2.6.3 傅里叶变换应用实例 ··· 72

第3章 计算机视觉在图像分割中的应用 ·· 76
3.1 边缘检测算子 ·· 76
3.1.1 Roberts 边缘算子 ·· 78
3.1.2 Sobel 边缘算子 ··· 79
3.1.3 Prewitt 边缘算子 ··· 80
3.1.4 LoG 边缘算子 ··· 82
3.1.5 零交叉方法 ··· 84
3.1.6 Canny 边缘算子 ·· 85
3.1.7 各种边缘检测算子的比较 ·· 86
3.2 边界跟踪 ·· 87
3.2.1 跟踪的基本原理 ·· 87
3.2.2 边界跟踪的 MATLAB 实现 ·· 88
3.3 直线提取 ·· 91
3.3.1 Hough 检测直线的基本原理 ··· 91
3.3.2 Hough 检测直线的 MATLAB 实现 ·· 91
3.4 基于阈值选取的图像分割法 ·· 94
3.4.1 双峰法 ·· 94
3.4.2 迭代法 ·· 94
3.4.3 大津法 ·· 97
3.4.4 分水岭算法 ··· 98
3.5 区域生长与分裂合并 ··· 101
3.5.1 区域生长 ·· 101
3.5.2 区域分裂与合并 ·· 104
3.5.3 四叉树分割 ··· 105
3.6 其他分割法 ··· 108
3.6.1 彩色图像的分割 ·· 109
3.6.2 彩色图像分割的 MATLAB 实现 ··· 111

第4章 机器视觉综合应用 113
4.1 机器视觉在医学图像中的应用 113
4.1.1 医学图像基本概述 113
4.1.2 医学图像的灰度变换 114
4.1.3 高频强调滤波和直方图均衡化 118
4.2 机器视觉在数字图像水印技术中的应用 120
4.2.1 数字图像水印技术概述 120
4.2.2 数字图像水印技术的实现 123
4.3 机器视觉在遥感图像处理中的应用 125
4.3.1 遥感基本概述 125
4.3.2 遥感图像对直方图进行匹配处理 126
4.3.3 对遥感图像进行增强处理 129
4.3.4 对遥感图像进行融合 133
4.4 数字图像在神经网络识别中的应用 135

第5章 MATLAB 自组织神经网络 139
5.1 自组织特征映射网络 139
5.1.1 特征映射网络的模型 139
5.1.2 自组织特征映射网络的学习 140
5.1.3 特征映射网络的人口分类 141
5.2 竞争型神经网络 144
5.2.1 竞争型神经网络模型 144
5.2.2 竞争型神经网络的学习 145
5.2.3 竞争型神经网络存在的问题 146
5.2.4 竞争型神经网络的 MATLAB 实现 146
5.3 自适应共振理论 149
5.3.1 自适应共振理论模型 149
5.3.2 自适应共振理论的学习 150
5.3.3 自适应共振理论的 MATLAB 实现 151
5.4 学习矢量量化的神经网络 153
5.4.1 矢量量化的神经网络模型 153
5.4.2 矢量量化的神经网络学习 154
5.4.3 LVQ1 学习算法的改进 154
5.4.4 LVQ 神经网络的 MATLAB 实现 155
5.5 对向传播网络 158
5.5.1 对向传播网络简介 158
5.5.2 对向传播网络的 MATLAB 实现 160

第6章 MATLAB 神经网络的应用 165
6.1 人工神经网络 165
6.2 线性神经网络 166
6.2.1 线性神经网络的原理 166
6.2.2 线性神经网络的相关函数 166

6.2.3　线性神经网络的 MATLAB 实现 ……………………………………………… 168
6.3　感知器 …………………………………………………………………………………… 170
　　6.3.1　感知器的原理 …………………………………………………………………… 170
　　6.3.2　感知器的相关函数 ……………………………………………………………… 171
　　6.3.3　感知器的 MATLAB 实现 ……………………………………………………… 173
6.4　BP 网络 ………………………………………………………………………………… 175
　　6.4.1　BP 网络的原理 ………………………………………………………………… 176
　　6.4.2　BP 网络的相关函数 …………………………………………………………… 176
　　6.4.3　BP 网络的 MATLAB 实现 …………………………………………………… 184
6.5　回归神经网络 …………………………………………………………………………… 185
　　6.5.1　回归神经网络的相关函数 ……………………………………………………… 186
　　6.5.2　回归神经网络的 MATLAB 实现 ……………………………………………… 187
6.6　径向基网络 ……………………………………………………………………………… 189
　　6.6.1　径向基网络的原理 ……………………………………………………………… 189
　　6.6.2　径向基网络的相关函数 ………………………………………………………… 190
　　6.6.3　径向基网络的应用示例 ………………………………………………………… 193

第 7 章　MATLAB 线性规划 …………………………………………………………… 195

7.1　线性规划问题的形式 …………………………………………………………………… 195
　　7.1.1　一般标准型 ……………………………………………………………………… 195
　　7.1.2　矩阵标准型 ……………………………………………………………………… 196
　　7.1.3　向量标准型 ……………………………………………………………………… 196
　　7.1.4　非标准型的标准化 ……………………………………………………………… 196
7.2　线性规划 ………………………………………………………………………………… 197
7.3　线性规划的求解方法 …………………………………………………………………… 198
7.4　线性规划的 MATLAB 实现 …………………………………………………………… 203
　　7.4.1　MATLAB 的标准形式 ………………………………………………………… 203
　　7.4.2　MATLAB 的函数应用 ………………………………………………………… 204
7.5　线性规划案例 …………………………………………………………………………… 208
　　7.5.1　生产计划安排中的应用 ………………………………………………………… 208
　　7.5.2　如何配料 ………………………………………………………………………… 209
　　7.5.3　投资组合 ………………………………………………………………………… 210
　　7.5.4　投资组合方案 …………………………………………………………………… 212
　　7.5.5　人员计划安排 …………………………………………………………………… 214
　　7.5.6　运算问题中的应用 ……………………………………………………………… 216
　　7.5.7　绝对值问题 ……………………………………………………………………… 218
7.6　线性规划的案例实现 …………………………………………………………………… 220
　　7.6.1　问题概述 ………………………………………………………………………… 220
　　7.6.2　贪心法 …………………………………………………………………………… 220
　　7.6.3　穷举法 …………………………………………………………………………… 222

第 8 章　MATLAB 整数规划 …………………………………………………………… 224

8.1　求解整数规划 …………………………………………………………………………… 224

         8.1.1　整数规划求解分析 ································· 224
         8.1.2　整数规划的 MATLAB 实现 ······················· 226
   8.2　整数规划的理论分析 ·· 230
         8.2.1　典型整数规划 ····································· 230
         8.2.2　整数规划案例分析 ································· 234
   8.3　整数规划的应用 ·· 236
         8.3.1　生产计划问题 ····································· 236
         8.3.2　排班问题 ··· 238
         8.3.3　资金分配问题 ····································· 240
         8.3.4　选课问题 ··· 241
         8.3.5　背包问题 ··· 243
         8.3.6　指派问题 ··· 246
         8.3.7　投资项目选择问题 ································· 248
   8.4　0-1 型整数规划 ·· 250
         8.4.1　0-1 型整数规划理论 ······························· 250
         8.4.2　用 MATLAB 求解 0-1 型整数规划 ················· 253

第 9 章　现代智能优化及规划 ··· 257
   9.1　现代智能优化算法 ·· 257
         9.1.1　遗传算法 ··· 257
         9.1.2　模拟退火算法 ····································· 260
         9.1.3　禁忌搜索算法 ····································· 261
   9.2　现代智能优化问题的 MATLAB 实现 ··························· 263
         9.2.1　遗传算法的 MATLAB 实现 ························· 263
         9.2.2　模拟退火算法的 MATLAB 实现 ···················· 268
   9.3　其他规划问题概述 ·· 272
         9.3.1　二次规划问题概述 ································· 272
         9.3.2　多目标规划问题概述 ······························· 272
         9.3.3　最大最小化问题概述 ······························· 273
         9.3.4　"半无限"多元问题概述 ···························· 273
         9.3.5　动态规划问题概述 ································· 273
   9.4　其他规划问题的求解 ·· 275
         9.4.1　求解二次规划问题法 ······························· 275
         9.4.2　求解多目标规划问题法 ····························· 278
         9.4.3　求解动态规划问题法 ······························· 281
   9.5　MATLAB 求解其他规划问题 ··································· 286
         9.5.1　MATLAB 求解二次规划问题 ······················· 287
         9.5.2　MATLAB 求解多目标规划问题 ····················· 290
         9.5.3　MATLAB 求解最大最小化问题 ····················· 296
         9.5.4　MATLAB 求解"半无限"多元问题 ·················· 300
   9.6　综合实例——绘制帐篷 ······································· 302

第 10 章 经典控制系统设计 ... 306
10.1 经典控制系统设计概述 ... 306
10.2 控制系统的波特图设计 ... 307
10.2.1 波特图超前校正设计 ... 307
10.2.2 波特图滞后校正设计 ... 310
10.2.3 波特图滞后-超前校正设计 ... 315
10.3 控制系统的根轨迹设计 ... 319
10.3.1 根轨迹超前校正设计 ... 320
10.3.2 根轨迹滞后校正设计 ... 327
10.4 PID 控制原理及 PID 控制器设计 ... 331
10.4.1 PID 控制原理 ... 332
10.4.2 PID 控制器设计 ... 334

第 11 章 MATLAB 控制系统的应用 ... 342
11.1 控制系统的时域分析 ... 342
11.1.1 时域分析的一般方法 ... 342
11.1.2 常用时域分析函数 ... 345
11.1.3 时域分析应用示例 ... 348
11.2 控制系统模型 ... 349
11.2.1 控制系统的描述与 LTI 对象 ... 349
11.2.2 典型系统的生成 ... 351
11.2.3 连续系统与采样系统之间的转换 ... 353
11.3 根轨迹分析 ... 354
11.3.1 模条件和角条件 ... 354
11.3.2 绘制根轨迹的规则 ... 355
11.3.3 根轨迹的应用示例 ... 356
11.4 控制系统的频域分析 ... 359
11.4.1 幅相频率特性 ... 359
11.4.2 对数频率特性 ... 361
11.4.3 对数幅相特性 ... 363
11.5 系统校正 ... 364
11.5.1 串联超前校正 ... 364
11.5.2 串联滞后校正 ... 367
11.5.3 串联滞后-超前校正 ... 368
11.6 极点配置设计方法 ... 371
11.6.1 Gura-Bass 算法 ... 371
11.6.2 Ackermann 配置算法 ... 372

参考文献 ... 374

第 1 章

MATLAB编程基础

数值计算是MATLAB中最重要、最有特色的功能之一。MATLAB强大的数值计算功能使其成为诸多数学计算软件中的佼佼者，同时其也是MATLAB软件的基础。而数组和矩阵是数值计算的最基本运算单元，在MATLAB中，向量可看作一维数组，而矩阵则可看作二维数组。数组和矩阵在形式上没有区别，但二者的运算性质却有很大的不同，数组运算强调的是元素对元素的运算，而矩阵运算则采用线性代数的运算方式。

1.1 数据类型

MATLAB的基本数据单位是矩阵，而MATLAB数据类型的最大特点是每一种类型都以数组为基础。

数据类型是掌握任何一门编程语言都必须首先了解的内容。MATLAB R2011a的数据类型主要有逻辑、数值、字符串、矩阵、元胞、Java、函数句柄、稀疏以及结构等。数值型又分为单精度型、双精度型以及整数型。而整数类型里又分为无符号类型（uint8、uint16、uint32、uint64）和符号类型（int8、int16、int32、int64）两种，它们间的层次关系如图1-1所示。在MATLAB中，所有的数据不管属于什么类型，都是以数组或矩阵的形式保存的。

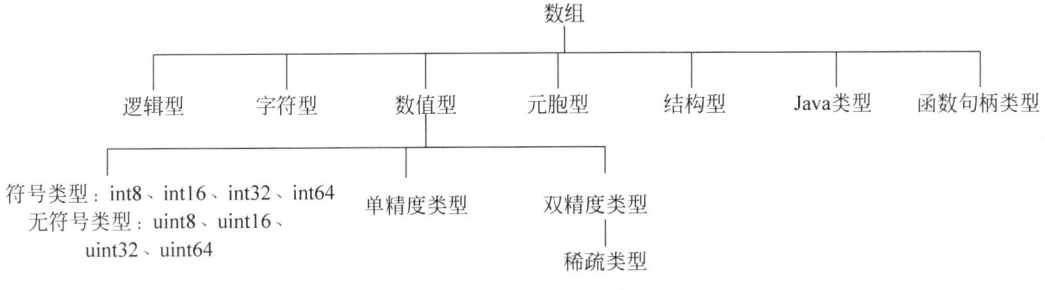

图1-1 数据类型的层次结构图

1.1.1 数值型数据

数值类型包括整数型（有符号和无符号）和浮点数（单精度和双精度）两种。在默认状态下，MATLAB将所有的数据看作是双精度的浮点数；双精度浮点数以64位存储，f为52位存储；e为11位存储；数的符号为1位存储。指数以e+1023位存储。IEEE标准在64位中存储了65位的信息。所有的数值类型都支持基本的数组运算。除int64和uint64外所有的数值类型都可应用于数学运算。

1. 整数类型

有符号整数和无符号整数的不同在于前者必须有一位来表示符号位,而后者则不需要。因此,有符号整数不仅可以表示正整数和零,还可以表示负整数,而无符号整数只能表示正整数和零。表1-1列出了各种整数类型的名称及其表示的数据范围以及相应的转换函数。对于一个整数,MATLAB支持多种整数存储方式,这与各种整数类型的存储范围有关。以整数100为例,其可以用整数类型中的任何一种类型存储,但用户可以根据需要,选择最适合其的存储类型int8,即单字节无符号整数类型存储。这样选择的好处是可以尽量节省内存空间,以便提高程序调用和运算速度。

表1-1 MATLAB中的整数类型

整 数 类 型	数 值 范 围	转 换 函 数
有符号8位整数	$-2^7 \sim 2^7-1$	int8
无符号8位整数	$0 \sim 2^8-1$	uint8
有符号16位整数	$-2^{15} \sim 2^{15}-1$	int16
无符号16位整数	$0 \sim 2^{16}-1$	uint16
有符号32位整数	$-2^{31} \sim 2^{31}-1$	int32
无符号32位整数	$0 \sim 2^{32}-1$	uint32
有符号64位整数	$-2^{63} \sim 2^{63}-1$	int64
无符号64位整数	$0 \sim 2^{64}-1$	uint64

不同的整数类型所占用的位数不同,因此所能表示的数值范围不同,在实际应用中,应该根据需要的数据范围选择合适的整数类型。有符号的整数类型拿出一位用来表示正负号,因此表示的数值范围和相应的无符号整数类型不同。

由于MATLAB中数值的默认存储类型是双精度浮点类型,因此,必须通过表1-1中列出的转换函数将双精度浮点数值转换成指定的整数类型。在转换过程中,MATLAB默认将待转换数值转换为最接近的整数,如果小数部分正好为0.5,那么MATLAB转换后的结果是绝对值较大的那个整数。另外,应用这些转换函数也可以将其他类型转换成指定的整数类型。

【例1-1】 通过转换函数创建整数类型。

```
>> clear all;                   % 清除MATLAB原空间的变量
a = 19; b = 11.264; c = -25.39;
A = int8(a)                     % 将double型的a强制转换成int8型
A =
    19
>> B = int16(b)
B =
    11
>> C = int32(c)
C =
    -25
>> str = 'Mathwork～～～!!'
str =
Mathwork～～～!!
>> D = int8(str)                % 将字符串型的变量强制转换成int8型
D =
  77  97  116  104  119  111  114  107  126  126  126  33  33
>> whos                         % 查看各变量的类型
  Name      Size              Bytes  Class     Attributes
```

```
A       1x1              1  int8
B       1x1              2  int16
C       1x1              4  int32
D       1x13            13  int8
a       1x1              8  double
b       1x1              8  double
c       1x1              8  double
str     1x13            26  char
```

MATLAB中还有多种取整函数，可以用不同的策略把浮点小数转换成整数，如表1-2所示。

表1-2 MATLAB中的取整函数

函　　数	说　　明	举　　例
round(a)	向最接近的整数取整，小数部分是0.5则向绝对值大的方向取整	round(4.29)的结果为4 round(4.5)的结果为5 round(−4.5)的结果为−5
fix(a)	向0取整	fix(4.3)的结果为4 fix(4.5)的结果为4 fix(−4.5)的结果为−4
floor(a)	向不大于a的最接近整数取整	floor(4.3)的结果为4 floor(4.5)的结果为4 floor(−4.5)的结果为−5
ceil(a)	向不小于a的最接近整数取整	ceil(4.3)的结果为5 ceil(4.5)的结果为5 ceil(−4.5)的结果为−4

整数类型参与的数学运算与MATLAB中默认的双精度浮点运算不同。当两种相同的整数类型进行运算时，结果仍然是这种整数类型；当一个整数类型数值与一个双精度浮点类型数值进行数学运算时，计算结果是这种整数类型，取整采用默认的四舍五入（round）方式。需要注意的是，两种不同的整数类型之间不能进行数学运算，除非提前进行强制转换。

【例1-2】 数据的取整。

```
>> clear all;
>> a = [-1.9, -0.2, 3.4, 5.6, 7, 2.4];
>> A = round(a)
A =
    -2     0     3     6     7     2
>> B = ceil(a)
B =
    -1     0     4     6     7     3
>> C = fix(a)
C =
    -1     0     3     5     7     2
>> D = floor(a)
D =
    -2    -1     3     5     7     2
```

2. 浮点数类型

MATLAB中提供了单精度浮点数类型和双精度浮点数类型，它们在存储位宽、各数据位的用处、表示的数值范围、数值精度等方面都不相同，如表1-3所示。

表 1-3 MATLAB 的单精度浮点数和双精度浮点数的比较

浮点类型	存储位宽	各数据位的用处	数值范围	转换函数
双精度	64	0~51 位表示小数部分 52~62 位表示指数部分 63 位表示符号(0 为正,1 为负)	$-1.79769e+308 \sim 2.22507e-308$ $2.22507e-308 \sim 1.79769e+308$	double
单精度	32	0~2 位表示小数部分 23~30 位表示指数部分 31 位表示无符号(0 为正,1 为负)	$-3.40282e+038 \sim -1.17549e-0.8$ $1.17549e-38 \sim 3.40282e+038$	single

从表 1-3 可看出,存储单精度浮点类型所用的位数较少,因此内存占用上开支小,但从各数据位的用处来看,单精度浮点数能够表示的数值范围和数值精度都比双精度小。

MATLAB 中默认的数据类型为双精度浮点类型。

【例 1-3】 浮点数据转换函数演示。

```
>> clear all;
>> a = 6.398;
>> A = single(a)           % 把 double 型的变量强制转换为 single 型并赋值给 A
A =
    6.3980
>> b = uint32(10056);
>> B = double(b)
B =
    10056
>> whos
  Name      Size            Bytes  Class     Attributes
  A         1x1                 4  single
  B         1x1                 8  double
  a         1x1                 8  double
  b         1x1                 4  uint32
```

双精度浮点数参与运算时,返回值的类型依赖于参与运算中的其他数据类型。

双精度浮点数与逻辑型、字符型进行运算时,返回结果为双精度浮点类型;而与整数型进行运算时返回的结果为相应的整数类型,与单精度浮点型运算时返回单精度浮点型。

单精度浮点型与逻辑型、字符型和任何浮点型进行运算时,返回结果都是单精度浮点型。需要注意的是,单精度浮点型不能和整数型进行算术运算。

【例 1-4】 浮点型参与的运算。

```
>> clear all;
>> a = uint16(256);b = single(32.548);z = 120.19;
>> A = a * b
??? Error using ==> times
Integers can only be combined with integers of the same class, or scalar doubles.
>> B = a * z
B =
   30769
>> C = b * z
C =
   3.9119e + 003
>> str = 'MATLAB~~';
>> STR1 = str - 32
```

```
STR1 =
    45    33    52    44    33    34    94    94
>> whos
  Name      Size              Bytes  Class     Attributes
  B         1x1                   2  uint16
  C         1x1                   4  single
  STR1      1x8                  64  double
  a         1x1                   2  uint16
  b         1x1                   4  single
  str       1x8                  16  char
  z         1x1                   8  double
```

3. 复数

复数由两个独立部分,即实部和虚部组成。虚部的基本单位为$\sqrt{-1}$,在 MATLAB 中常用字母 i 和 j 表示。

【例 1-5】 复数的创建。

```
>> a = rand(3) * 5;           % 复数的创建
>> b = magic(3) - 2;
>> z = complex(a,b)
z =
   4.0736 + 6.0000i   4.5669 - 1.0000i   1.3925 + 4.0000i
   4.5290 + 1.0000i   3.1618 + 3.0000i   2.7344 + 5.0000i
   0.6349 + 2.0000i   0.4877 + 7.0000i   4.7875
```

4. 无穷大和 NaN

在 MATLAB 中,用特别的值 inf、-inf 和 NaN 分别表示正无穷大、负无穷大和不确定值。

【例 1-6】 无穷大和 NaN 实例。

```
>> a = log(0)           % 负无穷大
a =
   -Inf
>> b = 1/0              % 正无穷大
b =
   Inf
>> c = 8i/0             % 不确定值
c =
    0 +   Infi
>> whos
  Name      Size              Bytes  Class     Attributes
  a         1x1                   8  double
  b         1x1                   8  double
  c         1x1                  16  double    complex
```

1.1.2 字符串类型

尽管 MATLAB 的主要运算对象是数值数组,但在实际运用中也会经常需要处理字符串对象,因此在 MATLAB 中也提供了字符串数组相关操作的函数。

1. 字符串的创建

创建字符串有以下两种方式。

(1) 字符串的生成方式。

字符串要用单引号生成,字符串可以有多行,但每行必须有相同的列数。如果像普通矩阵一样中间加逗号或空格,则默认为一个字符串。须注意的是,在字符数组中是要计算空格的,它的每个字符(包括空格)都是字符数组的一个元素,可使用 size 命令来查看字符数组的维数。一对单引号作为一个字符。字符串数组可采用直接输入法创建,也可使用 char 函数创建,可使用 cellstr 函数创建字符串单元数组,使用 class 函数查看其类型。

(2) 字符串的合并。

在 MATLAB 中提供了 strcat 函数用于在水平方向上连接字符串,值得注意的是,函数 strcat 在合并字符串的同时会把字符串结尾的空格删除,要保留这些空格,可使用矩阵合并符 [ ] 来实现字符串的完全合并。

也可使用 strcat 函数实现字符串的垂直合并,且行间的默认长度相同,以最长的为准,不够长度的自动补空格。如果采用[;]形式垂直连接,两个字符串必须要有相同的长度。

【例 1-7】 字符串的创建及合并。

```
>> a = {'abcde', 'fghi'}
a =
    'abcde'    'fghi'
>> a1 = {'abcde'; 'fghi'}
a1 =
    'abcde'
    'fghi'
>> size(a)
ans =
    1    2
>> b = char('Tt','is','MATLAB')
b =
Tt
is
MATLAB
>> c = cellstr(b)
c =
    'Tt'
    'is'
    'MATLAB'
>> d = {'jkl',    'mn'};
>> s = strcat(a,d)              %水平方向合并
s =
    'abcdejkl'    'fghimn'
>> s1 = [a,b]                   %水平方向合并
s1 =
    'abcde'    'fghi'    [3x6 char]
```

2. 字符串的读取

在 MATLAB 中可利用数组操作工具进行读取,可使用 disp 函数显示字符串,如果要读取字符串中的某些元素,可使用位置参照指定输出字符串的位置。

【例 1-8】 查看字符串。

```
>> a = 'first string   matrix second';
>> disp(a)            %显示字符串
first string   matrix second
```

```
>> a(4)
ans = s
>> a(2:3)
ans = ir
>> a(6:-1:4)
ans = ts
>> a([6:-1:4])
ans = ts
```

3. 字符串的查找与替换

在 MATLAB 中提供了 findstr 函数及 strfind 函数用于查找字符串。其调用格式为：

k = findstr(str1,str2)：根据所给字符串中的字符来查找字符串，当查找成功后返回第一个相同字符的具体位置。str1 和 str2 的位置可调换，不管 str1 还是 str2 都可以是被查找的对象，即在长的字符串中查找短的字符串。

k = strfind(str,pattern)：根据所给的字符串中的字符来查找字符串，当查找成功后返回第一个相同字符的具体位置。str 和 pattern 的位置不可以调换，只能在 text 中查找 pattern。当 pattern 的长度大于 text 时返回[ ]。

在 MATLAB 中提供了 strrep 函数用于实现字符串的替换。其调用格式为：

modifiedStr = strrep(origStr,oldSubstr,newSubstr)：把字符串 origStr 中的 oldSubstr 子串都换成字符串 newSubstr，并返回置换后的新字符串。当 origStr、oldSubstr、newSubstr 都为单元型变量时，命令返回一个与 origStr、oldSubstr、newSubstr 相同型号的单元型变量，此时要保证 origStr、oldSubstr、newSubstr 的类型相同。origStr、oldSubstr、newSubstr 可以不都是单元型数组。

【例 1-9】 字符串的查找与替换演示。

```
>> s = 'Find the starting indices of the shorter string.';
findstr(s, 'the')            % 在字串 s 中查找'the'
ans =
     6    30
>> findstr('the', s)
ans =                        % 查找 s 中的字符串'the'
     6    30
>> strfind(s,'s')            % 查找 s 中的字符's'
ans =
    10   25   34   42
>> strrep(s,'Find','FIND')   % 把字符中的 Find 替换成 FIND
ans =
FIND the starting indices of the shorter string.
>> x = strmatch('max', char('max', 'minimax', 'maximum'))
x =
     1
     3
```

4. 字符串的比较

字符串的比较有两种方式，一种为字符串的相等判断，另一种为字符串的比较。

(1) 字符串的相等判断。

MATLAB 中提供了若干函数用于对字符串进行相等判断。其调用格式如下。

TF = strcmp(string,string)：用来比较两个字符串是否相等，相等返回 1，不相等返回 0。

TF = strncmp(string,string,n)：用来比较两个输入字符串的前几个字符是否相等，相等返回 1，不相等返回 0。

TF = strcmpi(string,string)：用来比较两个字符串是否相等，忽略字符串的大小写，相等返回 1，不相等返回 0。

TF = strncmpi(string,string,n)：用来比较两个输入字符串的前几个字符是否相等，忽略字符串的大小写，相等返回 1，不相等返回 0。

（2）字符串的比较。

MATLAB 中使用关系运算符对字符串进行比较，这种运算是对字符的 ASCII 码进行比较，符合的返回 1，不符合的返回 0。

（3）字符串的判断。

在 MATLAB 中提供两个字符串判断命令。

tf = isletter('str')：判断字符 s 是否为字母字符，是即返回 1，不是即返回 0。

isspace(str)：判断字符串 str 是否为空字符，是即返回 1，不是即返回 0。

【例 1-10】 字符串的比较。

```
>> A = {'Handle Graphics', 'Statistics';   ...
    ' Toolboxes', 'MathWorks'};
B = {'Handle Graphics', 'Signal Processing';   ...
    'Toolboxes', 'MATHWORKS'};
match = strcmp(A, B)
match =
     1     0
     0     0
match = strcmpi(A, B)
match =
     1     0
     0     1
>> function_list = {'calendar' 'case' 'camdolly' 'circshift'...
                    'caxis' 'Camtarget' 'cast' 'camorbit'...
                    'callib' 'cart2sph'};
strncmpi(function_list, 'CAM', 3)
ans =
     0   0   1   0   0   1   0   1   0   0
>> f2 = isletter(A)
>> a = 'A1,B2,C3';
isletter(a)
ans =
     1   0   0   1   0   0   1   0
```

5. 字符串与数值的转换

MATLAB 中支持字符串与数值间的转换。实现将数值转换为字符串的函数如表 1-4 所示。实现将字符串转化为数值的函数如表 1-5 所示。

表 1-4 MATLAB 中数值转换为字符串的函数

函 数 名 称	描　　述
char	把一个数值截取小数部分，然后转换为等值的字符
int2str	把一个数值小数部分四舍五入，然后转换为字符串
num2str	把一个数值类型的数据转换为字符串
mat2str	把一个数值类型的数据转换为字符串，返回 MATLAB 能识别的格式
dec2hex	把一个正整数转换为十六进制的字符串表示

续表

函数名称	描述
dec2bin	把一个正整数转换为二进制的字符串表示
dec2base	把一个正整数转换为任意进制的字符串表示

表 1-5　MATLAB 中字符串转换为数值的函数

函数名称	描述
uintN	把字符串转换为等值的数值
str2num	把一个字符串转换为数值类型
str2double	把一个字符串转换为数值类型，同时提供对单元字符数组的支持
hex2num	把一个 IEEE 格式的十六进制的字符串转换为数值类型
hex2dec	把一个 IEEE 格式的十六进制的字符串转换为整数
bin2dec	把一个二进制字符串转换为十进制整数
base2dc	把一个任意进制字符串转换为十进制整数

【例 1-11】 使用字符串数值转换功能。

```
>> A = randn(2,2);
precision = 3;
str = num2str(A,precision)
str =
2.77     3.03
-1.35    0.725
>> t = int2str(A)
t =
3  3
-1  1
>> class(A)
ans =
double
>> str2num('2 4 6 8')
ans =
     2    4    6    8
>> str = mat2str(ans)
str =
[2 4 6 8]
```

1.2　MATLAB 基本运算

MATLAB 具有非常强大的运算功能。

1.2.1　算术运算

MATLAB 提供了许多算术运算符，算术运算符用于实现算术运算功能，它们用法和功能如表 1-6 所示。

表 1-6　MATLAB 算术运算符用法和功能

运算符	用法	描述
+	A+B	加法或一元运算符正号。A+B 把矩阵 A 和 B 相加。A 和 B 须是具有相同长度的矩阵，除非它们之一为标量。标量可以与任何一个矩阵相加

续表

运算符	用法	描述
−	A−B	减法或一元运算符负号。A−B 把矩阵 A 减去 B。A 和 B 须是具有相同长度的矩阵,除非它们之一为标量。标量可以被任何一个矩阵减去
.*	A.*B	元素相乘。A.*B 相当于 A 和 B 对应的元素相乘。对于非标量的矩阵 A 和 B,矩阵 A 的列长度必须和矩阵 B 的行长度一致
./	A./B	元素的右除法。矩阵 A 除以矩阵 B 的对应元素,即等于 A(i,j)/B(i,j)。对于非标量的矩阵 A 和 B,矩阵 A 的列长度必须与矩阵 B 的行长度一致
.\	A.\B	元素的左除法。矩阵 B 除以矩阵 A 的对应元素,即等于 B(i,j)/A(i,j)。对于非标量的矩阵 A 和 B,矩阵 A 的列长度必须与矩阵 B 的行长度相等
.^	A.^2	元素的乘方。等于[A(i,j)^B(i,j)],对于非标量的矩阵 A 和 B,矩阵 A 的列长度必须和矩阵 B 的行长度相等
.'	A.'	矩阵转置。当矩阵为复数时,不求矩阵的共轭
*	A*B	矩阵乘法。对于非标量的矩阵 A 和 B,矩阵 A 的列长度必须和矩阵 B 的行长度一致。一个标量可以与任何一个矩阵相乘
/	A/B	矩阵右除法。粗略地相当于 B*inv(A),准确地说相当于(A'\B'),方程 X*A=B 的解
\	A\B	矩阵左除法。粗略地相当于 inv(A)*B,方程 A*X=B 的解
^	A^B	矩阵乘方
'	A'	矩阵转置。当矩阵为复数时,求矩阵的共轭转置

补充以下几点说明:
- 当 A 和 B 都是标量时,表示标量 A 的 B 次方幂。
- 当 A 为方阵,B 为正整数时,表示矩阵 A 的 B 次乘积。
- B 为负整数时,表示矩阵 A 的逆的 B 次乘积。
- 当 B 为非整数时,其表达式有 A^B=V×$\begin{bmatrix} \lambda_1^B & & \\ & \ddots & \\ & & \lambda_n^B \end{bmatrix}$/V,其中 λ_i^B 为方阵的特征值,V 为对应的特征向量矩阵。
- A 为标量,B 为方阵时,其表达式有 A^B=V×$\begin{bmatrix} A^{\lambda_1} & & \\ & \ddots & \\ & & A^{\lambda_n} \end{bmatrix}$/V,其中 A^{λ_i} 为方阵的特征值,V 为对应的特征向量矩阵。
- 当 A 和 B 都为矩阵时,此运算无定义。

MATLAB 的数学运算不但支持双精度类型的运算,还增加了对单精度类型、1 字节无符号整数、1 字节有符号整数、2 字节无符号整数、2 字节有符号整数、4 字节无符号整数、4 字节有符号整数运算的支持。

【例 1-12】 MATLAB 的算术运算。

```
>> clear all;
a = [5 9;3 2];
b = [4 7;2 8];
a + b                           % 矩阵加法
ans =
```

```
          9    16
          5    10
>> a - b          %矩阵减法
ans =
          1     2
          1    -6
>> a * b          %矩阵乘法
ans =
         38   107
         16    37
>> a.*b
ans =
         20    63
          6    16
>> a/b            %矩阵右除法
ans =
     1.2222    0.0556
     1.1111   -0.7222
>> a./b
ans =
     1.2500    1.2857
     1.5000    0.2500
>> a^2
ans =
         52    63
         21    31
>> a.^2
ans =
         25    81
          9     4
```

从以上结果看出,对加减运算来说,只有数组间的运算,但对于乘除运算,是否带有点运算是很重要的,在编程过程中需要注意点运算的使用。

1.2.2 逻辑运算

在 MATLAB 中逻辑运算主要包括比特方式逻辑运算符及短路方式逻辑运算符。

1. 比特方式逻辑运算符

比特方式逻辑运算符对操作数的每一个比特位进行逻辑操作,其用法与说明如表 1-7 所示。比特方式逻辑运算符接收逻辑类型和非负整数变量的输入。

表 1-7 比特方式逻辑运算符及说明

函 数 名	说 明
bitand	位与。返回两个非负整数的对应位做与操作
bitor	位或。返回两个非负整数的对应位做或操作
bitcmp	补码。返回 n 位整数表示的补码
bitxor	位异或。返回两个非负整数的对应位做异或操作

2. 短路方式逻辑运算符

MATLAB 的短路方式逻辑运算符用法和说明如表 1-8 所示。

表 1-8　短路方式逻辑运算符及说明

运　算　符	说　　明
&&	逻辑与。两个操作数同时为 1,运算结果为 1,否则为 0
||	逻辑或。两个操作数同时为 0,运算结果为 0,否则为 1

【例 1-13】 逻辑运算实例。

```
>> A = uint8([0 1; 0 1]);
B = uint8([0 0; 1 1]);
>> T1 = bitand(A,B)
T1 =
     0    0
     0    1
>> T2 = bitor(A,B)
T2 =
     0    1
     1    1
>> T3 = bitxor(A,B)
T3 =
     0    1
     1    0
```

1.2.3　关系运算

MATLAB 提供了 6 种关系运算,其结果返回值为 1 或 0,以此来表示运算关系是否成立,当成立时,返回值为 1,否则返回值为 0。关系运算符如表 1-9 所示。

表 1-9　MATLAB 语言的关系运算符

关系运算符	说　　明	对应的函数
==	等于	eq(A,B)
~=	不等于	ne(A,B)
<	小于	lt(A,B)
>	大于	gt(A,B)
<=	小于或等于	le(A,B)
>=	大于或等于	ge(A,B)

【例 1-14】 使用关系运算符对矩阵 A、B 进行比较。

```
>> A = [4 -2 3]; B = [4 5 -4];
>> A < B
ans =
     0    1    0
>> A > B
ans =
     0    0    1
>> A <= B
ans =
     1    1    0
>> A >= B
ans =
     1    0    1
>> A ~= B
ans =
     0    1    1
```

```
>> A == B
ans =
     1     0     0
```

在这个例子中,读者应当注意,"=="和"="在 MATLAB 中具有完全不同的意义。"=="是用来比较两个变量,当它们相等时,返回值为 1,不相等时,返回值为 0;而"="表示将运算的结果赋给一个变量。

1.3 数组的创建及其运算

数组是 MATLAB 进行计算和处理的核心内容之一,出于快速计算的需要,MATLAB 总把数组看作存储和运算的基本单元,标量数据也被看作 1×1 的数组。

1.3.1 数组的创建

MATLAB 提供了各种数组的创建方法,MATLAB 的数值计算更加灵活和方便。数组的创建和操作是 MATLAB 运算和操作的基础,针对不同维数的数组,MATLAB 提供了不同的数组创建方法。

1. 一维数组的创建

在 MATLAB 中,实现一维数组的创建有如下几种方法。

- 直接输入法:一维数组的创建可直接在方括号内输入数据,通过空格或逗号进行元素间的分隔。
- 步长生成法:利用 first:increment:last 来创建等差数组。a=(first:increment:last),first 为数组的第一个值,last 为数组的最后一个值,increment 为增量。
- 等间距显性生成法:利用 MATLAB 函数 lnspace(firstvalue,lastvalue,number)来创建数组,形成一个等差数值关系的数组,firstvalue 为数组的第一个值,lastvalue 为数组的最后一个值,number 为数组个数。
- 等比对数生成法:利用 logspace(firstvalue,lastvalue,number)函数创建一个对数分隔的数组,形成一个等比数列关系的数组,数值从 10 的 firstvalue 次幂到 10 的 lastvalue 次幂。

一维数组可以是一个行向量,也可以是一列多行的列向量。在定义的过程中,如果元素间通过分号分隔,那么生成的向量是列向量;而通过空格或逗号分隔元素生成的为行向量,行向量与列向量间可通过转置操作来进行相互间的转换。需注意的是,如果一维数组的元素为复数,即经过转置后的一维数组为复数的共轭转置结果,而点转置则不进行共轭计算。

【例 1-15】 一维数组的创建。

```
>> a = [1 5 9 3 7 5]
a =
     1     5     9     3     7     5
>> b = 2:1:6
b =
     2     3     4     5     6
>> c = linspace(1,7,4)
c =
     1     3     5     7
>> d = logspace(0,3,4)
```

```
d =
         1        10       100      1000
>> e = [1 - i, 2 + i]
e =
   1.0000 - 1.0000i   2.0000 + 1.0000i
>> e'
ans =
   1.0000 + 1.0000i
   2.0000 - 1.0000i
>> e.'
ans =
   1.0000 - 1.0000i
   2.0000 + 1.0000i
```

2. 二维数组的创建

在 MATLAB 中实现二维数组的创建,有以下几种方法。

- 直接输入二维数组的元素来创建,此时,二维数组的行和列可以通过一维数组的方式来创建,不同行间的数据可通过分号进行分隔,同一行中的元素可通过逗号或空格来进行分隔。
- 通过 MATLAB Workspace 中的 New Variable 命令创建二维数组,创建完成后系统在工作空间的变量列表中出现新的矩阵变量,用户可改变该变量的名称,双击该变量进行编辑或创建。
- 对于大规模的数据,可通过数据表格方式来输入,此时可单击 MATLAB 中的 Import Data,选择已编写好的矩阵数据文件导入到工作空间中。

【例 1-16】 二维数组的创建。

```
>> a = [1 5 9;3 4 7;1 5 9]
a =
     1     5     9
     3     4     7
     1     5     9
>> b = [1 2;3 4;5 6]
b =
     1     2
     3     4
     5     6
>> c = [1,7;2,5,9;3,6]
Error using vertcat
CAT arguments dimensions are not consistent.
```

3. 特殊矩阵的创建

有一类具有特殊形式的矩阵称为特殊矩阵。常见的特殊矩阵有零矩阵、全 1 矩阵、单位矩阵等,这类特殊矩阵在应用中具有通用性;还有一类特殊矩阵在专门学科中得到了应用,如有名的希尔伯特(Hilbert)矩阵、范德蒙德(Vandermonde)矩阵等。其创建的函数如表 1-10 所示。

表 1-10 特殊矩阵函数

函　　数	说　　明
ones	建立一个全 1 的矩阵或数组
zeros	建立一个全 0 的矩阵或数组

续表

函　　数	说　　明
eye	建立一个矩阵,对角线元素是1,其他位置是0
magic	建立一个魔方矩阵,它的行、列及对角线元素之和相等
rand	建立一个随机数均匀分布的矩阵或数组
randn	建立一个随机数正常分布的矩阵或数组
hilbert	建立一个希尔伯特矩阵
vander	建立一个范德蒙德矩阵
toeplitz	建立一个特普利茨矩阵
compan	建立一个伴随矩阵
pascal	建立一个帕斯卡矩阵

【例1-17】 创建特殊矩阵。

```
>> eye(2)
ans =
     1     0
     0     1
>> eye(2,4)
ans =
     1     0     0     0
     0     1     0     0
>> magic(3)
ans =
     8     1     6
     3     5     7
     4     9     2
>> rand(3)
ans =
     0.8147    0.9134    0.2785
     0.9058    0.6324    0.5469
     0.1270    0.0975    0.9575
>> randn(3)
ans =
     2.7694     0.7254    -0.2050
    -1.3499    -0.0631    -0.1241
     3.0349     0.7147     1.4897
>> ones(3)
ans =
     1     1     1
     1     1     1
     1     1     1
>> zeros(2,4)
ans =
     0     0     0     0
     0     0     0     0
```

4. 三维数组的创建

在MATLAB中创建三维数组,有以下几种方法。
- 直接创建法,在生成过程中,可选择使用MATLAB提供的一些内置函数来创建三维数组,如zeros、ones、randn、rand函数等。
- 通过直接索引的方法进行三维数组的创建。
- 使用MATLAB内置函数reshape和rempat将二维数组转换为三维数组。

- 使用 cat 函数将低维数组转换为高维数组。

【例 1-18】 三维数组的创建。

```
>> a = rand(3,4,2)
a(:,:,1) =
    0.7922    0.0357    0.6787    0.3922
    0.9595    0.8491    0.7577    0.6555
    0.6557    0.9340    0.7431    0.1712
a(:,:,2) =
    0.7060    0.0462    0.6948    0.0344
    0.0318    0.0971    0.3171    0.4387
    0.2769    0.8235    0.9502    0.3816
>> b = eye(2,3)
b =
    1    0    0
    0    1    0
>> b(:,:,2) = ones(2,3)
b(:,:,1) =
    1    0    0
    0    1    0
b(:,:,2) =
    1    1    1
    1    1    1
>> b(:,:,3) = 4
b(:,:,1) =
    1    0    0
    0    1    0
b(:,:,2) =
    1    1    1
    1    1    1
b(:,:,3) =
    4    4    4
    4    4    4
>> c = reshape(b,2,9)
c =
    1    0    0    1    1    1    4    4    4
    0    1    0    1    1    1    4    4    4
>> c = reshape(b,3,6)
c =
    1    1    1    1    4    4
    0    0    1    1    4    4
    0    0    1    1    4    4
>> d = reshape(c,2,3,3)
d(:,:,1) =
    1    0    0
    0    1    0
d(:,:,2) =
    1    1    1
    1    1    1
d(:,:,3) =
    4    4    4
    4    4    4
>> A = magic(3)
A =
    8    1    6
```

```
          3      5      7
          4      9      2
>> B = pascal(3)
B =
          1      1      1
          1      2      3
          1      3      6
C = cat(4, A, B)
C(:,:,1,1) =
          8      1      6
          3      5      7
          4      9      2
C(:,:,1,2) =
          1      1      1
          1      2      3
          1      3      6
```

1.3.2 数组指数、对数及开方运算

由于在 MATLAB 中，数组的运算实质上是数组内部每个元素的运算，因此数组的指数运算、对数运算与开方运算与标量的运算完全一样，运算函数分别为 exp、log、sqrt 等。

【例 1-19】 对创建的数组进行指数、对数及开方运算。

```
>> A = magic(3)                    % 创建 3 阶魔方矩阵
A =
          8      1      6
          3      5      7
          4      9      2
>> exp(A)                          % 指数运算
ans =
   1.0e + 03 *
     2.9810      0.0027      0.4034
     0.0201      0.1484      1.0966
     0.0546      8.1031      0.0074
>> log(A)                          % 对数运算
ans =
     2.0794           0      1.7918
     1.0986      1.6094      1.9459
     1.3863      2.1972      0.6931
>> sqrt(A)                         % 开方运算

ans =
     2.8284      1.0000      2.4495
     1.7321      2.2361      2.6458
     2.0000      3.0000      1.4142
```

1.3.3 数组的操作

数组中的操作包括数组索引、寻址，以及数组排序等。

1. 索引与寻址

数组中包含多个元素，在对数组的单个元素或多个元素进行访问时，需要对数组进行寻址操作。MATLAB 提供了强大的功能函数，可用于确定所需数组元素的地址，然后可以插入、

提取和重排数组的子集,这些寻址方法如表1-11所示。

表 1-11 MATLAB 数组寻址方法

寻 址 方 法	描　　述
A(r,c)	用定义的r和c索引向量来寻址A的子数组
A(r,:)	用r向量定义的行与其他所有的列得到A的子数组
A(:,c)	用c向量定义的列与其他所有的行得到A的子数组
A(:)	得到A中所有元素生成的子数组,按列优先排列
A(x)	寻址数组A中第x个元素

常用的各索引的功能说明如下。

x(n):用于查询x数组的第n个元素。

x(2:4):用于查询x数组的第2到第4个元素。

x(4:end):用于查询x数组的第4到最后1个元素。

x(3:-1:1):用于查询x数组的第3、2、1个元素。

x(find(x<n)):用于查询x数组小于n的元素。

x([4 2 5]):用于查询x数组的第4、2、5个元素。

x(n)=A:将x数组的第n个元素赋值为A。

A(2,3):查询数组A的第2行,第3列的元素。

A(3,:):查询数组A的第3行所有的元素。

(A(:,2))':查询数组A的第2列转置后所有的元素。

max(A):查询A数组各列的最大值。

min(A):查询A数组各列的最小值。

【例 1-20】 数组的寻址操作效果。

```
>> a=[1 5 9 7 3 51 45 0 2];
>> a(3)
ans =
     9
>> a(2:5)
ans =
     5     9     7     3
>> a(4:end)
ans =
     7     3    51    45     0     2
>> a(4:-1:3)
ans =
     7     9
>> a(find(a<5))
ans =
     1     3     0     2
>> b=[1 3 5 7;4 5 9 10;3 11 77 54]
b =
     1     3     5     7
     4     5     9    10
     3    11    77    54
>> b(2,4)
ans =
    10
>> b(2,:)
```

```
ans =
     4     5     9    10
>> b(:,2)
ans =
     3
     5
    11
>> max(b)
ans =
     4    11    77    54
>> min(b)
ans =
     1     3     5     7
```

2．排序

排序是数组操作的一个重要方面。MATLAB 提供了 sort 函数用于进行数组排序。其调用格式为：

B＝sort(A)：将数组 A 中的元素按照升序排列。

当 A 为多维数组时，即将 A 中各列元素按照升序排列。

当 A 为一个字符型单元数组时，即将 A 中的元素按 ASCII 码升序排列。

当 A 为复数时，即按照各元素的模升序排列。

B＝sort(…,mode)：mode 决定排序方式，当 mode＝ascend 时，即按升序排列，当 mode＝descend 时，即按降序排列，B 与 A 保持相同的阶数。

【例 1-21】 对创建的数组进行排序显示。

```
>> A = [ 3 7 5;6 8 3;0 4 2]
A =
     3     7     5
     6     8     3
     0     4     2
>> sort(A,'descend')
ans =
     6     8     5
     3     7     3
     0     4     2
>> sort(A(:,2))
ans =
     4
     7
     8
>> sort(A,2)
ans =
     3     5     7
     3     6     8
     0     2     4
```

1.4 稀疏矩阵

对于一个用矩阵描述的线性方程组来说，n 个未知数的问题就涉及一个 n×n 的方程组。存储这个方程组就需要 n^2 个字的内存和正比于 n^3 的计算时间。这样，解上百阶、上千阶的方程就不是那么容易处理。幸运的是,大多数情况下,一个未知数只与数量不多的其他变量有关,即关系矩阵是稀疏的。

稀疏矩阵及其算法,就是不存储那些"0"元素,也不对它们进行操作,从而节省内存和计算时间。稀疏矩阵计算的复杂性和代价仅仅取决于稀疏矩阵的非零元素数目,而与该稀疏矩阵的总元素数目无关。

1. 稀疏矩阵的创建

在 MATLAB 中提供了若干函数实现稀疏矩阵的创建,下面分别给予介绍。

(1) sparse 函数。

在 MATLAB 中提供了 sparse 函数用于生成一个稀疏矩阵。其调用格式如下。

S=sparse(A):将矩阵 A 转换为稀疏矩阵形式,即由 A 的非零元素与下标构成稀疏矩阵 S。若 A 本身为稀疏矩阵,则返回 A 本身。

S=sparse(i,j,s,m,n,nzmax):生成一个 m×n 的含有 nzmax 个非零元素的稀疏矩阵 S,nzmax 的值必须大于或者等于向量 i 与 j 的长度。

S=sparse(i,j,s,m,n):生成一个 m×n 的稀疏矩阵,(i,j)对应位置元素为 si,m=max(i)且 n=max(j)。

S=sparse(i,j,s):生成一个由长度相同的向量 i,j 与 s 定义的稀疏矩阵 S,其中 i,j 为整数向量,定义稀疏矩阵的元素位置(i,j),s 是一个标量或与 i,j 长度相同的向量,表示在(i,j)位置上的元素。

S=sparse(m,n):生成一个 m×n 的所有元素都为 0 的稀疏矩阵。

(2) speye 函数。

该函数用于创建单位稀疏矩阵。其调用格式如下。

S=speye(m,n):生成 m×n 的单位稀疏矩阵。

S=speye(n):生成 n×n 的单位稀疏矩阵。

(3) sprand 函数。

该函数用于创建均匀分布的随机稀疏矩阵。其调用格式如下。

R=sprand(S):生成与 S 具有相同稀疏结构的均匀分布随机矩阵。

R=sprand(m,n,density):生成一个 m×n 的服从均匀分布的随机稀疏矩阵,非零元素的分布密度为 density。

R=sprand(m,n,density,rc):生成一个近似的条件数为 1/rc,大小为 m×n 的均匀分布的随机稀疏矩阵。

(4) sprandn 函数。

该函数用于创建稀疏正态分布随机矩阵。其调用格式如下。

R=sprandn(S):生成与 S 具有相同稀疏结构的正态分布随机矩阵。

R=sprandn(m,n,density):生成一个 m×n 的服从正态分布的随机稀疏矩阵,非零元素的分布密度为 density。

R=sprandn(m,n,density,rc):生成一个近似的条件数为 1/rc,大小为 m×n 的均匀分布的随机稀疏矩阵。

(5) sprandsym 函数。

该函数用于创建对称随机稀疏矩阵。其调用格式如下。

R=sprandsym(S):生成稀疏对称随机矩阵,其下三角和对角线与 S 具有相同的结构,其元素服从均值为 0、方差为 1 的标准正态分布。

R=sprandsym(n,density)：生成 n×n 的稀疏对称随机矩阵,矩阵元素服从正态分布,分布密度为 density。

R=sprandsym(n,density,rc)：生成近似条件数为 1/rc 的稀疏对称随机矩阵。

R=sprandsym(n,density,rc,kind)：生成一个正定矩阵,kind=1 表示矩阵由一正定对角矩阵经随机 Jacobi 旋转得到,其条件数正好为 1/rc；kind=2 表示矩阵为外积的换位和,其条件数近似等于 1/rc；kind=3 表示生成一个与矩阵 S 结构相同的稀疏随机矩阵,条件数近似为 1/rc,density 被忽略。

(6) spdiags 函数。

该函数用于创建对角稀疏矩阵。其调用格式如下。

B=spdiags(A)：从矩阵 A 中提取所有非零对角元素,这些元素保存在矩阵 B 中。

[B,d]=spdiags(A)：向量 d 表示非零元素的对角线位置。

B=spdiags(A,d)：从 A 中提取由 d 指定的对角线元素,并存放在 B 中。

A=spdiags(B,d,A)：用 B 中的列替换 A 中由 d 指定的对角线元素,输出稀疏矩阵。

A=spdiags(B,d,m,n)：矩阵 B 的每一列代表矩阵的对角线向量；d 代表对角线的位置(0 代表主对角线,-1 代表向下位移一个单位的次对角线,1 代表向上位移一个单位的次对角线,以此类推)；m,n 分别代表矩阵的行、列维数。

注意：在 MATLAB 中提供了 full 函数用于将稀疏矩阵的存储方式转换为全元素形式。

【例 1-22】 稀疏矩阵的创建实例。

```
>> clear
>> s = sparse([3,2,3,2],[5,1,4,3],[8,6,7,9],3,5)    %稀疏矩阵的创建
s =
   (2,1)        6
   (2,3)        9
   (3,4)        7
   (3,5)        8
>> T = full(s)         %将稀疏矩阵转换为全矩阵
T =
     0     0     0     0     0
     6     0     9     0     0
     0     0     0     7     8
>> A = [11    0    13    0;0    22    0    24;0    0    33    0;
        41    0    0    44;0    52    0    0;0    0    63    0;0    0    0    74]
A =
    11     0    13     0
     0    22     0    24
     0     0    33     0
    41     0     0    44
     0    52     0     0
     0     0    63     0
     0     0     0    74
>> B = spdiags(A)
B =
    41    11     0
    52    22     0
    63    33    13
    74    44    24
>> whos            %查看稀疏矩阵与全矩阵的大小
  Name      Size            Bytes  Class     Attributes
  A         7x4               224  double
```

B	4x3	96	double	
T	3x5	120	double	
s	3x5	72	double	sparse

2. 图形化形式显示稀疏矩阵

在 MATLAB 中提供了查看稀疏矩阵的图形化命令 spy，其调用格式如下。

spy(S)：画出稀疏矩阵 S 中非零元素的分布图形，S 可以为全元素矩阵。

spy(S,markersize)：画出稀疏矩阵 S 中非零元素的分布图形，markersize 为整数，指定点阵大小。

spy(S,'LineSpec')：画出稀疏矩阵 S 中非零元素的分布图形，LineSpec 指定绘图标记和颜色。

spy(S,'LineSpec',markersize)：画出稀疏矩阵 S 中非零元素的分布图形，LineSpec 指定绘图标记和颜色，markersize 指定点阵的大小。

【例 1-23】 查看稀疏矩阵的图形化信息。

```
>> clear all;
A = bucky;
B = A^2;
C = A^4;
D = A^6;
subplot(2,2,1);spy(A);
subplot(2,2,2);spy(B);
subplot(2,2,3);spy(C);
subplot(2,2,4);spy(D);
```

运行程序，效果如图 1-2 所示。

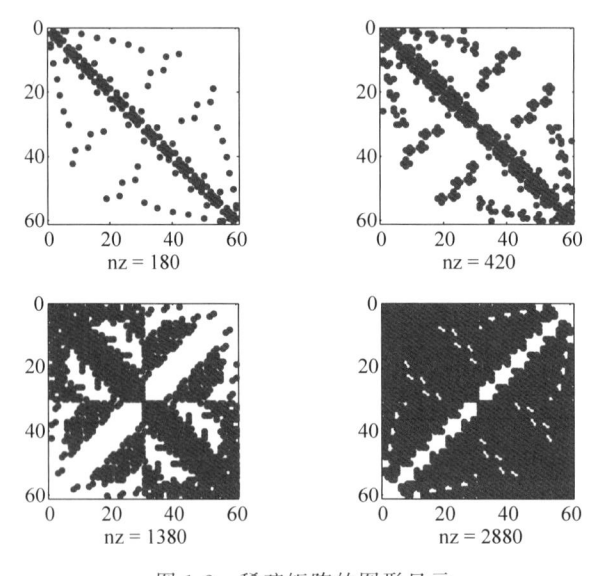

图 1-2 稀疏矩阵的图形显示

1.5 单元数组

单元数组中的每一个元素称为单元(cell)，单元中可包含任何类型的 MATLAB 数据，即可以是数组、字符、符号对象、单元数组或结构体等。

1.5.1 单元数组的创建

单元数组的创建方法可分为两种，即通过赋值语句直接创建，或通过 cell 函数首先为单元数组分配内存空间，然后再对每个单元进行赋值。如果在工作空间内的某个变量名与所创建的单元数组同名，那么此时则不会对单元数组赋值。直接通过赋值语句创建单元数组时，可采用两种方法来进行，即按照单元索引法和按照内容索引法。按照单元索引法赋值时，采用标准数组的赋值方法，赋值时赋给单元的数值通过花括号将单元内容括起来，即右标志法。按照内容索引法赋值时，将花括号写在符号左边，即放在单元数组名称下，也即左标志法。

使用 cell 函数创建单元数组，其调用格式如下。

c＝cell(n)：建立一个 n×n 的空矩阵元胞数组 c。如果 n 不是标量，即产生错误。

c＝cell(m，n)或 c＝cell([m，n])：建立一个 m×n 的空矩阵元胞数组 c，m 与 n 必须为标量。

c＝cell(m，n，p，…)或 c＝cell([m，n，p，…])：创建一个 m×n×p×…的空矩阵元胞数组，c，m，n，p，…必须都为标量。

c＝cell(size(A))：建立一个元胞数组 c，其大小与数组 A 一样，也就是说，c 中的空矩阵单元数等于 A 的元素数。

c＝cell(javaobj)：将 Java 数组或 Java 对象 javaobj 转换为 MATLAB 单元数组。结果元胞数组的元素将是最接近于 Java 数组元素或 Java 对象的 MATLAB 类型。

【例 1-24】 利用 cell 函数创建单元数组。

```
>> mycell = cell(3,4,2)              %利用函数创建单元数组
mycell(:,:,1) =
    []    []    []    []
    []    []    []    []
    []    []    []    []
mycell(:,:,2) =
    []    []    []    []
    []    []    []    []
    []    []    []    []
>> strArray = java_array('java.lang.String', 3);
strArray(1) = java.lang.String('one');
strArray(2) = java.lang.String('two');
strArray(3) = java.lang.String('three');
cellArray = cell(strArray)           %利用函数创建单元数组
cellArray =
    'one'
    'two'
    'three'
>> a{1,1} = [1 2;2 3]                %直接创建单元数组
a =
    [2x2 double]
>> a{1,2} = ['MATLAB Mathwork']
a =
    [2x2 double]    'MATLAB Mathwork'
>> a{2,1} = ['peking']
a =
    [2x2 double]    'MATLAB Mathwork'
    'peking'                []
```

```
>> a{2,2} = [3 5]
a =
    [2x2 double]      'MATLAB Mathwork'
    'peking'          [1x2 double]
```

1.5.2 单元数组的显示

如果要显示单元数组可直接在命令窗口中输入单元数组的名字,也可使用函数 celldisp(c) 来输出;要得到单元数组中某一个单元的值时,可采用 c(m,n) 或 c{m,n} 的格式输出。但是它得到的结果表示形式是不同的。函数 celldisp(c) 更适用于具有大量数据的单元数组的显示。c{m,n} 和 celldisp(c) 显示的结果形式相同。

【例 1-25】 单元数组的显示效果。

```
>> C = {[1 2] 'Tony' 3 + 4i; [1 2;3 4] - 5 'abc'};    % 创建单元数组
celldisp(C)                                            % 显示单元数组
C{1,1} =
     1     2
C{2,1} =
     1     2
     3     4
C{1,2} =
Tony
C{2,2} =     - 5
C{1,3} =
   3.0000 + 4.0000i
C{2,3} =
abc
```

1.5.3 单元数组的操作

在 MATLAB 中提供了若干函数用于实现单元数组的基本操作,下面给予介绍。

1. cellplot 函数

在 MATLAB 中提供了 cellplot 函数用于用图形形式显示单元数组。其调用格式如下。

cellplot(c):显示一个图形窗口,里面为单元数组内容 c 的图形表示。涂满颜色的方格表示向量或数组的元素,而标量和短文本串被显示为文本。

cellplot(c,'legend'):显示一个图形窗口,里面为单元数组内容 c 的图形表示。涂满颜色的方格表示向量或数组的元素,而标量和短文本串被显示为文本,并且在图形旁边设置一个图例。

handles=cellplot(c):返回元胞数组的句柄值。

【例 1-26】 用图形形式显示所创建的单元数组。

```
>> clear all;
c{1,1} = '2 - by - 2';
c{1,2} = 'eigenvalues of eye(2)';
c{2,1} = eye(2);
c{2,2} = eig(eye(2));
h = cellplot(c)
```

运行程序,输出如下,效果如图 1-3 所示。

```
h =
  174.0022
  175.0012
  176.0012
  177.0012
  178.0012
  179.0012
```

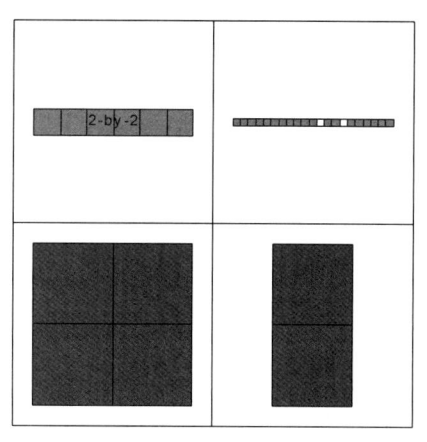

图 1-3 单元数组的图形显示效果

2. 单元数组的合成与删除功能

在 MATLAB 中,可使用 c=[a,b]将两个单元数组合成一个更大的数组;使用 c(n,:)=[]删除单元数组的第 n 行。

【例 1-27】 单元数组的合成与删除。

```
>> clear all;
a = {[1 3 5;0 8 9]};
b = {'abcd'};
c = [a,b]
c =
     [2x3 double]    'abcd'
>> c(:,1) = []
c =
     'abcd'
```

3. 单元数组的变形

在 MATLAB 中提供了 reshape 函数用于实现单元数组的变形。其调用格式如下。

B = reshape(A,m,n,p,…)或 B = reshape(A,[m,n,p,…]):将单元数组 A 的所有元素分配到一个 m×n×p×…的单元数组中,当单元数组元素不是 m×n×p×…时,返回错误信息。如果行列数不相等,仍是按照列优先的原则。

【例 1-28】 单元数组的变形。

```
>> clear all;
c = {1,'AB',[1 4 7];'CD',[1;4;7],3}
c =
    [ 1]       'AB'            [1x3 double]
    'CD'       [3x1 double]    [       3]
>> a = reshape(c,3,2)
a =
```

```
        [ 1]      [3x1 double]
        'CD'     [1x3 double]
        'AB'     [            3]
>> a = reshape(c,[3,2])
a =
        [ 1]      [3x1 double]
        'CD'     [1x3 double]
        'AB'     [            3]
```

1.6 结构体

与元胞数组一样,结构数组(Structure Array)也能在一个数组里存放各类数据。从一定意义上讲,结构数组组织数据的能力比元胞数组更强、更富于变化。

结构数组的基本成分(Element)为结构(Structure)体。数组中的每个结构是平等的,它们以下标区分。结构必须在划分"域"后才能使用。数据不能直接存放于结构中,而只能存放在域中。结构的域可以存放任何类型、任何大小的数组(如任意维数数值数组、字符串数组、符号对象等)。而且,不同结构的同名域中存放的内容可以不同。

与数值数组一样,结构数组维数不受限制,可以是一维、二维或更高维,不过一维结构数组用得最多。结构数组对结构的编址方法也有单下标编址和全下标编址两种。

在 MATLAB 中,一个结构体对象就是一个 1×1 的结构体数组,因此,可以创建具有多个结构体对象的二维或多维结构体数组。

1.6.1 创建结构体

结构体可以通过两种方法进行创建,即通过直接赋值方式创建或通过 struct 函数创建。

直接输入法即是采用直接输入法时,在给结构体成员元素直接赋值的同时定义该元素的名称,并使用点"."符号将结构型变量和成员元素名连接。

在 MATLAB 中可通过 struct 函数创建结构体。其调用格式如下。

s=struct('field1', values1, 'field2', values2, …):fieldi 表示字段名;valuesi 表示对应于 fieldi 的字段值,必须是同样大小的元胞数组或标量。

s=struct('field1', {}, 'field2', {}, …):用指定字段 field1,field2 等建立一个空结构(无任何数据)。

s=struct([]):建立一个没有字段的空结构。

s=struct(obj):将对象 obj 转换为它的等价结构。

【例 1-29】 结构体的创建。

```
>> patient.name = 'John Doe';
patient.billing = 127.00;
patient.test = [79 75 73; 180 178 177.5; 220 210 205];
patient                                    % 直接形式创建结构体数据
patient =
        name: 'John Doe'
     billing: 127
        test: [3x3 double]
>> s = struct('type',{'big','little'},'color',{'red'},'x', {3 4})    % 利用struct函数创建结构体
```

```
s =
1x2 struct array with fields:
    type
    color
    x
>> s(1)
ans =
     type: 'big'
    color: 'red'
        x: 3
>> s(2)
ans =
     type: 'little'
    color: 'red'
        x: 4
```

1.6.2 操作结构体

1. 添加结构变量

在结构体变量中添加成员变量只需要用结构体名加上结构体属性名称即可。

```
>> clear all;
patient.name = 'John Doe';
patient.billing = 127.00;
patient.test = [79 75 73; 180 178 177.5; 220 210 205];
% 添加结构变量
patient(2).name = 'Male';
patient(2).billing = 138.5;
patient(2).test = [10 100 80;82 90 47;75 88 190];
% 显示结构体
>> patient(1)
ans =
       name: 'John Doe'
    billing: 127
       test: [3x3 double]
>> patient(2)
ans =
       name: 'Male'
    billing: 138.5000
       test: [3x3 double]
```

2. 删除变量成员

在 MATLAB 中提供了 rmfield 函数用于在结构体变量中删除成员变量，其调用格式如下。

s＝rmfield(s，'fieldname')：从结构数组 s 中删除指定的字段 fieldname。

s＝rmfield(s，fields)：从结构数组 s 中删除一个以上字段。fields 是多个字段名的字符数组或字串元胞数组。

【例 1-30】 查看结构体的属性。

```
>> teacher.name = 'Li ming';
>> teacher.weight = 65;
>> teacher.height = 172;
```

```
>> teacher.add = 'HEI';
>> teacher.age = 38;
>> teacher.tel = 5799523;
>> teacher
teacher =
        name: 'Li ming'
      weight: 65
      height: 172
         add: 'HEI'
         age: 38
         tel: 5799523
>> s = rmfield(teacher,'age')
s =
        name: 'Li ming'
      weight: 65
      height: 172
         add: 'HEI'
         tel: 5799523
>> s = rmfield(teacher,'tel')
s =
        name: 'Li ming'
      weight: 65
      height: 172
         add: 'HEI'
         age: 38
```

3. 结构体信息

在 MATLAB 中提供了 getfield 函数用于取得当前存储在某个成员变量中的值。表达式 getfield(s,'field')返回指定成员变量的内容,与表达式 f=s.field 等价。

MATLAB 中提供了 setfield 函数用于给某个成员变量插入新的值。表达式 s=setfield(s,'field',v)将成员变量 field 的值设置为 v,与表达式 s.field=v 等价。

names=fieldnames(s)返回结构体 s 中的成员变量名称。

结构体函数作为一种特殊的数组类型,具有与数值型数组和单元数组相同的处理方式。通过这些结构体处理函数,可方便地对结构体数据进行处理。MATLAB 中提供了一些常用的处理函数,如表 1-12 所示。

表 1-12 结构体函数

函数	描述
cat	提取结构体数据后依次排队
deal	提取多个元素的数值赋予不同的变量,或对结构体字段赋值
fieldnames	返回结构体的字段名
isfield	判断一个字段名是否为指定结构体中的字段名
isstruct	判断一个变量是否为结构体变量
orderfield	对结构体的字段进行排序

【例 1-31】 查看结构体函数功能。

```
>> clear all;
patient.name = 'John Doe';
patient.billing = 127.00;
patient.test = [79 75 73; 180 178 177.5; 220 210 205];
```

```
%添加结构变量
patient(2).name = 'Male';
patient(2).billing = 138.5;
patient(2).test = [10 100 80;82 90 47;75 88 190];
%显示结构体
s = cat(1,patient.test)
s =
    79.0000    75.0000    73.0000
   180.0000   178.0000   177.5000
   220.0000   210.0000   205.0000
    10.0000   100.0000    80.0000
    82.0000    90.0000    47.0000
    75.0000    88.0000   190.0000
>> [c1,c2] = deal(patient.name)
c1 =
John Doe
c2 =
Male
>> patient.billing
ans =
   127
ans =
   138.5000
>> fieldnames(patient)
ans =
    'name'
    'billing'
    'test'
>> isfield(patient,'billing')
ans =
     1
>> orderfields(patient)
ans =
1x2 struct array with fields:
    billing
    name
    test
```

1.7 多项式及其函数

在数学上,多项式是一类基本的数学函数,因为它简单且可组成完备函数基,因此在很多研究中用它来作为复杂函数的近似形式。

多项式一般可表示为以下形式:

$$f(x) = a_0 x^n + a_1 x^{n-1} + \cdots + a_{n-1} x + a_n$$

对于这种表示形式,很容易用它的系数向量来表示,即

$$\boldsymbol{p} = [a_0, a_1, \cdots, a_{n-1}, a_n]$$

在 MATLAB 中提供了 poly 函数用于产生多项式系数向量,提供 poly2sym 函数实现多项式的构造,它们的调用格式如下。

p=poly(A):如果 A 为方阵,则多项式 p 为该方阵的特征多项式,如果 A 为向量,则 A 的元素为该多项式 p 的根。n 阶方阵的特征多项式存放在行向量中,并且特征多项式最高次数

的系数一定为 1。

r＝poly2sym(c)：c 为多项式的系数向量。

r＝poly2sym(c,v)：c 为多项式的系数向量,v 为其变量。

【例 1-32】 创建多项式,并显示。

```
>> clear all;
A = magic(3);              % 产生 3×3 阶魔方矩阵
P = poly(A)                % 产生多项式系数向量
P =
    1.0000  -15.0000  -24.0000  360.0000
>> r = poly2str(A,'s')     % 显示多项式
r =
   8 s^2 + 3 s + 4
```

1.7.1 多项式的运算

本节将对多项式各运算做简要介绍。

1. 多项式的根

在 MATLAB 中提供了 roots 函数用于计算多项式的根,计算多项式的根即是计算多项式为零的值。规定 MATLAB 中多项式由一个行向量表示,其系数按降序排列。

roots 函数的调用格式如下。

r＝roots(c)：其中,c 为多项式的系数向量,返回向量 r 为多项式的根,即 r(1),r(2),…,r(n) 分别代表多项式的 n 个根。

另外,如果已知多项式的全部根,MATLAB 还提供了 poly 函数用来建立该多项式,其调用格式如下。

c＝poly(r)：其中 r 为多项式的根,返回向量 c 为多项式的系数向量。

【例 1-33】 计算多项式 $x^4+15x^3-30x^2+x-8$ 的根。

```
>> clear all;
p = [1 15 -30 1 -8];                % 多项式系数
r = roots(p)
```

运行程序,输出如下：

```
r =
  -16.7918
    1.8799
   -0.0440 + 0.5015i
   -0.0440 - 0.5015i
```

在 MATLAB 中,无论是多项式还是它的根都是向量。按习惯规定,多项式是行向量,多项式的根为列向量。

2. 多项式的加减运算

MATLAB 不提供直接的函数进行多项式加减法的计算,如果两个多项式向量大小相同,可利用数组加减法对这两个多项式进行加减运算。

【例 1-34】 计算给定多项式的和与差。

```
>> clear all;
p1 = [5 40 6 21 9 3];
```

```
p2 = [4 0 3 72 1 8];
p3 = p1 + p2                              % 多项式的和
p3 =
      9    40    9    93    10    11
>> r1 = poly2str(p3,'x')                  % 显示多项式
r1 =
      9 x^5 + 40 x^4 + 9 x^3 + 93 x^2 + 10 x + 11
>> p4 = p1 - p2                           % 多项式的差
p4 =
      1    40    3    -51    8    -5
>> r2 = poly2str(p4,'x')                  % 显示多项式
r2 =
      x^5 + 40 x^4 + 3 x^3 - 51 x^2 + 8 x - 5
```

3. 多项式的乘除运算

在 MATLAB 中提供了 conv 函数用于实现多项式的乘法运算,提供了 deconv 函数用于实现多项式的除法运算。它们的调用格式如下。

c=conv(u,v):u,v 为两个多项式系数向量。

[q,r]=deconv(v,u):q 返回多项式 u 除以 v 的商式,r 返回 u 除以 v 的余式。返回的 q 与 r 仍是多项式系数向量。

【例 1-35】 求 $u(x)=x^3+2x^2+3x+4$ 与 $v(x)=10x^3+20x^2+8x+30$ 的乘除运算。

```
>> clear all;
u = [1 2 3 4];
v = [10 20 8 30];
p1 = conv(u,v)                            % 多项式的乘法
p1 =
      10    40    78    146    164    122    120
>> S1 = poly2sym(p1,'x')
S1 =
10*x^6 + 40*x^5 + 78*x^4 + 146*x^3 + 164*x^2 + 122*x + 120
>> [q,r] = deconv(v,u)                    % 多项式的除法
q =
      10
r =
      0    0    -22    -10
```

4. 多项式导数

在 MATLAB 中提供了 polyder 函数用于计算多项式的导数。其调用格式如下。

k=polyder(p):求多项式 p 的导函数多项式。

k=polyder(a,b):求多项式 a 与多项式 b 乘积的导函数多项式。

[q,d]=polyder(b,a):求多项式 b 与多项式 a 相除的导函数,导函数的分子存入 q 中,分母存入 d 中。

其中,参数 p,a 与 b 是多项式的系数向量,返回结果 q,d,k 也是多项式的系数向量。

【例 1-36】 求多项式 $(3x^2+6x+9)(x^3+2x)$ 的导数。

```
>> clear all;
a = [3 6 9];
b = [1 2 0];
```

```
k = polyder(a,b)
k =
    12    36    42    18
>> s = poly2sym(k,'x')
s =
12 * x^3 + 36 * x^2 + 42 * x + 18
```

5. 多项式的积分

在 MATLAB 中提供了 polyint 函数用于计算多项式的积分。其调用格式如下。

polyint(p,k)：返回多项式 p 的积分且常数项为 k。

polyint(p)：返回多项式 p 的积分且常数项为 10。

【例 1-37】 计算多项式 x^3+2x^2+3x+4 的积分。

```
>> clear all;
p = [1 2 3 4];
k1 = polyint(p)
k1 =
     0.2500    0.6667    1.5000    4.0000         0
>> s1 = poly2sym(k1,'x')
s1 =
x^4/4 + (2 * x^3)/3 + (3 * x^2)/2 + 4 * x
>> k2 = polyint(p,3)
k2 =
     0.2500    0.6667    1.5000    4.0000    3.0000
>> s2 = poly2sym(k2,'x')
s2 =
x^4/4 + (2 * x^3)/3 + (3 * x^2)/2 + 4 * x + 3
```

6. 多项式的求值

在 MATLAB 中提供了两种求多项式值的函数：polyval 与 polyvalm。它们的输入参数均为多项式系数向量 p 与自变量 x，但是两者是有很大的区别的，前者是按数组运算规则对多项式求值，而后者是按矩阵运算规则对多项式求值。它们的调用格式如下。

y=polyval(p,x)：p 为多项式的系数向量，x 为矩阵，其是按数组运算规则来求多项式的值。

Y=polyvalm(p,X)：p 为多项式的系数向量，X 为方阵，其是按矩阵运算规则来求多项式的值。

【例 1-38】 分别按数组与矩阵的方式求多项式的值。

```
>> clear all;
X = magic(4);                           % 魔方矩阵
p = poly(X);                            % 多项式系数
Y1 = polyvalm(p,X)                      % 按矩阵规则求多项式的值
Y1 =
  1.0e - 009 *
    0.0943    0.1100    0.1164    0.1000
    0.1089    0.0984    0.1010    0.1082
    0.1023    0.1091    0.1129    0.0969
    0.1173    0.0852    0.0813    0.1339
>> Y2 = polyval(p,X)                    % 按数组规则求多项式的值
Y2 =
  1.0e + 004 *
```

```
   -5.0688    0.4864    0.6603   -2.4297
    0.7975   -1.0373   -0.4800    0.3328
   -0.0225    0.5859    0.7392   -1.6896
    0.7680   -3.2480   -4.1325    0.2607
```

7. 多项式替换

在 MATLAB 中提供了 subs 函数用于将多项式中的某一个符号变量替换为新的表达式。其调用格式如下。

R=subs(S,old,new)：其中，S 为被替换的表达式，R 为生成的关于 new 的新表达式，old 为原变量。

【例 1-39】 利用 subs 函数对多项式进行替换。

```
>> syms x s
>> f = x^5 + 20 * x^4 + 35 * x^3 + 2 * x^2 + 108 * x + 480
f =
x^5 + 20 * x^4 + 35 * x^3 + 2 * x^2 + 108 * x + 480
>> f = subs(f,x,(s+1)/(s-1))
f =
(108*(s + 1))/(s - 1) + (2*(s + 1)^2)/(s - 1)^2 + (35*(s + 1)^3)/(s - 1)^3 + (20*(s + 1)^4)/(s - 1)^4 + (s + 1)^5/(s - 1)^5 + 480
>> p = simple(f)            % 对多项式进行化简
p =
(604 * s^4 - 1468 * s^3 + 1780 * s^2 - 1172 * s + 288)/(s - 1)^5 + 646
```

1.7.2 多项式的展开

MATLAB 中提供了 residue 函数用来实现多项式的展开，多项式展开即是将两个多项式相除的形式用部分分式展开的形式来表示。

residue 函数的调用格式如下。

[r,p,k]=residue(b,a)：实现多项式之比 b/a 的部分分式展开，k 为商的多项式，r 为部分分式的留数，p 为部分分式的极点。

如果 a(x)不存在重根，则多项式展开可表示为：

$$\frac{b(x)}{a(x)} = \frac{r(1)}{x-p(1)} + \frac{r(2)}{x-p(2)} + \cdots + \frac{r(n)}{x-p(n)} + k(x)$$

如果 a(x)存在 m 个重根，则多项式展开可表示为：

$$p(x) = \frac{b(x)}{a(x)} = \cdots + \frac{r_i}{x-p_i} + \frac{r_{i+1}}{(x-p_{i+1})^2} + \cdots + \frac{r_{i+m-1}}{(x-p_{i+1})^m} + \cdots$$

MATLAB 还提供了 residue 函数实现多项式与其部分分式之间的转换，即把部分分式和的形式转换为两个多项式相除的形式，其调用格式如下。

[r,p,k]=residue(b,a)：a 和 b 都是多项式对应的行向量。

[b,a]=residue(r,p,k)：r、p 和 k 都是多项式对应的行向量。

【例 1-40】 求表达式 $f(x)\frac{b(s)}{a(s)} = \frac{5s^3+3s^2-2s+7}{-4s^3+8s+3}$ 的部分分式展开式。

```
>> b = [5 3 -2 7];           % 分子系数向量
a = [-4 0 8 3];              % 分母系数向量
[r, p, k] = residue(b,a)
```

```
r =
    -1.4167
    -0.6653
     1.3320
p =
     1.5737
    -1.1644
    -0.4093
k =
    -1.2500
>> [b,a] = residue(r,p,k)
b =
    -1.2500   -0.7500    0.5000   -1.7500
a =
     1.0000   -0.0000   -2.0000   -0.7500
```

所以,其部分分式展开表达式为 $f(x)=\dfrac{b(s)}{a(s)}=\dfrac{-1.25s^3-0.75s^2+0.5s-1.75}{s^3-2s-0.75}$。

1.7.3 多项式的拟合

曲线拟合是分析数据常用的方法,其思想是从一组或多组数据中找到一条可以用数学函数描述的曲线,这条曲线尽可能多地穿越这些已知数据点。通过判断测量数据点和该曲线上对应点之间的平方误差来评价这条曲线是否准确描述了测量数据,平方误差越小曲线拟合的效果越好。

在 MATLAB 中提供了 polyfit 函数用于对多项式进行拟合。其调用格式如下。

p=polyfit(x,y,n):对 x 进行 n 维多项式的最小二乘拟合,输出结果 p 为含有 n+1 个元素的行向量,该向量以维数递减的形式给出拟合多项式的系数。

[p,S]=polyfit(x,y,n):返回中的 S 包括 R、df 和 normr,分别表示对 x 进行 QR 分解的三角元素、自由度、残差。

[p,S,mu]=polyfit(x,y,n):在拟合过程中,首先对 x 进行数据标准化处理,以在拟合中消除量纲等的影响,mu 包含两个元素,分别是标准化处理过程中使用的 x 的均值与标准差。

【例 1-41】 利用 polyfit 函数对多项式进行拟合,并讨论采用不同多项式次数对拟合结果的影响。

```
>> clear all;
x = 0:0.1:1;
y = [0.1 1.3 2.5 3.19 3.22 4.31 4.8 6.1 6.39 8.4 9.18];
p1 = polyfit(x,y,1);                %1 次多项式拟合
y1 = polyval(p1,x)
p2 = polyfit(x,y,3);                %3 次多项式拟合
y2 = polyval(p2,x)
p3 = polyfit(x,y,6);                %6 次多项式拟合
y3 = polyval(p3,x)
plot(x,y,':',x,y1,'k',x,y2,'r-.',x,y3,'.');
legend('原始数据','1 次多项式拟合','3 次多项式拟合','6 次多项式拟合')
```

运行程序,输出如下,效果如图 1-4 所示。

```
y1 =
    0.2777    1.1220    1.9663    2.8105    3.6548    4.4991    5.3434    6.1876    7.0319
    7.8762    8.7205
y2 =
    0.1977    1.3215    2.2288    2.9840    3.6514    4.2952    4.9799    5.7695
    6.7286    7.9213    9.4120
y3 =
    0.0675    1.4350    2.3646    3.0334    3.5866    4.1539    4.8489    5.7527
    6.8809    8.1341    9.2322
```

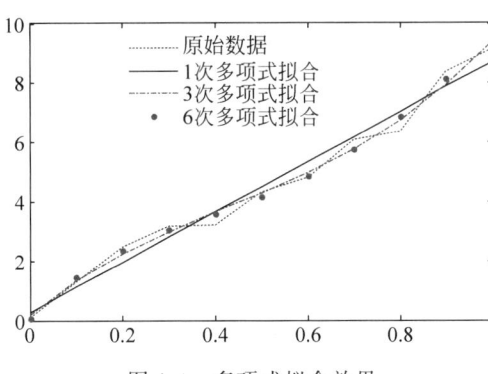

图 1-4　多项式拟合效果

第 2 章

MATLAB科学计算

科学计算即是数值计算,科学计算是指应用计算机处理科学研究和工程技术中所遇到的数学计算。在现代科学和工程技术中,经常会遇到大量复杂的数学计算问题,这些问题用一般的计算工具来解决非常困难,而用计算机来处理却非常容易。MATLAB为解决此类问题提供了一个很好的计算平台,同时提供了相当丰富的数学函数,用于解决各种实际数学计算问题。

在工程实际中,很多数学问题利用解析方法难以求解,这时即需要借助科学计算方法。

2.1 MATLAB 程序结构

与各种常见的高级语言一样,MATLAB也提供了多种经典的流程控制语句。MATLAB中的程序流程控制语句有顺序结构(input、disp)、分支结构(if 与 switch 结构)、循环结构(for、while 循环)、错误控制结构(try-catch 结构)、其他流程控制(continue、break、return 语句)。

2.1.1 顺序结构

MATLAB 程序结构中最基本的结构即是顺序结构,这种结构不需要任何流程控制语句,完全是依照从前到后的自然顺序执行代码。顺序结构符合一般的逻辑思维顺序习惯,简单易读、容易理解。所有的实际程序代码中都会出现顺序结构。

【例 2-1】 使用 MATLAB 顺序结构计算两数的和与差。

```
>> clear all;
% 输入第一个数值
num1 = 9;
% 输入第二个数值
num2 = 12;
% 计算两个数的和
disp('两个数的和为:')
s = num1 + num2
% 计算两个数的差
disp('两个数的差为:')
d = num1 - num2
```

运行程序,输出如下:

```
两个数的和为:
s =
    21
两个数的差为:
d =
    -3
```

2.1.2 循环结构

循环结构用于规律性较强的运算,即利用相同的规律进行多次的"重复"执行,程序中被循环执行的语句称为循环体。MATLAB 中的循环结构一般分为两种,分别为 for 循环和 while 循环,单次循环的机理是:当条件为"真"时,执行下一步操作,然后再次回到循环起始,直到条件为"假",才停止循环,如图 2-1 所示。

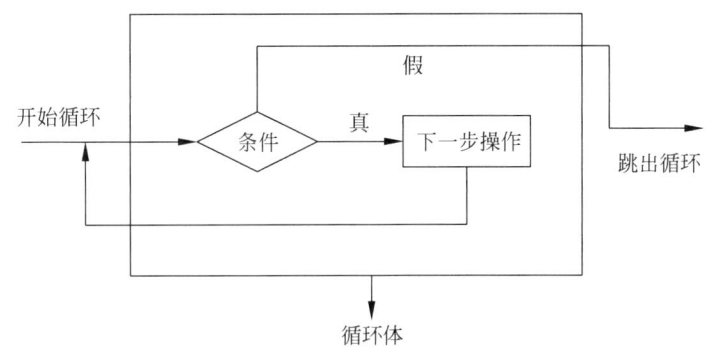

图 2-1 单次循环结构流程图

1. for 循环

for 循环将循环体中的语句重复执行预定的次数,其循环次数通常是已知的。其调用格式如下。

```
for 循环变量 = 表达式1:表达式2:表达式3
    循环体语句
end
```

其中表达式 1 的值为循环变量的初值,表达式 2 的值为步长,表达式 3 的值为循环变量的终值。步长为 1 时,表达式 2 可以省略。

for 语句的执行过程为:首先计算 3 个表达式的值,再将表达式 1 的值赋给循环变量,如果此时循环变量的值介于表达式 1 和表达式 3 的值之间,则执行循环体语句,否则结束循环的执行。执行完一次循环之后,循环变量自增一个表达式 2 的值,然后再判断循环变量的值是否介于表达式 1 和表达式 3 的值之间,如果是,仍然执行循环体,直至条件不满足。这时将结束 for 语句的执行,而继续执行 for 语句后面的语句。

【例 2-2】 从自然数 1 开始累加,加数为自然数的质数因子最小数,直到累加和达到 99 时停止累加,返回累加和与停止的位置。

```
>> s = 0;                    % 初始化累加变量
for k = 1:99
    f = factor(k);           % 对 k 进行质因数分解
    fm = min(f);             % 获得所有因数中的最小值
```

```
            fn(k) = fm;                    % 记录最小质数
            s = s + fm;                    % 累加求和
            if s > 100;                    % 检查 s 是否小于 100
                break;                     % 满足条件停止程序
            end
        end
    k,s,fn
```

运行程序,输出如下:

```
k =
    20
s =
    102
fn =
     1     2     3     2     5     2     7     2     3     2    11     2    13     2     3
     2    17     2    19     2
```

【例 2-3】 利用多重嵌套循环给矩阵各元素赋值。

```
>> for m = 1:5
       for n = 1:5
           a(m,n) = 1/(m+n+1);
       end
   end
   a
```

运行程序,输出如下:

```
a =
    0.3333    0.2500    0.2000    0.1667    0.1429
    0.2500    0.2000    0.1667    0.1429    0.1250
    0.2000    0.1667    0.1429    0.1250    0.1111
    0.1667    0.1429    0.1250    0.1111    0.1000
    0.1429    0.1250    0.1111    0.1000    0.0909
```

2. while 循环

while 循环将循环体中的语句重复执行不定次数,其循环次数通常是未知的,这是 for 循环与 while 循环的根本区别。while 循环的调用格式如下:

```
while 表达式
    循环体语句组
end
```

其中循环判断语句为由逻辑运算和关系运算以及一般的运算组成的表达式,以判断循环是否要继续运行。当该表达式的值为真时,就执行循环体内的语句;当表达式的逻辑值为假时,就退出当前的循环体。如果循环判断语句为矩阵,当且仅当所有的矩阵元素非零时,逻辑表达式的值为真。

【例 2-4】 根据矩阵指数的幂级数展开式求矩阵指数函数值。

$$E^X = I + X + \frac{X^2}{2!} + \frac{X^3}{3!} + \cdots + \frac{X^n}{n!} + \cdots$$

其实现的 MATLAB 代码为:

```
>> clear all;
X = input('X = ');
E = zeros(size(X));
F = eye(size(X));
n = 1;
E = E + F;
while norm(F,1)> 0
    F = F * X/n;
    E = E + F;
    n = n + 1;
end
E
expm(X)                 % 调用矩阵指数函数求矩阵指数函数值
X = [0 - 12 3;0.5 1.2 - 2;5 9 1];
```

程序中,设 X 为给定的矩阵,E 为矩阵指数函数值,F 为展开式的项,n 为项数,循环一直进行到 F 很小,以至于 F 值加在 E 上对 E 的值影响不大为止。为了判断 F 是否很小,可利用矩阵范数的概念。矩阵 A 的范数的一种定义为:$\max_{1 \leq j \leq n} \sum_{i=1}^{n} |a_{ij}|$,在 MATLAB 中用 norm(F,1)函数来计算。所以,当 norm(F,1)=0 时,认为 F 很小,应退出循环的执行。

运行程序,通过键盘输入 X 的值[0 -1 2 3;0.5 1.2 -2;5 9 1],则程序的输出结果为:

```
E =
    78.5798   - 49.2565    83.6069
  - 18.9335    11.8580   - 20.0324
    55.4014   - 35.7691    59.1567
ans =
    78.5798   - 49.2565    83.6069
  - 18.9335    11.8580   - 20.0324
    55.4014   - 35.7691    59.1567
```

求出满足 $\sum_{i=1}^{m} i > 10000$ 的最小 m 值。

这样的问题用 for 循环结构就不便求解,而应该用 while 结构来求出所需的 m 值。其实现的 MATLAB 代码如下:

```
>> clear all;
s = 0;
m = 0;
while(s < 10000),
    m = m + 1;
    s = s + m;
end
>> m
m =    141
```

2.1.3 选择结构

在编写程序时,往往需要根据一定的条件进行一定的选择来执行不同的语句,此时,需要使用分支语句来控制程序的进程。在 MATLAB 中,使用 if-else-end 结构来实现这种控制。

if-else-end 结构的使用形式有以下三种。

1. 只有 1 种选择情况

此时的 if 程序结构如下：

```
if 表达式
    执行语句
end
```

这是 if 结构最简单的一种应用形式,其只有一个判断语句,当表达式为真时,即执行 if 和 end 间的执行语句;否则不予执行。

【例 2-5】 计算分段函数：

$$\begin{cases} \sin(x+1) + \sqrt{x^2+1}, & x = 8 \\ x\sqrt{x+\sqrt{x}}, & x \neq 0 \end{cases}$$

实现的程序代码为：

```
>> x = input('请输入 x 的值:');
if x == 8
    y = sin(x + 1) + sqrt(x^2 + 1);
end
if x~ = 8
    y = x * sqrt(x + sqrt(x));
end
y
请输入 x 的值:12
y =
    47.1893
```

2. 有两种选择情况

假如有两种选择,if-else-end 的结构如下：

```
if 表达式
    执行语句 1
else
    执行语句 2
end
```

【例 2-6】 输入三角形的三条边长,求面积。

```
>> A = input('请输入三角形的三条边长:')
if A(1) + A(2)> A(3) & A(1) + A(3)> A(2) & A(2) + A(3)> A(1)
    p = (A(1) + A(2) + A(3))/2;
    s = sqrt(p * (p - A(1)) * (p - A(2)) * (p - A(3)));
    disp(s);
else
    disp('不能构成一个三角形');
end
```

运行程序,输出如下:

```
请输入三角形的三条边长:[5 9 7]
A =
    5    9    7
   17.4123
```

3. 有 3 种或 3 种以上选择

当有 3 种或 3 种以上选择时，if-else-end 结构形式如下：

```
if 表达式 1
    表达式 1 为真时的执行语句 1
elseif 表达式 2
    表达式 2 为真时的执行语句 2
elseif 表达式 3
    表达式 3 为真时的执行语句 3
elseif ...
    ...
else
    所有表达式都为假时的执行语句
end
```

语句执行过程如图 2-2 所示，可用于实现多分支选择结构。

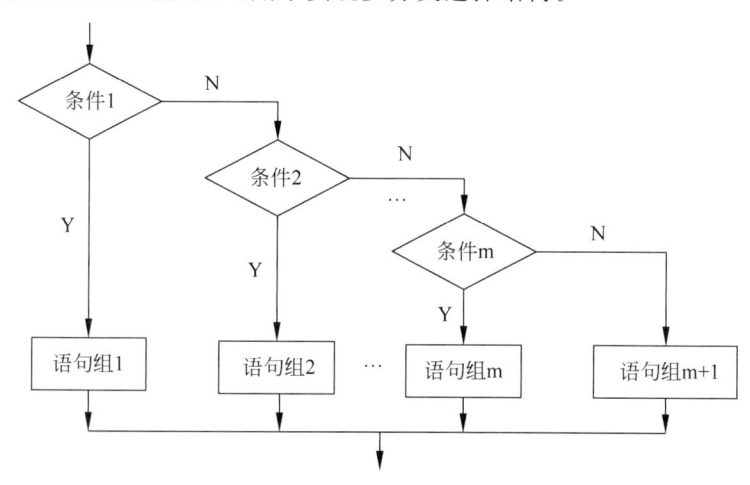

图 2-2　多分支 if 语句的执行过程

在这种形式中，当运行到程序的某一条表达式为真时，则执行与之相关的执行语句，此时系统将不再检验其他的关系表达式，即系统将跳过其余的 if-else-end 结构。而且，最后的 else 命令可有可无。

【例 2-7】　利用条件语句计算下面二元函数的函数值。

$$f(x,y) = \begin{cases} 0, & x=0 \text{ 或 } y=0 \\ x^2y, & x<0 \text{ 且 } y<0 \\ xy^2, & x<0 \text{ 且 } y>0 \\ x^2y^2, & x>0 \text{ 且 } y<0 \\ x^2y^3, & x>0 \text{ 且 } y>0 \end{cases}$$

其实现的 MATLAB 代码如下：

```
% 根据 x,y 赋不同的值,返回不同的函数值
if x == 0 | y == 0;
    f = 0;
elseif x < 0 & y < 0                    % 判断第三象限
    f = x^2 * y;                         % 赋值
elseif x < 0 & y > 0;                   % 判断第二象限
```

```
        f = x * y^2;
    elseif x > 0 & y < 0;          % 判断第四象限
        f = x^2 * y^2;
    else
        f = x^2 * y^3;
    end
```

【例 2-8】 利用分支语句 if-else 实现输入一个百分制成绩,要求输出成绩的等级为 A,B, C,D,E。其中 90~100 分为 A,80~89 分为 B,70~79 分为 C,60~69 分为 D,60 分以下为 E。

```
>> clear;
disp('if_else 语句!')
x = input('请输入分数:');
if (x <= 100 & x >= 90)
    disp('A')
elseif (x >= 80 & x <= 89)
    disp('B')
elseif (x >= 70 & x <= 79)
    disp('C')
elseif (x >= 60 & x <= 69)
    disp('D')
elseif (x < 60)
    disp('E')
end
```

运行程序,输出如下:

```
if_else 语句!
请输入分数:55
E
```

2.1.4 分支语句

在 MATLAB 语言中,除了 2.1.3 节介绍的 if-else-end 分支语句外,还提供了另外一种分支语句形式,即 switch-case-otherwise-end 分支语句。switch-case-otherwise-end 分支语句的格式为:

```
switch 开关语句
    case 条件语句
        执行语句,…
    case {条件语句 1,条件语句 2,条件语句 3,…}
        执行语句,…,执行语句
        …
    otherwise
        执行语句,…,执行语句
end
```

switch 语句的执行过程如图 2-3 所示。当表达式的值等于值 1 时,执行语句组 1;当表达式的值等于值 2 时,执行语句组 2;……;当表达式的值等于值 m 时,执行语句组 m;当表达式的值不等于 case 所列的值时,执行语句组 m+1。当任一分支的语句执行完后,直接执行 switch 语句的下一句。

switch 语句后面的表达式应为一个标量或一个字符,case 子句后面的表达式不仅可以为

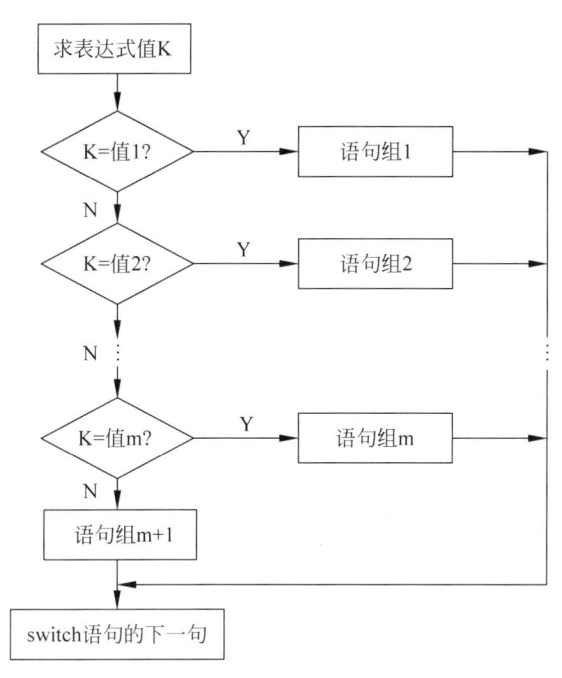

图 2-3 switch 语句的执行过程

一个标量或一个字符串,还可以为一个单元矩阵。如果 case 子句后面的表达式为一个单元矩阵,则表达式的值等于该单元矩阵中的某个元素时,执行相应的语句组。

【例 2-9】 通过 switch-case 语句编写自定义函数 read_image,转换图片格式。

```matlab
function d_in = read_image(filename)
[path name ext] = fileparts(filename)
try
    fid = fopen(filename, 'r');
    d_in = fread(fid);
catch exception
    % 如果读取失败,则执行以下代码
    % Did the read fail because the file could not be found?
    if ~exist(filename, 'file')
        % 转换图像格式代码
        switch ext
            case '.jpg'                % 把 jpg 转换为 jpeg
                altFilename = strrep(filename, '.jpg', '.jpeg')
            case '.jpeg'               % 把 jpeg 转换为 jpg
                altFilename = strrep(filename, '.jpeg', '.jpg')
            case '.tif'                % 把 tif 转换为 tiff
                altFilename = strrep(filename, '.tif', '.tiff')
            case '.tiff'               % 把 tiff 转换为 tif
                altFilename = strrep(filename, '.tiff', '.tif')
            otherwise
                rethrow(exception);
        end
        try
            fid = fopen(altFilename, 'r');
            d_in = fread(fid);
        catch
            rethrow(exception)
```

```
        end
    end
end
```

【例 2-10】 检查变量 x 的值。如果 x 等于 −1、0 或 1，那么以文本的形式打印 x 的值，如果 x 不等于这三个值中的任何一个，则执行 otherwise 语句中的"other value"。

```
function example_case(x)
switch x
    case -1
        disp('输入值为-1');
    case 0
        disp('输入值为0');
    case 1
        disp('输入值为1');
    otherwise
        disp('输出为其他值');
end
```

在一条 case 语句后可以列举多个值，只需要以元胞数组的形式列举多个值，也就是用花括号把用逗号或空格分隔的多个值括起来即可。如：

```
switch var
    case 1
        disp('输入值为1');
    case {2,3,4}                % 判断多个输入值
        disp('输入值为2,3,4中的一个');
    case 5
        disp('输入值为5');
    otherwise
        disp('输入其他的值');
end
```

2.1.5 错误控制结构

try-catch 结构给用户提供了一种错误捕获机制。换句话说，利用 try-catch 模块，MATLAB 编译系统发现的错误将被捕获，用户可以控制 MATLAB 怎样对发生的错误进行处理。它的调用格式为：

```
try
    执行语句1
catch
    执行语句2
end
```

一般来说，执行语句 1 中的所有命令都要执行。如果执行语句 1 中没有 MATLAB 错误出现，那么在执行完语句 1 后，出现控制即直接跳到 end 语句；但是，如果在运行执行语句 1 的过程中出现了 MATLAB 错误，那么程序控制马上转移到 catch 语句，然后执行语句 2。在 catch 模块中，函数 lasterr 包含了在 try 模块中遇到的错误生成的字符串。这样，catch 模块中的执行语句 2 即可获取这个错误字符串，然后采取相应的动作。

【例 2-11】 矩阵乘法运算要求的矩阵的维数相容，否则会出错。先求两矩阵的乘积，如果

出错,则自动转求两矩阵的点乘。

```
>> A = [52 9 10;5 9 11];
B = [2 3 74;8 11 -1];
try
    C = A * B
end
C
lasterr                          % 显示出错原因
```

运行程序,输出如下:

```
C =
    880    218
    797     76
ans =
Error using   *
Inner matrix dimensions must agree.
```

2.2 交互式命令

在 MATLAB 中,为了方便用户动态控制程序代码运行的过程和结果,MATLAB 提供了多种交互式控制语句。下面给予介绍。

1. continue 语句

在 MATLAB 中提供了 continue 函数用于跳过程序中未执行的循环语句来结束循环。其调用格式十分简单,即直接输入 continue。continue 语句一般通过与 if 条件语句结合使用于循环结构中。

【例 2-12】 编写求 0~50 之间 3 与 5 的公倍数的程序。

```
>> clear all;
% 输出 0~50 之间 3 与 5 的公倍数
disp('输出 0~50 之间能同时被 3 和 5 整除的数')
for n = 0:50
    if mod(n,3) == 0;               % 当 n 不能整除时,跳出 if 语句
        if mod(n,5) ~ = 0
            continue                % 当 n 可以被 3 整除,但不能被 5 整除时,跳出此行 if 语句
        end
        disp(n)
    end
end
```

运行程序,输出如下:

```
输出 0~50 之间能同时被 3 和 5 整除的数
    0
   15
   30
   45
```

2. break 语句

在 MATLAB 中,break 语句与 continue 语句的功能类似,是终止本次循环,跳出最内层

循环中剩下的语句。break 语句常与 if 语句配合使用来强制结束循环。

【例 2-13】 求解经典的鸡兔同笼问题,在笼子中有头 36 个,脚 100 只,求鸡兔各几只。其实现的 MATLAB 代码如下:

```
>> i = 1;
while i > 0
    if rem(100 - i * 2,4) == 0&(i + (100 - i * 2)/4) == 36;
        break;
    end
    i = i + 1;
    n1 = i;
    n2 = (100 - 2 * i)/4;
end
fprintf('The number of chicken is % d.\n',n1);
fprintf('The number of rabbit is % d.\n',n2);
```

运行程序,输出如下:

```
The number of chicken is 22.
The number of rabbit is 14.
```

3. return 语句

return 语句的用法比 continue 和 break 语句都要灵活,一般用在函数的末尾,MATLAB 调用函数正在运行时,return 语句可以强制结束,或在满足某条件时强制退出此函数的运行,并返回主调函数或者键盘。

【例 2-14】 使用 return 函数编写一个求两矩阵相减的程序。

```
function c = li5_14fun(a,b)
%  此函数用于求两矩阵的差
[m,n] = size(a);
[p,q] = size(b);
% 如果 a,b 中有一个是空矩阵或两个矩阵的维数不相等,则返回空矩阵,
% 并给出警告信息
if isempty(a)
    warning('a 为空矩阵!!!');
    c = [];
    return;
elseif isempty(b)
    warning('b 为空矩阵!!!');
    c = [];
    return;
elseif m~ = p|n~ = q
    warning('两个矩阵的维数不相等');
    c = [];
    return;
else
    for i = 1:m
        for j = 1:n
            c(i,j) = a(i,j) - b(i,j);
        end
    end
end
```

选取两个矩阵 a,b,进行运算。

```
>> a=[1 2 8;5 8 9];b=[];
>> c=li5_14fun(a,b)              % 两个矩阵维数不等,出错警告信息
Warning: b 为空矩阵!!!
> In li5_14fun at 11
c =
     []
>> a=[1 2 8;5 8 9];b=[2 5 8;0 7 9];
>> c=li5_14fun(a,b)              % 两个矩阵维数相等的效果
c =
    -1    -3     0
     5     1     0
```

4. warning 语句

warning 语句用于在程序运行时给出必要的警告信息,这在实际中是非常有必要的。在实际中,因为一些人为因素或其他不可预知的因素可能会使某些数据输入有误,如果编程者在编程时能够考虑这些因素,并设置相应的警告信息,就可以大大降低因数据输入有误而导致程序运行失败的可能性。

warning 函数的调用格式如下。

warning('message'):显示警告信息'message',其中 message 为文本信息。

warning('message',a1,a2,…):显示警告信息 message,其中 message 包含转义字符,且每次转义字符的值将被转换为 a1,a2,…的值。

warning('message_id','message'):message_id 为一个附加的索引标识符,标识符可以提示警告读者在程序执行过程中遇到了什么样的警告。

warning('message_id','message',a1,a2,…,an):包括转义字符的值将被转换为 a1,a2,…的值。

s=warning(state,mode):是一个警告控制语句,它可以显示一个堆栈跟踪或显示更多的警告信息,其中 state 为当前状态,可取'on''off'或'query'的值。mode 为其模型,可取'backtrace'或'verbose'的值。

关于 warning 的用法读者可参考例 2-14 中的使用。

5. error 语句

error 语句用于实现错误警告终止,同样是针对程序中错误代码的报错显示。error 语句的常用调用格式如下。

error(message):message 为显示的出错信息,此语句终止程序的执行。

error('errorstring','dlgname'):显示出错信息的对话框,其中,errorstring 为对话框内容,而 dlgname 为对话框的标题。

【例 2-15】 计算两数的商,使用错误警告制止机制。

```
>> clear all;
x = input('输入分子:');
y = input('输入分母:');
if y~=0              % 如果输入的除数为 0,则显示警告
    errordlg('分母不能为零!');
else
    n = x/y;
    disp('计算结果为:')
    disp(n)
end
```

运行程序,在命令窗口中输入如下代码,则弹出如图 2-4 所示的警告对话框。

```
输入分子:48
输入分母:56
```

当在命令窗口中输入如下数字时:

图 2-4 警告对话框

```
输入分子:8
输入分母:0
```

计算结果为:

```
Inf
```

运行结果为 Inf,并不弹出警告对话框。

当用户单击图 2-4 中的 OK 按钮时,代码终止运行,程序自动退出。error 语句和 warning 语句的本质相同,都是警告系统的错误,不同的是 error 语句还终止程序的执行,而 warning 语句不执行此项操作。

6. pause 语句

在 MATLAB 中,当 pause 语句执行时,系统暂停执行,等待用户按任意键继续执行。pause 语句常用于程序的调试过程中和用户需要查看程序执行的中间结果的时候。pause 语句的调用格式如下。

pause:暂停执行程序,等待用户按任意键继续。

pause(n):使程序暂停 n 秒以后继续执行。n 的取值为一非负实数。

pause on:命令允许连续的 pause 指令暂停程序的执行。

pause off:命令使连续的 pause 或 pause(n)指令变得无效,从而使得一些脚本可以自行运行。

pause query:如果暂停正在使用,即显示"on",否则显示"off"。

【例 2-16】 编写函数文件,分别绘制曲线图形。

```
>> clear all;
x = 0:0.1:10;
y1 = x.^2;
subplot(121);plot(x,y1);
pause(8);              %暂停8秒
y2 = x.^3;
subplot(122);plot(x,y2)
```

运行程序,创建第一个图形如图 2-5 所示。

随后,系统执行 pause(8)命令,暂停 8 秒再执行下一步操作,即绘制第二个图形,如图 2-6 所示。

7. echo 语句

通常情况下,在执行 M 文件时,文件中的命令不会在命令窗口中显示。有时为了调用或延时程序,需要这些命令在执行时可见,即可以使用 echo 语句来实现。调用格式如下。

echo on:当 echo 状态为 off 时,显示其后所有被执行命令文件的指令,并打开 echo 状态为 on。

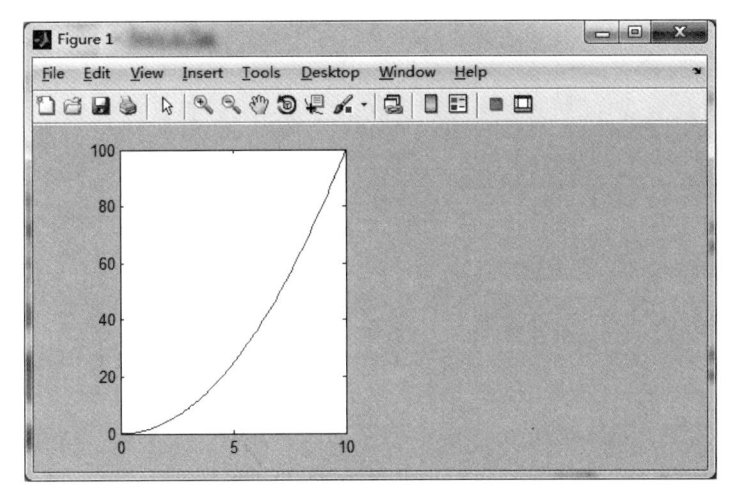

图 2-5　绘制的第一个图形

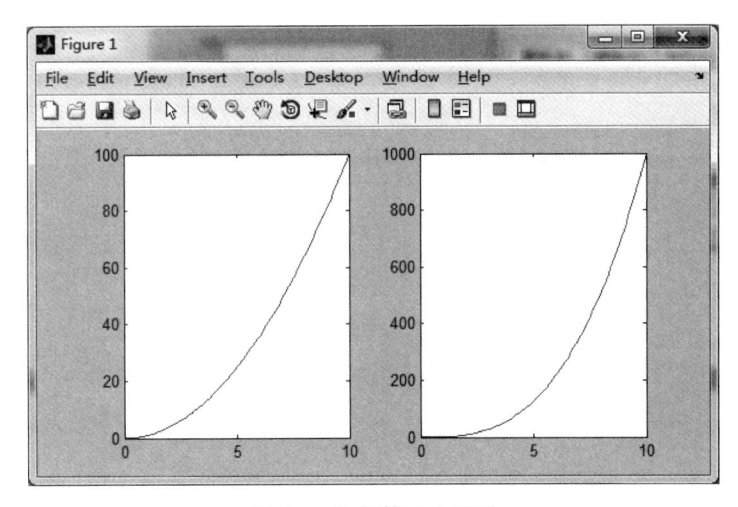

图 2-6　绘制第二个图形

echo off：当 echo 状态为 on 时，显示此语句前的被执行语句，而不显示其后所有被执行命令文件的指令。并使得 echo 的状态为 off。

echo：在上面两种状态之间进行切换。

echo fcnname on：使 fcnname 指定文件的命令在执行中被显示出来。

echo fcnname off：终止显示 fcnname 文件的执行过程。

echo fcnname：在上面两种状态之间进行切换。

echo on all：显示其后所有文件的执行过程。

echo off all：不显示其后所有文件的执行过程。

上面前 3 种仅限于脚本文件，而后面的所有命令二者都适用。但是，前 3 种即使用在函数文件中，也不会报错，即函数文件也可以正确执行，只是 echo 语句不被执行而已。

8. input 语句

在 MATLAB 中，input 语句的作用是提示用户在程序运行过程中给运算输入参数（包括数据、字符串和表达式），并使系统接收所输入的值。input 函数的调用格式如下。

evalResponse＝input(prompt)：在屏幕上显示提示信息 prompt，等待用户输入，并把用户输入的值赋给变量 variable。

strResponse = input(prompt,'s')：返回字符串作为文本变量,而不是给变量赋一个名称或者数值。

【例 2-17】 猜数游戏,随机产生一个 0~10 的整数,用户有 5 次机会,猜错则给出提示,猜对则退出程序。

```
% 猜数游戏
% 随机产生一个 0~10 的随机数
% 用户有 5 次机会,直到猜对为止
disp('游戏开始!')
x = fix(10 * rand);              % 生成一个 0~10 的随机数
for n = 1:5                      % 循环语句,用户有 5 次猜数机会
    a = input('用户输入所猜数字')
    if a < x                     % 所猜的数偏小
        disp('偏小,再猜')
    elseif a > x                 % 所猜的数偏大
        disp('偏大,再猜')
    else disp('恭喜,猜中了!');
        return ;                 % 退出
    end
end
```

将文件保存为 guess.m 函数,在命令窗口中输入：

```
>> guess
游戏开始!
用户输入所猜数字 4
a =
     4
偏小,再猜
用户输入所猜数字 7
a =
     7
偏小,再猜
用户输入所猜数字 9
a =
     9
恭喜,猜中了!
```

9. keyboard 语句

keyboard 命令与 input 命令的作用相似,当程序遇到该命令时,MATLAB 将暂时停止运行程序并处于等待键盘输入状态。处理完毕后,键入 R,程序将继续运行。M 文件中使用此命令,对程序进行调试及在程序运行中修改变量都很方便。

【例 2-18】 利用 keyboard 语句来控制输入变量。

```
>> a = input('输入一个数:')
pause                            % 使程序运行暂停
b = input('输入一个字符串:')
keyboard                         % 使程序运行暂停,注意与 pause 的区别
c = input('输入一个表达式:')
```

运行程序,输出如下：

```
输入一个数:485
a =
```

```
        485
输入一个字符串:'ABC'              % 按任意一个键显示
b =
ABC
K>> return                      % 输入 return 显示
输入一个表达式:4*5
c =
    20
```

2.3 插值

在离散数据的基础上补插连续函数,使得这条连续曲线通过全部给定的离散数据点。插值是离散函数逼近的重要方法,利用它可由函数在有限个点处的取值状况,估算出函数在其他点处的近似值。插值用来填充图像变换时像素之间的空隙。

2.3.1 一维插值

当被插值函数 f(x) 为一元函数时,插值过程称为一维插值,图 2-7 所示为一维插值的简单示意图。

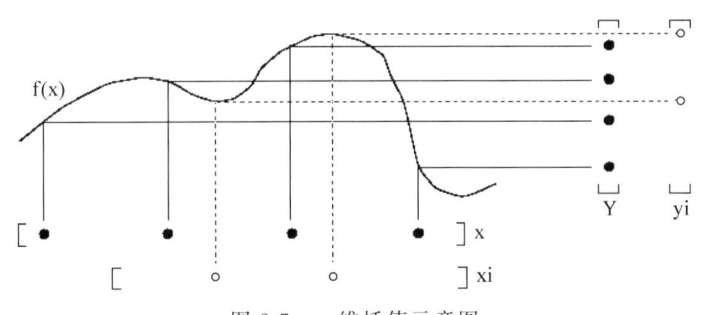

图 2-7 一维插值示意图

一维插值是进行数据分析的重要手段,MATLAB 提供了 interp1 函数实现一维多项式插值。interp1 函数使用多项式技术,用多项式函数通过所提供的数据点,并计算目标插值点上的插值函数值。其调用格式如下。

yi=interp1(x,Y,xi):对一组节点 (x,Y) 进行插值,计算插值点 xi 的函数值。X 为节点向量值,Y 为对应的节点函数值;如果 Y 为矩阵,则插值对 Y 的每一列进行;如果 Y 的维数超过 x 或 xi 的维数,返回 NaN。

yi=interp1(Y,xi):默认 x=1:n,n 为 Y 的元素个数值。

yi=interp1(x,Y,xi,method):method 为指定的插值使用算法,默认为线性算法。其值可以取以下几种类型。

- nearest:线性最邻近项插值。
- linear:线性插值(默认项)。
- spline:三次样条插值。
- pchip:分段三次埃尔米特(Hermite)插值。
- cubic:双三次插值。

这几种方法在速度、平滑性、内存使用方面有所区别,在使用时可以根据需要进行选择,具体包括:

(1) 线性最邻近项插值法是最快的方法,但是,利用它得到的结果平滑性最差。

(2) 线性插值法要比线性最邻近项插值法占用更多的内存,运行时间略长。与线性最邻近项插值法不同,它生成的结果是连续的,但在顶点处会有坡度变化。

(3) 双三次插值法需要更多内存,而且运行时间比线性最邻近项插值法与线性插值法要长。但是,使用此方法时,插值数据及其导数都是连续的。

(4) 三次样条插值法的运行时间相对来说最长,内存消耗比双三次插值法略少。它生成的结果平滑性最好。但是,如果输入数据不是很均匀,可能会得到意想不到的结果。

所有的插值方法都要求 x 的元素是单调的,可不等距。当 x 的元素是单调、等距时,使用 * linear、* nearest、* cubic、pchip 或 spline 选项可快速得到插值结果。

yi=interp1(x,Y,xi,method,'extrap'):利用指定的方法对超出范围的值进行外推计算。

yi=interp1(x,Y,xi,method,extrapval):返回标量 extrapval 为超出范围值。

pp=interp1(x,Y,method,'pp'):利用指定的方法产生分段多项式。

【例 2-19】 已知函数 $f(x)=x^3-5x^2+2$ 中的若干数据点,使用不同的方法对函数进行插值。

```
>> clear all;
x = 0:0.4:2;
y = x.^3 - 2 * x.^2 + 1;
plot(x,y)
grid on;
```

运行程序,效果如图 2-8 所示。

%用样条插值方法对以上采样数据进行插值,代码为:

```
>> xi = 0:0.04:2;
yi = interp1(x,y,xi,'spline');
plot(xi,yi,'k.');
hold on;
plot(xi,xi.^3 - 2 * xi.^2 + 1);
```

运行程序,效果如图 2-9 所示。

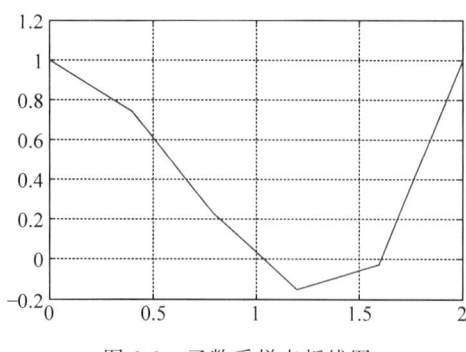

图 2-8 函数采样点折线图   图 2-9 样条插值的效果

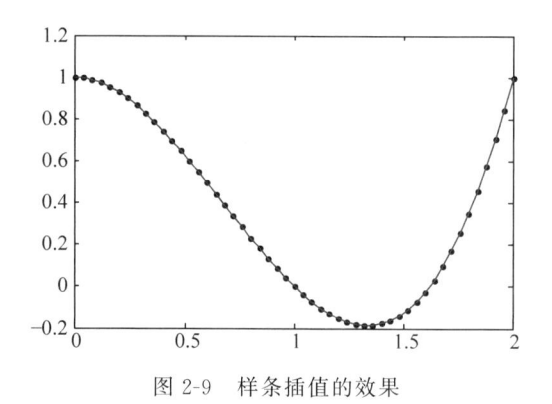

```
% 用线性插值法对以上采样数据进行插值
>> x = 0:0.4:2;
y = x.^3 - 2 * x.^2 + 1;
xi = 0:0.04:2;
yi = interp1(x,y,xi,'linear');
```

```
plot(xi,yi,'r-.');
hold on;
plot(xi,xi.^3 - 2 * xi.^2 + 1);
```

运行程序，效果如图 2-10 所示。

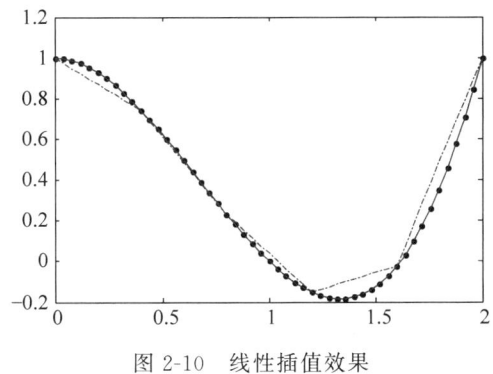

图 2-10　线性插值效果

2.3.2　二维插值

当被插值函数为二元函数时，插值过程为二维插值，以此类推，有三维插值、高维插值。图 2-11 为二维插值的简单示意图。

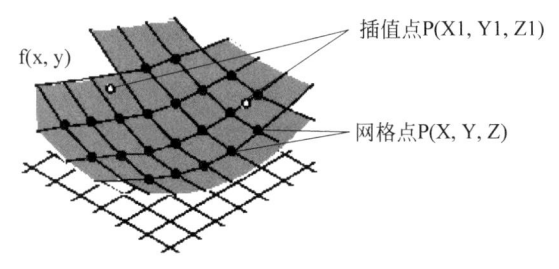

图 2-11　二维插值示意图

在 MATLAB 中提供了 interp2 函数实现二维插值，其调用格式如下。

ZI＝interp2(X,Y,Z,XI,YI)：矩阵 X 与 Y 指定二维区域数据点，在这些数据点处数值矩阵 Z 已知，依此构造插值函数 Z＝F(X,Y)，返回在相应数据点 XI、YI 处的函数值 ZI＝F(XI,YI)。对超出范围[xmin,xmax,ymin,ymax]的 XI 与 YI 值将返回 ZI＝NAN。

ZI＝interp2(Z,XI,YI)：这里默认的设置为 X＝1:N,Y＝1:M，其中，[M,N]＝size(Z)。即 N 为矩阵 Z 的行数，Y 为矩阵 Z 的列数。

ZI＝interp2(Z,ntimes)：在 Z 的各点间插入数据点对 Z 进行扩展，一次执行 ntimes 次，默认为 1 次。

ZI＝interp2(X,Y,Z,XI,YI,method)：method 指定的是插值使用的算法，默认为线性算法，其值可以是以下几种类型。

- nearest：线性最近项插值。
- linear：线性插值（默认项）。
- spline：三次样条插值。
- pchip：分段三次埃尔米特(Hermite)插值。
- cubic：双三次插值。

所有插值方法要求 X 与 Y 的元素是单调的，即单调递增或单调递减，可不等距。当 X 与

Y 的元素为单调等距时,使用 * nearest、* linear、* spline、* pchip 及 * cubic 选项可快速得到插值结果。对一元向量 XI 与 YI,应先使用语句[XI,YI]=meshgrid(xi,yi)生成数据点矩阵 XI 与 YI。

ZI = interp2(…,method,extrapval):返回标量 extrapval 为超出范围值。

【例 2-20】 利用 interp2 对给出的数据进行不同二维网格插值。

```
>> clear all;
[X,Y] = meshgrid(-3:.25:3);
Z = peaks(X,Y);
[XI,YI] = meshgrid(-3:.125:3);
Z1 = interp2(X,Y,Z,XI,YI);
subplot(2,2,1);mesh(X,Y,Z);
hold on;
mesh(XI,YI,Z1 + 15)
axis([-3 3 -3 3 -5 20]);
title('二维网格双线性插值');
Z2 = interp2(X,Y,Z,XI,YI,'nearest');
subplot(2,2,2);mesh(X,Y,Z);
hold on;
mesh(XI,YI,Z2 + 15)
axis([-3 3 -3 3 -5 20]);
title('二维网格最近邻插值');
Z3 = interp2(X,Y,Z,XI,YI,'cubic');
subplot(2,2,3);mesh(X,Y,Z);
hold on;
mesh(XI,YI,Z3 + 15)
axis([-3 3 -3 3 -5 20]);
title('二维网格双三次插值');
Z4 = interp2(X,Y,Z,XI,YI,'spline');
subplot(2,2,4);mesh(X,Y,Z);
hold on;
mesh(XI,YI,Z4 + 15)
axis([-3 3 -3 3 -5 20]);
title('二维网格样条插值');
set(gcf,'Color','w');
```

运行程序,效果如图 2-12 所示。

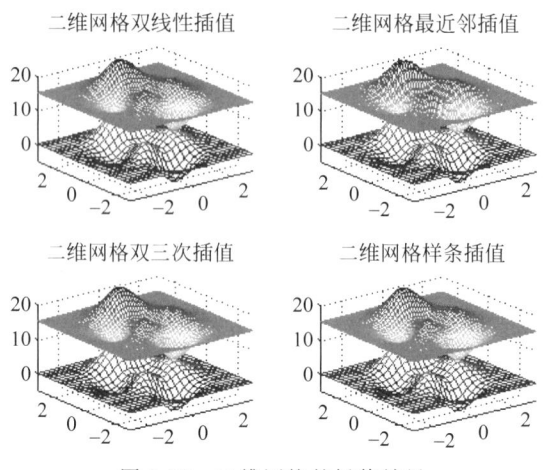

图 2-12 二维网格的插值效果

2.3.3 插值方法

不同插值方法本质上是插值函数的约束条件不同,相应的插值效果和效率也有很大的差别,这里将 MATLAB 常用的 4 种插值方法总结如下。

- 最近邻插值:利用阶梯函数插值,速度快,内存消耗少,插值效果很差,一般不推荐使用。
- 线性插值:利用分段线性函数插值,速度快,内存消耗少,插值效果较差。
- 立方插值:利用三次多项式插值,效率较低,内存消耗大,插值效果较好。
- 样条插值:利用分段三次多项式插值,速度较快,插值效果好。

【例 2-21】 根据给出的数据进行一维插值。

```
>> clear all;
x = 0:10;
y = sin(x);
xi = 0:.25:10;
y1 = interp1(x,y,xi);                    % 默认线性插值
subplot(2,2,1);plot(x,y,'o',xi,y1)
xlabel('(a) 一维线性样条插值');
y2 = interp1(x,y,xi,'nearest');          % 最近邻线性插值
subplot(2,2,2);plot(x,y,'p',xi,y2)
xlabel('(b) 一维最近邻插值');
y3 = interp1(x,y,xi,'cubic');            % 双三次插值
subplot(2,2,3);plot(x,y,'v',xi,y3)
xlabel('(c) 一维双三次插值');
y4 = interp1(x,y,xi,'spline');           % 样条插值
subplot(2,2,4);plot(x,y,'s',xi,y4)
xlabel('(d) 一维样条插值');
```

运行程序,效果如图 2-13 所示。

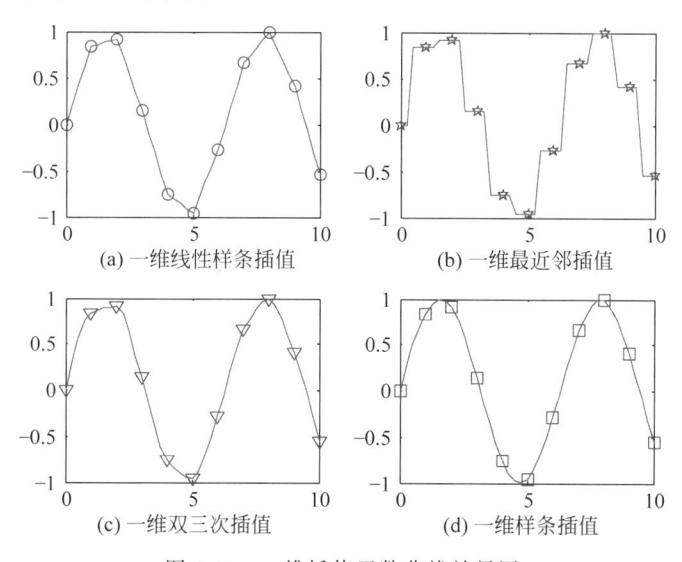

图 2-13 一维插值函数曲线效果图

2.4 回归分析

回归分析是统计学非常重要的数据分析方法,在信号处理、经济学等众多领域都有广泛的

应用。MATLAB对回归分析提供了强大的支持。

2.4.1 问题概述

假设有以下实验观测数据：x=[0 0.1 0.2 0.3 0.4 0.5 0.6 0.7 0.8 0.9 1],y=[-1.0, -0.9,-0.8,-0.7,-0.6,-0.5,-0.4,-0.3,-0.2,-0.1,0],试找出变量x、y的约束关系。

为直观起见，作(x,y)点图如图2-14所示，根据图2-14可猜想x、y具有多项式的关系，事实是否如此? 如果是，那么多项式的系数怎样求得? 这些正是回归分析要考虑的问题。

回归分析和曲线拟合都是要根据所得的观测数据找到一个目标函数f(x)，这个函数能够描述两个或两个以上变量间的关系，回归分析试图寻找变量间的线性依存关系。

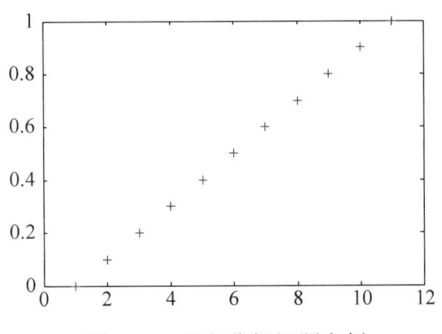

图2-14 回归分析问题实例

2.4.2 线性回归分析

线性回归分析约束目标函数 $f(x)$ 为几个简单的已知函数的线性组合，即 $f(x)=\sum_{m=0}^{M-1}a_m f_m(x)$，将观测数据 (x_i,y_i) 代入上式得

$$\begin{bmatrix} f_0(x_1) & f_1(x_1) & \cdots & f_{M-1}(x_1) \\ f_0(x_2) & f_1(x_2) & \cdots & f_{M-1}(x_2) \\ \vdots & \vdots & \ddots & \vdots \\ f_0(x_N) & f_1(x_N) & \cdots & f_{M-1}(x_N) \end{bmatrix} \begin{bmatrix} a_0 \\ a_1 \\ \vdots \\ a_{M-1} \end{bmatrix} = \begin{bmatrix} y_1 \\ y_2 \\ \vdots \\ y_N \end{bmatrix},$$

通常情况下，$M \ll N$。令

$$\boldsymbol{f} = \begin{bmatrix} f_0(x_1) & f_1(x_1) & \cdots & f_{M-1}(x_1) \\ f_0(x_2) & f_1(x_2) & \cdots & f_{M-1}(x_2) \\ \vdots & \vdots & \ddots & \vdots \\ f_0(x_N) & f_1(x_N) & \cdots & f_{M-1}(x_N) \end{bmatrix}, \quad \boldsymbol{a} = \begin{bmatrix} a_0 \\ a_1 \\ \vdots \\ a_{M-1} \end{bmatrix}, \quad \boldsymbol{y} = \begin{bmatrix} y_1 \\ y_2 \\ \vdots \\ y_N \end{bmatrix},$$

即 $\boldsymbol{Fa}=\boldsymbol{y}$，线性回归分析实际上可以归结为求线性方程组的解。通常利用最小二乘拟合得到参数 $\boldsymbol{a}$，即 $\boldsymbol{a}=\boldsymbol{F}\backslash\boldsymbol{y}$，从而得

$$f(x) = \sum_{m=0}^{M-1} a_m f_m(x)$$

【例2-22】 已知 $x=[0\ 0.1\ 0.2\ 0.3\ 0.4\ 0.5\ 0.6\ 0.7\ 0.8\ 0.9\ 1]$, $y=[-1.0,-0.89,-0.76,-0.61,-0.44,-0.25,-0.04,0.19,0.44,0.71,1.0]$ 为某飞机的航迹数据，试分析 x、y 的关系 $y=f(x)$。

建模 $f(x)$，此处将 $f(x)$ 表示为 $\{1, e^{-x}, e^{-2x}\}$ 的线性组合，即 $f(x)=a_0+a_1 e^{-x}+a_2 e^{-2x}$，$f(x)$ 为指数函数的线性组合，因此称为指数函数线性回归分析。

实现的MATLAB代码为：

```
>> clear all;
x= [0 0.1 0.2 0.3 0.4 0.5 0.6 0.7 0.8 0.9 1]';
```

```
y = [-1.0, -0.89, -0.76, -0.61, -0.44, -0.25, -0.04, 0.19, 0.44, 0.71, 1.0]';
F = [ones(size(x)),exp(-x),exp(-2*x)];
a = F\y
```

运行程序,输出如下:

```
a =
    3.8045
   -9.5795
    4.8226
```

所以得 $f(x)=3.8045-9.5795\mathrm{e}^{-x}+4.8226\mathrm{e}^{-2x}$。

%求更加精细的轨迹数据,代码为:

```
>> X = (0:0.05:1)';
Y = [ones(size(X)),exp(-X),exp(-2*X)]*a;
% 作已知数据 f(x)曲线
>> plot(x,y,'ro');
hold on;
plot(X,Y,'k');
hold on;
xlabel('时间 t');
ylabel('y');
```

运行程序,效果如图 2-15 所示。

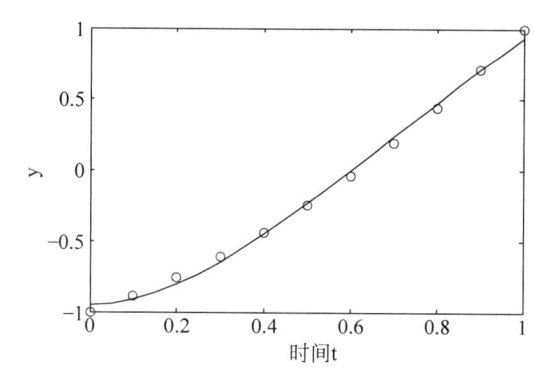

图 2-15 飞机航迹数据的指数函数线性回归分析图

当 $f_m(x)$ 为多项式,且 $f_m(x)=x^m$ 时,

$$F = \begin{bmatrix} 1 & x_1 & \cdots & x_1^{M-1} \\ 1 & x_2 & \cdots & x_2^{M-1} \\ \vdots & \vdots & \ddots & \vdots \\ 1 & x_N & \cdots & x_N^{M-1} \end{bmatrix},$$

此时线性回归分析称为多项式回归分析。

【例 2-23】 对例 2-22 中的飞机航迹数据进行多项式回归分析。

建模 $f(x)$,对多项式回归分析,多项式阶数的选择是一个比较复杂的问题,此处简单将多项式的阶数定为 4,即 $f(x)=a_0+a_1x+a_2x^2+a_3x^3+a_4x^4$。

%求系数矩阵 F,代码为:

```
>> clear all;
x = [0 0.1 0.2 0.3 0.4 0.5 0.6 0.7 0.8 0.9 1]';
y = [-1.0, -0.89, -0.76, -0.61, -0.44, -0.25, -0.04, 0.19, 0.44, 0.71, 1.0]';
F = [ones(size(x)),x,x.^2,x.^3,x.^4];
% 利用最小二乘拟合求线性参数 a = F\y
a = F\y
```

运行程序，输出如下：

```
a =
   -1.0000
    1.0000
    1.0000
    0.0000
   -0.0000
```

所以 $f(x) = -1 + x + x^2$。

```
% 求更加精细的轨迹数据
>> X = (0:0.1:1)';
Y = [ones(size(x)),x,x.^2,x.^3,x.^4] * a;
% 作已知数据点图和 f(x) 曲线图
plot(x,y,'ro');
hold on;
plot(X,Y,'k');
hold on;
xlabel('时间 t');
ylabel('y');
```

运行程序，效果如图 2-16 所示。

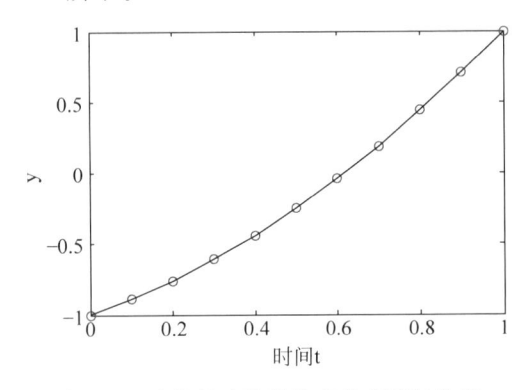

图 2-16　飞机航迹数据的多项式回归分析

2.4.3　多分量回归分析

2.4.2 节介绍了单个变量的回归分析，实际问题经常要考虑多方面因素的影响，研究多个变量间的联系。与单变量回归分析类似，多变量回归分析也需要对函数建模，目标函数与未知参数的关系是线性的，然后由观测数据得到系数矩阵 **F** 和因变量 **y**，利用最小二乘拟合 $a = F\backslash y$ 求得线性参数 **a**，从而得到 $y = f(x)$。

【例 2-24】 z 为 x、y 的线性函数，现有 x、y、z 的一组观测数据：$x = [2\ 8\ 7\ 6\ 3]$，$y = [5\ 9\ 3\ 7\ 6]$，$z = [9\ 5\ 4\ 6\ 8]$，试求 $z = f(x, y)$。

```
%f(x,y)建模,由于f(x,y)为x、y的线性函数,所以有f(x,y) = a₀ + a₁x + a₂z。
%输入观测数据
>> clear all;
x = [2 8 7 6 3]';
y = [5 9 3 7 6]';
z = [9 5 4 6 8]';
%求系数矩阵F
F = [ones(size(z)),x,y];
%利用最小二乘拟合求线性参数 a = F\z
a = F\z
```

运行程序,输出如下:

```
a =
    8.9971
   -0.8378
    0.2932
```

所以,有 $f(x,y) = 8.9971 - 0.8378x + 0.2932y$。

```
%作已知数据点误差的 stem 图
>> e = (a(1) + a(2) * x + a(3) * y) - z;  %求回归误差
stem(1:5,e);
hold on;
stem(1:5,z,'k.');
legend('回归误差','z');
```

运行程序,效果如图 2-17 所示。

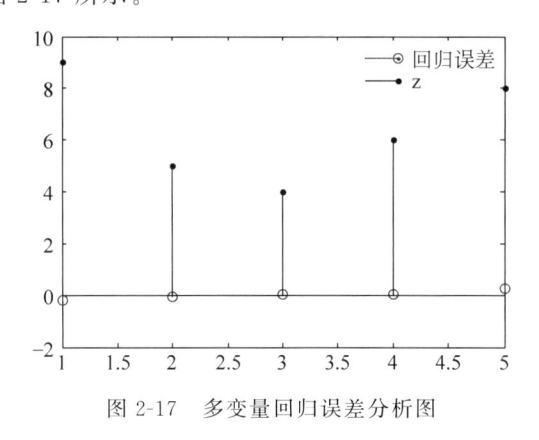

图 2-17 多变量回归误差分析图

2.5 曲线拟合

插值函数必须通过所有样本点,然而,在有些情况下,样本点的取得本身就包含着实验中的测量误差,这一要求无疑是保留了这些测量误差的影响,满足这一要求虽然使样本点处"误差"为零,但会使非样本点处的误差变得过大,很不合理。为此,提出了另一种函数逼近方法——数据拟合。数据拟合不要求构造的近似函数全部通过样本点,而是"很好逼近"它们。这种逼近的特点如下。

- 需要适当的精度控制。
- 实验数据中由于一些人为与非人为因素而存在着小的误差。

- 对于一些问题,存在某些特殊信息能够帮助我们从实验数据中建立数学模型。

2.5.1 多项式拟合

在科学实验与工程实践中,经常进行测量数据$\{(x_i,y_i),i=0,1,\cdots,m\}$的曲线拟合,其中$y_i=f(x_i),i=0,1,\cdots,m$。要求一个函数$y=S^*(x)$与所给数据$\{(x_i,y_i),i=0,1,\cdots,m\}$拟合,若记误差$\delta_i=S^*(x_i)-y_i,i=0,1,\cdots,m,\boldsymbol{\delta}=(\delta_0,\delta_1,\cdots,\delta_m)^T$,设$\varphi_0,\varphi_1,\cdots,\varphi_n$是$C[a,b]$上的线性无关函数簇,在$\varphi=\mathrm{span}\{\varphi_0(x),\varphi_1(x),\cdots,\varphi_n(x)\}$中找一函数$S^*(x)$,使误差平方和为

$$\|\boldsymbol{\delta}\|^2=\sum_{i=0}^m\delta_i^2=\sum_{i=0}^m[S^*(x_i)-y_i]^2$$

其中

$$S(x)=a_0\varphi_0(x)+a_1\varphi_1(x)+\cdots+a_n\varphi_n(x)(n<m)$$

在 MATLAB 中提供了 polyfit 函数用于实现曲线拟合。其调用格式如下。

p=polyfit(x,y,n):对 x 与 y 进行 n 维多项式的曲线拟合,输出结果 p 为含有 n+1 个元素的行向量,该向量以维数递减的形式给出拟合多项式的系数。

[p,S]=polyfit(x,y,n):结果中的 S 包括 R、df 与 normr,分别表示对 x 进行 OR 分解的三角元素、自由度、残差。

[p,S,mu]=polyfit(x,y,n):在拟合过程中,首先对 x 进行数据标准化处理,以在拟合中消除量纲等的影响,mu 包含两个元素,分别是标准化处理过程中使用的 x 的均值与标准差。

【例 2-25】 多项式拟合。

```
>> x = (0: 0.1: 2.5)';
y = erf(x);
p1 = polyfit(x,y,6)         % 无归一化处理多项式拟合
[p2,S,mu] = polyfit(x,y,6)   % 归一化处理多项式拟合
p1 =
    0.0084   -0.0983    0.4217   -0.7435    0.1471    1.1064    0.0004
p2 =
    0.0017   -0.0092    0.0016    0.0708   -0.1747    0.1822    0.9230
S =
        R: [7x7 double]
       df: 19
    normr: 0.0014
mu =
    1.2500
    0.7649
```

由以上结果可知,有时使用[p,S,mu]=polyfit(x,y,n)的时候需要特别注意,它与 p=polyfit(x,y,n)得到的结果差异很大。

与 polyfit 函数配合使用的函数为 polyval,这个函数根据拟合出来的多项式系数 p 计算给定数据 x 处的 y 值。其调用格式如下。

```
y = polyval(p,x)
[y,delta] = polyval(p,x,S)
y = polyval(p,x,[],mu)
[y,delta] = polyval(p,x,S,mu)
```

其中，y 是根据多项式系数 p 计算出来的 x 处的多项式值。delta 为利用结构体 S 计算出来的误差估计，y 的 95% 置信区间为[y−delta,y+delta]，其中 polyfit 函数数据输入的误差是独立正态的，并且方差为常数，函数 polyval 的输入参数与函数 polyfit 的输出参数意义相同。

【例 2-26】 某年美国旧车价格的调查资料如表 2-1 所示，其中 xi 表示轿车的使用年数，yi 表示相应的平均价格。试分析应使用什么形式的曲线来拟合上述的数据，并预测使用 5 年后轿车的平均价格大致为多少？

表 2-1 某年美国旧车价格的调查资料

xi	1	2	3	4	5	6	7	8	9	10
yi	2615	1943	1494	1087	765	538	484	290	226	204

首先求出拟合多项式，然后把 5 代入拟合多项式计算出使用 5 年后轿车的平均价格。
其实现的 MATLAB 代码为：

```
>> clear all;
x=[1 2 3 4 5 6 7 8 9 10];
y=[2615 1943 1496 1087 765 538 484 290 226 204];
n=4;
disp('拟合结果:')
p=polyfit(x,y,n)
xi=linspace(0,12,100);
z=polyval(p,xi);                    %计算给定数据x处的y值
plot(x,y,'+',xi,z,'k.',x,y,'m');
legend('原始数据','4阶曲线');
z=polyval(p,5)                      %5年后轿车的平均价格
```

运行程序，输出如下。
拟合结果：

```
p =
   1.0e+03 *
    0.0001   -0.0053    0.0992   -0.9049    3.4208
z =
  788.4977
```

运行效果如图 2-18 所示。

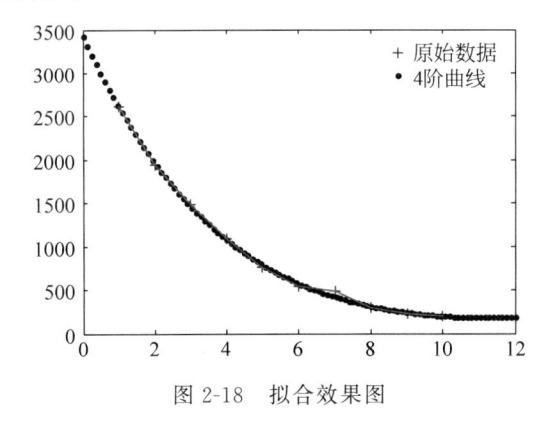

图 2-18 拟合效果图

【例 2-27】 已知的数据点来自函数 $f(x)=1/(1+25x^2)$，$-1 \leqslant x \leqslant 1$，根据生成的数据点进行不同阶次的多项式的拟合，观察拟合效果。

```
>> clear all;
x0 = -1 + 2 * [0:10]/10;
y0 = 1./(1 + 25 * x0.^2);
x1 = -1:0.01:1;
y1 = 1./(1 + 25 * x1.^2);
p0 = polyfit(x0,y0,3); f0 = polyval(p0,x1);      % 多项式的 3 次拟合
p1 = polyfit(x0,y0,5); f1 = polyval(p1,x1);      % 多项式的 5 次拟合
p2 = polyfit(x0,y0,7); f2 = polyval(p2,x1);      % 多项式的 7 次拟合
p3 = polyfit(x0,y0,9); f3 = polyval(p3,x1);      % 多项式的 9 次拟合
p4 = polyfit(x0,y0,12);f4 = polyval(p4,x1);      % 多项式的 12 次拟合
plot(x1,y1,'r',x1,f0,'m:',x1,f1,x1,f2,'k-.',x1,f3,'bp',x1,f4,'gs');
legend('原函数','3 次拟合','5 次拟合','7 次拟合','9 次拟合','12 次拟合');
```

运行程序,效果如图 2-19 所示。

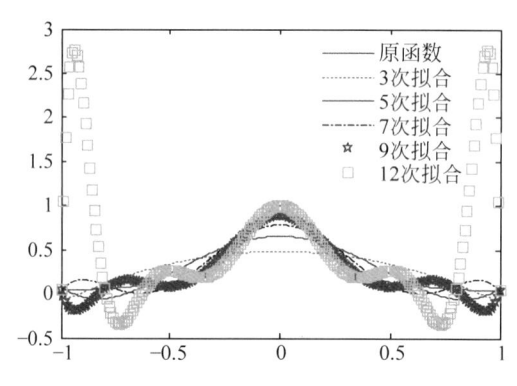

图 2-19 各阶多项式的拟合效果

指数函数拟合是利用指数函数 $y=f(x)=e^{ax+b}$ 对观测数据进行拟合,使误差平方和最小。MATLAB 对指数函数拟合没有提供专门的函数支持,通常利用一阶多项式拟合来解决指数函数拟合问题。

【例 2-28】 对 $1+x+\dfrac{x^2}{2}$ 在 $[-1,2]$ 区间的采样数据作指数函数拟合。

```
>> clear all;
x = -1:0.02:2;
y = 1 + x + x.^2/2;
% 调用函数 polyfit 对 x、lny 作一阶多项式拟合
P = polyfit(x,log(y),1)
P =
    0.8447    0.0199
% 求得拟合曲线
>> yi = exp(polyval(P,x));
% 作观测数据点、拟合曲线
>> plot(x,y,'r.');
>> hold on;
>> plot(x,yi,'k');
>> xlabel('x');
>> ylabel('y');
>> legend('采样数据','拟合曲线');
```

运行程序,效果如图 2-20 所示。

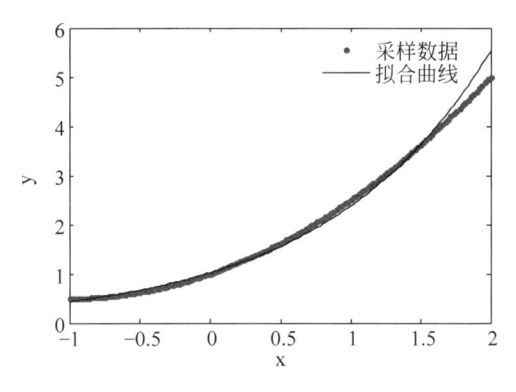

图 2-20 指数函数拟合效果

2.5.2 线性最小二乘拟合

设由测量得到函数 $y=f(x)$ 的一组数据为 $x_1,x_2,\cdots,x_n$ 与 $y_1,y_2,\cdots,y_n$。

求一个次数低于 $n-1$ 的多项式为：
$$y=\varphi(x)=a_0+a_1x+a_2x^2+\cdots+a_mx^m,(m<n-1)$$

其中，$a_1,a_2,\cdots,a_m$ 待定，使其"最好"地拟合这组数据，"最好"的标准是：使得 $\varphi(x)$ 在 x_i 的偏差
$$\delta_i=\varphi(x_i)-y_i,(i=1,2,\cdots,n)$$
的平方和
$$Q=\sum_{i=1}^n\delta_i^2=\sum_{i=1}^n[\varphi(x_i)-y_i]^2$$
达到最小。

由于拟合曲线 $y=\varphi(x)$ 不一定过点 (x_i,y_i)，因此，把点 (x_i,y_i) 代入 $y=\varphi(x)$，便得到以 $a_1,a_2,\cdots,a_m$ 为未知量的矛盾方程组，其矩阵形式为：
$$\boldsymbol{Ax}=\boldsymbol{b}$$

其中，
$$\boldsymbol{A}=\begin{bmatrix}1 & x_1 & x_1^2 & \cdots & x_1^m \\ 1 & x_2 & x_2^2 & \cdots & x_2^m \\ \vdots & \vdots & \vdots & \ddots & \vdots \\ 1 & x_n & x_n^2 & \cdots & x_n^m\end{bmatrix},\quad \boldsymbol{x}=\begin{bmatrix}a_0 \\ a_1 \\ \vdots \\ a_m\end{bmatrix},\quad \boldsymbol{b}=\begin{bmatrix}y_1 \\ y_2 \\ \vdots \\ y_n\end{bmatrix}$$

以上方程的最小二乘解，也就是正则方程组
$$\boldsymbol{A}^\mathrm{T}\boldsymbol{Ax}=\boldsymbol{A}^\mathrm{T}\boldsymbol{b}$$
的解。

将此方程组得到的唯一解代入拟合多项式 $y=\varphi(x)$，即得所求，以上便称为拟合曲线的最小二乘。

在 MATLAB 中提供了 lsqcurvefit 函数用于实现线性曲线最小二乘拟合。其调用格式如下。

x=lsqcurvefit(fun,x0,xdata,ydata)：fun 为拟合函数，(xdata,ydata) 为一组观测数据，满足 ydata=fun(xdata,x)，以 x0 为初始点求解该数据拟合问题。

x=lsqcurvefit(fun,x0,xdata,ydata,lb,ub)：以 x0 为初始点求解该数据拟合问题，lb、ub

为向量,分别是变量 x 的下界与上界。

x=lsqcurvefit(fun,x0,xdata,ydata,lb,ub,options):options 为指定优化参数,其参数如表 2-2 所示。

表 2-2 options 优化参数及其说明

优化参数	说明
LargeScale	若设置为 on,则使用大规模算法;若设置为 off,则使用中小规模算法
DerivativeCheck	对用户提供的导数和有限差分求出的导数进行对比
Diagnostics	打印要极小化的函数的诊断信息
Display	设置为 off 时不显示输出,为 iter 时显示每一次的迭代输出,为 final 时只显示最后结果
Jacobian	若设置为 on,则利用用户定义的 Jacobian 矩阵或 Jacobian 信息(使用 JacobMult 时);若设置为 off,则利用有限差分来近似 Jacobian 矩阵
MaxFunEvals	函数评价的最大次数
MaxIter	函数所允许的最大迭代次数
OutputFcn	在每一次迭代之后给出用户定义的输出函数
TolFun	函数值的容忍度
TolX	x 处的容忍度
TypicalX	典型的 x 值
JacobMult	Jacobian 矩阵乘法函数的句柄(大规模算法)
JacobPattern	用于有限差分的 Jacobian 矩阵的稀疏形式(大规模算法)
MaxPCGIter	共轭梯度迭代的最大次数(大规模算法)
PrecondBandWidth	带宽处理,对于有些问题,增加带宽可以减少迭代次数(大规划算法)
TolPCG	共轭梯度迭代的终止容忍度(大规模算法)
DiffMinChange	变量有限差分梯度的最大变化(中小规模算法)
DiffMinChange	变量有限差分梯度的最小变化(中小规模算法)
LevenbergMarquardt	在 Gauss-Newton 算法上选择 Levenberg-Marquardt(中小规模算法)
LineSearchType	选择线性搜索算法(中小规模算法)

[x,resnorm] = lsqcurvefit(…):在上面命令功能的基础上,输出变量 resnorm=$\|r(x)\|_2^2$。

[x,resnorm,residual] = lsqcurvefit(…):输出变量 residual=r(x)。

[x,resnorm,residual,exitflag] = lsqcurvefit(…):exitflag 为终止迭代的条件信息,其取值如表 2-3 所示。

表 2-3 exitflag 的取值及说明

exitflag 取值	说明
1	表示函数收敛到解 x
2	表示相邻两次迭代点处的变化小于预先给定的容忍度
3	表示残差的变化小于预先给定的容忍度
4	表示搜索方向的级小于预先给定的容忍度
0	表示超出了最大迭代次数或函数的最大赋值次数
−1	表示算法被输出函数终止
−2	表示违背的变量的界约束
−4	表示沿当前的搜索方向不能使残差继续下降

[x,resnorm,residual,exitflag,output]=lsqcurvefit(…):output 为输出的关于变量的信息,其取值如表 2-4 所示。

表 2-4 output 的结构及说明

output 结构	说　　明
iteration	算法的迭代次数
funcCount	函数的赋值次数
algorithm	所使用的算法
cgiterations	共轭梯度迭代次数（只适用于大规模算法）
firstorderopt	一阶最优条件（如果用的话），即为目标函数在点 x 处的梯度
message	算法终止信息

[x,resnorm,residual,exitflag,output,lambda] = lsqcurvefit(…)：lambda 为输出的 Lagrange 乘子。

[x,resnorm,residual,exitflag,output,lambda,jacobian] = lsqcurvefit(…)：jacobian 为输出在解 x 处的 Jacobian 矩阵。

【例 2-29】 体重约 70kg 的某人在短时间内喝下两瓶啤酒后，隔一定时间测量他的血液中的酒精含量(mg/100mL)，得到数据如表 2-5 所示。试用所给数据用函数 $\varphi(t)=at^b e^{ct}$ 进行拟合，求出常数 a、b、c。

表 2-5 一定时间测量的血液中的酒精含量

时间 t/h	0.25	0.5	0.75	1	1.5	2	2.5	3	3.5	4	4.5	5
酒精含量 h/(mg/100mL)	30	68	75	82	82	77	68	68	58	51	50	41
时间 t/h	6	7	8	9	10	11	12	13	14	15	16	
酒精含量 h/(mg/100mL)	38	35	28	25	18	15	14	10	7	7	4	

其实现的 MATLAB 代码为：

```
>> clear all;
t = [0.25 0.5 0.75 1 1.5 2 2.5 3 3.5 4 4.5 5 6 7 8 9 10 11 12 13 14 15 16];
h = [30 68 75 82 82 77 68 68 58 51 50 41 38 35 28 25 18 15 14 10 7 7 4];
h1 = log(h);                                          %输入数据
f = inline('a(1) + a(2).* log(t) + a(3).* t','a','t');   %建立内联函数
[x,r] = lsqcurvefit(f,[1,0.5, - 0.5],t,h1)            %求参数 lna,b,c 的拟合值
plot(t,h,'p');                                        %绘制散点图
hold on;
ezplot('exp(4.834 + 0.4709 * log(t) + ( - 0.2663) * t)',[0.2,16]);  %绘制拟合函数图
grid on;
```

运行程序，输出如下。

```
x =
    4.4805    0.4695   - 0.2645
r =                              %误差平方和
    0.4393
```

运行效果如图 2-21 所示。

2.5.3 交互式曲线拟合工具

MATLAB 中有专门的曲线拟合工具来处理曲线的拟合问题，即 Basic Fitting interface。通过该工具，用户无须编写代码即可完成一些常用的曲线拟合。

以下以 MATLAB 自带的 census.mat 数据拟合为例介绍 Basic Fitting interface 的使用方法。

exp(4.834+0.4709log(t)+(−0.2663) t)

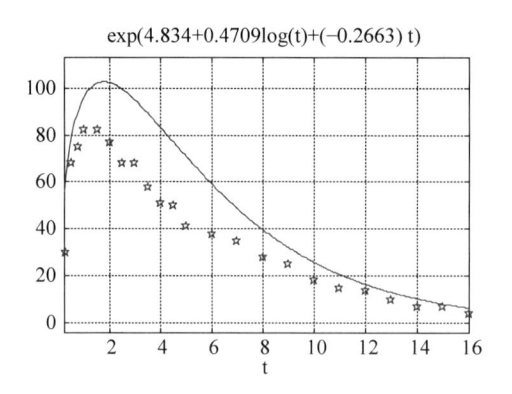

图 2-21　散点及拟合效果图

先在 MATLAB 命令窗口输入以下指令载入 census data 数据。

```
>> load census
```

此时，MATLAB 基本工作空间生成两个 double 型列向量 cdate 和 pop，cdate 表示 1790—1980 年以 10 年为间隔的年份，pop 为对应年份美国的人口。

```
% 作 census 数据散点图
>> plot(cdate,pop,'ko');
```

运行程序，效果如图 2-22 所示。

在图 2-22 所示的窗口中选择 Tool 菜单下的 Basic Fitting 选项，即得到 Basic Fitting-1 主界面，如图 2-23 所示。

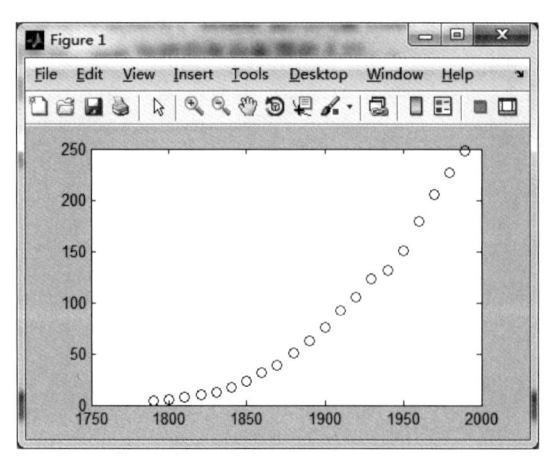

图 2-22　census 数据散点图

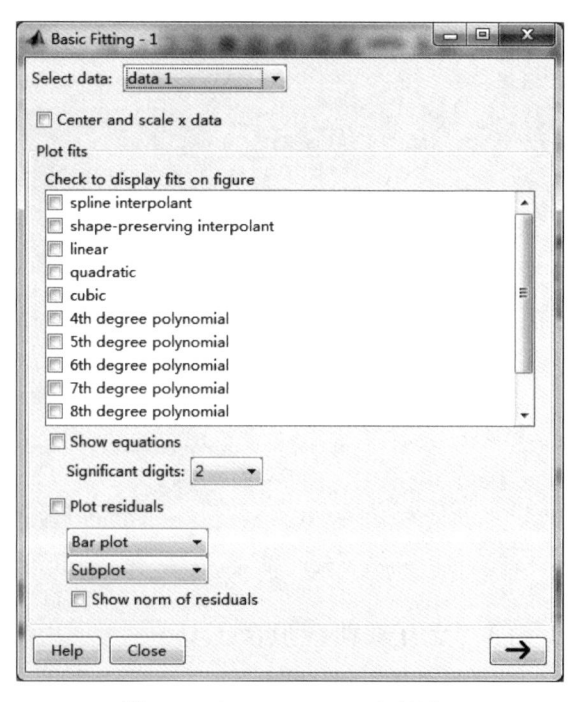

图 2-23　Basic Fitting-1 主界面 1

用户可以在图 2-23 所示的界面中的 Plot fits 面板中选择不同的曲线拟合方式，为了便于比较，可以选择多种拟合方式，从而选择效果最好的一种拟合。如果某次拟合的效果较差，

MATLAB 会给出警告,这时用户可以试着选择 Center and scale x data 复选框以改善拟合效果。

如果选择 Show equations 复选框,那么拟合窗口将显示拟合方程,如图 2-24 所示。如果选择 Plot residuals 复选框,那么拟合窗口将显示误差余量,如图 2-24 所示。此外用户可以选择不同的显示类型,如 Bar plot(直方图)、Scatter plot(散点图)、Line plot(线图);可以将误差余量图作为拟合结果的子图或单独的窗口。如果选择 Show norm of residuals 复选框,那么误差余量图将显示误差余量的范数,如图 2-24 所示。

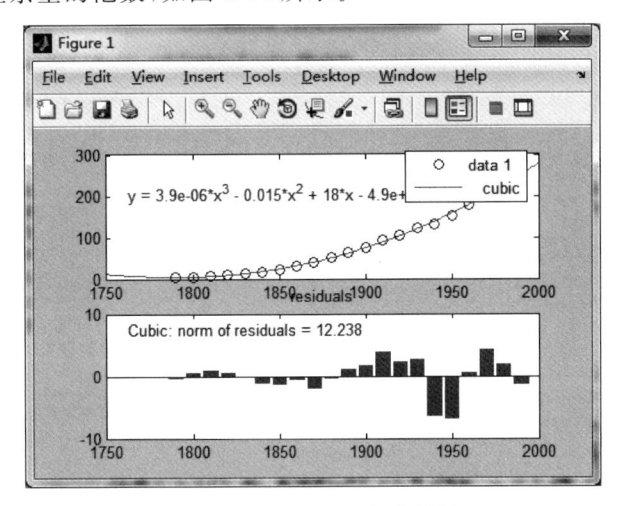

图 2-24 census data 拟合效果 1

单击图 2-23 中的 →按钮,得到如图 2-25 所示的界面,通过该界面用户能看到拟合的数值结果,并将结果保存到 MATLAB 基本空间中。

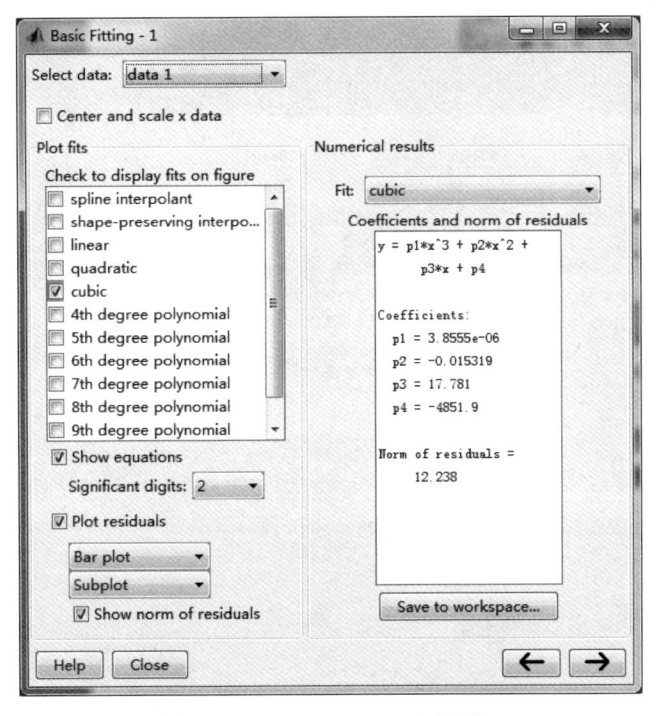

图 2-25 Basic Fitting-1 主界面 2

在图 2-25 所示的界面中再次单击 →按钮,得到如图 2-26 所示的界面。通过该界面右侧的面板，用户可以得到任意点处拟合函数的值，如在编辑框中输入 2000:10:2060，并单击 Evaluate 按钮，计算结果显示在列表框中。如果选择 Plot evaluated results 复选框，那么计算结果将显示在拟合曲线中，如图 2-27 所示。

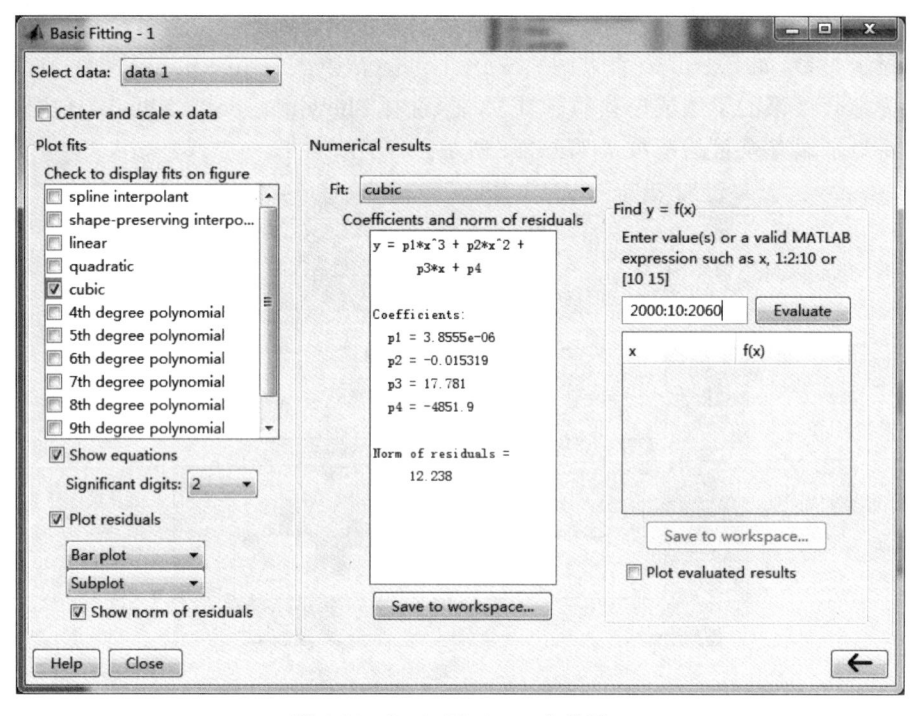

图 2-26　Basic Fitting-1 主界面 3

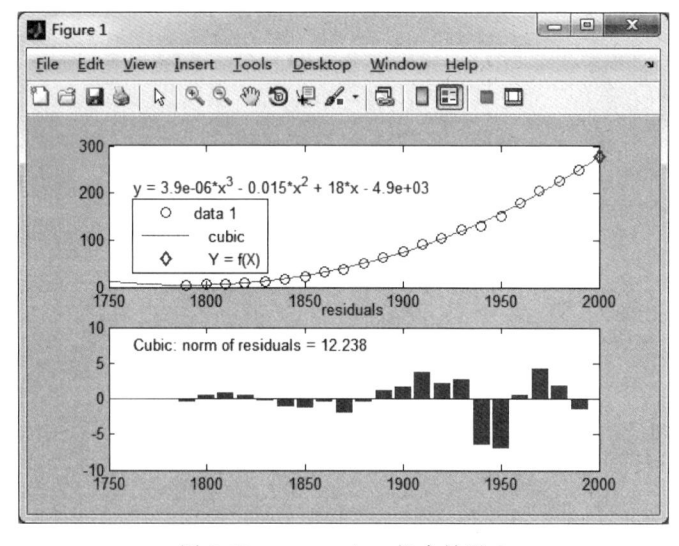

图 2-27　census data 拟合效果 2

2.6　傅里叶分析

傅里叶变换（Fourier Transform）将函数表示为不同频率的正弦、余弦函数之和，对于离散数据，傅里叶变换为 DFT（Discrete Fourier Transform），即离散傅里叶变换。MATLAB 提供了 fft 函数用于实现离散傅里叶变换，提供 ifft 函数实现逆离散傅里叶变换。

2.6.1 傅里叶变换及逆变换

对长度为 N 的输入序列 x，其 DFT 是长度为 N 的向量 $\boldsymbol{X}$：

$$X(k) = \sum_{n=1}^{N} x(n) e^{-j2\pi(k-1)\left(\frac{n-1}{N}\right)} ;$$

另外，由 x 的 DFT 也可得到 x，x 称为 $\boldsymbol{X}$ 的 IDFT(Inverse Discrete Fourier Transform，逆离散傅里叶变换)：

$$x(k) = \sum_{k=1}^{N} X(k) e^{j2\pi(k-1)\left(\frac{n-1}{N}\right)} 。$$

函数 ifft 的调用格式及说明与 fft 函数类似。fft 函数的调用格式如下。

Y = fft(X)：返回向量 X 的离散傅里叶变换。如果 X 为矩阵，fft 函数返回矩阵每列的傅里叶变换；如果 X 为多维数组，fft 函数计算第一个非单元素的维。

Y = fft(X,n)：返回 n 点傅里叶变换。如果 length(X) 小于 n，X 将被在末尾添加 0 到 n 长；如果 length(X) 大于 n，X 按顺序在顶端被截断。当 X 为矩阵时，矩阵的每列都被调整为同一形式。

Y = fft(X,[],dim) 和 Y = fft(X,n,dim)：在维数 dim 上应用 fft 算法。当 dim=1 时，则 Y=fft(X,n,dim) 的结果为 Y=[fft(X(:,1),n) fft(X(:,2),n)...fft(X(:,N),n)]；当 dim=2 时，则 $Y = \begin{bmatrix} \text{fft}(x(1,:),n) \\ \text{fft}(x(2,:),n) \\ \vdots \\ \text{fft}(x(M,:),n) \end{bmatrix}$，默认情况下 dim=1。

【例 2-30】 一维傅里叶变换及其逆变换。

```
>> a = ones(1,7);
>> fft(a)                  %傅里叶变换
ans =
    7.0000   -0.0000   -0.0000   -0.0000   -0.0000   -0.0000   -0.0000
>> ifft(a)                 %傅里叶逆变换
ans =
    1.0000   -0.0000   -0.0000   -0.0000   -0.0000   -0.0000   -0.0000
>> x = pi * (0:0.5:3);
>> y = cos(x);
>> fft(y)                  %傅里叶变换
ans =
   0.0000              -0.3019 + 0.6270i   2.7470 - 2.1906i   1.0550 - 0.2408i   1.0550 +
0.2408i   2.7470 + 2.1906i   -0.3019 - 0.6270i
>> B = magic(3)    %3阶魔方矩阵
B =
     8     1     6
     3     5     7
     4     9     2
>> fft(B)
ans =
   15.0000              15.0000              15.0000
    4.5000 + 0.8660i   -6.0000 + 3.4641i    1.5000 - 4.3301i
    4.5000 - 0.8660i   -6.0000 - 3.4641i    1.5000 + 4.3301i
>> ifft(B)
```

```
ans =
    5.0000              5.0000              5.0000
    1.5000 - 0.2887i   -2.0000 - 1.1547i    0.5000 + 1.4434i
    1.5000 + 0.2887i   -2.0000 + 1.1547i    0.5000 - 1.4434i
>> fft(B,[],2)
ans =
    15.0000             4.5000 + 4.3301i    4.5000 - 4.3301i
    15.0000            -3.0000 + 1.7321i   -3.0000 - 1.7321i
    15.0000            -1.5000 - 6.0622i   -1.5000 + 6.0622i
```

高维傅里叶分析中较常用的是二维傅里叶变换,它在图像处理、信号处理中有很重要的应用。

【例 2-31】 设计一个电力系统信号,求其傅里叶变换,其中频率为 200Hz 和 300Hz。

```
>> clear all;
fs = 1000;
t = 0:1/fs:0.6;
f1 = 200;
f2 = 300;
x = sin(2*pi*f1*t) + sin(2*pi*f2*t);
subplot(411);
plot(x);
title('f1(100Hz)、f2(300Hz)的正弦信号,初相 0');
xlabel('(a)序列(n)');
grid on;
number = 512;
y = fft(x,number);
n = 0:length(y) - 1;
f = fs*n/length(y);
subplot(412);
plot(f,abs(y)/max(abs(y)));
hold on;
plot(f,abs(fftshift(y))/max(abs(y)),'r');
title('f1、f2 的正弦信号的 FFT(512 点)');
xlabel('(b)频率 Hz');
grid on;
x = x + randn(1,length(x));
subplot(413);
plot(x);
title('原 f1、f2 的正弦信号(含随机噪声)');
xlabel('(c)序列(n)');
grid on;
y = fft(x,number);
n = 0:length(y) - 1;
f = fs*n/length(y);
subplot(414);
plot(f,abs(y)/max(abs(y)));
title('原 f1、f2 的正弦信号(含随机噪声)的 FFT(512 点)');
xlabel('(d)频率 Hz');
grid on;
```

运行程序,效果如图 2-28 所示。

2.6.2 傅里叶的幅度与相位

傅里叶的幅度和相位具有明确的物理意义,在数据分析、信号处理、图像处理中有着重要的应用。MATLAB 提供了 abs、angle 函数求傅里叶变换的幅度和相位信息,它们的调用格式如下:

f1(100Hz)、f2(300Hz)的正弦信号,初相0

(a) 序列(n)

f1、f2的正弦信号的FFT(512点)

(b) 频率/Hz

原f1、f2的正弦信号(含随机噪声)

(c) 序列(n)

原f1、f2的正弦信号(含随机噪声)的FFT(512点)

(d) 频率/Hz

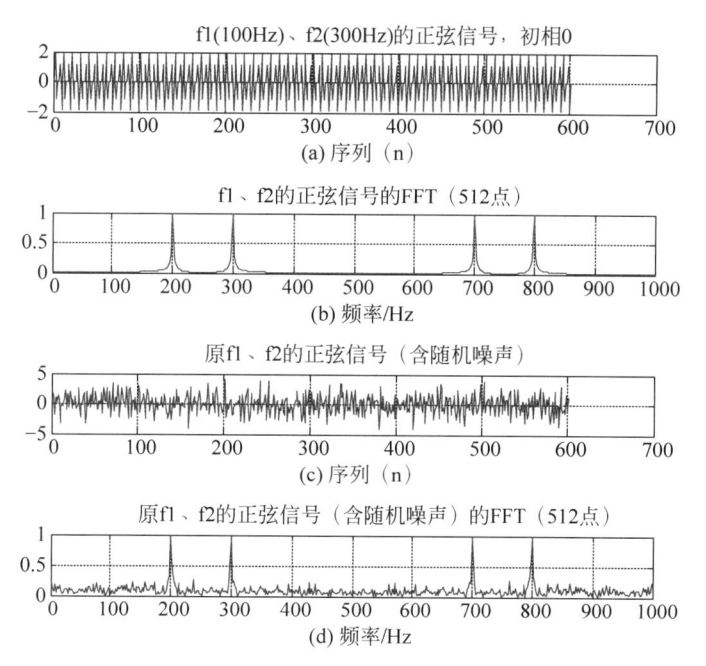

图 2-28 电力信号的一维快速傅里叶变换

R=abs(Z):R 为数据向量 Z 的傅里叶变换的幅度。

theta=angle(Z):得到的相位范围为$[-\pi,\pi]$,可利用 unwrap(theta)增加或减去 2π 对相位进行调整,使得相邻的相位差不超过 π。

【例 2-32】 求离散余弦信号的振幅和相位。

```
% 对 cosx(x∈[0,π])采样得到离散余弦信号
>> N = 256;
x = (0:N-1)/N * 2 * pi;
y = cos(x);
% 作离散余弦信号曲线图
plot(x,y,'k.');
xlabel('x');ylabel('cos(x)');
```

运行程序,效果如图 2-29 所示。

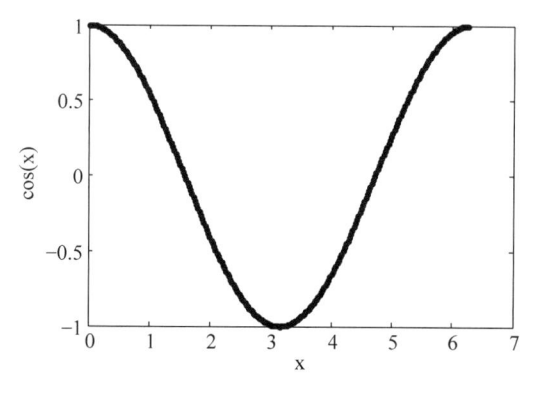

图 2-29 离散余弦信号

```
% 对 y 作离散傅里叶变换
>> y1 = fft(y);
Y = fftshift(y1);
```

```
% 求傅里叶变换的幅度 A 与相位 P
>> A = abs(Y);
P = angle(Y);
P_U = unwrap(P);                    % 相位修正
% 作傅里叶变换的幅度图和相位图
>> figure;
f = ( - N/2 + 1:N/2)/N * 2 * pi;    % 频率
subplot(121);stem(f,A,'r - .')
xlabel('频率');ylabel('幅度');
title('离散余弦信号傅里叶变换的幅度')
subplot(122);plot(f,P,'k');
hold on;
plot(f,P_U,'m.');
legend('相位','修正相位');
xlabel('频率');ylabel('相位');
title('离散余弦信号傅里叶变换的相位')
```

运行程序,效果如图 2-30 所示。

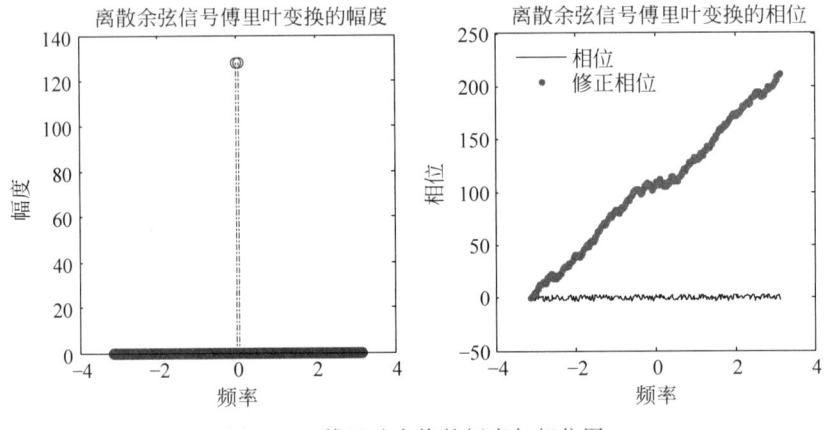

图 2-30 傅里叶变换的幅度与相位图

2.6.3 傅里叶变换应用实例

太阳黑子的活动具有一定的周期性,MATLAB 提供了过去 300 年内太阳黑子的活动数据。下面利用傅里叶变换分析该数据,进而研究太阳黑子活动的周期性。

【例 2-33】 利用傅里叶变换分析太阳黑子活动的周期。

```
% 导入太阳黑子数据 sunspot.dat
clear all;
load sunspot.dat
year = sunspot(:,1);                % 年份
relNums = sunspot(:,2);             % 太阳黑子的数量
xlabel('年份');ylabel('活动情况')
title('太阳黑子数量')
```

运行程序,效果如图 2-31 所示。

```
% 查看 50 年前太阳黑子的活动情况
>> plot(year(1:50),relNums(1:50),'b. - ');
xlabel('年份');ylabel('活动情况')
```

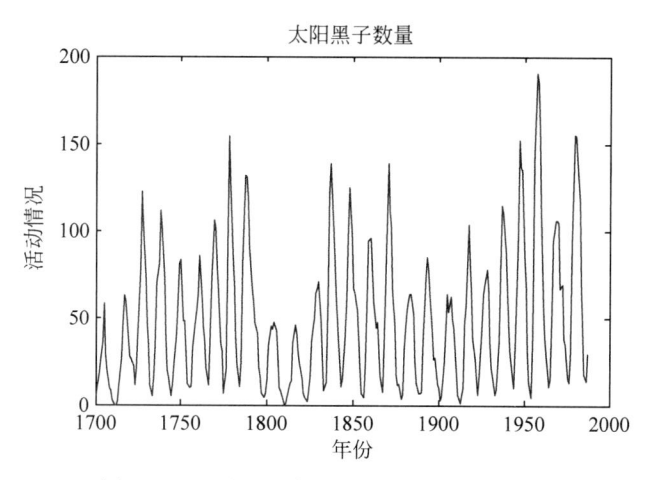

图 2-31 过去 300 年内太阳黑子的活动情况

运行程序,效果如图 2-32 所示。

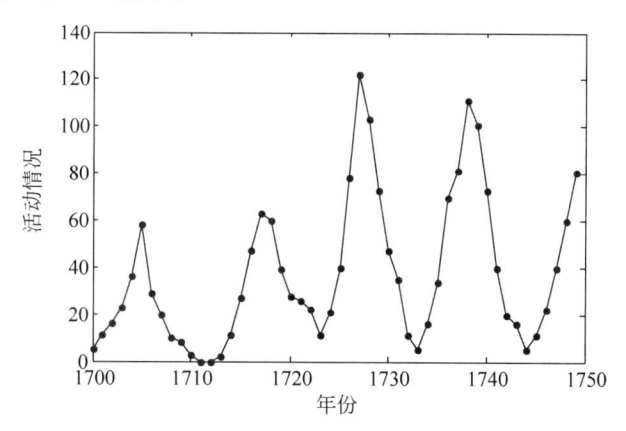

图 2-32 50 年前太阳黑子的活动情况

```
% 对 relNums 作傅里叶变换
>> Y = fft(relNums);
Y(1) = [];
% 在复平面上绘制数据的傅里叶分布图
>> plot(Y,'ro')
title('复平面上的傅里叶系数');
xlabel('实轴');
ylabel('虚轴');
```

运行程序,效果如图 2-33 所示。

```
% 对已进行傅里叶变换的数据求取其幅度,绘制图形
>> n = length(Y);
power = abs(Y(1:floor(n/2))).^2;
nyquist = 1/2;
freq = (1:n/2)/(n/2) * nyquist;
plot(freq,power)
xlabel('次/年')
title('周期图')
```

运行程序,效果如图 2-34 所示。

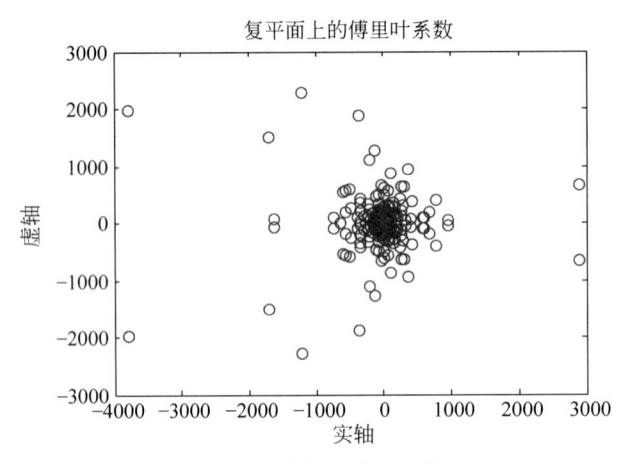

图 2-33 傅里叶分析系数

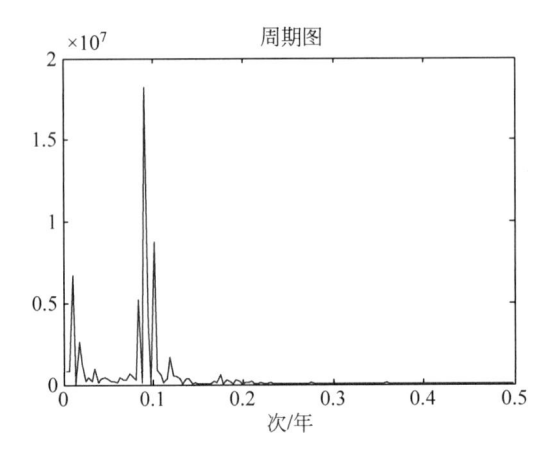

图 2-34 数据傅里叶变换幅度

```
% 在总的年限中,估计太阳黑子活动的一个周期长
>> plot(freq(1:40),power(1:40))
xlabel('次/年')
```

运行程序,效果如图 2-35 所示。

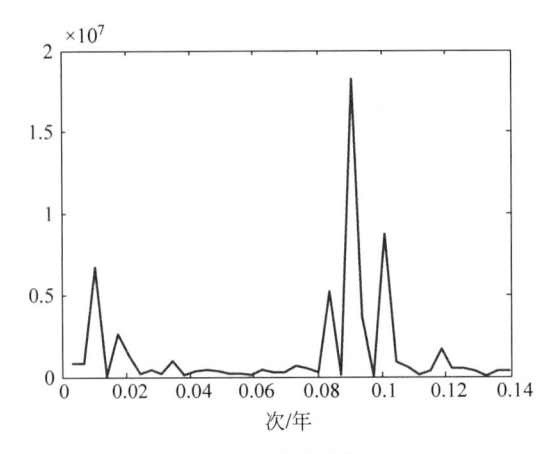

图 2-35 估计周期长

```
% 正如实践验证一样,太阳黑子活动的周期约为 11 年,绘制太阳黑子一个周期内的活动情况
>> period = 1./freq;
plot(period,power);
axis([0 40 0 2e+7]);
ylabel('能量');
xlabel('周期(年/次)');
```

运行程序,效果如图 2-36 所示。

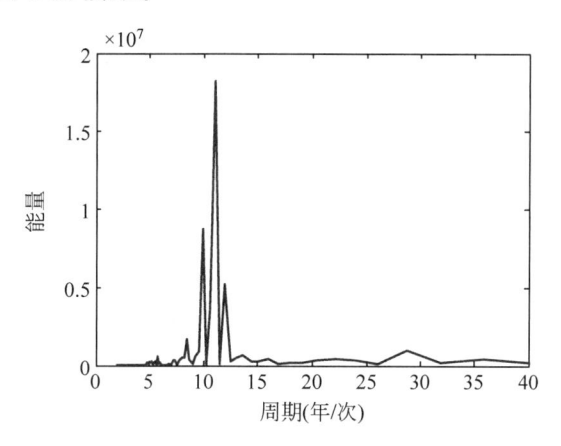

图 2-36 太阳黑子在一个周期内的运行情况

```
% 最后修改周期长度,寻找最强的频率点,并用红点标记
>> hold on;
index = find(power == max(power));
mainPeriodStr = num2str(period(index));
plot(period(index),power(index),'r.', 'MarkerSize',25);
text(period(index) + 2,power(index),['Period = ',mainPeriodStr]);
hold off;
```

效果如图 2-37 所示。

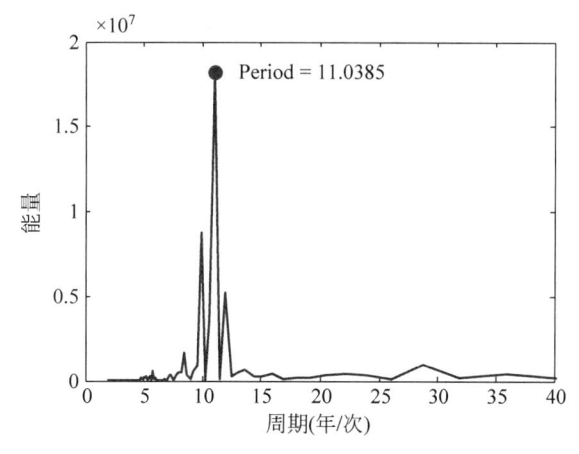

图 2-37 标记最强的频率点

第 3 章

计算机视觉在图像分割中的应用

计算机视觉是一门研究如何使机器看的科学,更进一步地说,就是指用摄影机和计算机代替人眼对目标进行识别、跟踪和测量等,并进一步做图形处理,使计算机处理成为更适合人眼观察或传送给仪器检测的图像。作为一门科学学科,计算机视觉研究相关的理论和技术,试图建立能够从图像或者多维数据中获取信息的人工智能系统。所以计算机视觉也可以看作是研究如何使人工系统从图像或多维数据中感知的科学。

图像分割是一种重要的图像分析技术。在对图像的研究和应用中,人们往往仅对图像中的某些部分感兴趣,这些部分常常被称为目标或前景,它们一般对应图像中特定的、具有独特性质的区域。图像分割就是指将图像分成各具特性的区域并提取出感兴趣的目标的技术和过程。一般的图像处理过程如图 3-1 所示。从图中可以看出,图像分割是从图像预处理到图像识别和分析理解的关键步骤,在图像处理中占据重要的位置。

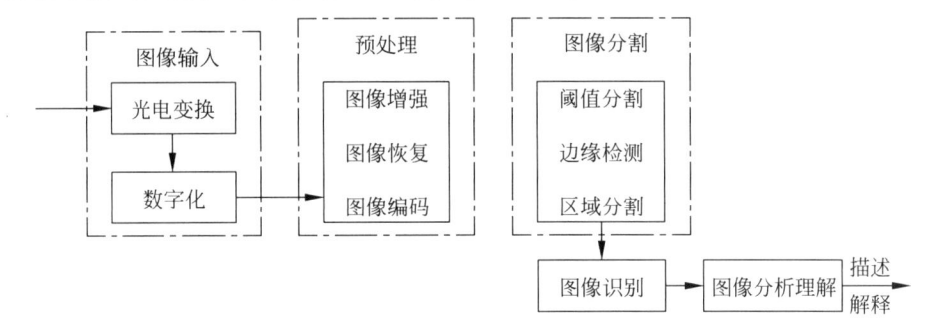

图 3-1 一般的图像处理过程

图像分割的方法已有上千种,每年还有许多新方法出现,典型而传统的分割方法可以分为基于阈值的方法、基于边缘的方法和基于区域的分割方法等,本章将对这些典型的分割方法加以介绍。

3.1 边缘检测算子

数字图像的边缘检测是图像分割、目标区域识别、区域形状提取等图像分析领域十分重要的基础,也是图像识别中提取图像特征的一个重要属性。在进行图像理解和分析时,第一步往往就是边缘检测,目前它已成为机器视觉研究领域最活跃的课题之一,在工程应用中占有十分重要的地位。

物体边缘是以图像的局部特征不连续的形式出现的,即是指图像局部亮度变化最显著的部分,例如灰度值的突变、颜色的突变、纹理结构的突变等,同时物体的边缘也是不同区域的分界处。图像边缘具有方向和幅度两个特性,通常沿边缘的走向灰度变化平缓,垂直于边缘走向的像素灰度变换剧烈。根据灰度变化的特点,可分为阶跃型、屋顶型和凸缘型,如图 3-2 所示。

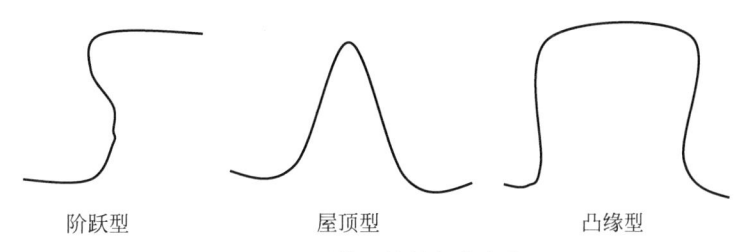

图 3-2 图像边缘的灰度变化

利用边缘检测来分割图像,其基本思想就是先检测图像中的边缘点,再按照某种策略将边缘点连接成轮廓,从而构成分割区域。由于边缘是所要提取目标和背景的分界线,提取出边缘才能将目标和背景分开,因此边缘检测技术对于数字图像十分重要。

图像中某物体边界上的像素点,其领域将是一个灰度级变化带。衡量这种变化最有效的两个特征值就是灰度的变化率和变化方向,它们分别以梯度向量的幅值和方向来表示。对于连续图像 $f(x,y)$,其方向导数在边缘(法线)方向上有局部最大值。因此,边缘检测就是求 $f(x,y)$ 梯度的局部最大值和方向。

已知 $f(x,y)$ 在 θ 方向沿 r 的梯度定义如下:

$$\frac{\partial f}{\partial r}=\frac{\partial f}{\partial x} \cdot \frac{\partial x}{\partial r}+\frac{\partial f}{\partial y} \cdot \frac{\partial y}{\partial r}=f_x \cos\theta + f_y \sin\theta \tag{3-1}$$

$\frac{\partial f}{\partial r}$ 达到最大值的条件是 $\frac{\partial\left(\frac{\partial f}{\partial r}\right)}{\partial \theta}=0$

$$f_x \sin\theta_g + f_y \cos\theta_g = 0$$

得
$$\theta_g = \arctan f_y/f_x, \quad 或 \theta_g + \pi \tag{3-2}$$

梯度最大值 $g=\left(\frac{\partial f}{\partial r}\right)_{\max}=\sqrt{f_x^2+f_y^2}$,一般称为梯度模。梯度模算子具有位移不变性和各向同性的性质,适用于边缘检测,而灰度变化的方向,即边界的方向则可由 $\theta_g = \arctan f_y/f_x$ 得到。

在实际应用中,为了简便,一般将算子以微分算子的形式表示,然后采用快速卷积函数来实现,这种实现方法可以得到快速而有效的处理。

在 MATLAB 中,利用图像处理工具箱中的 edge 函数可以实现基于各种算子的边缘检测功能,edge 函数针对不同算子的调用格式不同,其总体调用格式如下。

```
[g,t] = edge(I,'method',parameters)
```

其中,I 为输入图像,method 为表 3-1 中的一种方法,parameters 为后面将要说明的另一个参数。在输出中,g 为一个逻辑数组,其值用如下方式来决定:在 I 中检测到边缘的位置为 1,在其他位置为 0。参数 t 是可选的,其给出 edge 使用的阈值,以确定哪个梯度值足够大到可以成为边缘点。

表 3-1　edge 函数可用的边缘检测器

参　　数		方 法 名 称
method	'roberts'	Roberts 算子
	'sobel'	Sobel 算子
	'prewitt'	Prewitt 算子
	'log'	LoG 算子
	'zerocross'	零交叉方法
	'canny'	Canny 算子

3.1.1　Roberts 边缘算子

Roberts(罗伯特)边缘算子是一种斜向偏差分的梯度计算方法,梯度的大小代表边缘的强度,梯度的方向与边缘走向垂直。该算子通常由下列计算公式表示。

$$G[f(x,y)] = \{[\sqrt{f(x,y)} - \sqrt{f(x+1,y+1)}]^2 + [\sqrt{f(x+1,y)} - \sqrt{f(x,y+1)}]^2\}^{\frac{1}{2}}$$

式中,$f(x,y)$是具有整数像素坐标的输入图像,平方根运算使该处理类似于在人类视觉系统中发生的过程,Roberts 操作实际上是求旋转 45°两个方向上微分值的和。

Roberts 边缘算子定位精度高,在水平和垂直方向效果较好,但对噪声敏感。

使用 Roberts 算子的 edge 函数调用格式如下。

```
BW = edge(I,'roberts')
BW = edge(I,'roberts',thresh)
[BW,thresh] = edge(I,'roberts',…)
```

其中,BW 为返回与 I 同样大的二值图像,BW 中的 1 表示 I 中的边缘,0 表示非边缘,为 uint8 类型;I 为输入的灰度图像,可以是 uint8 类型、uint16 类型或 double 类型;thresh 为敏感度阈值,进行边缘检测时,它将忽略所有小于阈值的边缘。如果默认,MATLAB 将自动选择阈值用 Roberts 算子进行边缘检测。

【例 3-1】　利用 Roberts 算子对图像进行边缘检测。

```
>> clear all;
I = imread('rice.png');
subplot(1,3,1);imshow(I);
xlabel('(a)原始图像');
% 以自动阈值选择法对图像进行 Roberts 算子检测
[BW1,thresh1] = edge(I,'roberts');
% 返回当前 Roberts 算子边缘检测的阈值
disp('Roberts 算子自动选择的阈值为:')
disp(thresh1)
subplot(1,3,2);imshow(BW1);
xlabel('(b)自动阈值的 Roberts 算子边缘检测');
% 以阈值为 0.06 对图像进行 Roberts 算子检测
BW2 = edge(I,'roberts',0.06);
subplot(1,3,3);imshow(BW2);
xlabel('(c)阈值为 0.06 的 Roberts 算子边缘检测');
```

运行程序,输出如下。

Roberts 算子自动选择的阈值为:

```
0.1305
```

效果如图 3-3 所示。

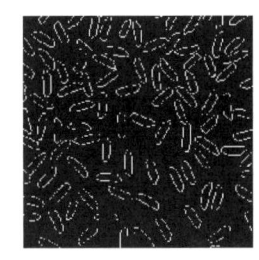

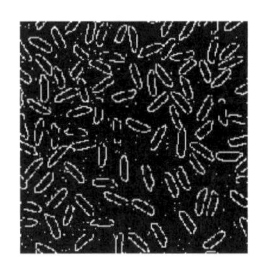

(a) 原始图像　　　(b) 自动阈值的Roberts算子边缘检测　　(c) 阈值为0.06的Roberts算子边缘检测

图 3-3　Roberts 算子边缘检测效果

3.1.2　Sobel 边缘算子

Sobel(索贝尔)算子是一组方向算子,从不同的方向检测边缘。Sobel 算子不是简单求平均再差分,而是加强了中心像素上、下、左、右四个方向像素的权重,运算结果是一幅边缘图像。该算子通常由下列计算公式表示。

$$f'_x(x,y) = f(x-1,y+1) + 2f(x,y+1) + f(x+1,y+1) - f(x-1,y-1) - 2f(x,y-1) - f(x+1,y-1)$$

$$f'_y(x,y) = f(x-1,y-1) + 2f(x-1,y) + f(x-1,y+1) - f(x+1,y-1) - 2f(x+1,y) - f(x+1,y+1)$$

$$G[f(x,y)] = |f'_x(x,y)| + |f'_y(x,y)|$$

式中,$f'_x(x,y)$ 和 $f'_y(x,y)$ 分别表示 x 方向和 y 方向的一阶微分,$G[f(x,y)]$ 为 Sobel 算子的梯度,$f(x,y)$ 是具有整数像素坐标的输入图像。求出梯度后,可设定一个常数 T,当 $G[f(x,y)] > T$ 时,标出该点为边界点,其像素值设定为 0,其他的设定为 255,适当调整常数 T 的大小来达到最佳效果。

Sobel 算子通常对灰度渐变和噪声较多的图像处理得较好。

使用 Sobel 算子的 edge 函数调用格式如下。

```
BW = edge(I,'sobel')
BW = edge(I,'sobel',thresh)
BW = edge(I,'sobel',thresh,direction)
[BW,thresh] = edge(I,'sobel',…)
```

其中,BW、thresh、I 的含义与使用 Roberts 算子的 edge 函数中相同;而参数 direction 为在所指定的方向上,用 Sobel 算子进行边缘检测。direction 可取的字符串位有"horizontal"(水平方向)、"vertical"(垂直方向)或"both"(两个方向)。

【例 3-2】　利用 Sobel 算子对图像进行边缘检测。

```
>> clear all;
I = imread('rice.png');
subplot(2,2,1);imshow(I);
xlabel('(a)原始图像');
% 以自动阈值选择法对图像进行 Sobel 算子检测
[BW,thresh] = edge(I,'sobel');
% 返回当前 Sobel 算子边缘检测的阈值
disp('Sobel算子自动选择的阈值为:')
disp(thresh)
```

```
subplot(2,2,2);imshow(BW);
xlabel('(b)自动阈值的 Sobel 算子边缘检测');
% 以阈值为 0.06 水平方向对图像进行 Sobel 算子检测
BW1 = edge(I,'sobel',0.06,'horizontal');
subplot(2,2,3);imshow(BW1);
xlabel('(c)阈值为 0.06 水平方向的 Sobel 算子');
% 以阈值为 0.06 垂直方向对图像进行 Sobel 算子检测
BW2 = edge(I,'sobel',0.06,'vertical');
subplot(2,2,4);imshow(BW2);
xlabel('(d)阈值为 0.06 垂直方向的 Sobel 算子');
```

运行程序,输出如下。

Sobel 算子自动选择的阈值为:

```
0.1162
```

效果如图 3-4 所示。

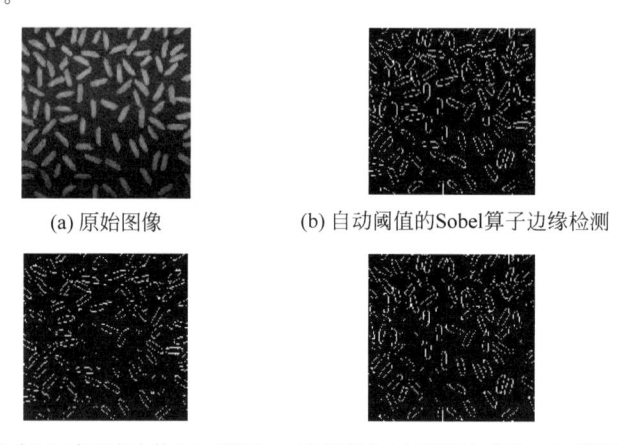

(a) 原始图像　　(b) 自动阈值的Sobel算子边缘检测

(c) 阈值为0.06水平方向的Sobel算子　　(d) 阈值为0.06垂直方向的Sobel算子

图 3-4　Sobel 算子边缘检测效果

3.1.3　Prewitt 边缘算子

Prewitt 边缘算子是一种边缘样板算子,利用像素点上下、左右邻点灰度差,在边缘处达到极值检测边缘,对噪声具有平滑作用。由于边缘点像素的灰度值与其邻域点像素的灰度值有显著不同,在实际应用中通常采用微分算子和模板匹配方法检测图像的边缘。该算子通常由下列计算公式表示:

$$f'_x(x,y) = f(x+1,y-1) - f(x-1,y-1) + f(x+1,y) - f(x-1,y) - f(x+1,y+1) - f(x-1,y+1)$$

$$f'_y(x,y) = f(x-1,y+1) + f(x-1,y-1) + f(x,y+1) - f(x,y-1) - f(x+1,y+1) - f(x+1,y-1)$$

$$G[f(x,y)] = \sqrt{f'_x(x,y) + f'_y(x,y)}$$

式中,$f'_x(x,y)$、$f'_y(x,y)$ 分别表示 x 方向和 y 方向的一阶微分,$G[f(x,y)]$ 为 Prewitt 算子的梯度,$f(x,y)$ 为具有整数像素坐标的输入图像。求出梯度后,可设定一个常数 T,当 $f(x,y) > T$ 时,标出该点为边界点,其像素值设定为 0,其他的设定为 255,适当调整常数 T 的大小来达到最佳效果。

Prewitt 算子不仅能检测边缘点,而且能抑制噪声的影响,因此对灰度和噪声较多的图像处理得较好。

使用 Prewitt 算子的 edge 函数的调用格式如下。

```
BW = edge(I,'prewitt')
BW = edge(I,'prewitt',thresh)
BW = edge(I,'prewitt',thresh,direction)
[BW,thresh] = edge(I,'prewitt',...)
```

其中,BW、thresh、I 的含义与使用 Sobel 算子的 edge 函数中相同。

【例 3-3】 利用 Prewitt 算子对图像进行边缘检测。

```
>> clear all;
I = imread('rice.png');
subplot(2,2,1);imshow(I);
xlabel('(a)原始图像');
% 以自动阈值选择法对图像进行 Prewitt 算子检测
[BW,thresh] = edge(I,'prewitt');
% 返回当前 Prewitt 算子边缘检测的阈值
disp('Prewitt 算子自动选择的阈值为:')
disp(thresh)
subplot(2,2,2);imshow(BW);
xlabel('(b)自动阈值的 Sobel 算子边缘检测');
% 以阈值为 0.06 水平方向对图像进行 Prewitt 算子检测
BW1 = edge(I,'Prewitt',0.06,'horizontal');
subplot(2,2,3);imshow(BW1);
xlabel('(c)阈值为 0.06 水平方向的 Prewitt 算子');
% 以阈值为 0.06 垂直方向对图像进行 Prewitt 算子检测
BW2 = edge(I,'Prewitt',0.06,'vertical');
subplot(2,2,4);imshow(BW2);
xlabel('(d)阈值为 0.06 垂直方向的 Prewitt 算子');
```

运行程序,输出如下。

Prewitt 算子自动选择的阈值为:

```
0.1138
```

效果如图 3-5 所示。

(a) 原始图像 　　　　　　(b) 自动阈值的Sobel算子边缘检测

(c) 阈值为0.06水平方向的Prewitt算子 　　(d) 阈值为0.06垂直方向的Prewitt算子

图 3-5　Prewitt 算子边缘检测效果

3.1.4 LoG 边缘算子

前面都是利用边缘处的梯度最大(正的或者负的)这一性质来进行边缘检测,即利用了灰度图像的拐点位置是边缘的性质。除了这一点,边缘还有另外一个性质,即在拐点位置处的二阶导数为 0,如图 3-6 所示。

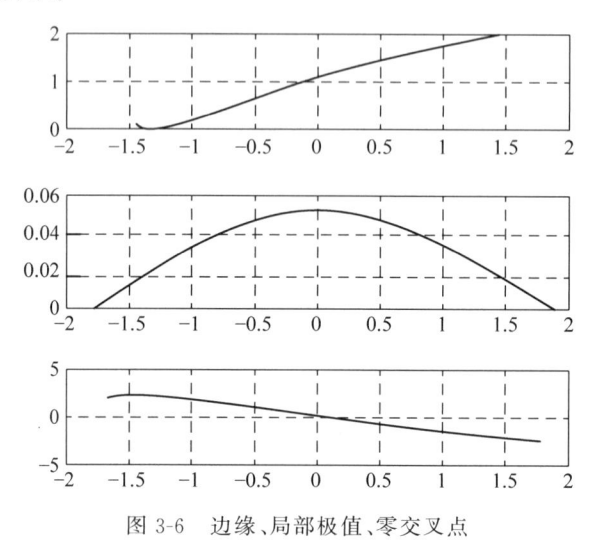

图 3-6 边缘、局部极值、零交叉点

图 3-6 中由上到下分别是图像的拐点(图像灰度值)、拐点处的梯度(灰度一阶导数)和灰度二阶导数。对准图像网格点,可以发现二阶导数为零交叉点处对应的即是图像的拐点。

所以,也可以通过寻找二阶导数的零交叉点来寻找边缘,而 Laplacian 算子是最常用的二阶导数算子。

二元函数 $f(x,y)$ 的 Laplacian 变换定义为

$$\nabla^2 f = \frac{\partial^2 f}{\partial x^2} + \frac{\partial^2 f}{\partial y^2} \tag{3-3}$$

实际上就是二阶偏导数的和。将上式以差分方式表示,得到式(3-4)所示的形式:

$$\nabla^2 f(x,y) = [f(i+1,y) + f(i-1,j) + f(i,j+1) + f(i,j-1) - 4f(i,j)] \tag{3-4}$$

以模板形式表示,就得到了常用的算子:

$$\nabla^2 = \begin{bmatrix} 0 & 1 & 0 \\ 1 & -4 & 1 \\ 0 & 1 & 0 \end{bmatrix}$$

$\nabla^2 f$ 算子能突出反映图像中的角线和孤立点,比如对图 3-7(a)所示的原始数据图像进行 Laplacian 算子运算,可以得到如图 3-7(b)所示的结果,在边缘和孤立点的幅值都比较大。

```
                                1 1 1 1 1
1 1 1 1 1                     1 2 1 1 2 2 3 1
1 1 1                         1 1 0 2 2 1 1
1 1                           1 1 2 2        1
1         1                   1 3 2        4 1
                                1            1
```

  (a)原图像 (b)用 Laplacian 算子运算以后的结果

图 3-7 原图像及运算结果

但是,需要注意的是,由上述算子可以知道,一阶导数对噪声敏感,因而不稳定,由此,二阶导数对噪声就会更加敏感,因而更不稳定。所以,在作 Laplacian 变换之前需要作平滑。同时,又因为卷积是可变换、可结合的,所以先作高斯卷积,再用 Laplacian 算子作卷积,等价于对原图用高斯函数的 Laplacian 变换后的滤波器作卷积。这样就得到一个新的滤波器——LoG(Laplacian of Gaussian)滤波器:

$$f(x,y) = \nabla^2(G(x,y) * M(x,y)) \tag{3-5}$$

式中 $M(x,y)$ 是图像。

$$G(x,y) = \frac{1}{2\pi\sigma^2}\exp\left(-\frac{x^2+y^2}{2\sigma^2}\right) \tag{3-6}$$

$$\begin{aligned}\text{LoG}(x,y) &= \nabla^2(G(x,y)) = \left(\frac{\partial^2}{\partial x^2}+\frac{\partial^2}{\partial y^2}\right)\frac{1}{2\pi\sigma^2}\exp\left(-\frac{x^2+y^2}{2\sigma^2}\right) \\ &= \frac{-1}{2\pi\sigma^4}\left(2-\frac{x^2+y^2}{\sigma^2}\right)\exp\left(-\frac{x^2+y^2}{2\sigma^2}\right)\end{aligned} \tag{3-7}$$

使用 LoG 算子的 edge 函数的调用格式如下。

```
BW = edge(I,'log'):
BW = edge(I,'log',thresh)
BW = edge(I,'log',thresh,sigma)
[BW,threshold] = edge(I,'log',...)
```

其中,BW、thresh、I 的含义与使用 Roberts 算子的 edge 函数中相同;而参数 sigma 指定 LoG 滤波器标准偏差,sigma 的默认值为 2,滤波器的大小为 n×n,这里 n=ceil(sigma * 3) * 2+1。

【例 3-4】 利用 LoG 算子对图像进行边缘检测。

```
>> clear all;
I = imread('rice.png');
subplot(1,3,1);imshow(I);
xlabel('(a)原始图像');
% 以自动阈值选择法对图像进行 LoG 算子检测
[BW,thresh] = edge(I,'log');
% 返回当前 LoG 算子边缘检测的阈值
disp('LoG 算子自动选择的阈值为:')
disp(thresh)
subplot(1,3,2);imshow(BW);
xlabel('(b)自动阈值的 LoG 算子边缘检测');
% 以阈值为 0.06 水平方向对图像进行 Prewitt 算子检测
BW1 = edge(I,'Prewitt',0.006);
subplot(1,3,3);imshow(BW1);
xlabel('(c)阈值为 0.006 的 LoG 算子');
```

运行程序,输出如下。
LoG 算子自动选择的阈值为:

0.0075

效果如图 3-8 所示。

(a) 原始图像　　(b) 自动阈值的LoG算子边缘检测　(c) 阈值为0.006的LoG算子

图 3-8　LoG 算子边缘检测效果

3.1.5　零交叉方法

零交叉方法先用指定的滤波器对图像进行滤波,然后寻找零交叉点作为边缘。

使用零交叉方法的 edge 函数调用格式如下。

BW=edge(I,'zerocross',thresh,h):用滤波器 h 指定零交叉检测法;参量 thresh 为敏感阈值,如果没有指定阈值 thresh 或为空[],函数自动选择参量值。

[BW,thresh]=edge(I,'zerocross',…):返回阈值 thresh 和边缘检测图像 BW。

【例 3-5】　利用零交叉法对图像进行边缘检测。

```
>> clear all;
I = imread('rice.png');
subplot(1,3,1);imshow(I);
xlabel('(a)原始图像');
% 设置高斯滤波器
h = fspecial('gaussian',6);
[BW,thresh] = edge(I,'zerocross',[],h);
%返回当前零交叉检测边缘检测的阈值
disp('零交叉检测自动选择的阈值为:')
disp(thresh)
subplot(1,3,2);imshow(BW);
xlabel('(b)自动阈值的零交叉边缘检测');
% 以阈值为 0.02 对图像进行零交叉边缘检测
BW1 = edge(I,'zerocross',0.02,h);
subplot(1,3,3);imshow(BW1);
xlabel('(c)阈值为 0.02 的零交叉边缘检测');
```

运行程序,输出如下。

零交叉检测自动选择的阈值为:

```
0.0215
```

效果如图 3-9 所示。

(a) 原始图像　　(b) 自动阈值的零交叉边缘检测　(c) 阈值为0.02的零交叉边缘检测

图 3-9　零交叉法对图像进行边缘检测的效果

3.1.6 Canny 边缘算子

Canny 算子边缘检测的基本原理是：采用二维高斯函数的任一方向上的一阶方向导数为噪声滤波器，通过与图像 $f(x,y)$ 卷积进行滤波，然后对滤波后的图像寻找图像梯度的局部极大值，以确定图像边缘。

Canny 边缘检测算子是一种最优边缘检测算子。其实现检测图像边缘的步骤与方法为：

（1）用高斯滤波器平滑图像。

（2）计算滤波后图像梯度的幅值和方向。

（3）对梯度幅值应用非极大值抑制，其过程为找出图像梯度中的局部极大值点，把其他非局部极大值置零以得到细化的边缘。

（4）用双阈值算法检测和连接边缘。

具体的数学描述如下。

首先，取二维高斯函数：

$$G(x,y) = \frac{1}{2\pi\sigma^2} \exp\left[\frac{-(x^2+y^2)}{2\sigma^2}\right]$$

然后，求高斯函数 $G(x,y)$ 在某一方向 $\boldsymbol{n}$ 上的一阶方向导数为：

$$G_n = \frac{\partial G(x,y)}{\partial \boldsymbol{n}}, \quad \boldsymbol{n} = \begin{bmatrix} \cos\theta \\ \sin\theta \end{bmatrix}, \quad \nabla G(x,y) = \begin{bmatrix} \frac{\partial G}{\partial x} \\ \frac{\partial G}{\partial y} \end{bmatrix}$$

式中，$\boldsymbol{n}$ 为方向矢量，$\nabla G(x,y)$ 为梯度矢量。

Canny 算子是建立在二维 $\nabla G(x,y) \times f(x,y)$ 的基础上，边缘强度由 $|\nabla G(x,y) \times f(x,y)|$ 和方向 $\boldsymbol{n} = \dfrac{\nabla G(x,y) \times f(x,y)}{|\nabla G(x,y) \times f(x,y)|}$ 来决定。为了提高 Canny 算子的运算速度，将 $\nabla G(x,y)$ 的二维卷积模板分解为两个一维滤波器，则有：

$$\frac{\partial G(x,y)}{\partial x} = kx \cdot \exp\left[\frac{-x^2}{2\sigma^2}\right] \exp\left[\frac{-y^2}{2\sigma^2}\right] = h_1(x)h_2(y)$$

$$\frac{\partial G(x,y)}{\partial y} = ky \cdot \exp\left[\frac{-y^2}{2\sigma^2}\right] \exp\left[\frac{-x^2}{2\sigma^2}\right] = h_1(y)h_2(x)$$

式中，k 为常数，其中，

$$h_1(x) = \sqrt{k}\, x \cdot \exp\left[\frac{-x^2}{2\sigma^2}\right] \quad h_2(y) = \sqrt{k}\, x \cdot \exp\left[\frac{-y^2}{2\sigma^2}\right]$$

$$h_1(y) = \sqrt{k}\, x \cdot \exp\left[\frac{-y^2}{2\sigma^2}\right] \quad h_2(x) = \sqrt{k}\, x \cdot \exp\left[\frac{-x^2}{2\sigma^2}\right]$$

可见，

$$h_1(x) = xh_2(x)$$
$$h_1(y) = yh_2(y)$$

然后将这两个模板分别与图像 $f(x,y)$ 进行卷积，得到：

$$E_x = \frac{\partial G(x,y)}{\partial x} \times f(x,y) \quad E_y = \frac{\partial G(x,y)}{\partial y} \times f(x,y)$$

令：

$$A(i,j)=\sqrt{E_x^2(i,j)+E_y^2(i,j)} \quad \alpha(i,j)=\arctan\frac{E_y(x,y)}{E_x(x,y)}$$

式中,$A(i,j)$反映了图像上(i,j)点处的边缘强度;$\alpha(i,j)$为垂直边缘的方向。

判断一个像素是否为边缘点有多种方法,如用双阈值法进行边缘判别。凡是边缘强度大于高阈值的一定是边缘点。凡是边缘强度小于低阈值的一定不是边缘点。如果边缘强度大于低阈值但又小于高阈值,则看这个像素的邻接像素中有没有超过高阈值的边缘点,如果有,它就是边缘点;如果没有,它就不是边缘点。

使用 Canny 算子的 edge 函数调用格式如下。

```
BW = edge(I,'canny')
BW = edge(I,'canny',thresh)
BW = edge(I,'canny',thresh,sigma)
[BW,threshold] = edge(I,'canny',...)
```

其中,BW、thresh、I 的含义与使用 LoG 算子的 edge 函数中相同。

【例 3-6】 利用 Canny 算子对图像进行边缘检测。

```
>> clear all;
I = imread('rice.png');
subplot(1,3,1);imshow(I);
xlabel('(a)原始图像');
% 以自动阈值选择法对图像进行 Canny 算子检测
[BW,thresh] = edge(I,'canny');
% 返回当前 Canny 算子边缘检测的阈值
disp('Canny 算子自动选择的阈值为:')
disp(thresh)
subplot(1,3,2);imshow(BW);
xlabel('(b)自动阈值的 Canny 算子边缘检测');
% 以阈值为[0.1 0.5]对图像进行 Canny 算子检测
BW1 = edge(I,'Prewitt',[0.1 0.5]);
subplot(1,3,3);imshow(BW1);
xlabel('(c)阈值为[0.1 0.5]的 Canny 算子');
```

运行程序,输出如下。

Canny 算子自动选择的阈值为:

```
0.1750    0.4375
```

效果如图 3-10 所示。

(a) 原始图像　　　(b) 自动阈值的Canny算子边缘检测　　(c) 阈值为[0.1 0.5]的Canny算子

图 3-10　Canny 算子边缘检测图像效果

3.1.7　各种边缘检测算子的比较

下面比较各算子的优缺点。

(1) Roberts 算子。

利用局部差分算子寻找边缘,边缘定位精度较高,但容易丢失一部分边缘,同时由于图像没有经过平滑处理,因此不具备抑制噪声的能力。该算子对具有陡峭边缘且噪声低的图像效果较好。

(2) Sobel 算子和 Prewitt 算子。

都是对图像先作加权平滑处理,然后再作微分运算,所不同的是平滑部分的权值有些差异,因此对噪声具有一定的抑制能力,但不能完全排除检测结果中出现的虚假边缘。虽然这两个算子边缘定位效果不错,但检测的边缘容易出现多像素宽度。

(3) Laplacian 算子。

是不依赖于边缘方向的二阶微分算子,对图像中的阶跃型边缘点定位准确,该算子对噪声非常敏感,它使噪声成分得到加强,这两个特性使得该算子容易丢失一部分边缘的方向信息,造成一些不连续的检测边缘,同时抗噪声能力比较差。

(4) LoG 算子。

该算子克服了 Laplacian 算子抗噪声能力比较差的缺点,但在抑制噪声的同时也可能将原有的比较尖锐的边缘也平滑了,造成这些尖锐边缘无法被检测到。

(5) Canny 算子。

虽然是基于最优化思想推导出来的边缘检测算子,但实际效果并不一定最优,原因在于理论和实际有许多不一致的地方。该算子同样采用高斯函数对图像作平滑处理,因此具有较强的抑制噪声的能力,同样该算子也会将一些高频边缘平滑掉,造成边缘丢失。Canny 算子采用双阈值算法检测和连接边缘,采用的多尺度检测和方向性搜索比 LoG 算子好。

3.2 边界跟踪

边界跟踪技术是重要的图像分割方法。它分为两类:一类是区域跟踪,这是基于区域的图像分割方法;另一类是曲线跟踪,这是基于边界的图像分割方法。

由于直线通常对应重要的边缘信息,直线提取是计算机视觉中一项非常重要的技术。例如车辆自动驾驶技术中道路的提取需要有效地提取直的道路边缘,航空照片分析中直线对应于重要的人造目标的边缘。因此把直线提取单独抽出来进行研究很有意义。

3.2.1 跟踪的基本原理

曲线跟踪的基本思路是:从当前的一个边缘点"现在点"出发,用跟踪准则检查"现在点"的邻点,满足跟踪准则的像素点被接受为新的"现在点"并做上标记。在跟踪过程中可能出现以下几种情况:"现在点"是曲线的分支点或几条曲线的交点,取满足跟踪准则各邻点中的一个作为新的现在点,继续进行跟踪,而将其余满足跟踪准则的诸点存储起来,供以后继续跟踪用;当跟踪过程中的"现在点"的邻点都不满足跟踪准则时,则该分支曲线跟踪结束。当全部分支点处的全部待跟踪的点均已跟踪完毕后,该次跟踪过程结束。

跟踪准则除了可能使用灰度值、梯度模值之外,还可能使用平滑性要求。另外,起始点的选择和搜索准则的确定对曲线跟踪的结果影响很大。

区域跟踪也称为区域生长,它的基本思路是:在图像中寻找满足某种检测准则(如灰度门限)的点,对任一个这样的点,检查它的全部邻点,把满足跟踪准则的任何邻点和已检测的满足检测准则的点合并从而产生小块目标区域,然后再检查该区域的全部邻点,并把满足跟踪准则的邻点并入这个目标区域,不断重复上述步骤,直到没有邻点满足跟踪准则为止,则此块区域生长结束。然后用检测准则继续寻找,当找到满足检测准则且不属于任何已生成的区域的像素点后,开始下一个区域的生长,如此进行到没有满足检测准则的像素点为止。

3.2.2 边界跟踪的 MATLAB 实现

在 MATLAB 中提供了两个边界跟踪函数,分别为 bwtraceboundary 函数和 bwboundaries 函数。下面分别给予介绍。

1. bwtraceboundary 函数

该函数采用基于曲线跟踪的策略,需要给定搜索起始点和搜索方向,返回过该起始点的一条边界。其调用格式如下。

B=bwtraceboundary(BW,P,fstep):BW 为图像矩阵,值为 0 的元素视为背景像素点,非 0 元素视为待提取边界的物体;P 为 2×1 维矢量,两个元素分别对应起始点的行和列坐标;参数 fstep 为字符串,指定起始搜索方向,图 3-11 展示了 fstep 的取值和各值的含义。其取值有 8 种,当 fstep='N'时表示从图像上方开始搜索;当 fstep='S'时表示从图像下方开始搜索;当 fstep='E'时表示从图像右方开始搜索;当 fstep='W'时表示从图像左方开始搜索;当 fstep='NE'时表示从图像右上方开始搜索;当 fstep='SE'时表示从图像右下方开始搜索;当 fstep='NW'时表示从图像左上方开始搜索;当 fstep='SW'时表示从图像左下方开始搜索。

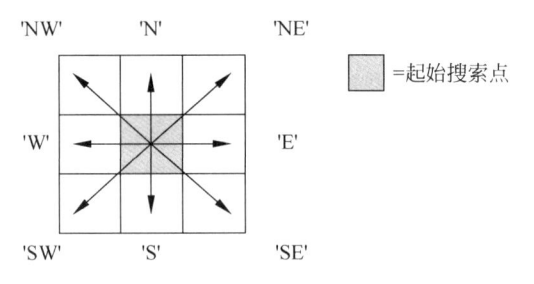

图 3-11 参数 fstep 的取值

B=bwtraceboundary(BW,P,fstep,conn):参数 conn 表示指定搜索算法所使用的连通方式,其取值有 2 种,当 conn=4 时表示 4 连能(上、下、左、右);当 conn=8 时表示 8 连能(上、下、左、右、右上、右下、左上、左下)。

B=bwtraceboundary(…,N,dir):参数 N 表示指定提取的最大长度,即这段边界所含的像素点的最大数目;dir 字符串指定搜索边界方向,其取值有 2 种,当 dir='clockwise'时表示在 clockwise 方向搜索(默认项);当 dir='counterclockwise'时表示在 counterclockwise 方向搜索。

输出参数 B 为一 Q×2 维矩阵,其中 Q 为所提取的边界长度(即边界所含像素点数目),B 矩阵中存储边界像素点的行坐标和列坐标。

【例 3-7】 利用 bwtraceboundary 对图形进行曲线跟踪。

```
>> clear all;
BW = imread('blobs.png');
subplot(1,2,1);imshow(BW,[]);
xlabel('(a)原始图像');
s = size(BW);
for row = 2:55:s(1)
    for col = 1:s(2)
        if BW(row,col),
            break;
```

```
        end
    end
    contour = bwtraceboundary(BW, [row, col], 'W', 8, 50,...
                                    'counterclockwise');
    if(~isempty(contour))
        hold on;
        subplot(1,2,2);imshow(BW,[]);
        plot(contour(:,2),contour(:,1),'g','LineWidth',2);
        hold on;
        plot(col, row,'gx','LineWidth',2);
    else
        hold on; plot(col, row,'rx','LineWidth',2);
    end
end;
xlabel('(b)图像曲线跟踪')
```

运行程序,效果如图 3-12 所示。

(a) 原始图像　　(b) 图像曲线跟踪

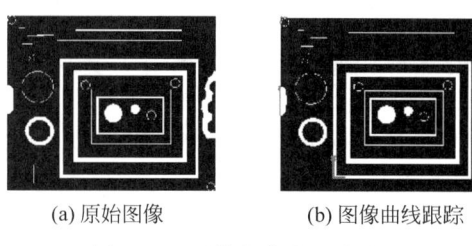

图 3-12　图像的曲线跟踪效果

2. bwboundaries 函数

该函数属于区域跟踪算法,能给出二值图像中所有物体的外边界和内边界。其调用格式如下。

```
B = bwboundaries(BW)
B = bwboundaries(BW,conn)
B = bwboundaries(BW,conn,options)
[B,L] = bwboundaries(...)
[B,L,N,A] = bwboundaries(...)
```

其中,BW、conn 参数与 bwtraceboundary 函数中的 BW、conn 参数相同。输入参数 options 为字符串,取值为'holes'或'noholes',其中前者为默认项,它指定算法既搜索物体的外边界,也搜索物体的内边界(即洞的边界),后者使算法只搜索物体的外边界。

输出参数 L 为标志了该图像被边界所划分的区域,包括物体和洞,它是一个整数矩阵,与原图像具有相同的维数,元素值代表了该位置上的像素点所在的区域的编号,属于同一个区域的像素点对应的元素值相同。参数 N 为该图像被边界所划分成的区域的数目,因此 N=max(L(:))。参数 A 标志了被划分的区域的邻接关系,它是一个 N×N 维逻辑矩阵,其中 N 是被划分区域的数目,A(i,j)=1 说明第 i 个区域与第 j 个区域存在邻接关系,且第 i 个区域(子区域)在第 j 个区域(父区域)内。

【例 3-8】 利用 bwboundaries 函数对图像边界跟踪,并对不同的区域标示不同的颜色。

```
>> clear all;
I = imread('rice.png');
I = imread('rice.png');
subplot(1,2,1);imshow(I);
xlabel('(a)原始图像');
BW = im2bw(I, graythresh(I));
```

```
[B,L] = bwboundaries(BW,'noholes');
subplot(1,2,2);imshow(label2rgb(L, @jet, [.5 .5 .5]))
hold on
for k = 1:length(B)
    boundary = B{k};
    plot(boundary(:,2), boundary(:,1), 'w', 'LineWidth', 2)
end
xlabel('(b)边界跟踪')
```

运行程序,效果如图 3-13 所示。

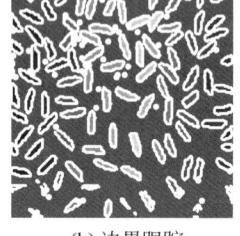

(a) 原始图像　　　(b) 边界跟踪

图 3-13　利用 bwboundaries 函数对图像进行边界跟踪

【例 3-9】 利用 bwboundaries 对 blobs.png 图像进行边界跟踪,并对不同的区域标示不同的颜色、类型和加粗。

```
>> clear all;
BW = imread('blobs.png');
[B,L,N,A] = bwboundaries(BW);
figure; imshow(BW); hold on;
for k = 1:length(B),
    if(~sum(A(k,:)))
        boundary = B{k};
        plot(boundary(:,2),...
            boundary(:,1),'r','LineWidth',2);
        for l = find(A(:,k))'
            boundary = B{l};
            plot(boundary(:,2),...
                boundary(:,1),'g','LineWidth',2);
        end
    end
end
```

运行程序,效果如图 3-14 所示。

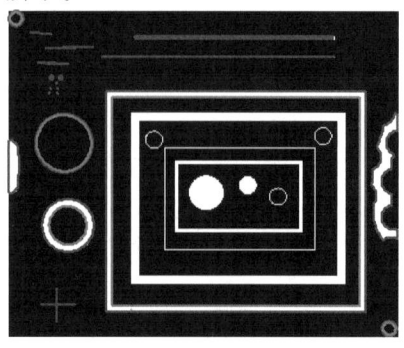

图 3-14　图像的边界跟踪效果

3.3 直线提取

由于直线具有不同于一般曲线的特征,因此它的提取方法也与一般的边缘检测方法不同。

3.3.1 Hough 检测直线的基本原理

Hough 变换是最常用的直线提取方法,它的基本思想是:将直线上每一个数据点变换为参数平面中的一条直线或曲线,利用共线的数据点对应的参数曲线相交于参数空间中一点的关系,使直线的提取问题转化为计数问题。Hough 变换提取直线的主要优点是受直线中的间隙和噪声影响较小。

具体地说,对于满足直线方程 $y=ax+b$ 的某一个数据点 (x_0,y_0),对应参数平面 (a,b) 上的一条直线 $b=y_0-ax_0$,而来自同一条直线 $y=a_0x+b$ 上的所有数据点对应的参数平面上的直线必然相交于真实的参数点 (a_0,b_0)。另外,为了避免垂直直线斜率无穷大的问题,在应用时通常采用直线的极坐标方程 $\rho=x\cos\theta+y\sin\theta$,此时参数平面为 (ρ,θ) 平面。图 3-15 给出了 Hough 变换基本原理的示意图。

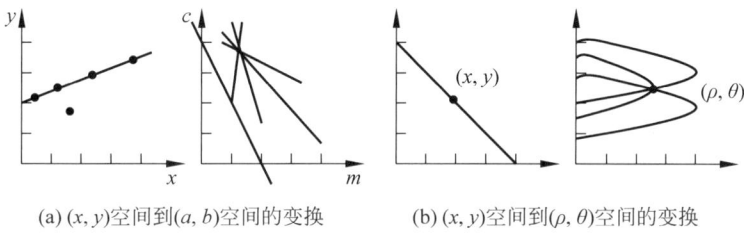

(a) (x,y) 空间到 (a,b) 空间的变换   (b) (x,y) 空间到 (ρ,θ) 空间的变换

图 3-15 Hough 变换的基本原理

在算法实现中,考虑到噪声的影响和参数空间离散化的需要,求交点的问题成为一个累加器问题。算法步骤如下:

(1) 适当地量化参数空间;
(2) 假定参数空间的每一个单元都是一个累加器;
(3) 累加器初始化为零;
(4) 对图像空间的每一点,在其所满足参数方程对应的累加器上加1;
(5) 累加器陈列的最大值对应模型的参数。

3.3.2 Hough 检测直线的 MATLAB 实现

在 MATLAB 图像处理工具箱中提供了三个与 Hough 变换有关的函数,分别为 hough 函数、houghpeaks 函数和 houghlines 函数。hough 函数已经在 3.3.1 节进行介绍了,在此不再赘述,下面分别对其他两个函数作介绍。

1. houghpeaks 函数

该函数用来提取 Hough 变换后参数平面上的峰值点。其调用格式如下。

peaks=houghpeaks(H, numpeaks):其中,H 为 Hough 函数的输出,参数平面的计数结果矩阵;参数 numpeaks 为要提取的峰值数目,默认值为1;输出参数 peaks 为 Q×2 维峰值位置矩阵,其中 Q 为提取的峰值数目,peaks 的第 q 行分别存储第 q 个峰值的行和列坐标。

peaks=houghpeaks(…, param1, val1, param2, val2):参数 param 和 val 对用来指定寻找峰值的门限或峰值对周围像素点的抑制范围。其取值有 2 种,当 param='Threshold'时,val

参数指定峰值门限,可以是任意正实数,默认值为 $0.5\times\max(H(:))$;当 param = 'NHoodSize' 时,val=[M,N],其中两个元素 M 和 N 都是正奇数,共同指定峰值周围的抑制区大小。由于噪声的影响,一个真实的参数点很可能和它周围的点同时超过峰值门限,而实际上只需要在这个小区域内提取出一个峰值点,因此在提取出一个极大值点后,算法将它的邻域内的计数器都置为 0,这个邻域就是由[M,N]指定的抑制区,[M,N]的默认值是大于或等于 size(H)/50 的最小奇数对。

【例 3-10】 利用 houghpeaks 函数对经过 Hough 变换得到的平面进行峰值提取。

```
>> clear all;
I = imread('circuit.tif');
BW = edge(imrotate(I,50,'crop'),'canny');
[H,T,R] = hough(BW);
P = houghpeaks(H,2);
disp('显示 Hough 变换后平面的峰值为:')
disp(P)
imshow(H,[],'XData',T,'YData',R,'InitialMagnification','fit');
xlabel('\theta'), ylabel('\rho');
axis on, axis normal, hold on;
plot(T(P(:,2)),R(P(:,1)),'s','color','m');
```

运行程序,输出如下。

显示 Hough 变换后平面的峰值为:

```
529    130
565    130
```

效果如图 3-16 所示。

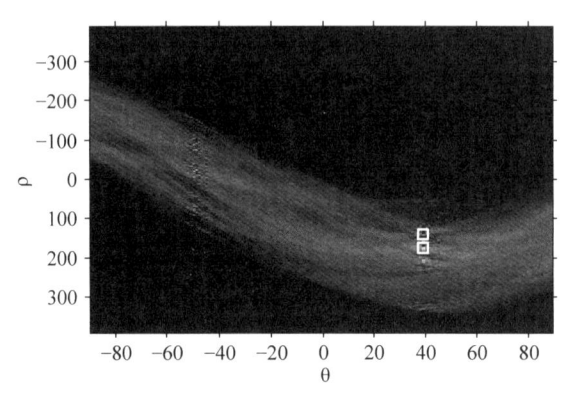

图 3-16 峰值提取效果

2. houghlines 函数

该函数用于在图像中提取参数平面上的峰值点对应的直线。其调用格式如下。

```
lines = houghlines(BW, theta, rho, peaks)
lines = houghlines(..., param1, val1, param2, val2)
```

其中,BW 与 Hough 函数的 BW 相同,为二值图像。theta 和 rho 为 Hough 函数返回的输出,指示 θ 轴和 ρ 轴各个单元对应的值。peaks 为 houghpeaks 函数返回的输出,指示峰值的行和列坐标,houghlines 函数将根据这些峰值提取直线。param 和 var 是参数对,指定是否合并或保留直线段的相关参数,其取值有 2 种,当 param = 'MinLength'时,var 指定合并后的直线被保留的门限长度,长度小于 val 给定的门限值的直线被舍去,门限长度的默认值为 40；当 param='FillGap'时,val 指定直线段被合并的门限间隔,如果两条斜率和截距均相同的直线段间隔小于 val 给定的值,则它们被合并为一条直线,门限间隔的默认值为 20。

输出 lines 为结构数组,数组长度为提取出的直线的数目。结构数组的每个元素存储一条直线段的相关信息,其包括如表 3-2 所示的域。

表 3-2 输出 lines 中参数的含义

域 名	意 义
Point1	二元矢量[x, y]指定直线段一个端点的行和列坐标
Point2	二元矢量[x, y]指定直线段另一个端点的行和列坐标
thetaAngle	该线段对应的 θ 值,单位为度
rho	该线段对应的 ρ 值

【例 3-11】 寻找图像中的直线和其中最长的段。

```
>> clear all;
I = imread('circuit.tif');
rotI = imrotate(I,35,'crop');               % 图像逆时针旋转 35°
BW = edge(rotI,'canny');                    % 用 Canny 算子提取图像中的边缘
[H,T,R] = hough(BW);                        % 对图像进行 Hough 变换
figure;
imshow(H,[],'XData',T,'YData',R,...
            'InitialMagnification','fit');
xlabel('\theta'), ylabel('\rho');
axis on, axis normal, hold on;
% 寻找参数平面上的极值点
P  = houghpeaks(H,5,'threshold',ceil(0.3 * max(H(:))));
x = T(P(:,2)); y = R(P(:,1));
plot(x,y,'s','color','white');
% 找出对应的直线边缘
lines = houghlines(BW,T,R,P,'FillGap',5,'MinLength',7);
figure, imshow(rotI), hold on
max_len = 0;
for k = 1:length(lines)
   xy = [lines(k).point1; lines(k).point2];
   plot(xy(:,1),xy(:,2),'LineWidth',2,'Color','green');
   % 标记直线边缘对应的起点
   plot(xy(1,1),xy(1,2),'x','LineWidth',2,'Color','yellow');
   plot(xy(2,1),xy(2,2),'x','LineWidth',2,'Color','red');
   % 计算直线边缘的长度
   len = norm(lines(k).point1 - lines(k).point2);
   if ( len > max_len)
      max_len = len;
      xy_long = xy;
   end
end
% 以红色线重画最长的直边缘
plot(xy_long(:,1),xy_long(:,2),'LineWidth',2,'Color','r');
```

运行程序,效果如图 3-17 及图 3-18 所示。

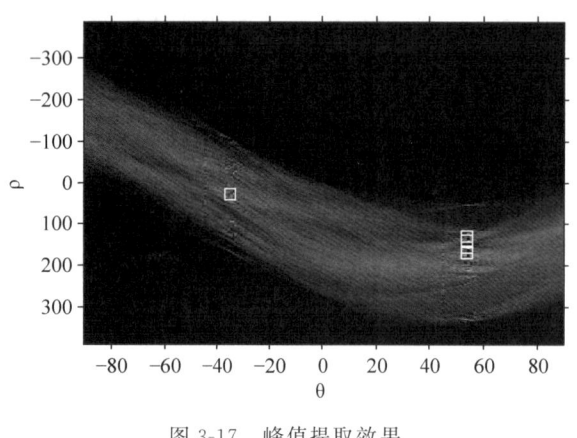

图 3-17　峰值提取效果　　　　　　　　　　图 3-18　直线标记效果

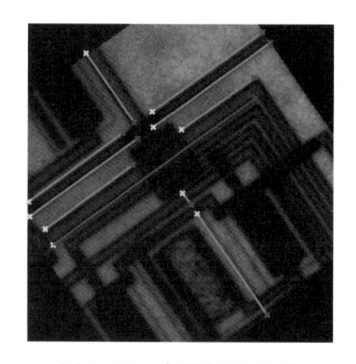

3.4 基于阈值选取的图像分割法

图像侵害也可以理解为将图像中有意义的特征区域或需要应用的特征区域提取出来,这些特征区域可以是像素的灰度值、物体轮廓曲线、纹理特性等,也可以是空间频谱或直方图特征等。

阈值分割是一种简单有效的图像分割法。它对物体与背景有较强对比的图像分割特别有效,所有灰度大于或等于阈值的像素被判决为属于物体,灰度值用"255"表示前景,否则这些像素点被排除在物体区域以外,灰度值为"0",表示背景。多阈值分割只是分割技巧的处理问题,而与单阈值分割并无本质的区别。因此本节只考虑单阈值分割的情形。

3.4.1 双峰法

双峰法的原理很简单:它认为图像由前景和背景(不同的灰度级)两部分组成,图像的灰度分布曲线近似认为是由两个正态分布函数 (μ_1, σ_1^2) 和 (μ_2, σ_2^2) 叠加而成,图像的直方图将会出现两个分离的峰值,在双峰之间的波谷处就是图像的阈值所在。

【例 3-12】 利用双峰法实现图像阈值分割。

```
>> clear all;
I = imread('rice.png');
imhist(I);                    % 显示原始图像的直方图
% 根据上面直方图选择阈值150,划分图像的前景和背景
newI = im2bw(I,150/255);
figure;
subplot(1,2,1);imshow(I);
xlabel('(a)原始图像');
subplot(1,2,2);imshow(newI);
xlabel('(b)双峰法分割图像');
```

运行程序,效果如图 3-19 及图 3-20 所示。

将原始图像和阈值分割后的图像比较,可以发现有些前景图像和背景图像的灰度值太接近,导致有些前景图像没有从背景中分离出来,被图像抢走了。

3.4.2 迭代法

迭代阈值选择算法是对双峰法的改进,它首先选择一个近似阈值 T,将图像分割成 R_1 和

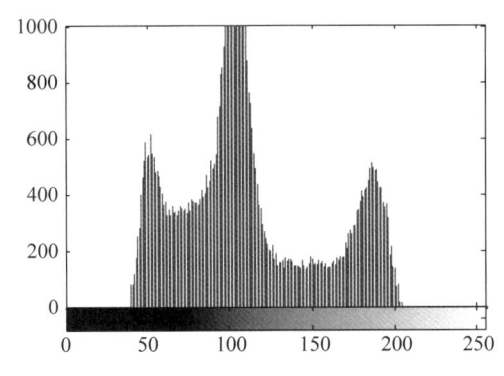

图 3-19 原始图像的直方图

(a) 原始图像   (b) 双峰法分割图像

图 3-20 双峰法分割图像的效果

R_2 部分,计算区域 R_1 和 R_2 的均值 μ_1 和 μ_2,选择新的分割阈值 $T=\dfrac{\mu_1+\mu_2}{2}$,重复上述步骤直到 μ_1 和 μ_2 不再变化为止。

迭代法是基于逼近的思想,其步骤如下。

(1) 求出图像的最大灰度值和最小灰度值,分别记为 ZMAX 和 ZMIN,令初始阈值 T0=(ZMAX+ZMIN)/2。

(2) 根据阈值 T 将图像分割为前景和背景,分别求出两者的平均灰度值 ZO 和 ZB。

(3) 求出新阈值 T=(ZO+ZB)/2。

(4) 如果两个平均灰度值 ZO 和 ZB 不再变化(或 T 不再变化),T 则为阈值;否则转到(2),迭代计算。

【例 3-13】 利用迭代法实现图像阈值分割。

```
>> clear all;
I = imread('rice.png');
ZMAX = max(max(I));                                  % 取出最大灰度值
ZMIN = min(min(I));                                  % 取出最小灰度值
TK = (ZMAX + ZMIN)/2;
bcal = 1;
ISIZE = size(I);
% 图像大小
while(bcal)
    % 定义前景和背景数
    ifground = 0;
    ibground = 0;
    % 定义前景和背景灰度总和
    FgroundS = 0;
    BgroundS = 0;
```

```matlab
        for i = 1:ISIZE(1)
            for j = 1:ISIZE(2)
                tmp = I(i,j);
                if(tmp >= TK)
                    ifground = ifground + 1;
                    FgroundS = FgroundS + double(tmp);    % 前景灰度值
                else
                    ibground = ibground + 1;
                    BgroundS = BgroundS + double(tmp);
                end
            end
        end
        % 计算前景和背景的平均值
        ZO = FgroundS/ifground;
        ZB = BgroundS/ibground;
        TKTmp = uint8((ZO + ZB)/2);
        if(TKTmp == TK)
            bcal = 0;
        else
            TK = TKTmp;
        end
        % 当阈值不再变化的时候,说明迭代结束
end
disp(strcat('迭代后的阈值:',num2str(TK)));
newI = im2bw(I,double(TK)/255);
subplot(1,2,1);imshow(I);
xlabel('(a)原始图像');
subplot(1,2,2);imshow(newI);
xlabel('(b)迭代法分割图像');
```

运行程序,输出如下。

迭代后的阈值:131

效果如图 3-21 所示。

(a) 原始图像　　　　(b) 迭代法分割图像

图 3-21　迭代法分割图像的效果图

例 3-13 中的图像为 uint8 类型,计算很容易取整,使得迭代次数有限,如果是 double 类型的图像,则可以取一个允许的误差值,只要迭代后变化小于这个误差值,则认为迭代结束,防止无限次迭代。迭代所得的阈值分割的图像效果较好。基于迭代的阈值能区分出图像的前景和背景的主要区域所在,但在图像的细微处下角深色区还没有很好的区分度,对某些特定图像,微小数据的变化却会引起分割效果的巨大变化。总的来说,迭代法比双峰法分割效果有很大的提高。

3.4.3 大津法

大津法(OTSU)由大津于1979年提出,对图像 I,记 T 为前景与背景的分割阈值,前景点数占图像比例为 w_0,平均灰度为 u_0;背景点数占图像比例为 w_1,平均灰度值为 u_1。图像的总平均灰度为 $u_T = w_0 \times u_0 + w_1 \times u_1$。从最小灰度值到最大灰度值遍历 T,当 T 使得方差 $\sigma^2 = w_0 \times (u_0 - u_T)^2 + w_1 \times (u_1 - u_T)^2$ 最大时,T 即为分割的最佳阈值。方差为灰度分布均匀性的一种度量,方差值越大,说明构成图像的两部分差别越大,当部分前景错分为背景或部分背景错分为前景都会导致两部分差别变小,因此使方差最大的分割意味着错分的概率最小。直接应用大津法计算量较大,因此在实现时采用了等价的公式 $\sigma^2 = w_0 \times w_1 \times (u_0 - u_1)^2$。

在 MATLAB 中,提供了 graythresh 函数用大津法计算全局图像的阈值。其调用格式如下。

level = graythresh(I):其中输入 I 为灰度图像;level 参数用于分割图像的归一化灰度值,值域为[0,1]。

【例 3-14】 利用大津法实现图像阈值分割。

```
>> clear all;
I = imread('coins.png');
subplot(1,3,1);imshow(I);
xlabel('(a)原始图像');
% 使用 graythresh 函数计算阈值
level = graythresh(I);
% 大津法计算全局图像 I 的阈值
BW = im2bw(I,level);
subplot(1,3,2);imshow(BW);
xlabel('(b)graythresh 函数计算阈值');
disp(strcat('graythresh 函数计算灰度阈值:',num2str(uint8(level * 255))));
% 下面 MATLAB 程序实现简化计算阈值
IMAX = max(max(I));                         % 取出最大灰度值
IMIN = min(min(I));                         % 取出最小灰度值
T = double(IMIN:IMAX);
ISIZE = size(I);                            % 图像大小
muxSize = ISIZE(1) * ISIZE(2);
for i = 1:length(T)
    % 从最小灰度值到最大灰度值分别计算方差
    TK = T(1,i);
    ifground = 0;
    ibground = 0;
    % 定义前景和背景灰度总和
    FgroundS = 0;
    BgroundS = 0;
    for j = 1:ISIZE(1)
        for k = 1:ISIZE(2)
            tmp = I(j,k);
            if(tmp > = TK)
                ifground = ifground + 1;
                FgroundS = FgroundS + double(tmp); % 前景灰度值
            else
                % 背景像素点的计算
                ibground = ibground + 1;
                BgroundS = BgroundS + double(tmp);
        end
```

```
            end
        end
        % 计算前景和背景的比例、平均灰度值
        % 这里存在一个 0 分母的情况,导致警告,但不影响结果
        w0 = ifground/muxSize;
        w1 = ibground/muxSize;
        u0 = FgroundS/ifground;
        u1 = BgroundS/ibground;
        T(2,i) = w0 * w1 * (u0 - u1) * (u0 - u1);    % 计算方差
    end
    % 遍历后寻找 I 第二行的最大值
    oMax = max(T(2,:));
    % 第二行方差的最大值,忽略 NaN
    idx = find(T(2,:)>= oMax);
    % 方差最大值所对应的列号
    T = uint8(T(1,idx));
    % 从第一行取出灰度值作为赋值
    disp(strcat('简化大津法计算灰度阈值:',num2str(T)));
    BW = im2bw(I,double(T)/255);    % 阈值分割
    subplot(1,3,3);imshow(BW);
    xlabel('(c)简化大津法计算阈值');
```

运行程序,输出如下。

```
graythresh 函数计算灰度阈值:126
简化大津法计算灰度阈值:127
```

效果如图 3-22 所示。

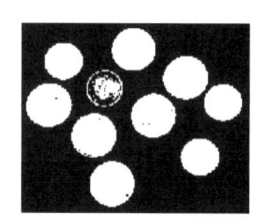

(a) 原始图像　　　(b) graythresh函数计算阈值　　　(c) 简化大津法计算阈值

图 3-22　大津法分割图像的效果图

在测试中发现:大津法选取出来的阈值非常理想,对各种情况的表现都较为良好。虽然它在很多情况下都不是最佳的分割,但分割质量通常都有一定的保障,可以说是最稳定的分割。由此可知,大津算法是一种较为通用的分割算法。在它的思想的启迪下,人们进一步提出了多种类似的评估阈值的算法。

3.4.4　分水岭算法

分水岭算法是一种借鉴了形态学的分割算法,在该方法中,将一幅图像看成一个拓扑地形图,其中灰度值 $f(x,y)$ 对应地形高度图。高灰度值对应着山峰,低灰度值对应着山谷。水总是朝地势低的地方流动,直到某一局部低洼处才停下来,这个低洼处被称为水盆地。最终所有的水会分聚在不同的吸水盆地,吸水盆地之间的山脊称为分水岭。水从分水岭流下时,它朝不同的吸水盆地流去的可能性是相等的。将这种想法应用于图像分割,就是要在灰度图像中找出不同的吸水盆地和分水岭,由这些不同的吸水盆地和分水岭组成的区域即为要分割的目标。MATLAB 图像处理工具箱提供了 watershed 函数用于显示分水岭算法。其调用格式如下。

L＝watershed(A)：其中，输入参数 A 为待分割的图像，实际上 watershed 函数不仅适用于图像分割，也可以用于对任意维区域的分割，A 是对这个区域的描述，可以是任意维的数组，每一个元素可以是任意实数。返回参数 A 与 A 维数相同的非负整数矩阵，标记分割结果，矩阵元素值为对应位置上像素点所属的区域编号，0 元素表示该对应像素点是分水岭，不属于任何一个区域。

L＝watershed(A，conn)：指定算法中使用的元素的连通方式，对图像分割问题，conn 有两种取值，当 conn＝4 时，表示为 4 连通；当 conn＝8 时，表示为 8 连通。

【例 3-15】 使用分水岭算法对二维图像进行分割。

```
>> clear all;
% 产生一个包含两个重叠的圆形图案的二值图像
center1 = -10;
center2 = -center1;
dist = sqrt(2*(2*center1)^2);
radius = dist/2 * 1.4;
lims = [floor(center1-1.2*radius) ceil(center2+1.2*radius)];
[x,y] = meshgrid(lims(1):lims(2));
bw1 = sqrt((x-center1).^2 + (y-center1).^2) <= radius;
bw2 = sqrt((x-center2).^2 + (y-center2).^2) <= radius;
bw = bw1 | bw2;
subplot(1,3,1), imshow(bw,'InitialMagnification','fit');
xlabel('(a)二值图像')
% 对它进行变换，得到一幅包含两个"盆地"的图像
D = bwdist(~bw);
subplot(1,3,2), imshow(D,[],'InitialMagnification','fit')
xlabel('(b)两个"盆地"的图像')
D = -D;
D(~bw) = -Inf;
L = watershed(D);
rgb = label2rgb(L,'jet',[.5 .5 .5]);
subplot(1,3,3), imshow(rgb,'InitialMagnification','fit')
xlabel('(c)D 的分水岭');
```

运行程序，效果如图 3-23 所示。

(a) 二值图像　　(b) 两个"盆地"的图像　　(c) D的分水岭

图 3-23　利用分水岭算法对二值图像进行分割的效果

【例 3-16】 使用分水岭算法对三维图像进行分割。

```
>> clear all;
% 制作三维二进制映射图，其中包含两个重叠的领域
center1 = -10;
center2 = -center1;
dist = sqrt(3*(2*center1)^2);
radius = dist/2 * 1.4;
lims = [floor(center1-1.2*radius) ceil(center2+1.2*radius)];
[x,y,z] = meshgrid(lims(1):lims(2));
```

```matlab
bw1 = sqrt((x-center1).^2 + (y-center1).^2 + (z-center1).^2) <= radius;
bw2 = sqrt((x-center2).^2 + (y-center2).^2 + (z-center2).^2) <= radius;
bw = bw1 | bw2;
% 绘制3D二进制映射图
figure, isosurface(x,y,z,bw,0.5);
axis equal,
set(gcf,'color','w');
xlim(lims), ylim(lims), zlim(lims)
view(3), camlight;
lighting gouraud
% 等值面的距离变换
D = bwdist(~bw);
figure, isosurface(x,y,z,D,radius/2);
axis equal
set(gcf,'color','w');
xlim(lims), ylim(lims), zlim(lims)
view(3), camlight;
lighting gouraud
% 进行分水岭变换
D = -D;
D(~bw) = -Inf;
L = watershed(D);
figure
isosurface(x,y,z,L==2,0.5)
isosurface(x,y,z,L==3,0.5)
axis equal
xlim(lims), ylim(lims), zlim(lims)
view(3), camlight;
lighting gouraud
set(gcf,'color','w');
```

运行程序,效果如图 3-24 所示。

(a) 3-D二值图像映射 (b) 等值面的距离变换

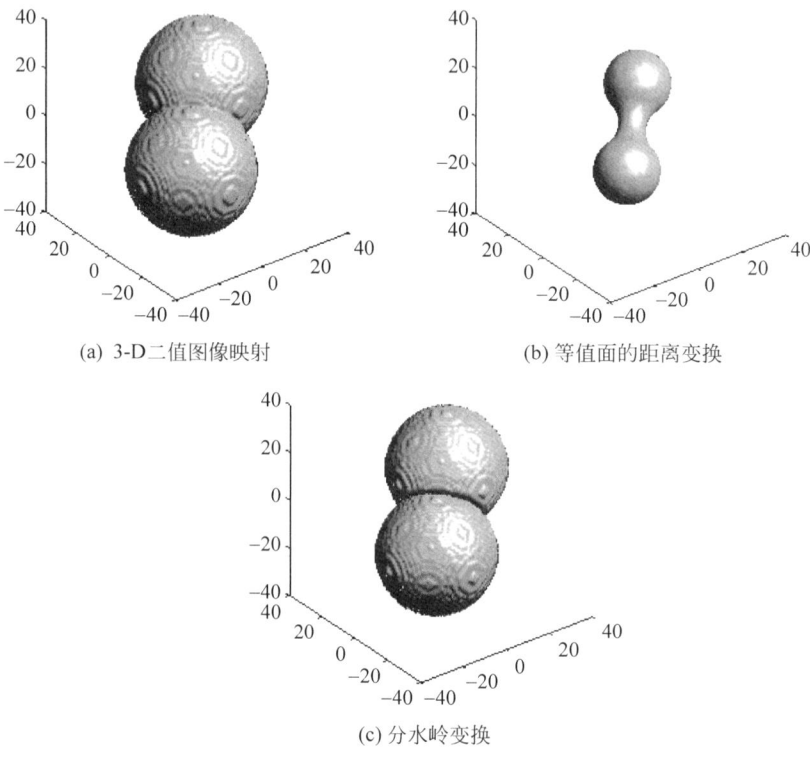

(c) 分水岭变换

图 3-24 分水岭变换分割三维图像

3.5 区域生长与分裂合并

图像分割是把图像分解为若干个有意义的子区域,而这种分解是基于物体有平滑均匀的表面,与图像中强度恒定或缓慢变化的区域相对应,即每个子区域都具有一定的均匀性质。边缘所包围的部分可以看作是区域;或通过寻找阈值,使得分割后所得同一区域中的各像素灰度分布具有同一统计特性。这种分割虽然没有明显地使用分割定义中的均匀测量度,但在根据直方图确定阈值时,实际上已经隐含了某种测量度量。

区域分割,是直接根据事先确定的相似性准则,直接取出若干特征相近或相同的像素组成的区域。常用的方法有区域生长、区域分裂与合并、四叉树分割等。

3.5.1 区域生长

1. 区域生长的原理和步骤

区域生长的基本思想是将具有相似性质的像素集合起来构成区域。具体是先对每个需要分割的区域找一个种子像素作为生长的起点,然后将种子像素周围领域中与种子像素有相同或相似性质的像素(根据某种事先确定的生长或相似准则来判定)合并到种子像素所在的区域中。将这些新像素当作新的种子像素继续进行上面的过程,直到再没有满足条件的像素可被包括进来,这样,一个区域就长成了。

图 3-25 给出已知种子点进行区域生长的一个示例。图 3-25(a)给出待分割的图像,设已知有两个种子像素(标为深浅不同的灰色方块),现要进行区域生长。假设这里采用的判断准则是:如果所考虑的像素与种子像素灰度值差的绝对值小于某个门限 T,则将该像素包括进种子像素所在的区域。图 3-25(b)给出 $T=3$ 时的区域生长结果,整幅图像被较好地分成两个区域;图 3-25(c)给出 $T=1$ 时的区域生长结果,有些像素无法判定;图 3-25(d)给出 $T=6$ 时的区域生长结果,整幅图像都被分在一个区域中,由此可见门限的选择是很重要的。

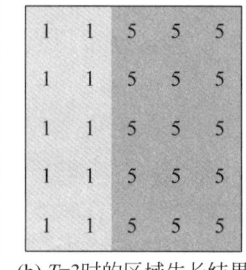

1	0	4	7	5
1	0	4	7	5
0	1	5	5	5
2	0	5	6	5
2	2	5	6	4

(a) 待分割的图像 (b) $T=3$时的区域生长结果 (c) $T=1$时的区域生长结果 (d) $T=6$时的区域生长结果

图 3-25 区域生长示例

从上面的示例可知,在实际应用区域生长法时需要解决以下三个问题。

(1) 选择或确定一组正确代表所需区域的种子像素。
(2) 确定在生长过程中能将相邻像素包括进来的准则。
(3) 制定生长过程停止的条件或规则。

种子像素的选取常可借助具体问题的特点来进行。例如军用红外图像在检测目标时,由于一般情况下目标辐射较大,所以可以选用图中最亮的像素作为种子像素。如果对具体问题没有先验知识,则常可借助生长准则对像素进行相应计算。如果计算结果呈现聚类的情况则接近聚类中心的像素可取为种子像素。

生长准则的选取不仅依赖于具体问题本身,也和所用图像数据的种类有关。例如当图像是彩色的时候,仅用单色的准则效果就会受到影响。另外还要考虑像素间的连通性和邻近性,否则有时会出现无意义的结果。我们将在后面介绍几种典型的生长准则和对应的生长过程。

一般生长过程在进行到再没有满足生长准则的像素时停止,但常用的基于灰度、纹理、彩色的准则大都基于图像的局部性质,并没有充分考虑生长的"历史"。为增加区域生长的性能常需考虑一些与尺寸、形状等图像和目标的全局性质有关的准则。在这种情况下常需对分割结果建立一定的模型或辅以一定的先验知识。

2. 生长准则

区域生长的一个关键是选择合适的生长中的相似准则,大部分区域生长准则使用图像的局部性质。生长准则可根据不同原则制定,而使用不同的生长准则会影响区域生长的过程,下面介绍三种基本的生长准则和方法。

(1) 基于区域灰度差。基于区域灰度差的方法主要有以下步骤。

① 对像素进行扫描,找出尚没有归属的像素。

② 以该像素为中心检查它的领域像素,即将领域中的像素逐个与它比较,如果灰度差小于预先确定的阈值,将它们合并。

③ 以新合并的像素为中心,返回到步骤②,检查新像素的领域,直到区域不能进一步扩张。

④ 返回到步骤①,继续扫描,直到所有像素都归属,则结束整个生长过程。

采用上述方法得到的结果对区域生长起点的选择有较大的依赖性。为克服这个问题,可以对方法做以下改进:将灰度差的阈值设为零,这样具有相同灰度值的像素便合并到一起,然后比较所有相邻区域之间的平均灰度差,合并灰度差小于某一阈值的区域。这种改进仍然存在一个问题,即当图像中存在缓慢变化的区域时,有可能会将不同区域逐步合并而产生错误分割结果。一个比较好的做法是:在进行生长时,不用新像素的灰度值与领域像素的灰度值比较,而是用新像素所在区域平均灰度值与各领域像素的灰度值进行比较,将小于某一阈值的像素合并进来。

(2) 基于区域内灰度分布统计性质。这里考虑以灰度分布相似性作为生长准则来决定区域的合并,具体步骤如下。

① 把像素分成互不重叠的小区域。

② 比较邻接区域的累积灰度直方图,根据灰度分布的相似性进行区域合并。

③ 设定终止准则,通过反复进行步骤②中的操作将各个区依次合并直到满足终止准则。

为了检测灰度分布情况的相似性,采用下面的方法。这里设 $h_1(X)$ 和 $h_2(X)$ 为相邻的两个区域的灰度直方图,X 为灰度值变量,从这个直方图求出累积灰度直方图 $H_1(X)$ 和 $H_2(X)$,根据以下两个准则检测:

① Kolomogorov-Smirnov 准则

$$\max_X | H_1(X) - H_2(X) | \tag{3-8}$$

② Smoothed-Difference 准则

$$\sum_X | H_1(X) - H_2(X) | \tag{3-9}$$

如果检测结果小于给定的阈值,就把两个区域合并。这里灰度直方图 $h(X)$ 的累积灰度直方图 $H(X)$ 被定义为

$$H(X) = \int_0^X h(x) dx$$

在离散情况下

$$H(X) = \sum_{i=0}^{X} h(i) \int_0^X h(x) \mathrm{d}x \qquad (3\text{-}10)$$

对上述两种方法有以下两点值得说明：

① 小区域的尺寸对结果影响较大，尺寸太小时检测可靠性降低，尺寸太大时则得到的区域形状不理想，小的目标可能漏掉。

② 式(3-9)比式(3-8)在检测直方图相似性方面较优，因为它考虑了所有灰度值。

(3) 基于区域形状。在决定对区域的合并时也可以利用对目标形状的检测结果，常用的方法有以下两种。

① 把图像分割成灰度固定的区域，设两相邻区域的周长为 p_1 和 p_2，把两区域共同边界线两侧灰度差小于给定值的那部分设为 L，如果（T_2 为预定阈值）

$$\frac{L}{\min\{p_1, p_2\}} > T_2 \qquad (3\text{-}11)$$

则合并两区域。

② 把图像分割成灰度固定的区域，设两邻接区域的共同边界长度为 B，把两区域共同边界线两侧灰度差小于给定值的那部分长度设为 L，如果（T_2 为预定阈值）

$$\frac{L}{B} > T_2 \qquad (3\text{-}12)$$

则合并两区域。

上述两种方法的区别是：第①种方法是合并两邻接区域的共同边界中对比度较低部分占整个区域边界份额较大的区域，第②种方法则是合并两邻接区域的共同边界中对比度较低部分比较多的区域。

【例 3-17】 使用区域生长法对图像进行分割。

```
>> clear all;
I = imread('peppers.png');
J = rgb2gray(I);                    % 图像灰度转换
I = double(J);                      % 图像类型转换
s = 255;
t = 65;
if numel(s) == 1
    si = I == s;
    s1 = s;
else
    si = bwmorph(s,'shrink',Inf);
    j = find(si);
    s1 = I(j);
end
ti = false(size(I));
for k = 1:length(s1)
    sv = s1(k);
    s = abs(I - sv) <= t;
    ti = ti|s;
end
[g,nr] = bwlabel(imreconstruct(si,ti));    % 图像标志
subplot(1,2,1);imshow(J);
xlabel('(a)原始图像');
subplot(1,2,2);imshow(g);
xlabel('(b)区域生长');
```

```
display('NO. of regions');
nr
```

运行程序,输出如下。

```
NO. of regions
nr =
     2
```

效果如图 3-26 所示。

(a) 原始图像　　　　　　　　(b) 区域生长

图 3-26　图像的区域生长分割效果

3.5.2　区域分裂与合并

3.5.1 节介绍的区域生长法是先从单个种子像素开始通过不断接纳新像素最后得到整个区域。分裂合并法是从整幅图像开始通过不断分裂得到各个区域。实际中常先把图像分成任意大小且不重叠的区域,然后再合并或分裂这些区域以满足分割的要求。

在这类方法中,常需要根据图像的统计特性设定图像区域属性的一致性测度,其中最常用的测度多基于灰度统计特征,例如同质区域中的方差(Variance Within Homogeneous Region,VWHR)。算法根据 VWHR 的数值合并或分裂各个区域。为得到正确的分割结果,需要根据先验知识或对图像中噪声的估计来选择 VWHR,它选择的精度对算法性能的影响很大。

假设以 VWHR 一致性测度,令 $V(R)$ 代表趋于区域 R 内的 VWHR 值,阈值设为 T,下面介绍一种利用图像四叉树(Quadtree,QT)表达方法的简单分裂合并算法。如图 3-27 所示,设 R_0 代表整个四方形图像区域,从最高层开始,如果 $V(R_0)>T$,就将其四等分,得到四个子区域 R_i。如果 $V(R_i)>T$,则将该区域四等分。以此类推,直到 R_i 为单个像素。

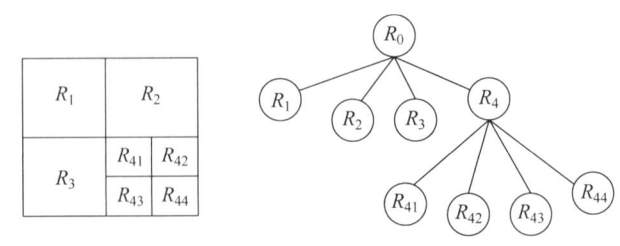

图 3-27　简单的区域分裂过程

如果仅仅使用分裂,最后有可能出现相邻的两个区域属于同一个目标但并没有合并成一个整体。为解决这个问题,每次分裂后允许其后继续分裂或合并。合并过程只合并相邻的区域且合并后组成的新的区域要满足一致性测度,即相邻的 R_i 和 R_j,如果 $V(R_i \cup R_j) \leqslant T$,则将二者合并。

3.5.3 四叉树分割

图像进行四叉树分割的基本过程如下：将原始图像（一般为 $N\times N$ 大小）分成 4 个相同大小的区域，判断每个区域是否符合一致性标准，如果符合，则停止分割图像，如果不符合，则继续分割图像，并且对每次分割后的区域进行一致性判断，直到分割后图像中所有的区域都符合一致性标准为止。

所谓一致性标准通常指区域内各像素点的灰度范围不超过某个阈值，也就是各像素点的灰度值的接近程度满足要求。

在 MATLAB 中提供了 3 个函数实现四叉树分割，下面分别给予介绍。

1. qtdecomp 函数

该函数用于对原始图像进行四叉树分割。其调用格式如下。

S=qtdecomp(I)：对灰度图像 I 执行四叉树分解，返回一个四叉树结构 S，S 为一个稀疏矩阵。如果 S(k,m)非零，那么像素点(k,m)为分解结构中一个子图像块的左上顶点，而这个图像块的大小由 S(k,m)给定。默认情况下，qtdecomp 函数分割图像块直到所有的图像块中的像素点符合一个阈值为止。

S=qtdecomp(I, threshold)：分割图像块直到块中的最大值和最小值不大于阈值 threshold。参数 threshold 定义值的范围为 0 和 1 之间。如果 I 为 uint8 类型，把阈值乘以 255 作为实际的阈值使用；如果 I 为 uint16 类型，把阈值乘以 65535 作为实际阈值使用。但注意如果定义为其他的类型则有所不同。

S=qtdecomp(I, threshold, mindim)：将不产生小于 mindim 的图像块，以至结果图像块不满足阈值条件（一致性条件）。

S=qtdecomp(I, threshold, [mindim maxdim])：将不产生比 mindim 小的图像块或比 maxdim 大的图像块，以至结果图像块满足阈值条件。maxdim/mindim 必须为 2 的整数次幂。

S=qtdecomp(I, fun)：用 fun 函数确定是否分割图像块。qtdecomp 函数为 m×m×k 堆栈所有当前 m×m 大小的块进行 fun 函数处理，这里 k 为 m×m 块的个数。fun 函数应该返回只取由@创建的 0 个函数句柄或者内联函数。

【例 3-18】 四叉树分割。

```
>> clear all;
I = uint8([1 1 1 1 2 3 6 6;...
           1 1 2 1 4 5 6 8;...
           1 1 1 1 7 7 7 7;...
           1 1 1 1 6 6 5 5;...
           20 22 20 22 1 2 3 4;...
           20 22 22 20 5 4 7 8;...
           20 22 20 20 9 12 40 12;...
           20 22 20 20 13 14 15 16]);
S = qtdecomp(I,.05);
disp('四叉树分割结果为:')
disp(full(S))
image(I,'Cdatamapping','scaled');
axis ij;
colormap gray;
```

运行程序，输出如下。

四叉树分割结果为：

4	0	0	0	4	0	0	0
0	0	0	0	0	0	0	0
0	0	0	0	0	0	0	0
0	0	0	0	0	0	0	0
4	0	0	0	2	0	2	0
0	0	0	0	0	0	0	0
0	0	0	0	2	0	1	1
0	0	0	0	0	0	1	1

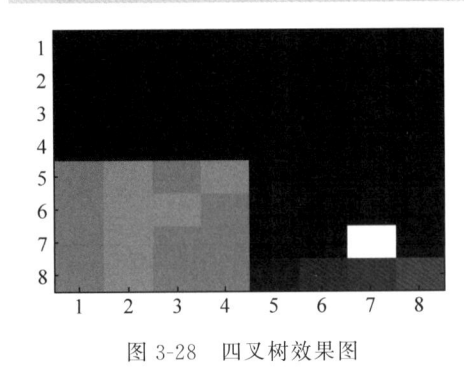

效果如图 3-28 所示。

2. qtgetblk 函数

该函数用于获取四叉树分割中的块值。其调用格式如下。

[vals, r, c] = qtgetblk(I, S, dim)：返回图像 I 的四叉树分割中 dim×dim 图像块的矩阵 vals。其中参数 S 为 qtdecomp 函数返回的稀疏数组，S 中包含了四叉树结构。参量 vals 为一个 dim×dim×k 的矩阵，这里 k 为四叉树分割中 dim×dim 块的数组。如果四

图 3-28 四叉树效果图

叉树分割结构中没有定义大小的块，所有输出值为空矩阵，参量 r 和 c 包含了块左上角的行坐标和列坐标的向量。

[vals, idx] = qtgetblk(I, S, dim)：返回图像块的左上角的线性索引 idx。

【例 3-19】 提取四叉树分割的子块。

```
>> clear all;
I = [1    1    1    1    2    3    6    6
     1    1    2    1    4    5    6    8
     1    1    1    1   10   15    7    7
     1    1    1    1   20   25    7    7
    20   22   20   22    1    2    3    4
    20   22   22   20    5    6    7    8
    20   22   20   20    9   10   11   12
    22   22   20   20   13   14   15   16];
S = qtdecomp(I,5);
disp('阈值为 5 的四叉树分割结果:')
[vals,r,c] = qtgetblk(I,S,4)
disp('获取当前 4×4 的图像子块:')
disp('vals(:,:,1)')
disp(vals(:,:,1))
disp('vals(:,:,2)')
disp(vals(:,:,2))
disp('r:')
disp(r)
disp('c:')
disp(c)
```

运行程序，输出如下。
阈值为 5 的四叉树分割结果：

```
vals(:,:,1) =
    1    1    1    1
    1    1    2    1
    1    1    1    1
    1    1    1    1
vals(:,:,2) =
    20   22   20   22
    20   22   22   20
    20   22   20   20
    22   22   20   20
r =
    1
    5
c =
    1
    1
```

获取当前 4×4 的图像子块：

```
vals(:,:,1)
    1    1    1    1
    1    1    2    1
    1    1    1    1
    1    1    1    1
vals(:,:,2)
    20   22   20   22
    20   22   22   20
    20   22   20   20
    22   22   20   20
r:
    1
    5
c:
    1
    1
```

【例 3-20】 提取图像进行四叉树分割的块。

```
>> clear all;
I = imread('liftingbody.png');
S = qtdecomp(I,.27);
blocks = repmat(uint8(0),size(S));
for dim = [512 256 128 64 32 16 8 4 2 1];
  numblocks = length(find(S==dim));
  if (numblocks > 0)
    values = repmat(uint8(1),[dim dim numblocks]);
    values(2:dim,2:dim,:) = 0;
    blocks = qtsetblk(blocks,S,dim,values);
  end
end
blocks(end,1:end) = 1;
blocks(1:end,end) = 1;
subplot(1,2,1);imshow(I);
xlabel('(a)原始图像');
subplot(1,2,2);imshow(blocks,[]);
xlabel('(b)块状表示四叉树分割')
```

运行程序,效果如图 3-29 所示。

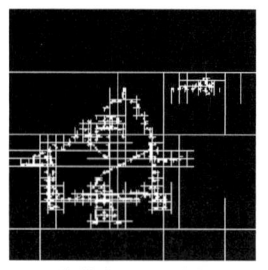

(a) 原始图像　　　　(b) 块状表示四叉树分割

图 3-29　图像四叉树分割的块提取效果

3. qtsetblk 函数

该函数用于设置四叉树分割中子块的值。其调用格式如下。

J=qtsetblk(I, S, dim, vals):转换图像 I 四叉树分割中所有 dim×dim 子块为由 vals 构成的 dim×dim 子块。参数 S 为 qtdecomp 函数返回的包含四叉树结构的稀疏矩阵;参数 vals 为 dim×dim×k 的矩阵,这里 k 为四叉树分割中 dim×dim 子块的数量。

【例 3-21】 重新设置四叉树分割的子块值。

```
>> clear all;
%定义灰度图像 I
I = [1    1    1    1    2    3    6    6
     1    1    2    1    4    5    6    8
     1    1    1    1    10   15   7    7
     1    1    1    1    20   25   7    7
     20   22   20   22   1    2    3    4
     20   22   22   20   5    6    7    8
     20   22   20   20   9    10   11   12
     22   22   20   20   13   14   15   16];
%阈值为 5 的四叉树分解
S = qtdecomp(I,5);
%定义一个新的子块集
newvals = cat(3,zeros(4),ones(4));
J = qtsetblk(I,S,4,newvals)
```

运行程序,输出如下:

```
J =
     0    0    0    0    2    3    6    6
     0    0    0    0    4    5    6    8
     0    0    0    0    10   15   7    7
     0    0    0    0    20   25   7    7
     1    1    1    1    1    2    3    4
     1    1    1    1    5    6    7    8
     1    1    1    1    9    10   11   12
     1    1    1    1    13   14   15   16
```

3.6　其他分割法

以上介绍的图像分割方法是基于灰度图像的,对于彩色图像来说不一定都适用。

3.6.1 彩色图像的分割

彩色图像分割是数字图像处理领域一类非常重要的图像分析技术,在对图像的研究和应用中,根据不同领域的不同需要,在某一领域往往仅对原始图像中的某些部分感兴趣。这些目标区域一般来说都具备自身特定的一些诸如颜色、纹理等性质,彩色图像的分割主要根据图像在各个区域的不同特性,而对其进行边界或区域上的分割,并从中提取出所关心的目标。

图像分割注重对图像中的目标进行检测与测量,这与在像素级对图像进行操作的图像处理技术,为改善图像视觉效果而强调在图像之间所进行的变换是有所区别的。通过对图像的分割、目标特征的提取,可将经初步图像处理的图像特征向量提取出来,并将原始的数字图像转换成一种有利于目标表达的更抽象、更紧凑的表现形式,从而使高层的图像分析、图像理解以及计算机的模式自动识别成为可能。多年来,彩色图像分割技术一直在工业自动化控制、遥感遥测、微生物工程以及合成孔径雷达(Synthetic Aperture Radar,SAR)成像等多种工程应用领域得到相当广泛的应用。

彩色图像分割是图像处理中的一个主要问题,也是计算机视觉领域低层次视觉中的主要问题。

总的来说,彩色图像分割的方法可以分为基于像元、区域、边缘的分割这三大类,前两类利用的是相似性,基于边缘的分割则是利用的不连续性。

1. 基于像元的分割方法

基于像元的分割方法又可分为三类:直方图门限技术、色彩空间聚类法以及模糊聚类分割方法。其中直方图门限技术是最常用的,由于图像门限处理的直观性和易于实现的性质,使它在彩色图像分割应用中处于中心地位。

(1) 直方图门限技术。Tominaga 提出可将 RGB 色彩空间转换成 HVC 或其他色彩空间,如 HSI,再分别求 H、V、C(或 H、S、I)的一维直方图,寻找最明显的峰值,一般是选定两个作为门限。Holla 将 RGB 色彩空间转换成 RG、YB、I,再将这三个通道用带通滤波器平滑,滤波器中心频率过滤这三种色彩特征的比例是 $I:RG:YB=4:2:1$,然后在二维直方图 RG-YB 中寻找峰值点和基点,从而将像素点分成两个区域。但是该方法会在图像中留下捕捉不到的部分,因此可以再考虑其他的特征,如亮度或者像素的局部相连性,这样可以增强分割效果。Stein 的方法是对 Holl 的改进。算法中加入了领域的特征。当留下了一些没有被分配到的像素点时,就取它周围的 3×3 的模板,如果模板中有一个或者多个像素点被指派到区域 A,则该像素点也被指派到同样的区域 A 中。如果该领域模板中的像素点也没被指派到任何区域或者被指派到了不同的区域,那么该像素点仍然不被指派。这样的话可能还是有残留点,但是比例要小得多。R. Ohtander 的方法是比较经典的,它采用 9 个色彩特征:R、G、B、H、S、V、Y、I、Q,对这 9 个特征分别计算直方图,再选择最好的峰值作为门限。Ohta 等提出的方法和前面的不同点在于它将 RGB 色彩空间转换为另外定义的 $I1$、$I2$、$I3$ 特征,再分别对它们进行直方图化,从三个一维直方图上可以看到各自的峰值点,该算法给出的 $I1$、$I2$、$I3$ 的表达式相当于动态 K-L 变换的结果,而且都是对 R、G、B 的线性变换,不存在奇异点,不同的图像对 $I1$、$I2$、$I3$ 各自的峰值点分割的效果有差别,需要自动选取合适的门限。根据 $I1$、$I2$、$I3$ 的直方图,有明显双峰的更适合该图像。

(2) 色彩空间聚类法。该方法结合了直方图阈值选取技术。先将 RGB 色彩空间转换成 HLS 色彩空间(H、L、S 的表达式已给出),根据 L 的值将图像分为过亮区域和非过亮区域,在过亮区域里以 H 为主要特征,根据直方图取峰值进行分割,在非过亮区域里以 S 为主要特征,根据直方图取峰值进行分割,最后将分割的两幅图像合并。Ferri 则是通过神经网络将像素分成几个区域,再利用编辑和压缩技术来减少分类的个数。该方法用的是 YUV 色彩空间,它将每个像素点(i,j)扩展成矢量 $F(i,j)=\{U(i,j),V(i,j),U(i+h,j),V(i+h,j),U(i-h,j),V(i-h,j)U(i,j+h),V(i,j+h),U(i,j-h),V(i,j+h)\}$,其中 h 是期望分割的目标的大小。Lauterbach 是在 LUV 色彩空间中进行分割的,首先求二维 UV 直方图的最高点,这个最高点是通过计算累计直方图的值和一个领域窗的均值之差得到的。然后添加色彩匹配线(acl),这条线是通过两个聚类中心的一根直线。像素值在 UV 空间的那两个聚类中心之间的 acl 的欧氏距离决定了像素点被分派到哪两个类中。最后再在两类中用最小距离准则找一类。但是,该方法没有考虑亮度,所以在某些情况下不太适用。

(3) 模糊聚类分割方法。基于门限和模糊 C 均值法,先粗糙地用标量空间分析的一维直方图分割。具体步骤为:①计算图像每一个色彩特征的直方图;②标量分析直方图;③定义合法的几个类 $V_1,V_2,\cdots,V_c$;对属于类别 V_i 的每一个像素点 p,用 i 标记 p;计算每一类 V_i 的重心;对没有被分类的像素值 $p(x,y)$,用模糊成员函数 U 计算,取最大的 $U(x,y)$(此时类别为 V_k),则将该像素 p 分派到 V_k。

2. 基于区域的分割方法

由于彩色图像分割的目的是将图像划分为不同区域。基于像素的分割是通过用以像素性质的分布为基础的门限来进行的,比如灰度级的值或颜色,在这一节里讨论的是以直接找寻区域为基础的分割方法,主要可分为区域生长和区域分离与合并两类技术。

(1) 区域生长。区域生长是一种根据事前定义的准则将像素或子区域聚合成更大区域的过程。基本的方法是以一组"种子"点开始将与种子性质相似(诸如灰度级或颜色的特定范围)的相邻像素附加到生长区域的每个种子上。不同的方法相似性准则不一样,该准则的选择不仅取决于面对的问题,还取决于有效图像数据的类型。一些基本的有某种一致性的区域是事先给定的,然后用不同的方法加入周围的领域。①用边界松弛法分割:给定一个门限 $D_{\max}$,如果平均距离 $D(R)<D_{\max}$,则区域 R 是一致的(即是同一类)。如果 ρ 属于区域 R_a 且 ρ 与区域 R_b 相毗邻,则将 ρ 从区域 R_a 移至 R_b。②用 2×2 的块,通过加入相邻的像素来增长区域:如果像素点的颜色值距离矩心的颜色值的差值小于 $2D_{\max}$,则加入该像素。除此之外,还可以用地理分水岭的算法来分割图像,该算法要求事先知道种子点的相关性;还可以根据一些统计数据来进行区域增长。或者用快速混合分割方法:由六边形领域的均值代替该点的像素值(即平滑作用),这种分割方法是基于一种分等级的六边形结构组织,在最底层的时候,用局部区域增长法,这样可以获得小尺寸的相连区域;再上一层的时候,刚刚那层的每一个小尺寸相连区域被看作一个像素来处理,同样再取六边形均值,再进行区域增长,这样一步一步进行下去。

(2) 区域分离与合并。前面讨论的区域生长过程是从一组种子点开始的,另一种可作为替换的方法是在开始时将图像分割为一系列任意不相交的区域,然后将它们进行聚合或拆分。还有一种方法是先将图像分成彩色和非彩色区域,然后用直方图门限法,进行 8×8 大小块的合并,使用的色彩空间是 HSI。

3. 基于边缘的分割方法

边缘检测对彩色图像分割是一个重要的工具,其分割方法可以分为两大类:一类是局部边缘检测技术,另一类是全局边缘检测技术。边缘检测技术常用到 Sobel、高斯拉普拉斯算子。局部边缘检测技术只需要考虑像素点领域的信息来决定一个边缘点,常用模糊 C 均值聚类算法。全局边缘检测技术必须考虑到全局最优化,一般来说,很多全局边缘检测算法是基于马尔可夫随机过程的不同应用。还有的算法是先用 Canny 算子检测出强度边缘,然后在提取出来的所有边缘里根据色调和饱和度门限逐步消除掉一些边缘。

4. 聚类算法

聚类算法不需要训练样本,因此聚类是一种无监督的(unsupervised)统计方法。因为没有训练样本集,聚类算法迭代地执行对图像分类和提取各类的特征值。从某种意义上说,聚类是一种自我训练的分类。其中,k 均值、模糊 C 均值(Fuzzy C-Means)、EM(Expectation-Maximization)和分层聚类方法是常用的聚类算法。

k 均值算法先对当前的每一类求均值,然后按新生成的均值对象进行重新分类(将像素归入均值最近的类),对新生成的类再迭代执行前面的步骤。模糊 C 均值算法从模糊集合理论的角度对 k 均值进行了推广。EM 算法把图像中每一个像素的灰度值看作是几个概率分布(一般用高斯分布)按一定的比例的混合,通过优化基于最大后验概率的目标函数来估计这几个概率分布的参数和它们之间的混合比例。分层聚类方法通过一系列类别的连续合并和分裂完成,聚类过程可以用一个类似树的结构来表示。聚类分析不需要训练集,但是需要有一个初始分割提供初始参数,初始参数对最终分类结果影响较大。另一方面,聚类也没有考虑空间关联信息,因此也对噪声和灰度不均匀敏感。

3.6.2 彩色图像分割的 MATLAB 实现

下面通过 MATLAB 示例来演示彩色图像的分割。

【例 3-22】 基于色彩空间,使用 k 均值聚类算法对图像进行分割。目标是自动使用 $L*a*b*$ 色彩空间和 k 均值聚类算法实现图像分割。

```
>> clear all;
I = imread('hestain.png');
subplot(2,3,1);imshow(I);
xlabel('(a)H&E 图像');
% 将图像的色彩空间由 RGB 色彩空间转换到 L*a*b 色彩空间
cform = makecform('srgb2lab');                      % 色彩空间转换
lab_I = applycform(I,cform);
% 使用 k 均值聚类算法对 a*b 空间中的色彩进行分类
ab = double(lab_I(:,:,2:3));                        % 数据类型转换
nrow = size(ab,1);                                  % 求矩阵尺寸
ncol = size(ab,2);                                  % 求矩阵尺寸
ab = reshape(ab,nrow*ncol,2);                       % 矩阵形状变换
ncolors = 3;
% 重复聚类 3 次,以避免局部最小值
[c_idx,c_center] = kmeans(ab,ncolors,'distance','sqEuclidean','Replicates',3);
% 使用 k 均值聚类算法得到的结果对图像进行标记
pixel_labels = reshape(c_idx,nrow,ncol);            % 矩阵形状改变
subplot(2,3,2);imshow(pixel_labels,[]);
xlabel('(b)使用簇索引对图像进行标记');
s_image = cell(1,3);                                % 元胞型数组
rgb_label = repmat(pixel_labels,[1 1 3]);           % 矩阵平铺
for k = 1:ncolors
    color = I;
    color(rgb_label~=k) = 0;
    s_image{k} = color;
end
subplot(2,3,3);imshow(s_image{1});
```

```
xlabel('(c)簇 1 中的目标');
subplot(2,3,4);imshow(s_image{2});
xlabel('(d)簇 2 中的目标');
subplot(2,3,5);imshow(s_image{3});
xlabel('(e)簇 3 中的目标');
% 分割细胞核到一个分离图像
mean_c_value = mean(c_center,2);
[tmp,idx] = sort(mean_c_value);
b_c_num = idx(1);
L = lab_I(:,:,1);
b_indx = find(pixel_labels == b_c_num);
L_blue = L(b_indx);
i_l_b = im2bw(L_blue,graythresh(L_blue));          % 图像黑白转换
% 使用亮蓝色标记属于蓝色细胞核的像素
n_labels = repmat(uint8(0),[nrow,ncol]);           % 矩阵平铺
n_labels(b_indx(i_l_b == false)) = 1;
n_labels = repmat(i_l_b,[1,1,3]);                  % 矩阵平铺
b_n = I;
b_n(n_labels~= 1) = 1;
subplot(2,3,6);imshow(b_n);
xlabel('(f)使用簇索引对图像进行标记');
```

运行程序,效果如图 3-30 所示。

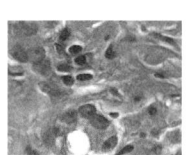

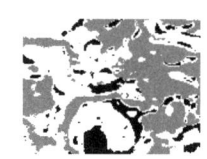

(a) H&E图像　　(b) 使用簇索引对图像进行记　　(c) 簇1中的目标

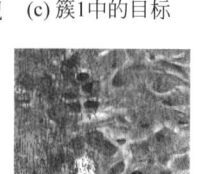

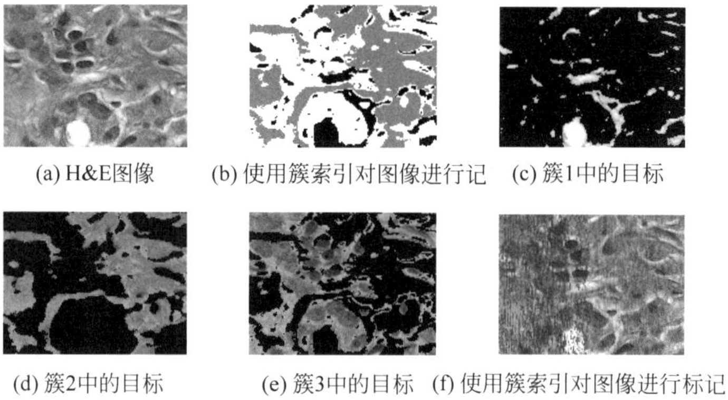

(d) 簇2中的目标　　(e) 簇3中的目标　　(f) 使用簇索引对图像进行标记

图 3-30　彩色图像的分割效果

第 4 章

机器视觉综合应用

机器视觉是一项综合技术,包括图像处理、机械工程技术、控制、电光源照明、光学成像、传感器、模拟与数字视频技术、计算机软硬件技术(如图像增强和分析算法、图像卡、I/O 卡等)。一个典型的机器视觉应用系统包括图像捕捉、光源系统、图像数字化模块、数字图像处理模块、智能判断决策模块和机械控制执行模块。机器视觉系统最基本的特点就是提高生产的灵活性和自动化程度。在一些不适合人工作业的危险工作环境或者人工视觉难以满足要求的场合,常用机器视觉来替代人工视觉。同时,在大批量重复性工业生产过程中,用机器视觉检测方法可以大大提高生产的效率和自动化程度。

4.1 机器视觉在医学图像中的应用

MATLAB 凭借其强大的矩阵运算功能和直观的编程风格,在医学图像处理中得到了广泛的应用。本节主要介绍 MATLAB 医学图像处理概述、医学图像增强、灰度变换等内容。

4.1.1 医学图像基本概述

医学成像已经成为现代医疗不可或缺的一部分,其应用贯穿整个临床工作,不仅广泛用于疾病诊断,而且在外科手术和放射治疗等的计划设计、方案实施以及疗效评估方面发挥着重要的作用。目前,医学图像可以分为解剖图像和功能图像两部分。解剖图像主要描述人体形态信息,包括 X 射线透射成像、CT、MRI、US,以及各类内窥(如腹腔镜及喉镜)获取的序列图像等。另外,还有一些衍生而来的特殊技术,比如从 X 射线成像衍生来的 DSA,从 MRI 技术衍生来的 MRA,从 US 成像衍生来的 Doppler 成像等。功能图像主要描述人体代谢信息,包括 PET、SPECT、fMRI 等。同时,也有一些广义的或者使用较少的功能成像方式,如 EEG、MEG、pMRI(perfusion MRI)、fCT 等。

在医学教学、科学研究以及临床工作中,我们要处理很多医学图像,借助 MATLAB 图像处理工具箱,可以大大提高工作效率。MATLAB 在医学图像处理中的应用主要包括:
- 显微图像处理;
- DNA(脱氧核糖核酸)显示分析;
- 红、白细胞分析计数;
- 虫卵及组织切片的分析;

- 癌细胞识别；
- DSA（心血管数字减影）及其他减影技术；
- 内脏大小形态及异常检测；
- 微循环的分析判断；
- 心脏活动的动态分析；
- 热像分析，红外像分析；
- X光照片增强、冻结及伪色彩增强；
- CT、MRI、γ 射线照相机，正电子和质子 CT 的应用；
- 专家系统如手术 PLANNING 规划的应用；
- 生物进化的图像。

这里从灰度变换、噪声去除等几方面介绍 MATLAB 图像处理函数在医学图像处理中的应用。

4.1.2 医学图像的灰度变换

医学图像反映的是 X 线穿透路径上人体各生理组织部位对 X 线吸收量的累加值，而人体内生理组织是相互重叠的，一些组织结构由于与 X 线吸收量较大的组织重叠而无法在 X 线影像上清晰地显示。另外，CT 系统由于成像过程中图像板中的磷粒子使 X 线存在散射和扫描过程激光扫描仪的激光在穿过图像板的深部时存在着散射，从而使图像模糊，降低了图像分辨率。应用图像增强处理方法凸显组织边缘和细节，成为医学图像处理的迫切需要。

图像增强就是一种基本的图像处理技术，增强的目的是对图像进行加工，以得到对医务工作者来说视觉效果更"好"更易于诊断的图像。图像增强根据图像的模糊情况采用了各种特殊的技术突出图像整体或局部特征，常用的图像增强技术有灰度变换、直方图处理、平滑滤波（高斯平滑）、中值滤波、梯度增强、拉普拉斯增强以及频率域的高通低通滤波等，这些算法运算量大、算术复杂、开始难度大。针对这些问题，可以在 MATLAB 环境中，利用 MATLAB 提供的功能强大的图像处理工具箱，简单快捷地得到统计数据，同时又可得到直观图示。

1. 巧妙使用 imshow 函数改变图像对比度

大家应该记得 imshow 函数，下面就回忆一下它的用法。该函数用于显示常规的图像，调用格式如下。

```
imshow(f,G)
```

其中，f 是一个图像数组，G 是显示该图像的灰度级数。若将 G 省略，则默认的灰度级数是 256。该函数另一种调用格式如下。

```
imshow(f,[low,high])
```

会将所有小于或等于 low 的值都显示为黑色，所有大于或等于 high 的值都显示为白色。介于 low 和 high 之间的值将以默认的级数显示为中等亮度值。最后，调用格式：

```
imshow(f,[ ])
```

可以将变量 low 设置为数组 f 的最小值，将变量 high 设置为数组 f 的最大值。imshow 函数的这一形式在显示一幅动态范围较小的图像或既有正值又有负值的图像时非常有用。在医学图像中，由于一系列原因，获取的信号会较弱，应用该函数来对图像进行增强十分有效。

【例 4-1】 使用 imshow 函数实现医学图像增强。

```
>> clear all;
I = imread('rtge.jpg');
subplot(1,2,1),imshow(I);
xlabel('(a)原始图像')
% 将原始图像进行增强操作
subplot(1,2,2),imshow(I,[ ])
xlabel('(b)增强后的图像')
```

运行程序,效果如图 4-1 所示。

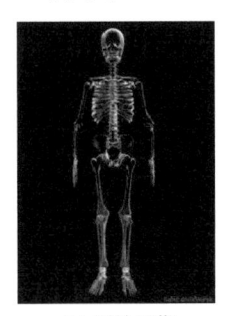

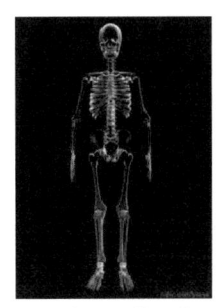

(a)原始图像　　　(b)增强后的图像

图 4-1　医学图像增强应用举例

如图 4-1 所示,很明显地可以看到,动态范围很小。图像很暗,对比度很低,没有明显的亮区,这样的图像很难用眼睛去观察它内部包含的信息。如果将原始图像的亮度值扩展到显示设备的全部动态范围,效果就更佳。使用 imshow 函数拉伸后,图像视觉效果明显得到改善,动态范围扩大。

2. 使用 imadjust 函数调整图像亮度

在 MATLAB 图像处理工具箱中提供了 imadjust 函数用于增强灰度图像的直方图。其调用格式如下。

J=imadjust(I):将灰度图像 I 中的强度值映射到 J 中的新值。默认情况下,imadjust 对所有像素值中最低的 1% 和最高的 1% 进行饱和处理。该函数将饱和界限之间的像素值线性映射到 0 和 1 之间的值。此运算可提高输出图像 J 的对比度。此语法等效于 imadjust(I,stretchlim(I))。

J=imadjust(I,[low_in high_in]):将 I 中的强度值映射到 J 中的新值,以使 low_in 和 high_in 之间的值线性映射到 0 到 1 之间的值。

J=imadjust(I,[low_in high_in],[low_out high_out]):将 I 中的强度值映射到 J 中的新值,以使 low_in 和 high_in 之间的值线性映射到 low_out 到 high_out 之间的值。

J=imadjust(I,[low_in high_in],[low_out high_out],gamma):将 I 中的强度值映射到 J 中的新值,其中 gamma 指定描述 I 和 J 中的值之间关系的曲线形状。

J=imadjust(RGB,[low_in high_in],__):将真彩色图像 RGB 中的值映射到 J 中的新值。

newcmap=imadjust(cmap,[low_in high_in],__):将颜色图 cmap 中的值映射到 newcmap 中的新值。

下面通过示例来演示通过使用 imadjust 函数来调整医学图像的亮度。

【例 4-2】 使用 imadjust 函数调整医学图像的亮度。

```
>> clear all;
f = imread('xtge.jpg');
subplot(2,2,1);imshow(f);
xlabel('(a)原始图像')
%将原始图像灰度反转
g1 = imadjust(f,[0 1],[0 1]);
subplot(2,2,2);imshow(g1)
xlabel('(b)灰度反转后的图像')
%将原始图像0.5~0.75之间的灰度级扩展到[0 1]
g2 = imadjust(f,[0.5 0.75],[0 1]);
subplot(2,2,3);imshow(g2)
xlabel('(c)部分区域灰度变换')
% 将gamma值设置为2
g3 = imadjust(f,[ ],[0 1]);
subplot(2,2,4);imshow(g3)
xlabel('(d)调整图像灰度')
```

运行程序,效果如图 4-2 所示。

(a)原始图像　　　　　(b)灰度反转后的图像

(c)部分区域灰度变换　　(d)调整图像灰度

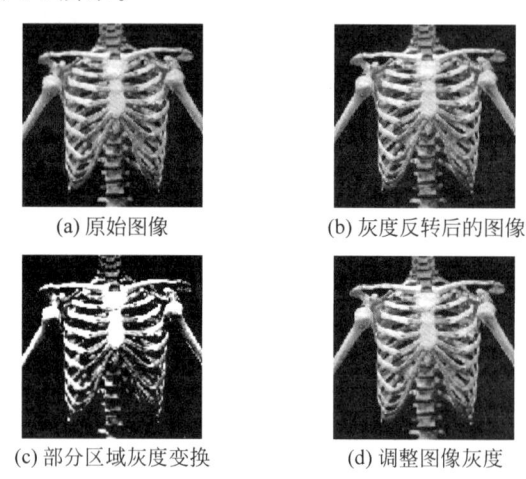

图 4-2　使用 imadjust 函数进行图像变换

3. 自定义函数 intrans

对图像的动态范围进行改变有很多方法,如对数、对比拉伸等。对数变换通过下式来实现:

$$g = c\log(1 + \text{double}(f))$$

其中,c 是一个常数。对数变换的一项主要应用是压缩动态范围。例如,傅里叶频谱的范围为[0 10^6]或更高。当傅里叶频谱显示于已线性缩放至8b的监视器上时,高值部分占优,从而导致频谱中低亮度值的可视细节丢失。通过计算对数,10^6 左右的动态范围就会下降到可以接受、方便观察的范围,从而更有利于处理。

下面的函数称为对比度拉伸函数:

$$s = T(r) = \frac{1}{1 + (m/r)^E}$$

其中,r 表示输入图像的亮度,s 是输出图像中的相应亮度值,E 是该函数的斜率。由于 $T(r)$ 的限制值为1,所以在执行此类变换时,输出值也被缩放在范围[0 1]内。因为该函数可以将输入值低于 m 的灰度级压缩在输出图像中较暗灰度级的较窄范围内;类似地,该函数可将输入值高于 m 的灰度级压缩在输出图像中较亮灰度级的较窄范围内。输出的是一幅具有较高对比度的图像。

根据以上所述,自定义 intrans.m 函数的源代码为:

```
function g = intrans(f,varargin);
error(nargchk(2,4,nargin));
classin = class(f);
if strcmp(class(f),'double')&max(f(L))>1&~strcmp(varargin{1},'log')
    f = mat2gray(f);
else
    f = im2double(f);
end
method = varargin{1};
switch method
    case 'neg'
        g = imcomplement(f);
    case 'log'
        if length(varargin) == 1
            c = 1;
        elseif length(varargin) == 2
            c = varargin{2};
        elseif length(varargin) == 3
            c = varargin{2};
            classin = varargin{3};
        else
            error('Incorrect number of inputs for   the log option')
        end
        g = c*(log(1+double(f)));
    case 'gamma'
        if length(varargin)< 2
            error('Not enough inputs for the gamma option')
        end
        gam = varargin{2};
        g = imadjust(f,[ ],[ ],gam);
    case 'stretch'
        if length(varargin) == 1
            m = mean2(f);
            E = 4.0;
        elseif length(varargin) == 3
            m = varargin{2};
            E = varargin{3};
        else error('Incorrect number of inputs for the tretch option')
        end
        g = 1./(1+(m./(f+eps)).^E);
    otherwise
        error('UNknown enhancement method.')
end
```

这个自定义 intrans.m 函数是将这些方法利用 MATLAB 来生成一个符合自己需要的函数,在这个函数中,用户可以根据自己的需要选择拉伸和拉伸因子。

【例 4-3】 使用自定义编写的 intrans.m,对图像进行拉伸处理。

```
>> clear all;
f = imread('gubody.jpg')
subplot(1,2,1);imshow(f);
xlabel('(a)原始图像')
```

```
% 对图像进行拉伸
g = intrans(f,'stretch',mean2(im2double(f)),0.8);
subplot(1,2,2);imshow(g);
xlabel('(b)图像拉伸效果')
```

运行程序,效果如图 4-3 所示。

(a)原始图像 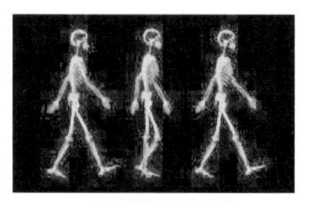　　　　　　　　(b)图像拉伸效果

图 4-3　使用自定义函数进行图像拉伸

图 4-3(a)显示了一幅骨骼图像,通过图像可以观察到,原始图像对比度比较低,其中的大部分信息都不能用肉眼很好地观察到。使用自定义的 intrans 函数对其进行对比度拉伸,获得如图 4-3(b)所示的结果。和图 4-3(a)相比,在视觉方面的改善效果是明显的。

4.1.3　高频强调滤波和直方图均衡化

高通滤波器削弱傅里叶变换的低频而保持了高频相对不变点,这样会突出图像的边缘和细节,使得图像边缘更加清晰。但由于高通滤波器偏离了直流项,从而把图像的平均值降低到了零。一种补偿方法是给高通滤波器加上一个偏移量。若偏移量与滤波器乘以一个大于 1 的常数结合起来,则这种方法就称为高频强调滤波,因为该常量乘数突出了高频部分。这个乘数同时增加了低频部分的幅度,但只要偏移量与乘数项比较小,低频增强的影响就弱于高频的影响。高频强调滤波器的传递函数为:

$$H_{hfe}(u,v) = a + bH_{hp}(u,v)$$

其中,a 是偏移量,b 是乘数,$H_{hp}(u,v)$ 是高通滤波器的传递函数。

【例 4-4】 利用高频强调滤波和直方图均衡化对医学图像进行处理。

```
>> clear all
f = imread('lean.png');
subplot(2,2,1);imshow(f);
xlabel('(a)原始图像')
% 对图像进行填充
PQ = paddedsize(size(f));
% 高通滤波
D0 = 0.05 * PQ(1);
HBW = hpfilter('btw',PQ(1),PQ(2),D0,2);
gbw = dftfilt(f,HBW);
gbw = uint8(gbw);
subplot(2,2,2);imshow(gbw);
xlabel('(b) btw 滤波后的图像')
% 高频强调滤波
H = 0.5 + 2 * HBW;
ghf = dftfilt(f,H);
ghf = uint8(ghf);
subplot(2,2,3);imshow(ghf)
xlabel('(c)高频强调滤波后的图像')
```

```
% 对高频强调滤波后的图像进行直方图均衡化
ghe = histeq(ghf,256);
ghe = uint8(ghe);
subplot(2,2,4);imshow(ghe)
xlabel('(d)直方图均衡化图像')
```

运行程序,效果如图 4-4 所示。

(a) 原始图像　　　　　(b) btw滤波后的图像

(c) 高频强调滤波后的图像　　(d) 直方图均衡化图像

图 4-4　高频滤波效果图

在以上程序中,调用了其他自定义编写函数,其源代码分别为:

```
function PQ = paddedsize(AB,CD,PARAM)
% 该函数用于对输入图像进行填充,以便形成的方形的大小等于最近的 2 的整数次幂
if nargin == 1
    PQ = 2 * AB;
elseif nargin == 2 &~ischar(CD)
    PQ = AB + CD - 1;
    PQ = 2 * ceil(PQ/2);
elseif nargin == 2
    m = max(AB);
    P = 2^nextpower(2 * m);
    PQ = [P,P];
elseif nargin == 3
    m = max([AB CD]);
    P = 2^nextpower(2 * m);
    PQ = [P,P];
else
    error('Wrong number of inputs.')
end

function g = dftfilt(f,H)
% 该函数用于接收输入图像 f 和一个滤波函数 H,可处理所有的滤波细节并输出
% 经滤波和剪切后的图像 g
F = fft2(f,size(H,1),size(H,2));
g = real(ifft2(H.*F));
g = g(1:size(f,1),1:size(f,2));

function [U,V] = dftuv(M,N)
% 该函数用于提供了距离计算及其他类似应用所需要的网格数组
u = 0:M - 1;
```

```
v = 0:N - 1;
idx = find(u > M/2);
u(idx) = u(idx) - M;
idy = find(v > N/2);
v(idy) = v(idy) - N;
[V,U] = meshgrid(v,u);

function [H,D] = lpfilter(type,M,N,D0,n)
% 该函数用于低通滤波器
[U,V] = dftuv(M,N);
D = sqrt(U.^2 + V.^2);
switch type
    case 'ideal'
        H = double(D <= D0);
    case 'btw'
        if nargin == 4
            n = 1;
        end
        H = 1./(1 + (D./D0).^(2 * n));
    case 'gaussian'
        H = exp( - (D.^2)./(2 * (D0^2)));
    otherwise
        error('UNknow filter type.')
end

function H = hpfilter(type,M,N,D0,n)
% 该函数用于实现高通滤波
if nargin == 4
    n = 1;
end
[Hlp,D] = lpfilter(type,M,N,D0,n);
H = 1 - Hlp;
```

4.2 机器视觉在数字图像水印技术中的应用

近年来,数字化技术和 Internet 的飞速发展,在最大限度地拓宽人的权利利益范围的同时,也带来了版权保护的危机。由于图像、视频、音频和其他作品都能以数字形式获得,制作其完美拷贝非常容易,从而可能会导致大规模非授权拷贝,而这极有可能会损害音乐、电影、书籍和软件等出版业的发展。

现有的版权保护系统多采用密码认证技术(例如 DVD 光盘的安全密码),但仅采用密码并不能完全解决版权保护问题。对版权保护的这类关注引发了一个很有意义的研究方向:寻找将版权信息和序列号隐藏到数字媒体中的方法,其目标是:通过序列号来帮助识别版权侵犯者,而版权信息能用来检举和起诉盗版者。这就是近几年国际上提出的数字信息产品版权保护和数据安全维护的技术——数字水印技术。

4.2.1 数字图像水印技术概述

现代的数字水印过程就是向被保护的数字对象(如静止图像、视频、音频等)嵌入某些能证明版权归属或跟踪侵权行为的信息,可以是作者的序列号、公司标志、有意义的文本等。与水印相近或关系密切的概念有很多,从目前出现的文献中看,已经有诸如信息隐藏(Information

Hiding)、信息伪装（Steganography）、数字水印（Digital Watermarking）和数字指纹（Fingerprinting）等概念。

1994年在一次国际重要学术会议上由Tirkel等人发表了题目为 A Digital Watermark 的第一篇有关数字水印的文章,当时他们已经意识到了数字水印的重要性,提出了数字水印的概念及可能的应用,并针对灰度图像提出了两种向图像最低有效位中嵌入水印的算法。Tirkel还是第一个认识到可以将扩频技术应用到数字水印中的人,他提出可以使用扩频技术向静止图像中添加水印。随后几年国际上相继发表了大量的关于数字水印技术的学术文章,内容主要是数字水印的理论研究,包括数字水印的特点和分类、模型、应用、算法等。

1. 数字水印的分类

1) 按特性划分

按水印的特性可以将数字水印分为鲁棒数字水印和易损数字水印两类。鲁棒数字水印主要用于在数字作品中标志著作权信息,利用这种水印技术在多媒体内容的数据中嵌入创建者、所有者的标示信息,或者嵌入购买者的标示(即序列号)。在发生版权纠纷时,创建者或所有者的信息用于标示数据的版权所有者,而序列号用于追踪违反协议而为盗版提供多媒体数据的用户。用于版权保护的数字水印要求有很强的鲁棒性和安全性,除了要求在一般图像处理(如滤波、加噪声、替换、压缩等)中生存外,还需能抵抗一些恶意攻击。

易损水印(Fragile Watermarking)与鲁棒水印的要求相反,易损水印主要用于完整性保护,这种水印同样是在内容数据中嵌入不可见的信息。当内容发生改变时,这些水印信息会发生相应的改变,从而可以鉴定原始数据是否被篡改。易损水印应对一般图像处理(如滤波、加噪声、替换、压缩等)有较强的免疫能力(鲁棒性),同时又要求有较强的敏感性,即既允许一定程度的失真,又要能将失真情况探测出来。必须对信号的改动很敏感,人们根据易损水印的状态就可以判断数据是否被篡改过。

2) 按水印所附载的媒体划分

按水印所附载的媒体,我们可以将数字水印划分为图像水印、音频水印、视频水印、文本水印以及用于三维网格模型的网格水印等。随着数字技术的发展,会有更多种类的数字媒体出现,同时也会产生相应的水印技术。

3) 按水印隐藏的位置划分

按水印的隐藏位置,我们可以将其划分为时(空)域数字水印、频域数字水印、时/频域数字水印和时间/尺度域数字水印。

时(空)域数字水印是直接在信号空间上叠加水印信息,而频域数字水印、时/频域数字水印和时间/尺度域数字水印则分别是在DCT变换域、时/频变换域和小波变换域上隐藏水印。

随着数字水印技术的发展,各种水印算法层出不穷,水印的隐藏位置也不再局限于上述4种。应该说,只要构成一种信号变换,就有可能在其变换空间上隐藏水印。

2. 数字图像水印技术的应用领域

由于数字水印是实现版权保护的有效办法,因此如今已成为多媒体信息安全研究领域的一个热点,也是信息隐藏技术研究领域的重要分支。数字水印的主要应用领域有如下几方面。

1) 数字作品的知识产权保护

数字作品(如电脑美术、扫描图像、数字音乐、视频、三维动画)的版权保护是当前的热点问题。由于数字作品的拷贝、修改非常容易,而且可以做到与原作完全相同,所以原创者不得不采用一些严重损害作品质量的办法来加上版权标志,而这种明显可见的标志很容易被篡改。

2) 加指纹

为了避免未经授权的拷贝制作和发行，出品人可以将不同用户的 ID 或序列号作为不同的水印(指纹)嵌入作品的合法拷贝中。一旦发现未经授权的拷贝，就可以根据此拷贝所恢复出的指纹来确定它的来源。

3) 证件真伪鉴别

信息隐藏技术可以应用的范围很广，作为证件来讲，每个人需要不止一个证件，证明个人身份的有身份证、护照、驾驶证、出生证等；证明某种能力的有各种学历证书、资格证书等。

4) 声像数据的隐藏标志和篡改提示

数据的标志信息往往比数据本身更具有保密价值，如遥感图像的拍摄日期、经/纬度等。没有标志信息的数据有时甚至无法使用，但直接将这些重要信息标记在原始文件上又很危险。数字水印技术提供了一种隐藏标志的方法，标志信息在原始文件上是看不到的，只有通过特殊的阅读程序才可以读取。这种方法已经被国外一些公开的遥感图像数据库所采用。

此外，数据的篡改提示也是一项很重要的工作。现有的信号拼接和镶嵌技术可以做到"移花接木"而不为人知，因此，如何防范对图像、录音、录像数据的篡改攻击是重要的研究课题。基于数字水印的篡改提示是解决这一问题的理想技术途径，通过隐藏水印的状态可以判断声像信号是否被篡改。

5) 使用控制

这种应用的一个典型的例子是 DVD 防拷贝系统，即将水印信息加入 DVD 数据中，这样 DVD 播放机即可通过检测 DVD 数据中的水印信息来判断其合法性和可拷贝性，从而保护制造商的商业利益。另一种水印通过计算使用次数和复制次数进行控制，从而避免用户无限制地复制使用。这样就将这种非法盘片的市场仅限制在那些拥有非标准播放设备的用户中，而另一方面，这种设备却不能播放合法的正版 DVD 光盘，以此增强防拷贝系统的抗破坏能力。现今世界各大公司如 IBM、NEC、SONY、PHILIPS 等，都在加速数字水印技术的研制和完善。

3. 数字水印技术的特点

作为数字水印技术基本上具有下面几方面的特点。

1) 不可觉察性

在大多数数字水印应用中(某些特定场合，版权保护标志不要求被隐藏，但这不是主要研究的方向)，系统都要求带水印的图像保持极高的品质，与原始图像之间在肉眼下几乎不可辨别。对于以模拟方式存储和分发的信息(如电视节目)，或是以物理形式存储的信息(如报刊和杂志)，用可见的标志就足以表明其所有权。但在数字方式下，标志信息极易被修改或擦除。因此应根据多媒体信息的类型和几何特性，利用用户提供的密钥将水印隐藏其中，使人无法察觉。

2) 安全性

数字水印的信息应是安全的，难以篡改或伪造，同时，应当有较低的误检测率，当原内容发生变化时，数字水印应当发生变化，从而可以检测原始数据的变更；当然数字水印同样对重复添加有很强的抵抗性。

3) 强壮性

要求在水印图像经受 JPEG 压缩和一般的图像处理(如滤波、平滑、图像量化及增强、有损压缩、几何变形和噪声污染等)后，无意的变形破坏篡改或有针对性的恶意攻击后，水印依然存在于多媒体数据中并可以被恢复和检测出来。在数字水印系统中，隐藏信息的丢失，即意味着版权信息的丢失，从而也就失去了版权保护的功能，这一系统就是失败的。除非对数字水印具有足够的先验知识,即使了解水印的算法原理,任何破坏和消除水印的企图都将严重破坏多媒体图像的质量。与强壮水印相对的还有另一个分支:脆弱水印(Fragile Watermarking),用于内容的完整性以及真实性鉴定(即认证)。当多媒体内容发生改变时,这种具有较强的敏感性的水印随之发生一定程度的改变和损失,从而可以鉴定原始数据是否被篡改。

4)容量

要求水印算法能嵌入一定的水印信息量。在典型应用中,一般取 60～100b 的信息量。信息量太少不足以唯一地确定产品,常见的信息有多媒体内容的创建者或所有者的标志信息、购买者的序列号等。

5)安全性

嵌入的水印信息必须只有授权的机构才能检测出,非法用户不能判断水印是否存在,或者,即使检测出水印,也不能获取或去除水印信息。

6)盲检性

水印的检测和解码过程不需要未加水印的原始载体图像的具体信息。

4.2.2 数字图像水印技术的实现

下面通过示例来演示水印嵌入的过程。

【例 4-5】 对图像嵌入水印。

```
>> clear all;
load woman;
I = X;
% 小波函数
type = 'db1';
% 二维离散 Daubechies 小波变换
[CA1,CH1,CV1,CD1] = dwt2(I,type);
C1 = [CH1,CV1,CD1];
% 系数矩阵大小
[len1,wid1] = size(CA1);
[M1,N1] = size(C1);
% 定义阈值 T1
T1 = 50;
alpha = 0.2;
% 在图像中加入水印
for count2 = 1:1:N1
    for count1 = 1:1:M1
        if(C1(count1,count2)> T1)
            mark1(count1,count2) = randn(1,1);
            newc1(count1,count2) = double(C1(count1,count2)) + alpha * ...
abs(double(C1(count1,count2))) * mark1(count1,count2);
        else
            mark1(count1,count2) = 0;
            newc1(count1,count2) = double(C1(count1,count2));
        end
    end
end
% 重构图像
newch1 = newc1(1:len1,1:wid1);
newcv1 = newc1(1:len1,wid1 + 1:2 * wid1);
newcd1 = newc1(1:len1,2 * wid1 + 1:3 * wid1);
R1 = double(idwt2(CA1,newch1,newcv1,newcd1,type));
```

```matlab
watermark1 = double(R1) - double(I);
subplot(1,2,1);image(I);
axis square;
xlabel('(a)原始图像');
subplot(1,2,2);imshow(R1/250);
axis square;
xlabel('(b)小波变换后的图像');
% 显示水印图像
figure;
imshow(watermark1 * 10^16);
axis square;
% 水印检测
newmark1 = reshape(mark1,M1 * N1,1);
% 检测阈值
T2 = 50;
for count2 = 1:1:N1
    for count1 = 1:1:M1
        if(newc1(count1,count2)> T2)
            newc1x(count1,count2) = newc1(count1,count2);
        else
            newc1x(count1,count2) = 0;
        end
    end
end
newc1x = reshape(newc1,M1 * N1,1);
corr1 = zeros(1000,1);
for corrcount = 1:1000;
    if(corrcount == 500)
        corr1(corrcount,1) = newc1x' * newmark1/(M1 * N1);
    else
        rnmark = randn(M1 * N1,1);
        corr1(corrcount,1) = newc1x' * rnmark/(M1 * N1);
    end
end
% 计算图像阈值
origthreshold = 0;
for count2 = 1:N1
    for count1 = 1:M1
        if(newc1(count1,count2)> T2)
            origthreshold = origthreshold + abs(newc1(count1,count2));
        end
    end
end
origthreshold = origthreshold + alpha/(2 * M1 * N1);
corrcount = 999;
origthresholdvector = ones(corrcount,1) * origthreshold;
figure;
plot(corr1,':');
hold on;
plot(origthresholdvector,'r - ');
xlabel('水印');ylabel('检测响应');
axis([0 1000 - 0.2 0.5]);
```

运行程序，效果如图 4-5～图 4-7 所示。

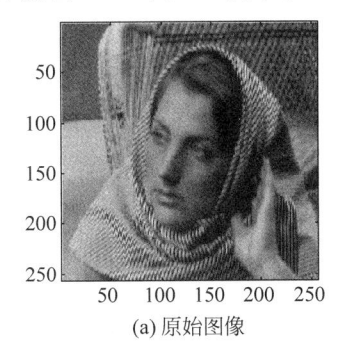

(a) 原始图像　　　　　(b) 小波变换后的图像

图 4-5　小波变换后得到的图像

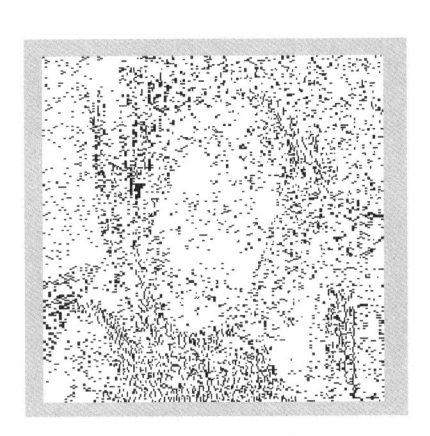

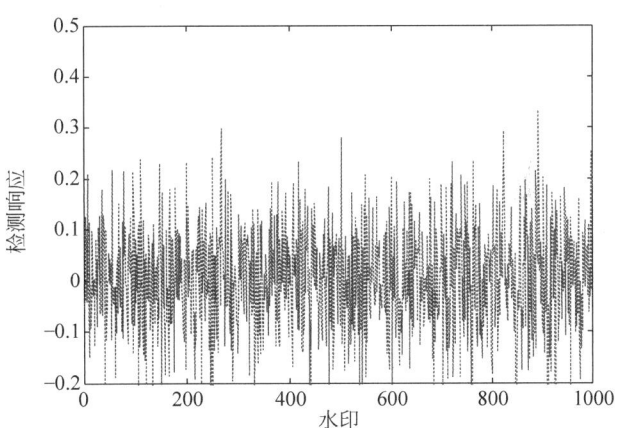

图 4-6　水印图像　　　　图 4-7　水印的检测响应效果图

4.3　机器视觉在遥感图像处理中的应用

遥感利用遥感器从空中来探测地面物体的性质，它根据不同物体对滤谱产生不同响应的原理，识别地面上各类物体，并经记录、传送、分析和判读来识别地物。本节主要介绍MATLAB 遥感图像处理简介、遥感图像增强、图像融合、变换检测等几方面的内容。通过本章的学习，我们对遥感应该有个大体的了解并掌握一些基本的遥感图像处理方法。

4.3.1　遥感基本概述

遥感作为一门对地观测综合性技术，它的出现和发展既是人们认识和探索自然界的客观需要，更有其他技术手段与之无法比拟的特点。从字面上说，遥感就是从远处感觉事物，严格的定义是远远地去感觉某一定对象的技术；而广义地讲，遥感是不直接接触地收集关于某一个对象的某种或某些特定的信息，从而了解这个对象的性质。遥感技术的特点归结起来主要有以下三方面。

（1）探测范围广、采集数据快。遥感探测能在较短的时间内，从空中乃至宇宙空间对大范围地区进行观测，并从中获取有价值的遥感数据。这些数据拓展了人们的视觉空间，为宏观地掌握地面事物的现状情况创造了极为有利的条件，同时也为宏观地研究自然现象和规律提供了宝贵的第一手资料。这种先进的技术手段与传统的手工业相比是不可替代的。

（2）能动态反映地面事物的变化。遥感探测能周期性、重复地对同一地区进行对地观测，这有助于人们通过所获取的遥感数据，发现并动态地跟踪地球上许多事物的变化。同时，研究自然界的变化规律。尤其是在监视天气状况、自然灾害、环境污染甚至军事目标等方面，遥感的运用就显得格外重要。

（3）获取的数据具有综合性。遥感探测所获取的是同一时段、覆盖大范围地区的遥感数据，这些数据综合地展现了地球上许多自然与人文现象，宏观地反映了地球上各种事物的形态与分布，真实地体现了地质、地貌、土壤、植被、水文、人工构筑物等地物的特征，全面地揭示了地理事物之间的关联性。并且这些数据在时间上具有相同的现势性。

现在世界各国都在利用陆地卫星所获取的图像进行资源调查（如森林调查、海洋泥沙和渔业调查、水资源调查等），灾害检测（如病虫害检测、水火检测、环境污染检测等），资源勘察（如石油勘查、矿产量探测、大型工程地理位置勘探分析等），农业规划（如土壤营养、水分和农作物生长、产量的估算等），城市规划（如地质结构、水源及环境分析等）。我国也陆续开展了以上各方面的一些实际应用，并获得了良好的效果。在气象预报和对太空其他星球研究方面，数字图像处理技术也发挥了相当大的作用。

MATLAB作为一个灵活实用的编程软件，早已渗透到遥感图像的处理中。利用MATLAB可以对遥感图像进行图像增强、滤波、灰度变换、图像融合、统计分析等，可以大大推动对遥感图像处理的深入研究和广泛应用。

MATLAB在遥感图像中的应用主要包括以下几方面。

- 军事侦察、定位、引导、指挥等应用；
- 多光谱卫星图像分析；
- 地形、地图、国土普查；
- 地质、矿藏勘探；
- 森林资源探查、分类、防火；
- 水利资源探查，洪水泛滥检测；
- 海洋、渔业方面如温度、鱼群的检测、预报；
- 农业方面如谷物估产、病虫害调查；
- 自然灾害、环境污染的检测；
- 气象、天气预报图的合成分析预报；
- 天文、天空天体的探测及分析；
- 交通、空中管理、铁路选线等。

4.3.2 遥感图像对直方图进行匹配处理

遥感系统记录地球表面物质的反射和发射辐射通量。理想情况下，某种物质的特定波长会反射大量的能量，而另一种物质在同样的波长下反射的能量可能要小得多。这使得遥感系统记录的两种地物之间存在对比度。然而不同地物经常在可见光、近红外和中红外反射相似的辐射通量，使获取的影像对比度较低。另外，除了这些生物物理特征造成的明显低对比度外，人为因素也会对它产生影响。另一个导致遥感影像对比度低的因素是传感器的灵敏度。为了方便遥感影像分析人员对图像进行判读解译，需要对其进行增强处理。

【例 4-6】 利用MATLAB对遥感图像进行直方图匹配处理。

图4-8(a)显示了地球的一幅图像，图4-8(b)显示了使用imhist(f)函数得到的直方图。由于这幅图像中存在大片的较暗区域，所以直方图中的大部分像素都集中在灰度级的暗端。乍

一看，人们会认为利用直方图均衡化来增强图像是一种较好的方式，以便使较暗区域中的细节更加明显。然而，使用命令 g=histeq(f,256) 得到如图 4-8(c)所示的结果表明，利用直方图均衡化方法在此应用举例中并没有得到特别好的效果。对此，通过研究均衡化图像如图 4-8(d)可以看出原因。这里，我们看到灰度级已经移动到了灰度级的上半部分，因而输出图像出现了褪色现象。灰度级移动的原因是原始直方图中的暗色分量过于集中在 1 附近。从而，由该直方图得到的累计变换函数非常陡，因此才把在灰度级低端过于集中的像素映射到了灰度级的高端。

其实现的 MATLAB 代码为：

```
>> clear all;
f = imread('moon.tif');            % 载入原始图像
subplot(2,2,1),imshow(f);          % 原始图像
subplot(2,2,2),imhist(f);          % 原始图像的直方图
% 对原始图像进行直方图均衡化
g = histeq(f,256);
subplot(2,2,3),imshow(g);
subplot(2,2,4),imhist(g);
```

运行程序，效果如图 4-8 所示。

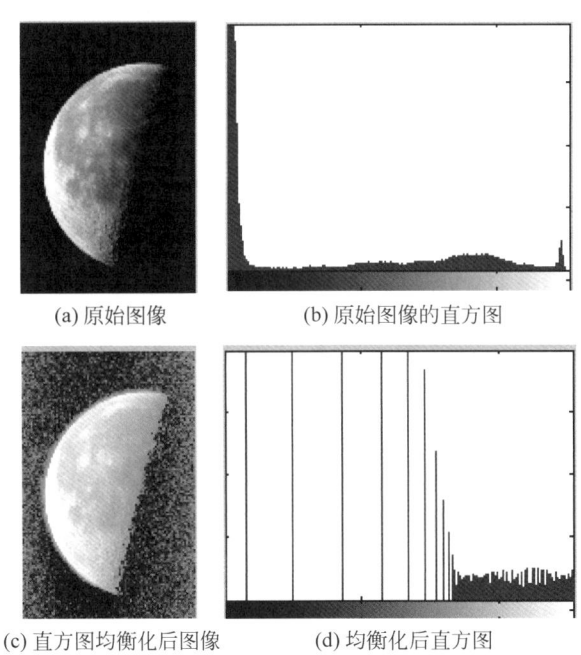

(a) 原始图像　　(b) 原始图像的直方图

(c) 直方图均衡化后图像　　(d) 均衡化后直方图

图 4-8　直方图均衡化

一种补偿这种现象的方法是使用直方图匹配，期望的直方图在灰度级低端应有较小的集中范围，并能够保留原图像直方图的大体形状。由图 4-8(b)可知，直方图主要有两个峰值，较大的峰值出现在原点处，较小的峰值出现在灰度级的高端。可使用多峰值高斯函数来模拟这种类型的直方图。

由于直方图均衡化在此举例中出现的问题主要是原始图像 0 级的灰度附近像素过于集中，因而较为合理的手段是修改该图像的直方图，使其不再有此性质。图 4-9 显示了一个函数的图形（利用如下程序 manualhist 得到，参数分别为 0.15,0.05,0.75,0.05,1,0.07,0.002），它不仅保留了原始直方图的大体形状，而且在图像的较暗区域中灰度级有较为平滑的过渡。

```
function p = manualhist
repeats = true;
quitnow = 'x';
p = twomodegauss(0.15,0.05,0.75,0.05,1,0.07,0.002);
while repeats
    s = input('Enter m1,sig1,m2,sig2,A1,A2,k,OR x to quit:','s');
    if s == quitnow
        break
    end
    v = str2num(s);
    if numel(v) ~ = 7;
        disp('Incorrect number of inputs')
        coninue;
    end
    p = twonodegauss(v(1),v(2),v(3),v(4),v(5),v(6),v(7));
    figure,plot(p);
    xlim([0 255]);
end
```

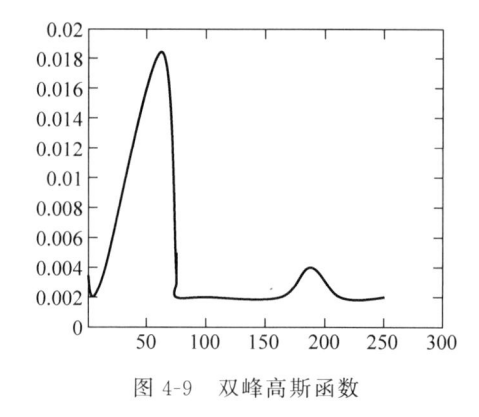

图 4-9 双峰高斯函数

子函数 p=twomodegauss(m1,sig1,m2,sig2,A1,A2,k)计算一个已经归一化到单位区域的双峰高斯函数,以便可以将它用作一个指定的直方图。

```
function p = twomodegauss(m1,sig1,m2,sig2,A1,A2,k)
c1 = A1 * (1/((2 * pi)^0.5) * sig1);
k1 = 2 * (sig1^2);
c2 = A2 * (1/((2 * pi)^0.5) * sig2);
k2 = 2 * (sig2^2);
z = linspace(0,1,256);
p = k + c1 * exp( - ((z - m1).^2)./k1) + c2 * exp( - ((z - m2).^2)./k2);
p = p./sum(p(:));
```

程序的输出 p 由该函数产生的 256 个等间隔点组成,它是我们所希望的指定直方图。利用下面的命令可以得到具有指定直方图的图像。

```
gg = histeq(f,p)
```

所用程序如以下代码所示。

```
>> clear all;
% 获取一个指定的函数
p = manualhist;
```

```
% 使结果图像的直方图与获取函数图像一致
gg = histeq(f,p);
figure,
subplot(1,2,1),imshow(gg);
subplot(1,2,2);imhist(gg)
```

执行程序后效果如图 4-10 所示。

(a) 直方图匹配增强结果图　　(b) 期望图像直方图

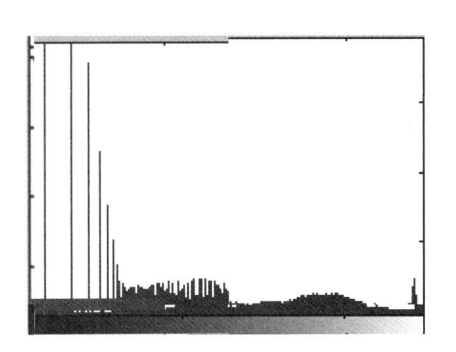

图 4-10　直方图匹配增强

4.3.3　对遥感图像进行增强处理

遥感图像可以用两种形式：照片胶片和数字形式。在场景中的特征变化表示为胶片上亮度的变化。场景的特殊部分反射更多能量则看上去比较明亮，而同样场景的另外部分反射较少能量则看上去相对较暗。像素强度用于描述在遥感场景之中相关区域的平均辐射率。这个区域的大小影响着场景中细节的再产生。

1. 数字卫星影像的数据格式

虽然对遥感数据的存储和传输没有固定的标准，国际卫星对地观测委员会（CEOS）格式是广泛被接受的标准。图像包括四种光谱通道，图像的像素最高可达四个光谱通道的叠加，在每个波段中对应像素确切地与其他波段的那些像素配准。

2. 失真与校正

传送到地球接收站的卫星图像与各种形式的失真联系在一起，并且对每种失真都有具体的校正策略，例如辐射校正和几何校正。

辐射失真是指来自太阳的辐射在地面像素上入射，然后将获得的反射传到传感器。目前大气中的氧气分子、二氧化碳分子、臭氧分子和水分子都能很强地衰减某些波长的辐射。这些大气粒子的散射是导致图像数据辐射失真的主要机理。当图像由传感器记录，传感器包含像素测量亮度值的错误时，就执行辐射校正。这些误差指辐射误差，可能起因为：

- 记录这些数据所用的仪器。
- 大气影响。

辐射处理通过校正传感器故障或通过对大气退化调整补偿值来影响图像的亮度值。在这种情况下可能产生辐射失真：在图像中指波段的亮度的相关分布与背景不同。有时来自一个波段的单一像素的相关亮度到另一个波段与在背景中相应区域中光谱发射特征比较时可能产生失真。以下是校正上述问题的方法。

（1）复制校正。有时，由于异常探测器的存在，邻接像素集可能包含假强度值。在这种情况下，瑕疵线可以通过前一条线的复制进行替换。如果位置 (x,y) 的假像素值为 $f(x,y)$，那

么它的规则变为 $F(x,y)=f(x,y-1)$ 或 $F(x,y)=f(x,y+1)$。甚至两条线的平均也能产生不错的结果,即 $F(x,y)=\dfrac{[f(x,y-1)+f(x,y+1)]}{2}$。

(2) 去条纹复原处理校正。有时探测器在某一光谱段可能停止调整。这可能导致图像的线模式产生或高或低的重复强度值。需要校正来自卫星图像的水平带模式。去条纹复原处理的校正能提高图像的视觉质量,也能增强图像的客观信息内容。

(3) 几何校正。当捕捉地球表面的图像时,在扫描运动中需要考虑地球的曲度、平面运动和非线性,这将在卫星图像中产生几何失真。校正这些失真以生成校正图像。

在校正后,图像也许仍然缺乏对比度,那么在进一步处理中,可以使用图像增强技术来得到更好的图像质量。

多光谱数据或者反射率数据生成的图像通常需要进行增强处理,以便适合视觉解释。

【例 4-7】 利用多光谱色彩复合遥感图像增强。

```
>> clear all;
% 从多光谱图像中构建真彩色复合图像
truecolor = multibandread('paris.lan', [512, 512, 7], 'uint8=>uint8', ...
                          128, 'bil', 'ieee-le', {'Band','Direct',[3 2 1]});
% 真彩色复合图像的对比度非常低,且真彩色不均衡
figure;imshow(truecolor);                              % 效果如图 4-11 所示
title('Truecolor Composite (Un-enhanced)')
text(size(truecolor,2), size(truecolor,1) + 15,...
    'Image courtesy of Space Imaging, LLC','FontSize', 7, 'HorizontalAlignment', 'right');
% 使用直方图探测未增强的真彩色复合图像
figure
imhist(truecolor(:,:,1))                               % 效果如图 4-12 所示
title('Histogram of the Red Band (Band 3)');
```

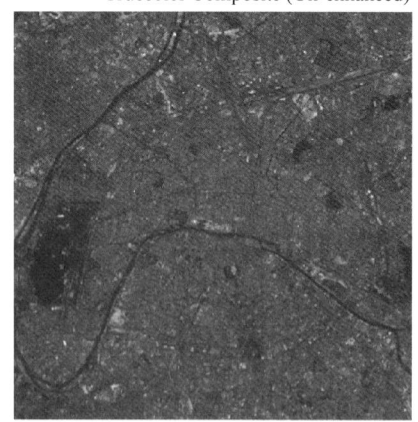

图 4-11 原始真彩色复合图像

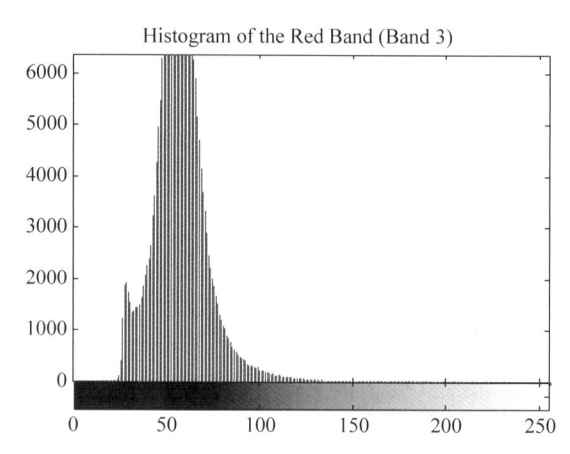

图 4-12 波段 1 直方图

```
% 使用相关性探测未增强的真彩色复合图像
r = truecolor(:,:,1);                                  % 红色波段
g = truecolor(:,:,2);                                  % 绿色波段
b = truecolor(:,:,3);                                  % 蓝色波段
```

```
figure
plot3(r(:),g(:),b(:),'.')                        % 效果如图 4-13 所示
grid('on')
```

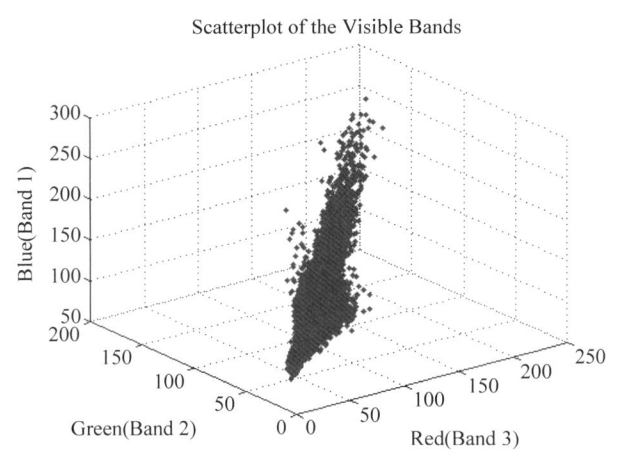

图 4-13 可见波段的三维散点效果图

```
xlabel('Red (Band 3)')
ylabel('Green (Band 2)')
zlabel('Blue (Band 1)')
title('Scatterplot of the Visible Bands');
set(gcf,'color','w');
% 对真彩色复合图像进行对比度扩展增强处理
stretched_truecolor = imadjust(truecolor,stretchlim(truecolor));
figure
imshow(stretched_truecolor)                      % 效果如图 4-14 所示
title('Truecolor Composite after Contrast Stretch')
% 在对比度扩展图像增强后检测直方图变化
figure
imhist(stretched_truecolor(:,:,1))               % 效果如图 4-15 所示
title('Histogram of Red Band (Band 3) after Contrast Stretch');
```

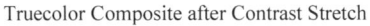

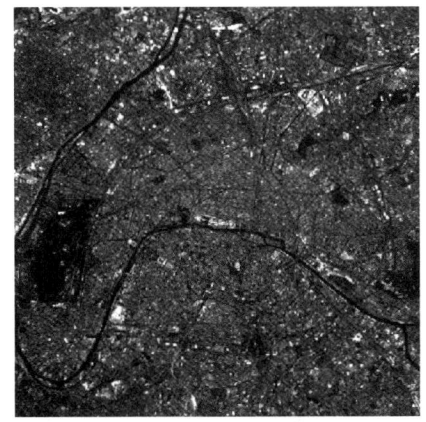

图 4-14 对比度扩展增强处理

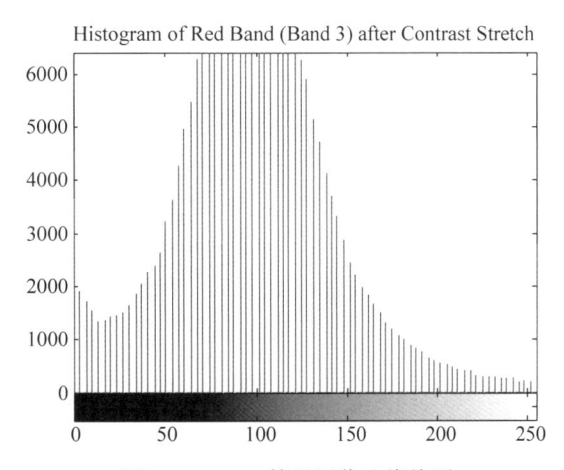

图 4-15 LoG 算子图像边缘检测

```matlab
%对真彩色图像进行去相关增强处理
decorrstretched_truecolor = decorrstretch(truecolor, 'Tol', 0.01);
figure
imshow(decorrstretched_truecolor)                    %效果如图4-16所示
title('Truecolor Composite after Decorrelation Stretch')
%取相关扩展图像处理后检测相关性变化
r = decorrstretched_truecolor(:,:,1);
g = decorrstretched_truecolor(:,:,2);
b = decorrstretched_truecolor(:,:,3);
figure
plot3(r(:),g(:),b(:),'.')                            %效果如图4-17所示
grid('on')
xlabel('Red (Band 3)')
ylabel('Green (Band 2)')
zlabel('Blue (Band 1)')
title('Scatterplot of the Visible Bands after Decorrelation Stretch')
set(gcf,'color','w');
```

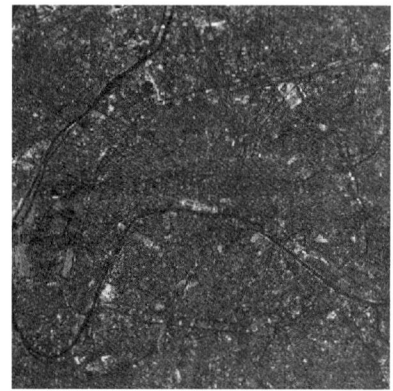

图 4-16 去相关扩展处理效果图

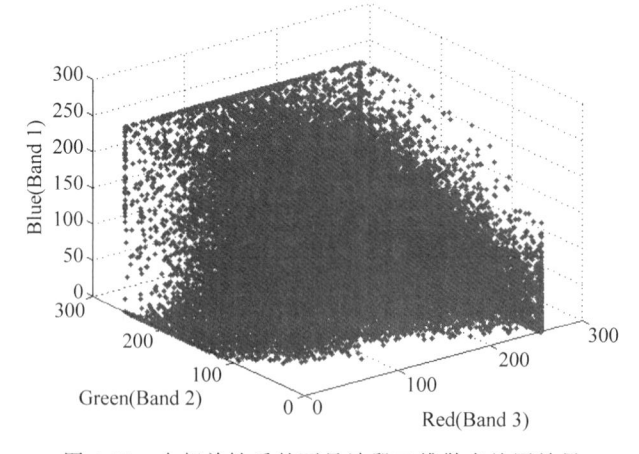

图 4-17 去相关性后的可见波段三维散点绘图效果

```matlab
%构建和增强一个CIR复合图像文件
CIR = multibandread('paris.lan', [512, 512, 7], 'uint8 = > uint8', ...
                128, 'bil', 'ieee - le', {'Band','Direct',[4 3 2]});
```

```
% 进行去相关图像增强处理
stretched_CIR = decorrstretch(CIR, 'Tol', 0.01);
figure
imshow(stretched_CIR)                          % 效果如图 4-18 所示
title('CIR after Decorrelation Stretch')
```

运行程序,效果如图 4-4～图 4-11 所示。

由图 4-13 可见,红-绿-蓝数据三维散点的明显线性趋势显示出可见波段数据的高度相关性。这有助于解释未见增强的真彩色图像为什么显示得像单色图像。

图 4-15 可见,数据被扩展到更大的范围内的可用动态范围。

由图 4-16 可见,地表特征的可识别度得到了很大的提高,当然方法和前面有所不同。画面中不同波段的差异被夸大了。比较明显的例子是左边的绿色区域,在对比度扩展处理时是呈现黑色的。绿色区域的名字是 Bois de Boulogne,是巴黎西边的一个巨大的公园。

由图 4-17 可见,和预期的一样,去相关性处理后的散点图显示了非常明显的相关性减弱。

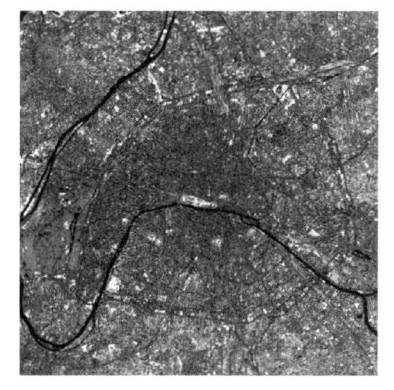

图 4-18 去相关处理的 CIR 图像

由图 4-18 可见,红外复合图像中红色区域代表了植被(叶绿素)密度。

4.3.4 对遥感图像进行融合

图像融合是一个对多遥感器的图像数据和其他信息的处理过程。它着重于把那些在空间和时间上冗余或互补的多源数据,按一定的规则(或算法)进行运算处理,获得比任何单一数据更精确、更丰富的信息,生成一幅具有新的空间、滤谱、时间特征的合成图像。它不仅是数据间的简单复合,还强调信息的优化,以突出有用的专题信息,消除或抑制无关的信息,改善目标识别的图像环境,从而增加解译的可靠性,减少模糊性(即多义性、不完全性、不确定性和误差),改善分类,扩大应用范围和效果。

基于 HIS 彩色变换的小波融合算法的基本思路是:将多光谱图像和高分辨率图像进行几何配准;然后对多光谱图像进行 HIS 变换,以提高多光谱彩色合成的解译能力;对 I(亮度)分量和高分辨率图像进行小波变换;然后保持多光谱图像亮度分量 I 的低频信息不变,将高分辨率图像小波分解后的高频信息叠加到多光谱图像亮度分量 I 的高频分量上,而后对同时具有低频信息和叠加后高频信息的亮度分量 I 进行小波逆变换,这样得出的 I 将会最大地保留原来多光谱图像的光谱信息,且能最大限度地提高其空间分辨率。最后将变换后的 H、I、S 分量在 RGB 三维空间进行级联,得到融合后的 RGB 空间图像。

需要注意的是,Chavez 等(1991)提醒说,用来进行多分辨率数据融合的所有方法中,HIS 方法造成光谱特征的畸变最严重,因此使用该方法时要谨慎,特别是需要对数据作详细的辐射分析时。

【例 4-8】 基于 HIS 彩色变换对图像进行融合处理。

```
clear all;
f1 = imread('yaogan1.jpg ');
subplot(2,2,1),imshow(f1)
% 利用插值将多光谱图像放大到与高分辨率图像一样大小
```

```
[M,N] = size(f1);
f2 = imread('yaogan2.jpg');
f2 = imresize(f2,[M,N],'bilinear');
subplot(2,2,2);imshow(f2);
% 将 RGB 空间转换为 HIS
f1 = double(f1);
f2_hsi = rgb2hsv(f2);
f2_h = f2(:,:,1);
f2_s = f2(:,:,2);
f2_i = f2(:,:,3);
% 进行小波分解
[c1 s1] = wavedec2(f1,1,'sym4');
f1 = im2double(f1);
[c2_h s2_h] = wavedec2(f2_h,1,'sym4');
[c2_s s2_s] = wavedec2(f2_s,1,'sym4');
[c2_i s2_i] = wavedec2(f2_i,1,'sym4');
% 对系数进行融合
c_h = 0.5*(c2_h+c1);
c_s = 0.5*(c2_s+c1);
c_i = c1;
% 分别对 H 分量、I 分量、S 分量进行直方图均衡化
f_h = waverec2(c_h,s1,'sym4');
f_h = histeq(f_h);
f_s = waverec2(c_s,s1,'sym4');
f_s = histeq(f_s);
f_i = waverec2(c_i,s1,'sym4');
f_i = histeq(f_i);
% 显示融合后的图像
g = cat(3,f_h,f_s,f_i);
subplot(2,2,3);imshow(g);
```

运行程序，效果如图 4-19 所示。

采用的数据源为 SPOT 10m 分辨率多光谱图像和 SPOT 2.5m 高分辨率图像。如图 4-19(a) 和图 4-19(b)所示。在图 4-19 中可以看出，SPOT 2.5m 高分辨率图像具有更多的道路网信息和许多大型建筑的边缘细节信息，而 SPOT 10m 分辨率多光谱图像则含有丰富的彩色信息，红色表示植被覆盖(波段合成为 SPOT 近红外波段、红波段、绿波段)，灰绿色为水体，褐色为建筑物。

图像融合的具体目标在于提高图像空间分辨率(图像锐化)、改善图像几何精度、增强特征显示能力、改善分类精度、提供变换检测能力、替代或修补图像数据的缺陷等。经过融合，得到结果图像如图 4-19(c)所示。可以看到，融合后图像不但有较好的空间特征和纹理特征，而且具有较好的多光谱保持能力。

(a) 高分辨率影像　　　　(b) 多光谱影像　　　　(c) 融合后的影像

图 4-19　遥感图像融合

前面已经介绍了利用小波变换对图像进行融合的效果，下面通过示例来演示通过小波变换对遥感图像进行融合的效果。

【例 4-9】 利用小波变换对遥感图像进行融合。

```
>> clear all;
mul = imread('yaogan1.jpg');
hr = imread('yaogan2.jpg');
[m,n] = size(hr);
mul = imresize(mul,[m,n],'bilinear');
mul_r = mul(:,:,1);
mul_g = mul(:,:,2);
mul_b = mul(:,:,3);
[c_hr s_hr] = wavedec2(hr,1,'sym4');
[c_r s_r] = wavedec2(mul_r,1,'sym4');
[c_g s_g] = wavedec2(mul_g,1,'sym4');
[c_b s_b] = wavedec2(mul_b,1,'sym4');
c_r = 0.5*(c_hr+c_r);
c_g = 0.5*(c_hr+c_g);
c_b = 0.5*(c_hr+c_b);
f_r = waverec2(c_r,hr,'sym4');
f_r = histeq(f_r);
f_g = waverec2(c_g,hr,'sym4');
f_g = histeq(f_g);
f_b = waverec2(c_b,hr,'sym4');
f_b = histeq(f_b);
fc = cat(3,f_r,f_g,f_b);
figure;imshow(g);
```

执行程序，高分辨率和多光谱图像如图 4-19（a）和图 4-19（b）所示。得到的融合效果如图 4-20 所示。

与传统的数据融合算法如 HIS 等相比，小波融合模型不仅能够针对输入图像的不同特征来合理选择小波基以及小波变换的次数，而且在融合操作时又可以根据实际需要来引入双方的细节信息，从而表现出更强的针对性和实用性，融合效果更好。另外，从实施过程的灵活性方面评价，HIS 变换只能而且必须同时对 3 个波段进行融合操作，PCA 分析的输入图像必

图 4-20　小波变换融合后的图像

须有 3 个或 3 个以上，而小波方法则能够完成对单一波段或多个波段进行融合运算。

4.4　数字图像在神经网络识别中的应用

人工神经网络是由大量的人工神经元广泛互联而成的网络。人工神经网络是在现代神经科学研究成果的基础上提出来的，是大脑认知活动的一种数学模型。人工神经网络从脑的神经系统结构出发来研究脑的功能，研究大量简单的神经元的集团处理能力及其动态行为。人工神经网络的研究重点在于模拟和实现人的认知过程中的感知过程、形象思维、分布式记忆和自学习、自组织过程，特别是对并行搜索、联想记忆、时空数据统计描述的自组织以及从一些相互关联的活动中自动获取知识。人工神经网络的信息处理由神经元之间的相互作用来实现；知识与信息的存储表现为互联的网络元件间分布式的物理联系；网络的学习和识别决定各神

经元连接权的动态演化过程。

神经网络已经在各个领域中应用,以实现各种复杂的功能。这些领域包括模式识别、鉴定、分类、语音、翻译和控制系统。

【例 4-10】 下面演示基于神经网络的图像识别效果。

```
>> clear ll;
num = 3;                                        % 类的数目
n = 3;                         % 每类的图像数目,图像变形成 p 中的列元素,图像尺寸(3×3)变成(1×9)
% 训练图像
P = [195 34 235 231 60 243 244 58 227;189 16 235 246 45 230 250 50 232;...
     267 49 221 226 42 228 210 36 236;...                       % 类 1
     256 224 225 256 0 256 250 256 236;235 256 208 252 0 252 240 252 242;...
     231 256 232 248 40 250 192 237 252;...                     % 类 2
     26 54 225 256 16 26 250 56 240;25 36 206 252 11 26 239 54 241;...
     24 36 232 248 40 24 192 38 250]';                          % 类 3
% 测试图像
% 测试图像
N = [210 18 236 256 45 230 238 25 248;246 22 214 256 56 253 216 52 250;...
     250 23 226 254 56 254 216 52 250;...                       % 类 1
     256 242 210 256 30 256 195 235 190;238 244 238 238 20 252 230 226 240;...
     225 252 216 246 32 224 234 256 255;...                     % 类 2
     26 22 210 256 30 26 195 36 190;28 24 238 238 20 22 228 26 238;...
     25 50 216 246 32 24 234 56 254]';                          % 类 3
% 标准化
P = P/256;N = N/256;
figure;
for i = 1:n * num
    im = reshape(P(:,i),[3,3]);
    im = imresize(im,20);                       % 调整图像尺寸使其看起来清晰
    subplot(num,n,i);imshow(im);
    title(strcat('Train image/Class #',int2str(ceil(i/n))));
end
figure;
for i = 1:n * num;
    im = reshape(N(:,i),[3,3]);
    im = imresize(im,20);                       % 调整图像尺寸使其看起来清晰
    subplot(num,n,i);imshow(im);
    title(strcat('test image #',int2str(ceil(i/n))));
end
% 目标
T = [1 1 1 0 0 0 0 0 0;0 0 0 1 1 1 0 0 0;0 0 0 0 0 0 1 1 1];
S1 = 5;                                         % 隐藏层的数目
S2 = 3;                                         % 输出层的数目( = 类的数目)
[R,Q] = size(P);
epochs = 10000;                                 % 反复次数
goal_err = 10e - 5;                             % 目标误差
a = 0.25;                                       % 定义随机变量范围
b = - 0.25;
W1 = a + (b - a) * rand(S1,R);                  % 输入和隐藏神经元间的权重
W2 = a + (b - a) * rand(S2,S1);                 % 输出和隐藏神经元间的权重
b1 = a + (b - a) * rand(S1,1);                  % 输入隐藏神经元间的权重
b2 = a + (b - a) * rand(S2,1);                  % 隐藏和输出神经元间的权重
n1 = W1 * P;
a1 = logsig(n1);
n2 = W2 * a1;
```

```
a2 = logsig(n2);
e = a2 - T;
error = 0.5 * mean(mean(e.*e));
nntwarn off
for itr = 1:epochs
    if error <= goal_err
        break;
    else
        for i = 1:Q
            df1 = dlogsig(n1,a1(:,i));
            df2 = dlogsig(n2,a2(:,i));
            s2 = -2 * diag(df2) * e(:,i);
            s1 = diag(df1) * W2' * s2;
            W2 = W2 - 0.1 * s2 * a1(:,i)';
            b2 = b2 - 0.1 * s2;
            W1 = W1 - 0.1 * s1 * P(:,i)';
            b1 = b1 - 0.1 * s1;
            a1(:,i) = logsig(W1 * P(:,i),b1);
            a2(:,i) = logsig(W2 * a1(:,i),b2);
        end
        e = T - a2;
        error = 0.5 * mean(mean(e.*e));
        disp(sprintf('Iteration: %5d'));
    end
end
```

运行程序,输出如下。

```
TrnOutput =
    1    1    1    0    0    0    0    0    0
    0    0    0    1    1    1    0    0    0
    0    0    0    0    0    0    1    1    1
TstOutput =
    1    1    1    0    0    0    0    0    0
    0    0    0    1    1    1    0    0    0
    0    0    0    0    0    0    1    1    1
recognition_rate =
   100
```

效果如图 4-21 及图 4-22 所示。

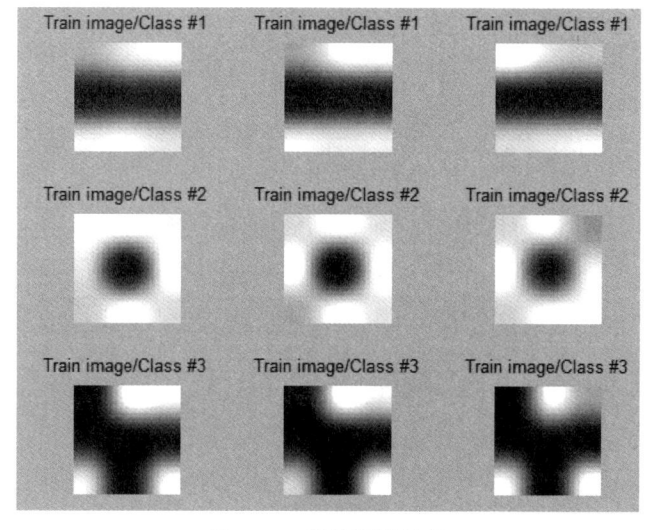

图 4-21 训练图像效果

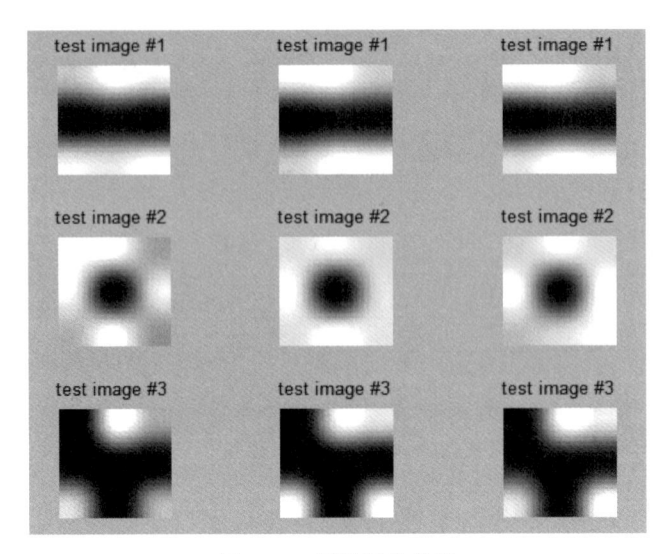

图 4-22 测试图像效果

由以上生成结果可见,本例是使用神经网络对不同类别的图像进行分类,识别率为 100% 代表了神经网络可以正确地对本例中设定的测试图像分类。

第5章

MATLAB自组织神经网络

脑神经科学研究表明：传递感觉的神经元排列是按某种规律有序进行的，这种排列往往反映所感受的外部刺激的某些物理特征。例如，在听觉系统中，神经细胞和纤维是按照其最敏感的频率分布而排列的。为此，Kohonen认为，神经网络在接受外界输入时，将会分成不同的区域，不同的区域对不同的模式具有不同的响应特征，即不同的神经元以最佳方式响应不同性质的信号激励，从而形成一种拓扑意义上的有序图。这种有序图也称为特征图，它实际上是一种非线性映射关系，它将信号空间中各模式的拓扑关系几乎不变地反映在这张图上，即各神经元的输出响应上。由于这种映射是通过无监督的自适应过程完成的，所以也称它为自组织特征图。

在这种网络中，输出节点与其邻域其他节点广泛相连，并相互激励。输入节点和输出节点之间通过强度 $W_{ij}(t)$ 相连接。通过某种规则，不断地调整 $W_{ij}(t)$，使得在稳定时，每一邻域的所有节点对某种输入具有类似的输出，并且它的聚类的概率分布与输入模式的概率分布相接近。自组织神经网络最大的优点是自适应权值，极大方便寻找最优解，但同时，在初始条件较差时，易陷入局部极小值。

而本章要讲的自组织神经网络是一类采用无教师学习方式的神经网络模型。它无须期望输出，只是根据数据样本进行学习，并调整自身的权重以达到训练的目的，这也是自组织名称的由来。自组织神经网络的学习规则大都采用竞争型的学习规则，除了学习规则是以竞争型规则为主以外，自组织神经网络的结构也是不同的，有一维输出层的、二维输出层的、带有层反馈的等。模型不同，相应的竞争型学习算法也有变化。

5.1 自组织特征映射网络

自组织特征映射网络也称为 Kohonen 网络，或者称为 Self-Organizing Feature Map (SOM)网络，它是由芬兰学者 Teuvo Kohonen 于1981年提出的。该网络是一个由全连接的神经元阵列组成的无教师自组织、自学习网络。Kohonen 认为，处于空间中不同区域的神经元有不同的分工，当一个神经网络接收外界输入模式时，将会分为不同的反应区域，各区域对输入模式具有不同的响应特性。

5.1.1 特征映射网络的模型

特征映射网络结构如图5-1所示。

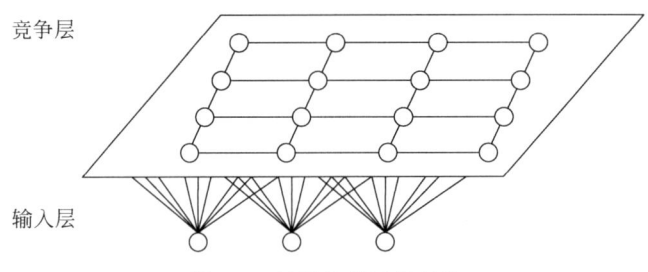

图 5-1 特征映射网络结构

特征映射网络的一个典型特性就是可以在一维或二维的处理单元阵列上,形成输入信号的特征拓扑分布,因此特征映射网络具有抽取输入信号模式特征的能力。特征映射网络一般只包含有一维阵列和二维阵列,但也可以推广到多维处理单元阵列中去。下面只讨论应用较多的二维阵列。特征映射网络模型由以下 4 部分组成。

(1) 处理单元阵列。用于接收事件输入,并且形成对这些信号的"判别函数"。

(2) 比较选择机制。用于比较"判别函数",并选择一个具有最大函数输出值的处理单元。

(3) 局部互连作用。用于同时激励被选择的处理单元及其最邻近的处理单元。

(4) 自适应过程。用于修正被激励的处理单元的参数,以增加其对应于特定输入"判别函数"的输出值。

假定网络输入为 $X \in \mathbf{R}^n$,输出神经元 i 与输入单元的连接权值为 $W_i \in \mathbf{R}^n$,则输出神经元 i 的输出 o_i 为:

$$o_i = W_i X \tag{5-1}$$

对网络实际具有响应的输出单元 k,该神经元的确定是通过"赢者通吃"的竞争机制得到的,其输出为:

$$o_k = \max_i \{o_i\} \tag{5-2}$$

以上两式可修正为:

$$o_i = \sigma\left(\varphi_i + \sum_{t \in S_t} r_k o_t\right), \quad \varphi_i = \sum_{j=1}^{m} w_{ij} x_j, \quad o_k = \max_i \{o_i\} - \varepsilon$$

其中,w_{ij} 为输出神经元 i 和输入神经元 j 之间的连接权值。x_j 为输入神经元 j 的输出。$\sigma(t)$ 为非线性函数,即

$$\sigma(t) = \begin{cases} 0 & t < 0 \\ \sigma(t) & 0 \leqslant t \leqslant A \\ A & t > A \end{cases} \tag{5-3}$$

ε 为一个很小的正数,r_k 为系数,它与权值及横向连接有关。S_i 为与处理单元 i 相关的处理单元集合,o_k 称为浮动阈值函数。

5.1.2 自组织特征映射网络的学习

特征映射的学习算法过程如下。

(1) 初始化。对 N 个输入神经元到输出神经元的连接权值赋予较小的值。选取输出神经元 j 个"邻接神经元"的集合 S_j。其中,$S_j(0)$ 表示时刻 $t=0$ 的神经元 j 的"邻接神经元"的集合,$S_j(t)$ 表示时刻 t 的"邻接神经元"的集合。区域 $S_j(t)$ 随着时间的增长而不断缩小。

(2) 提供新的输入模式 X。

(3) 计算欧氏距离 d_j,即输入样本与每个输出神经元 j 之间的距离:

$$d_j = \| \boldsymbol{X} - \boldsymbol{W}_j \| = \sqrt{\sum_{i=1}^{N}[x_i(t) - w_{ij}(t)]^2} \qquad (5\text{-}4)$$

并计算出一个具有最小距离的神经元 j^*，即确定出某个单元 k，使得对于任意的 j，都有 $d_k = \min_j(d_j)$。

（4）给出一个周围的领域 $S_k(t)$。

（5）按照下式修正输出神经元 j^* 及其"邻接神经元"的权值：
$$w_{ij}(t+1) = w_{ij}(t) + \eta(t)[x_i(t) - w_{ij}(t)]$$

其中，η 为一个增益项，并随时间变化逐渐下降到零，一般取
$$\eta(t) = \frac{1}{t} \text{ 或 } \eta(t) = 0.2\left(1 - \frac{t}{10000}\right)$$

（6）计算输出 o_k：
$$o_k = f(\min_j \| \boldsymbol{X} - \boldsymbol{W}_j \|)$$

其中，$f(\cdot)$ 一般为 0-1 函数或其他非线性函数。

（7）提供新的学习样本来重复上述学习过程。

5.1.3 特征映射网络的人口分类

【例 5-1】 人口分类是人口统计中的一个重要指标。由于各方面的原因，我国人口的出生率在性别上的差异比较大，具体表现在同一个时期出生的人口中，一般男的占多数，大大超过了正常的比例。因此，正确地进行人口分类是制定合理的人口政策的基础。

1. 样本设计

通过分析历史资料，得到了在 1999 年 12 月共 20 个地区的人口出生比例情况，如表 5-1 所示。

表 5-1 人口出生比例

男/%	0.5512	0.5123	0.5087	0.5001	0.6012	0.5298	0.5000	0.4965	0.5103	0.5003
女/%	0.4488	0.4877	0.4913	0.4999	0.3988	0.4702	0.5000	0.5035	0.4897	0.4997

将表 5-1 中的数据作为网络的输入样本 P。P 是一个二维随机向量，它的分布情况如图 5-2 所示。

```
P = [0.5512  0.5123  0.5087  0.5001  0.6012  0.5298  0.5000  0.4965  0.5103  0.5003;
     0.4488  0.4877  0.4913  0.4999  0.3988  0.4702  0.5000  0.5035  0.4897  0.4997];
plot(P(1,:),P(2,:),'*r');
hold on
```

2. 网络创建

利用 12 个神经元的特征映射网络对输入向量 P 进行分类。该网络竞争层神经元的组织结构为 3×4，通过距离函数 linkdist 来计算距离。网络创建代码如下。

```
net = newsom([0 1;0 1],[3 4]);
w1_init = net.iw{1,1};
plotsom(w1_init,net.layers{1}.distances);
```

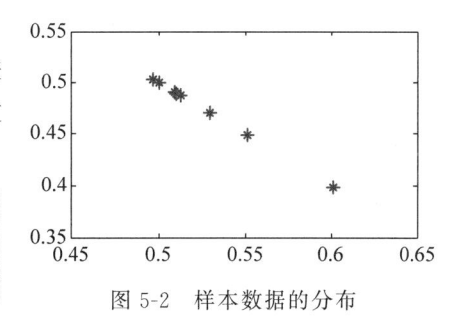

图 5-2 样本数据的分布

运行结果如图 5-3 所示,图中每一点表示一个神经元,由于网络的初始权值都被设置为 0.5,所以这些点在图中是重合的,看起来就像一个点,实际上是 12 个点。

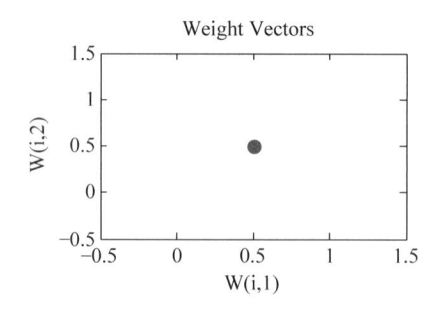

图 5-3 网络初始权值的分布

在命令窗口中查看 w1_init 的值,可得：

```
w1_init =
    0.5000    0.5000
    0.5000    0.5000
    0.5000    0.5000
    0.5000    0.5000
    0.5000    0.5000
    0.5000    0.5000
    0.5000    0.5000
    0.5000    0.5000
    0.5000    0.5000
    0.5000    0.5000
    0.5000    0.5000
    0.5000    0.5000
```

3. 网络训练与测试

接下来利用训练函数 train 对网络进行训练,设想经过训练的网络可对输入向量进行正确分类。网络训练步数对于网络性能的影响比较大,所以这里将步数设置为 100、300 和 500,并分别观察其权值分布。

步数为 100 时的权值分布如图 5-4 所示。

```
% 训练步数为 100 时的训练代码
net = train(net,P);
figure;
w1 = net.iw{1,1};
plotsom(w1,net.layers{1}.distances)
```

步数为 300 时的权值分布如图 5-5 所示。

```
% 训练步数为 300 时的训练代码
net.trainParam.epochs = 300;
net = init(net);
net = train(net,P);
figure;
w1 = net.iw{1,1};
plotsom(w1,net.layers{1}.distances)
```

步数为 500 时的权值分布如图 5-6 所示。

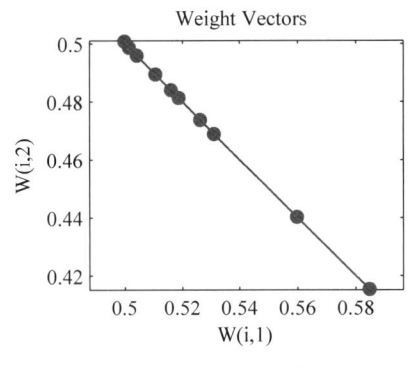

图 5-4　权值分布(训练步数为 100) 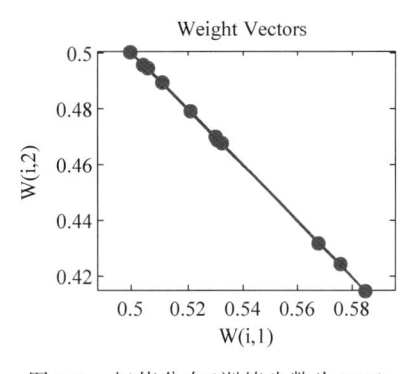　　　　　图 5-5　权值分布(训练步数为 300)

```
% 训练步数为 500 时的训练代码
net.trainParam.epochs = 500;
net = init(net);
net = train(net,P);
figure;
w1 = net.iw{1,1};
plotsom(w1,net.layers{1}.distances)
```

从图 5-4～图 5-6 可以看出,训练了 100 步以后,神经元就开始自组织地分布了,每个神经元可以区分不同的样本。随着训练步数的增加,神经元的分布更加合理,但是,当训练次数达到一定值后,权值分布的改变就不明显了。比如,训练 300 步和训练 500 步后的权值分布就比较相似。

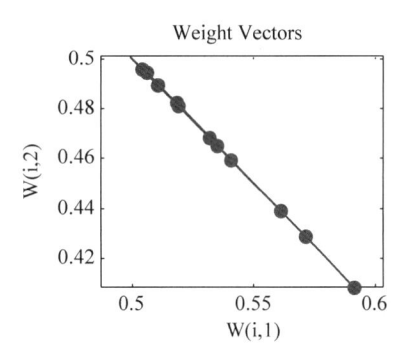

网络训练结束后,权值也就固定了。以后每输入一个值,网络就会自动地对其进行分类。因此,可利用这一点对网络进行测试。首先,利用仿真函数 sim 来观察网络对样本数据的分类结果。

图 5-6　权值分布(训练步数为 500)

```
y = sim(net,P);
Y = vec2ind(y)
```

输出结果为:

```
Y =
    4    10    10    12    1    6    12    12    10    12
```

对结果进行分析,如表 5-2 所示。

表 5-2　聚类结果

样 本 序 号	类　　别	激发神经元的索引
1	1	4
2	2	3
3	3	10
4、7、10	4	11
5	5	1

续表

样本序号	类别	激发神经元的索引
6	6	7
8	7	12
9	8	6

现在,输入一个某地的出生性别比例,检验它属于哪一类。

```
p = [0.5;0.5];
y = sim(net,p);
y = vec2ind(y)
```

结果为 11。由此可见,此时激发了网络的第 11 个神经元,所以 p 属于第 4 类。通过直接对比数据可知,p 确定与样本中的第 4 组、第 7 组和第 10 组数据非常接近。

5.2 竞争型神经网络

竞争型神经网络是基于无教师学习方法的神经网络的一种重要类型,它经常作为基本的网络形式,构成其他一些具有自组织能力的网络,如自组织映射网络、自适应共振理论网络、学习向量量化网络等。

生物神经网络存在一种侧抑制现象,即一个神经细胞兴奋后,通过它的分支会对周围其他神经细胞产生抑制,这种抑制使神经细胞之间出现竞争:在开始阶段,各神经元对相同的输出具有相同的响应机会,但产生的兴奋程度不同,其中兴奋最强的一个神经细胞对周围神经细胞的抑制作用也最强,从而使其他神经元的兴奋程度得到最大强度的抑制,而兴奋程度最强的神经细胞却"战胜"了其他神经元的抑制作用脱颖而出,成为竞争的胜利者,并因为获胜其兴奋的程度得到进一步加强,正所谓"胜者为王,败者为寇"。竞争型神经网络在学习算法上,模拟了生物神经网络中神经元之间的兴奋、抑制与竞争的机制,进行网络的学习与训练。

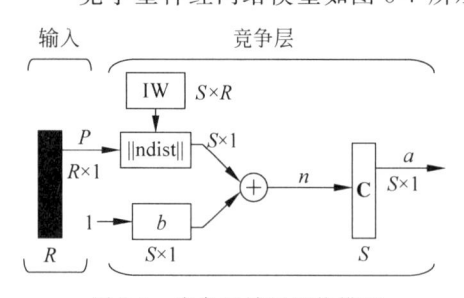

5.2.1 竞争型神经网络模型

竞争型神经网络模型如图 5-7 所示。

图 5-7 竞争型神经网络模型

可以看出竞争型神经网络为单层网络。$\|ndist\|$ 的输入为输入向量 R 和输入权值向量 IW,其输出为 $S \times 1$ 的列向量,列向量中的每个元素为输入向量 R 和输入权值向量 IW 距离的负数(negative),在神经网络工具箱中以距离函数 negdist 进行计算。

n 为竞争层传输函数的输入,其值为输入向量 R 和输入权值向量 IW 距离的负数与阈值 b 之和。如果所有的阈值向量为 0,则当输入向量 R 和输入权值向量 IW 相等时,n 为最大值 0。

对于 n 中最大的元素,竞争层传输函数输出 1(即竞争的"获胜者"输出为 1),而其他元素均输出 0。如果所有的阈值向量为 0,则当神经元的权值向量接近输入向量时,它在 n 中各元素中的负值最小,而值最大,从而赢得竞争,对应的输出为 1。在 MATLAB 工具箱中,创建竞争型神经网络的函数是 newc。

5.2.2 竞争型神经网络的学习

1. Kohonen 权值学习规则

竞争型神经网络按 Kohonen 学习规则对获胜神经元的权值进行调整。假若第 i 个神经元获胜，则输入权值向量的第 i 行元素（即获胜神经元的各连接权）按下式进行调整：

$$_i\text{IW}(k) = {_i}\text{IW}(k-1) + \alpha[p(k) - {_i}\text{IW}(k-1)] \tag{5-5}$$

而其他神经元的权值不变。

Kohonen 学习规则通过输入向量进行神经元权值的调整，因此在模式识别的应用中是很有用的。通过学习，那些最靠近输入向量的神经元的权值向量得到修正，使之更靠近输入向量，其结果是获胜的神经元在一次相似的输入向量出现时，获胜的可能性会更大；而对于那些与输入向量相差很远的神经元权值向量，获胜的可能性将变得很小。这样，当经过越来越多的训练样本学习后，每一个网络层中的神经元权值向量很快被调整为最接近某一类输入向量的值。最终的结果是，如果神经元的数量足够多，则具有相似输入向量的各类模式作为输入向量时，其对应的神经元输出为 1；而对于其他模式的输入向量，其对应的神经元输出为 0。所以，竞争型网络具有对输入向量进行学习分类的能力。在 MATLAB 工具箱中，learnk 函数用于实现 Kohonen 学习规则。

2. 阈值学习规则

竞争型神经网络的一个局限性是，某些神经元可能永远也派不上用场，换句话说，某些神经元的权值向量从一开始就远离所有的输入向量，从而使得该神经元不管进行多长的训练，也永远不会赢得竞争。这些神经元称为"死神经元"，它们实现不了任何有用的函数映射。

为了避免这一现象的发生，对那些很少获胜（甚至从来不曾获胜）的神经元赋以较大的阈值，而对那些经常获胜的神经元赋以较小的阈值。正的阈值与距离的负值相加，使获胜很少的神经元竞争层传输函数的输入就像获胜的神经元一样。这一过程就像人们"同情"弱者一样，表现出一个人的"良心"。

这一过程的实现，需要用到神经元输出向量的平均值，它等价于每个神经元输出为 1 的百分比，显然，经常获胜的神经元，其输出为 1 的百分比较大。在 MATLAB 工具箱中，learncon 函数用于进行阈值的修正。

对学习函数 learncon 进行阈值修正时，神经元输出向量的平均值越大，其"良心"值越大，所以凭"良心"获得的阈值就越小，而让那些不经常获胜的神经元的阈值逐渐变大。其算法如下：

$$c(k) = (1-\text{lr}) \times c(k-1) + \text{lr} \times a(k-1) \tag{5-6}$$

$$b(k) = \exp[1 - \log(c(k))] - b(k-1) \tag{5-7}$$

式中，c 为"良心"值；a 为神经元输出的平均值；lr 为学习率。

一般将 learncon 的学习率设置成默认值或比 learnk 的学习率小的值，使其在运行过程中能够较精确地计算神经元的输出平均值。

结果那些不经常产生响应的神经元的阈值相对于那些经常产生响应的神经元，其阈值不断增大，使其产生响应的输入空间也逐渐增大，即对更多的输入向量产生响应，最终各神经元对输入向量产生响应的数目大致相等。

这样做有以下两点好处。

（1）如果某个神经元因为远离所有的输入向量而始终不能在竞争中获胜，则其阈值会变得越来越大，使其终究可以获胜。当这一情况出现后，它将逐渐向输入向量的某一类聚集，一旦神经元的权值靠近输入向量的某一类模式,该神经元将经常获胜,其阈值将逐渐减小到 0,这样就解决了"死神经元"的问题。

(2) 学习函数 learncon 强迫每个神经元对输入向量的分类百分比大致相同,所以如果输入空间的某个区域比另外一个区域聚集了更多的输入向量,那么输入向量密度大致的区域将吸引更多的神经元,从而获得更细的分类。

5.2.3 竞争型神经网络存在的问题

对于模式样本本身具有较明显的分类特征,竞争型神经网络可以对其进行正确的分类,网络对同一类或相似的输入模式具有较稳定的输出响应。但也存在以下一些问题。

(1) 当学习模式样本本身杂乱无章,没有明显的分类特征时,网络对输入模式的响应呈现振荡的现象,即对同一类输入模式的响应可能激活不同的输出神经元,从而不能实现正确的分类。当各类模式的特征相近时,也会出现同样的情况。

(2) 在权值和阈值的调整过程中,学习率的选择在收敛速度和稳定性之间存在矛盾,而不像前面介绍的其他学习算法,可以在刚开始时采用较大的学习率,而在权值和阈值趋于稳定时,采用较小的学习率。竞争型神经网络在增加新的学习样本时,对权值和阈值可能需要做比前一次更大的调整。

(3) 网络的分类性能与权值和阈值的初始值、学习率、训练样本的顺序、训练时间的长短(训练次数)等都有关系,而目前还没有找到有效的方法对各种因素的影响进行评判。

(4) 在 MATLAB 神经网络工具箱中,以函数 trainr 进行竞争型神经网络的训练,用户只能限定训练的最长时间或训练的最大次数,以此终止训练,但终止训练时网络的分类性能究竟如何,没有明确的评判指标。

5.2.4 竞争型神经网络的 MATLAB 实现

竞争型神经网络适用于具有明显分类特征的模式分类。其 MATLAB 仿真程序设计主要包括:

(1) 创建竞争型神经网络。首先根据给定的问题确定训练样本的输入向量,当不足以区分各类模式时,应想办法增加特征值;其次根据模式分类数确定神经元的数目。

(2) 训练网络。训练最大次数的默认值为 100,当训练结果不能满足分类的要求时,可尝试增加训练的最大次数。

(3) 以测试样本进行仿真。

【例 5-2】 利用竞争层网络对样本数据进行分类。

本例中待分类的样本数据由 nngenc 函数随机产生,即

```
P = nngenc(rand,class,num,std);
```

其中,参数 class 表示样本数据的类别个数。然后利用 newc 函数建立竞争层网络:

```
net = newc(range,class,klr,clr);
```

其中,class 是数据类别个数,也是竞争层神经元的个数;klr 和 clr 分别是网络的权值学习率和阈值学习率。竞争层网络在训练时不需要目标输出,网络通过对数据分布特性的学习,自动地将数据划分为指定类别。网络的训练语句如下(其中,默认的训练函数为 trainr):

```
net = train(net,P);
```

在对训练好的网络进行仿真时,网络的输出为单值矢量组,为了观察方便,一般要将单值矢量组转化为下列矩阵的形式:

```
Y = sim(net,P);
Y1 = vec2ind(Y);
```

本例完整的 MATLAB 程序如下:

```
%产生样本数据 P,P 中包括三类共 30 个二维矢量
range = [-1 1; -1 1];
class = 3;
num = 10;
std = 0.1;
P = nngenc(range,class,num,std);
%画出样本数据分布图
plot(P(1,:),P(2,:),'*','markersize',6);axis([-1.5 1.5 -1.5 1.5]);
%建立竞争层网络
klr = 0.1;
clr = 0.01;
net = newc(range,class,klr,clr);
%对网络进行训练
net.trainParam.epochs = 5;
net = train(net,P);
%画出竞争层神经元权值
w = net.iw{1};
hold on;
plot(w(:,1),w(:,2),'ob');
title('Input data & Weights');
%利用原始样本数据对网络进行仿真
Y = sim(net,P);
Y1 = vec2ind(Y)
%用不同符号标注数据分类结果
figure;
for i = 1:30
    if Y1(i) == 1
        plot(P(1,i),P(2,i),'*','markersize',6);
    elseif Y1(i) == 2
        plot(P(1,i),P(2,i),'+','markersize',6);
    else
        plot(P(1,i),P(2,i),'x','markersize',6);
    end
    hold on;
end
axis([-1.5 1.5 -1.5 1.5]);
title('class 1:*   class 2:+   class 3:x');
%利用一组新的输入数据检验网络性能
p = [-0.4 -0.4; -0.1 0.9];
y = sim(net,p);
y1 = vec2ind(y)
```

窗口显示结果为:

```
TRAINR, Epoch 0/5
TRAINR, Epoch 5/5
```

```
TRAINR, Maximum epoch reached.
y1 =
     1     2
```

程序运行结果如图 5-8 和图 5-9 所示。在图 5-8 中,待分类的样本数据用星号标注,网络训练完毕后的竞争层神经元权值用圆圈标注。在图 5-9 中,已经划分好的三类数据分别用星号、加号和"×"符号标注。

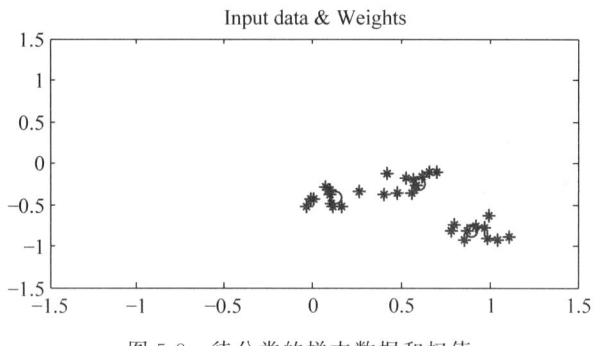

图 5-8 待分类的样本数据和权值

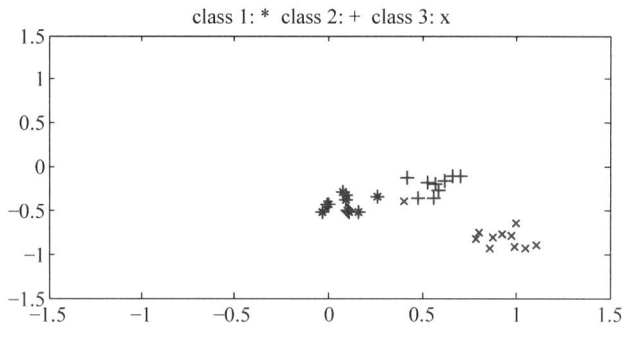

图 5-9 网络分类结果

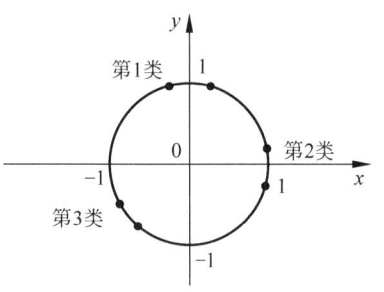

图 5-10 待分类模式

【**例 5-3**】 以竞争型神经网络完成如图 5-10 所示的三类模式的分类。

$$\boldsymbol{p}_1 = \begin{bmatrix} -0.1961 \\ 0.9806 \end{bmatrix}, \quad \boldsymbol{p}_2 = \begin{bmatrix} 0.1961 \\ 0.9806 \end{bmatrix}, \quad \boldsymbol{p}_3 = \begin{bmatrix} 0.9806 \\ 0.1961 \end{bmatrix}$$

$$\boldsymbol{p}_4 = \begin{bmatrix} 0.9806 \\ -0.1961 \end{bmatrix}, \quad \boldsymbol{p}_5 = \begin{bmatrix} -0.5812 \\ -0.8137 \end{bmatrix}, \quad \boldsymbol{p}_6 = \begin{bmatrix} -0.8137 \\ -0.5812 \end{bmatrix}$$

图中的三类模式从它们在二维平面上的位置特征看,具有明显的分类特征,可以以竞争型神经网络完成其分类。

本例的 MATLAB 程序如下。

```
clear all
% 定义输入向量
P = [ -0.1961 0.1961 0.9806 0.9806 -0.5812 -0.8137;
      0.9806 0.9806 0.1961 -0.1961 -0.8137 -0.5812];
% 创建竞争型网络
net = newc([-1 1;-1 1],3);
% 训练神经网络
net = train(net,P);
```

```
% 定义待测试样本输入向量
p = [ - 0.1961 0.1961 0.9806 0.9806 - 0.5812 - 0.8137;
      0.9806 0.9806 0.1961 - 0.1961 - 0.8137 - 0.5812];
% 网络仿真
y = sim(net,p);
% 输出仿真结果
yc = vec2ind(y)
```

仿真结果为：

```
yc =
      2    2    1    1    3    3
```

结果很好地完成了分类。

5.3 自适应共振理论

自适应共振理论英文全称为 Adaptive Resonance Theory，简称为 ART，它是由 S. Grossberg 和 A. Carpentent 等人于 1986 年提出的。Grossberg 的研究工作主要是采用数学方法描述人的心理和认知活动，致力于为人类的心理和认知活动建立一个统一的数学模型。以其思想基础提出的 ART 模型成功地解决了神经网络学习中的稳定性（固定某一分类集）和可塑性（调整网络固有参数的学习状态）的关系问题。

ART 是以认知和行为模式为基础的一种无教师、向量聚类和竞争学习的算法。在数学上，ART 为非线性微分方程的形式；在网络结构上，ART 是全反馈结构，且各层节点各有不同的性质。

ART 网络共有 3 种类型：ART-1、ART-2 和 ART-3。这里主要介绍 ART-1 型网络。

5.3.1 自适应共振理论模型

ART-1 型网络结构如图 5-11 所示。由图可见，网络分为输入和输出两层，一般根据各层所有的功能特征称输入层为比较层，输出层为识别层。和其他阶层型网络的显著区别是，ATR-1 型网络不仅具有从输入层到输出层的前馈连接权，还有从输出层到输入层的反馈连接权。

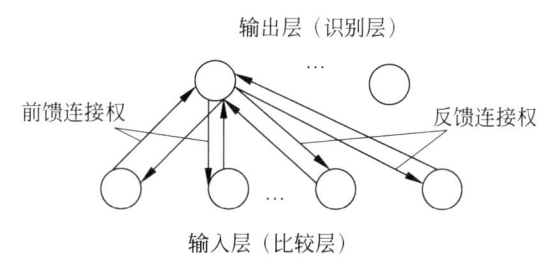

图 5-11 ART-1 型网络结构

假定网络输入层有 N 个神经元，输出层有 M 个神经元，二值输入模式和输出向量分别为 $\mathbf{A}_k = (a_1^k, a_2^k, \cdots, a_N^k)$ 和 $\mathbf{B}_k = (b_1^k, b_2^k, \cdots, b_M^k)$，其中 $k = 1, 2, \cdots, p$，p 为输入学习模式的数目。前馈连接权和反馈权分别为 w_{ij} 和 t_{ij}，$j = 1, 2, \cdots, M$。

ART-1 网络的学习及工作过程，是通过反复地将输入学习模式由输入层向输出层自下而上地识别、由输出层向输入层自上而下地比较来实现的。当这种自下而上的识别和自上而下的比较达到共振,即输入向量可以正确反映输入学习模式的分类,且网络原有记忆没有受到不良影响时,网络对一个输入学习模式的记忆和分类就算完成。网络的学习和工作过程可以分为初始化阶段、识别阶段、比较阶段和探寻阶段,下面将详细介绍网络的学习及工作过程。

5.3.2 自适应共振理论的学习

ART-1 网络的学习及工作可以归纳为如下过程。

(1) 初始化。令 $t_{ij}(0)=1, w_{ij}(0)=\dfrac{1}{N+1}, i=1,2,\cdots,N, j=1,2,\cdots,M$。其中,临界参数 $0<\rho\leqslant 1$。

(2) 将输入模式 $\boldsymbol{A}_k=(a_1^k,a_2^k,\cdots,a_N^k)$ 提供给网络的输入层。

(3) 计算输出层各个神经元的输入加权和。

$$s_j=\sum_{i=1}^{N}w_{ij}a_i^k,\quad j=1,2,\cdots,M$$

(4) 选择输入模式的最佳分类结果:

$$s_g=\max_{j=1,2,\cdots,M}s_j$$

令神经元 g 的输出为 $\boldsymbol{T}$。

(5) 计算以下 3 式,并进行判断:

$$|\boldsymbol{A}_k|=\sum_{i=1}^{N}a_i^k$$

$$|\boldsymbol{T}_g\cdot\boldsymbol{A}_k|=\sum_{i=1}^{N}t_{gi}a_i^k$$

$$\frac{|\boldsymbol{T}_g\cdot\boldsymbol{A}_k|}{|\boldsymbol{A}_k|}>\rho$$

如果最后一式成立,则转入步骤(7),否则转入步骤(6)。

(6) 取消识别结果,将输出层神经元 g 的输出值复位为 0,并将这一神经元排除在下次识别的范围之外,返回步骤(4)。当所有已利用过的神经元都无法满足步骤(5)中的最后一式时,则选择一个新的神经元作为分类结果,并进入步骤(7)。

(7) 接受识别结果,调整连接权值:

$$w_{ig}(t+1)=\frac{t_{gi}(t)a_i}{0.5+\sum_{i=1}^{N}t_{gi}(t)a_i}$$

$$t_{gi}(t+1)=t_{gi}(t)a_i$$

其中,$i=1,2,\cdots,N$。

(8) 将步骤(6)中复位的所有神经元重新加入识别范围中,返回步骤(2)对下一个模式进行识别。

无论网络学习还是网络回想,都使用以上的规则。只不过在网络回想时,只对那些与未使用过的输出神经元有关的连接权值 w_{ij} 和 t_{ij} 才进行初始化。其他连接权值保持网络学习后的值不变。当输入模式是一个网络已记忆的学习模式时,不需要再进行网络权值的调整,这是因为当输入模式和网络记忆的学习模式完全相等,在按照权值调整公式进行调整时,网络连接权值不会发生任何变化。而当输入模式与网络记忆模式存在一定差异时,按照权值调整公式进行调整,将会影响网络原有模式的记忆效果。但是如果输入的是一个全新的模式,需要利用网络对其另外记忆时,则必须按照权值调整公式对网络连接权值进行调整。

尽管 ART-1 网络具有许多其他网络所没有的优点,但是它仅以输出层中某个神经元代表分类结果,而不是像 Hopfield 网络那样,把分类结果分散在各个神经元上来表示。所以,一旦输出层中某个输出神经元损坏,则会导致该神经元所代表类别的模式信息全部消失。这是 ART-1 网络一个很大的缺陷。

ART-2 型网络与 ART-1 型网络的主要区别是,ART-2 型网络以模拟量作为输入模式,同时在算法上做了一些相应的改进,并采用慢速学习方式,其抗干扰能力大大增强。ART-3 型网络是由多个 ART-1 型网络组成的复合阶层型网络。

5.3.3 自适应共振理论的 MATLAB 实现

MATLAB 神经网络工具箱没有为 ART 型网络提供专门的函数,因此,利用现有的神经网络工具箱是无法实现 ART-1 网络的。但是,我们可以借助于 MATLAB 强大的数学计算功能来实现 ART-1 网络的训练和联想记忆功能。

【例 5-4】 现举一个简单的例子来演示利用 MATLAB 实现 ART-1 网络的过程。如图 5-12 所示,设 ART-1 网络有 5 个输入神经元和 20 个输出神经元。现有两组输入模式 $A_1=(1,1,0,0,0)$ 和 $A_2=(1,0,0,0,1)$,要求利用这两组模式来训练网络。根据 5.3.2 节中的训练过程,该网络的训练步骤分为下面几步。

(1) 初始化。令 $w_{ij}=1/n+1=1/6, t_{ji}=1$,其中 $i=1,2,\cdots,5, j=1,2,\cdots,20$,令 $\rho=0.8$。

(2) 将输入模式 A_1 提供给网络的输入层。

(3) 求获胜的神经元。因为在网络的初始状态下,所有的前馈连接权 w_{ij} 均取相等的权值 $1/6$,所以各输入神经元均具有相同的输入加权和 s_j。这时可取任一个神经元作为 A_1 的分类代表,如第 1 个,令其输出值为 1。

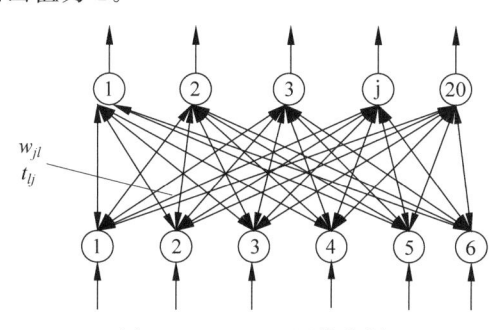

图 5-12 ART-1 网络实例

(4) 计算下式

$$|A_1|=\sum_{i=1}^{5}a_i=2, \quad |T_1A_1|=\sum_{i=1}^{5}t_{1i}a_i=2$$

(5) 计算 $\dfrac{|T_1A_1|}{|A_1|}=1>0.8$,接受这次识别结果。

(6) 调整权值。

$$W_1=(w_{11},w_{12},w_{13},w_{14},w_{15})=(0.4,0.4,0,0,0)$$
$$T_1=(t_{11},t_{21},t_{31},t_{41},t_{51})=(1,1,0,0,0)$$

至此,A_1 已经被记忆在网络中了。

(7) 将输入模式 A_2 提供给网络的输入层。

(8) 求获胜神经元，$s_1=0.4, s_2=1/6, s_3=\cdots=s_{20}=1/6$，由于 $s_1 > s_2 = s_3 = \cdots = s_{20}$，所以取神经元 1 作为获胜神经元，但这显然与 A_1 的识别结果相矛盾。又因为

$$\frac{|T_2 A_2|}{|A_2|} = \frac{1}{2} < 0.8$$

所以拒绝这次识别结果，重新进行识别。由于 $s_2 = s_3 = \cdots = s_{20} = 1/6$，故可从中任选一个神经元作为 A_2 的分类结果，如神经元 20。

(9) 调整权值。

$$W_2 = (w_{21}, w_{22}, w_{23}, w_{24}, w_{25}) = (0.4, 0, 0, 0, 0.4)$$
$$T_2 = (t_{12}, t_{22}, t_{32}, t_{42}, t_{52}) = (1, 0, 0, 0, 1)$$

至此，A_2 也记忆在网络中了。

按照上述步骤，可以编写以下 MATLAB 代码。

```matlab
% 竞争层的输出
xiu = rands(20);
% 正向权值 W 和反向权值 T
W = rands(20,5);
T = rands(20,5);
% 警戒参数
xiuxiu = 0.8;
% 两组模式 A1 和 A2
A1 = [1 1 0 0 0];
A2 = [1 0 0 0 1];
% 初始化
for i = 1:20
    for j = 1:5
        W(i,j) = 1/6;
        T(i,j) = 1;
    end
end
% 判定是否接受识别结果
normalA1 = norm(A1,1);
normalTA1 = T(1,:) * A1';
count = 1;
if normalTA1/normalA1 > xiuxiu
    xiu(count) = 1;
end
% 权值调整
W(1,:) = [0.4 0.4 0 0 0];
T(1,:) = [1 1 0 0 0];
% 寻找可以记忆 A2 的神经元
for k = 1:20
    s(k) = W(k,:) * A2';
    if s(k) == max(s)
        count = k;
    end
end
% 如果和 A1 的神经元重复,继续寻找
if xiu(count) == 1
    newcount = count + 1
end
for i = 1:(count - 1)
```

```
        p(i) = s(i);
    end
    for i = count:19
        p(i) = s(i+1);
    end
    for k = newcount:20
        if s(k) == max(p)
            count = k;
        end
    end
% 确定找到的神经元序号 count,并令其对应的输出为1
xiu(count) = 1;
% 权值调整
W(count,:) = [0.4,0,0,0,0.4];
T(count,:) = [1,0,0,0,1];
xiu'
```

运行结果为:

```
xiu' =
 1.0000    0.6375   -0.1397    0.7806    0.4698    0.3746   -0.3078   -0.6679   -0.6888
-0.6178   -0.1551    0.7120   -0.0195    0.6319   -0.0785   -0.0853   -0.0986
-0.1756    0.8032    1.0000
```

可见,第1个和第20个神经元的输出均为1,表示它们记忆了输入模式。

5.4 学习矢量量化的神经网络

5.4.1 矢量量化的神经网络模型

对于学习矢量量化(Learning Vector Quantization,LVQ)神经网络,因为用户指定了目标分类结果,所以网络可以通过监督学习完成对输入矢量模式的准确分类。LVQ神经网络模型如图5-13所示。

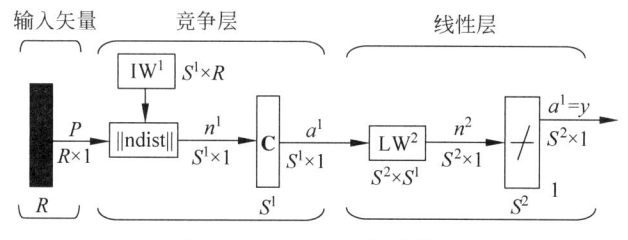

图 5-13 LVQ 神经网络模型

LVQ神经网络有两个网络层,即竞争层和线性层。竞争层对输入矢量的学习分类与前面所阐述的竞争层一样,我们把竞争层的分类称为子分类;线性层根据用户的要求将竞争层的分类结果映射到目标分类结果中,我们把线性层的分类称为目标分类。

竞争层和线性层的每一个神经元的输出都对应一个分类(子分类或目标分类)结果,所以竞争层通过学习,可以得到 S^1 类子分类结果;然后,线性层将 S^1 类子分类结果再分成 S^2 类目标分类结果(S^1 始终大于 S^2)。例如,假设竞争层的第1~3个神经元对输入空间的子分类所对应的线性层的目标分类为第2类,则竞争层的第1~3个神经元与线性层的第2个神经元的连接权将全部为1,而与其他线性层神经元的连接权全部为0,这样,当竞争层的第1~3个神经元中的任意一个神经元在竞争中获胜时,线性层的第 2 个神经元将输出 1。在 MATLAB 神经网络工具箱中,创建 LVQ 网络的函数为 newlvq。

5.4.2 矢量量化的神经网络学习

矢量量化(LVQ1)神经网络的学习与其他有导师学习方法一样,其训练样本集的输入向量和目标向量是成对出现的,即

$$\{p_1,t_1\},\{p_2,t_2\},\cdots,\{p_Q,t_Q\}$$

每个目标向量,除了有一个元素为 1 以外,其余元素均为 0,目标向量中元素为 1 的行即为相应的输入矢量模式。例如,对具有 3 个输入元素、4 个输出模式的 LVQ 网络,若

$$\left\{p_1=\begin{bmatrix}1\\-2\\0\end{bmatrix},t_1=\begin{bmatrix}0\\1\\0\\0\end{bmatrix}\right\}$$

则表示第 1 个训练样本对应于第 2 个模式,LVQ 网络输出层的第 2 个神经元输出 1。

LVQ1 网络进行训练时,对每一个输入矢量 p,先以函数 ndist 计算它与输入权值向量 IW^1 每一行元素的距离,使隐层神经元进行竞争。假设 n^1 的第 i 个元素值最大,则竞争层的第 i 个神经元将赢得竞争,这使得竞争层的输出 a^1 的第 i 个元素值为 1,而其余元素值为 0。

当 a^1 与第二网络层的权值 LW^2 相乘时,在 a^1 中唯一的一个元素值为 1 的元素被认为是与输入矢量对应的第 k 个分类模式,所以网络认为输入矢量 p 为 k 个分类模式,则 a^2 的第 k 个元素输出 1。当然,该分类结果可能正确,也可能不正确,因为 t_k 可能为 1,也可能为 0,它取决于输入矢量模式是否属于第 k 个分类模式。

可以根据目标矢量,调整 IW^1 的第 i 行,当分类结果正确时,使该行元素的值向输入矢量 p 靠拢;当分类结果错误时,使该行元素的值远离输入矢量 p。当输入矢量 p 得到正确的分类时,

$$a_k^2 = t_k = 1 \tag{5-8}$$

IW^1 的第 i 行可以按下式进行修正:

$$_i IW^1(q) = _i IW^1(q-1) + \alpha[p(q) - _i IW^1(q-1)] \tag{5-9}$$

当输入矢量 p 得到错误的分类时,

$$a_k^2 = 1, \quad t_k = 0, \quad a_k^2 \neq t_k \tag{5-10}$$

IW^1 的第 i 行可以按下式进行修正:

$$_i IW^1(q) = _i IW^1(q-1) - \alpha[p(q) - _i IW^1(q-1)] \tag{5-11}$$

在调整 IW^1 的第 i 行时,其他行不变,所以输出误差反向传播到第 1 网络层,对 IW^1 的其他行没有影响。按上述方法进行修正的结果使得隐层的神经元趋近落入相应输入模式的输入矢量,远离其他模式的输入矢量,以构成其子分类。

所谓矢量量化,就是将矢量邻近的区域看作同一量化等级,用其中心值表示,即用少量的聚类中心表示原始数据。SOFM 和 LVQ 都具有矢量量化作用,不同的是,SOFM 的各中心(输出阵列中的神经元)的排列是有结构性的,即各相邻中心点对应的输入数据中的某种特征是相似的,而 LVQ 的中心没有这种排序功能。在 MATLAB 神经网络工具箱中,LVQ1 神经网络的第 1 网络层权值调整的学习函数是 learnlv1。

5.4.3 LVQ1 学习算法的改进

LVQ1 学习算法的改进(LVQ2)是在 LVQ1 的基础上进行的,它可以改善 LVQ1 学习结

果的性能。在 MATLAB 神经网络工具箱中，LVQ2 神经网络的第 1 网络层权值调整的学习函数是 learnlv2。

LVQ2 的学习过程与 LVQ1 类似，在应用 LVQ1 进行学习后，再用 LVQ2 进行学习，不同的是，LVQ2 是针对最接近输入矢量的两个相邻神经元的权值进行的，其中一个神经元对应正确的分类模式，另一个神经元对应错误的分类模式，而输入向量位于定义的窗口时，

$$\min\left(\frac{d_i}{d_j}, \frac{d_j}{d_i}\right) > s, \quad s = \frac{1-w}{1+w} \tag{5-12}$$

式中，d_i，d_j 分别表示输入矢量 $\boldsymbol{p}$ 与 $_i\text{IW}^1$，$_j\text{IW}^1$ 的欧几里得距离，w 的取值范围为 0.2~0.3。例如，当 w 取值为 0.25 时，$s=0.6$，那么，当 d_i 和 d_j 两个距离之比大于 0.6 时，则对 IW_i^1，IW_j^1 都需进行调整。

当第 i 个神经元对应的输出分类模式错误时，IW^1 的第 i 行可以按下式进行修正：

$$_i\text{IW}^1(q) = {_i\text{IW}^1}(q-1) + \alpha[\boldsymbol{p}(q) - {_i\text{IW}^1}(q-1)] \tag{5-13}$$

当第 j 个神经元对应的输出分类模式正确时，IW^1 的第 j 行可以按下式进行修正：

$$_j\text{IW}^1(q) = {_j\text{IW}^1}(q-1) + \alpha[\boldsymbol{p}(q) - {_j\text{IW}^1}(q-1)] \tag{5-14}$$

这样，如果给定两个很相近的输入矢量，其中一个对应正确的分类，而另一个对应错误的分类，则 LVQ2 也能对靠得非常近，甚至对刚刚可分的模式进行正确的分类，从而提高子分类结果的鲁棒性。

5.4.4 LVQ 神经网络的 MATLAB 实现

【例 5-5】 画出具有 3×2 栅格拓扑结构的 SOFM，并以该神经网络完成对图 5-14 所示输入矢量模式的分类，分别画出当最大训练步长 epochs=40,60,100 时，调整权值后的神经元拓扑结构图。

$$\boldsymbol{p} = \begin{bmatrix} 0.1 & 0.3 & 1.2 & 1.1 & 1.8 & 1.7 & 0.1 & 0.3 & 1.2 & 1.1 & 1.8 & 1.7 \\ 0.2 & 0.1 & 0.3 & 0.1 & 0.3 & 0.2 & 0.8 & 0.8 & 0.9 & 0.9 & 0.7 & 0.8 \end{bmatrix}$$

(1) 画出 3×2 栅格型 SOFM 的特征映射图，如图 5-15 所示。

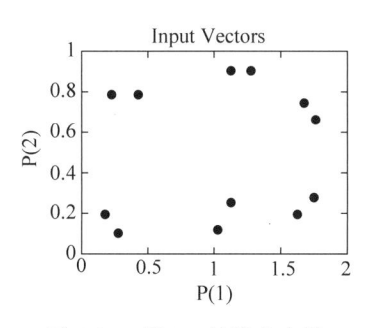

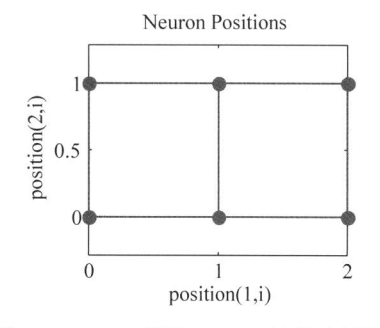

图 5-14　例 5-5 的输入向量　　　　图 5-15　3×2 栅格 SOFM 特征映射图

绘制 3×2 栅格型 SOFM 特征映射图的 MATLAB 程序。

```
pos = gridtop(3,2);
plotsom(pos)
```

(2) 创建和训练 SOFM 神经网络的 MATLAB 程序设计：

```
clear all
% 创建 SOFM 网络
net = newsom([0 2;0 1],[3 2],'gridtop');
```

```
% 定义输入向量
P = [0.1 0.3 1.2 1.1 1.8 1.7 0.1 0.3 1.2 1.1 1.8 1.7
    0.2 0.1 0.3 0.1 0.3 0.2 0.8 0.8 0.9 0.9 0.7 0.8];
% 绘制输入矢量
plot(P(1,:),P(2,:),'.g','markersize',18);
% 训练 SOFM 网络
% 设置训练步长的最大步长
net.trainParam.epochs = 100;
net = train(net,P);
% 绘制训练后的 SOFM 神经网络特征映射图
hold on;
plotsom(net.iw{1,1},net.layers{1}.distances);
hold off;
```

设置不同的最大步长进行训练,调整权值后的 SOFM 特征映射图如图 5-16 所示。

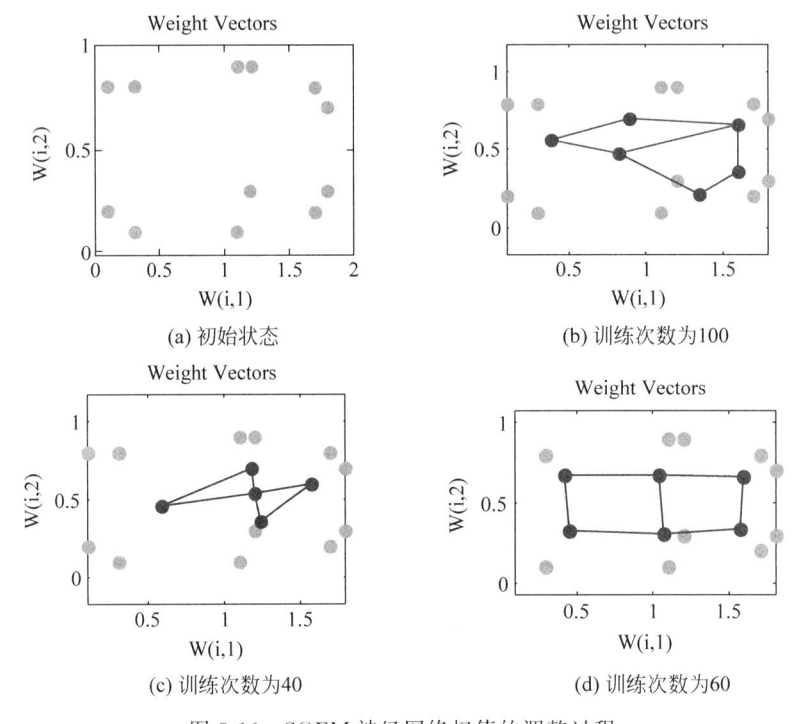

(a) 初始状态　　(b) 训练次数为100

(c) 训练次数为40　　(d) 训练次数为60

图 5-16　SOFM 神经网络权值的调整过程

SOFM 神经网络的学习,就是使权向量的方向朝着输入模式向量的方向进行调整,使各个权向量分别向各个聚类模式群的中心位置靠拢,同时,使网络权向量几何点的排列与竞争层各神经元的自然排列基本一致(拓扑结构一致)。从图 5-16 权值的调整过程来看,调整的目标是使网络权向量几何点的排列与竞争层各神经元的拓扑结构基本一致,即为 3×2 栅格型结构。

(3) SOFM 神经网络的 MATLAB 仿真程序设计:

```
% 定义输入向量
P = [0.1 0.3 1.2 1.1 1.8 1.7 0.1 0.3 1.2 1.1 1.8 1.7
    0.2 0.1 0.3 0.1 0.3 0.2 0.8 0.8 0.9 0.9 0.7 0.8];
% 网络仿真
y = sim(net,P);
% 输出仿真结果
yc = vec2ind(y)
```

仿真结果为：

```
yc =
    4   4   5   5   6   6   1   1   2   2   3   3
```

因为输入向量模式具有明显的分类特征，所以 SOFM 网络很好地完成了分类。

【例 5-6】 假设两种分类模式如图 5-17 所示，模式 1 表示竖线，模式 2 表示横线。试设计一 LVQ 神经网络，完成这两种模式的分类。

(1) 问题分析：

以图 5-18 表示输入向量的对应元素，则 LVQ 网络有 4 个输入元素，输出两类模式，所以线性层有 2 个神经元，设 01 表示横线，10 表示竖线。若以 0 表示线条划过的小方块，1 表示线性未划过的小方块，则图 5-17 所示的两类模式构成如下训练样本集：

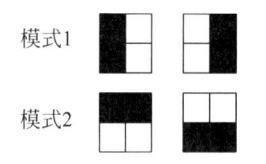

图 5-17　例 5-6 待分类的模式　　　　图 5-18　输入向量对应元素

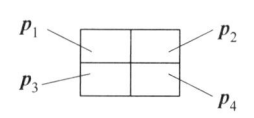

$$\boldsymbol{p}_1 = \begin{bmatrix} 0 \\ 1 \\ 0 \\ 1 \end{bmatrix}, \quad \boldsymbol{t}_1 = \begin{bmatrix} 1 & 0 \end{bmatrix}, \quad \boldsymbol{p}_2 = \begin{bmatrix} 1 \\ 0 \\ 1 \\ 0 \end{bmatrix}, \quad \boldsymbol{t}_2 = \begin{bmatrix} 1 & 0 \end{bmatrix}$$

$$\boldsymbol{p}_3 = \begin{bmatrix} 0 \\ 0 \\ 1 \\ 1 \end{bmatrix}, \quad \boldsymbol{t}_3 = \begin{bmatrix} 0 & 1 \end{bmatrix}, \quad \boldsymbol{p}_4 = \begin{bmatrix} 1 \\ 1 \\ 0 \\ 0 \end{bmatrix}, \quad \boldsymbol{t}_4 = \begin{bmatrix} 0 & 1 \end{bmatrix}$$

(2) 创建和训练 LVQ 神经网络的 MATLAB 程序设计：

```
clear all
% 定义输入向量和目标向量
P=[0 1 0 1;1 0 1 0;0 0 1 1;1 1 0 0]';
T=[1 1 0 0;0 0 1 1];
% 创建 LVQ 网络
net = newlvq(minmax(P),4,[0.5 0.5],0.01,'learnlv1');
% 训练 LVQ 网络
net = train(net,P,T);
```

运行结果为（如图 5-19 所示）：

```
TRAINR, Epoch 0/100
TRAINR, Epoch 4/100
TRAINR, Performance goal met.
```

(3) LVQ 神经网络的 MATLAB 仿真程序设计：

```
% 定义输出向量
P=[0 1 0 1;1 0 1 0;0 0 1 1;1 1 0 0]';
% 网络仿真
y = sim(net,P)
```

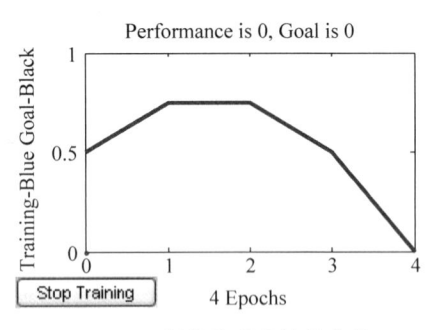

图 5-19　训练的误差性能曲线

仿真结果为：

```
y =
    1    1    0    0
    0    0    1    1
```

结果很好地完成了分类。

5.5　对向传播网络

对向传播网络(Counter Propagation Network，CPN)，是将 Kohonen 特征映射网络与 Grossberg 基本竞争型网络相结合，发挥各自特长的一种新型特征映射网络。这一网络是美国计算机专家 Robert Hecht-Nielsen 于 1987 年提出的。这种网络被广泛地应用于模式分类、函数近似、统计分析和数据压缩等领域。

5.5.1　对向传播网络简介

CPN 网络结构如图 5-20 所示。由图可见，网络分为输入层、竞争层和输出层。输入层与竞争层构成 SOM 网络，竞争层与输出层构成基本竞争型网络。从整体上看，网络属于有教师型的网络，而由输入层和竞争层构成的 SOM 网络又是一种典型的无教师型神经网络。因此，这一网络既汲取了无教师型网络分类灵活、算法简练的优点，又采纳了有教师型网络的分类精细、准确的长处，使两种不同类型的网络有机地结合起来。

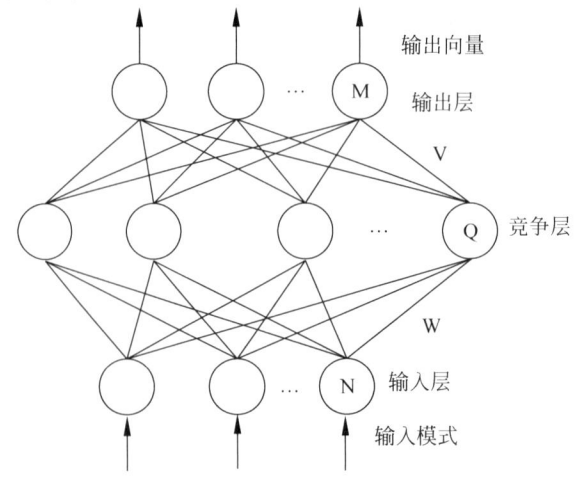

图 5-20　CPN 网络结构

CPN 的基本思想是，由输入层至输出层，网络按照 SOM 学习规则产生竞争层的获胜神经元，并按这一规则调整相应的输入层至竞争层的连接权；由竞争层到输出层，网络按照基本竞争型网络学习规则，得到各输出神经元的实际输出值，并按照有教师型的误差校正方法，修正由竞争层到输出层的连接权。经过这样的反复学习，可以将任意的输入模式映射为输出模式。

从这一基本思想可以发现，处于网络中间位置的竞争层获胜神经元及与其相关的连接权向量，既反映了输入模式的统计特性，又反映了输出模式的统计特性。因此，可以认为，输入、输出模式通过竞争层实现了相互映射，即网络具有双向记忆的功能。如果输入输出采用相同的模式对网络进行训练，则由输入模式至竞争层的映射可以认为是对输入模式的压缩；而由竞争层至输出层的映射可以认为是对输入模式的复原。利用这一特性，可以有效地解决图像处理及通信中的数据压缩及复原问题，并可得到较高的压缩性。

接下来介绍 CPN 的学习及工作规则。假定输入层有 N 个神经元，p 个连续值的输入模式为 $\mathbf{A}_k = (a_1^k, a_2^k, \cdots, a_N^k)$，竞争层有 Q 个神经元，对应的二值输出向量为 $\mathbf{B}_k = (b_1^k, b_2^k, \cdots, b_Q^k)$，输出层有 M 个神经元，其连续值的输出向量为 $\mathbf{C}'_k = (c_1'^k, c_2'^k, \cdots, c_M'^k)$，目标输出向量为 $\mathbf{C}_k = (c_1^k, c_2^k, \cdots, c_M^k)$，以上 $k = 1, 2, \cdots, p$。由输入层至竞争层的连接权值向量为 $\mathbf{W}_j = (w_{j1}, w_{j2}, \cdots, w_{jN})$，$j = 1, 2, \cdots, Q$；由竞争层到输出层的连接权向量为 $\mathbf{V}_l = (v_{l1}, v_{l2}, \cdots, v_{lQ})$，$l = 1, 2, \cdots, M$。网络学习和工作规则如下所述。

(1) 初始化。将连接权向量 $\mathbf{W}_j$ 和 $\mathbf{V}_l$ 赋予区间 $[0, 1]$ 内的随机值。将所有的输入模式 $\mathbf{A}_k$ 进行归一化处理：

$$a_i^k = \frac{a_i^k}{\|\mathbf{A}_k\|}, \quad \|\mathbf{A}_k\| = \sqrt{\sum_{i=1}^{N}(a_i^k)^2}, \quad i = 1, 2, \cdots, N$$

(2) 将第 k 个输入模式 $\mathbf{A}_k$ 提供给网络的输入层。

(3) 将连接权值向量 $\mathbf{W}_{ji}$ 按照下式进行归一化处理：

$$w_{ji} = \frac{w_{ji}}{\|w_{ji}\|}, \quad \|w_{ji}\| = \sqrt{\sum_{i=1}^{N} w_{ji}^2}, \quad i = 1, 2, \cdots, N$$

(4) 求竞争层中每个神经元的加权输入和：

$$s_j = \sum_{i=1}^{N} a_i^k w_{ji}, \quad j = 1, 2, \cdots, Q$$

(5) 求连接权向量 $\mathbf{W}_j$ 中与 $\mathbf{A}_k$ 距离最近的向量 $\mathbf{W}_g$：

$$W_g = \max_{j=1,2,\cdots,Q} \sum_{i=1}^{N} a_j^k w_{ji} = \max_{j=1,2,\cdots,Q} s_j$$

将神经元 g 的输出设定为 1，其余竞争层神经元的输出设定为 0：

$$b_j = \begin{cases} 1 & j = g \\ 0 & j \neq g \end{cases}$$

(6) 将连接权向量 $\mathbf{W}_g$ 按照下式进行修正：

$$w_{gi}(t+1) = w_{gi}(t) + \alpha(a_i^k - w_{gi}(t)) \quad i = 1, 2, \cdots, N$$

其中，$-1 < \alpha < 1$ 为学习率。

(7) 将连接权向量 $\mathbf{W}_g$ 重新归一化，归一化算法同上。

(8) 按照下式修正竞争层到输出层的连接权向量 $\mathbf{V}_l$：

$$v_{li}(t+1) = v_{li}(t) + \beta b_j (c_l - c_l') \quad l = 1, 2, \cdots, M, j = 1, 2, \cdots, Q$$

其中，$-1 < \beta < 1$ 为学习率。由步骤(5)可将上式简化为：

$$v_{lg}(t+1) = v_{lg}(t) + \beta b_j (c_l - c'_l)$$

由此可见,只需要调整竞争层获胜神经元 g 到输出层神经元的连接权向量 $\boldsymbol{V}_g$ 即可,其他连接权向量保持不变。

(9) 求输出层各神经元的加权输入,并将其作为输出神经元的实际输出值,$c'_l = \sum_{j=1}^{O} b_j v_{lg}$,$l=1,2,\cdots,M$,同理可将其简化为 $c'_l = v_{lg}$。

(10) 返回步骤(2),直到将 p 个输入模式全部提供给网络。

(11) 令 $t=t+1$,将输入模式 $\boldsymbol{A}_k$ 重新提供给网络学习,直到 $t=T$。其中 T 为预先设定的学习总次数,一般取 $500 < T < 100000$。

5.5.2 对向传播网络的 MATLAB 实现

【例 5-7】 这里举一个非常简单而且与日常生活相关的例子来说明 CPN 网络的应用。现在需要创建一个 CPN 网络,其任务是在已知一个人本星期应该完成的工作量和此人当时的思想状态的情况下,对此人星期日下午的活动安排提出建议。

按照一般情况,将工作量分为 3 个档次,即没有、有一些和很多,所对应的量化值分别为 0.0、0.5 和 1.0;把思想情绪也分为 3 个水平,即低、一般和高,所对应的量化值分别为 0.0、0.5 和 1.0。可选择的活动有 5 个,即在家里看画报、去商场购物、到公园散步、与朋友一起吃饭和干工作。工作量和思想情绪状态一共有 6 种组合,这 6 种组合分别对应各自的最佳活动选择。样本模式如表 5-3 所示。

把这组训练样本提供给网络进行充分学习后,网络就具有了一种"内插"功能,即当网络输入一对在(0,1)区间中反映工作量和情绪的量化值后,网络将自动根据原有的记忆,找出对应于这对量化值的最佳活动选择,以输出模式的形式提供给用户作为决策参数。

表 5-3 网络训练样本模式

工 作 量	思 想 情 绪	活 动 安 排	目 标 输 出
没有(0.0)	低(0.0)	看画报	10000
有一些(0.5)	低(0.0)	看画报	10000
没有(0.0)	一般(0.5)	购物	01000
很多(1.0)	高(1.0)	公园散步	00100
有一些(0.5)	高(1.0)	吃饭	00010
很多(1.0)	一般(0.5)	工作	00001

实际上,不光 CPN 网络具有这种"内插"功能,BP 网络、SOM 网络都具有这种功能。从模式识别的角度上讲,这些网络具有对输入模式进行分类的功能。

可惜的是,对功能如此强大的 CPN 网络,神经网络工具箱中竟然没有为之支持的函数工具。但是,既然 5.5.1 节中已经给出了有关 CPN 的学习和训练算法过程,因此,我们可以利用 MATLAB 强大的数学计算功能,实现解决该问题的 CPN 网络。

根据题意,该网络的输入层应该有 2 个神经元,输出层应该有 5 个神经元。为了更加准确地解决问题,将竞争层神经元设置为 18 个,网络结构如图 5-21 所示。

由表 5-3 可得,网络的输入向量为:

$\boldsymbol{P} = [0\ 0; 0.5\ 0.5; 0\ 0.5; 1\ 1; 0.5\ 1; 1\ 0.5];$

目标向量为:

$\boldsymbol{T} = [1\ 0\ 0\ 0\ 0; 1\ 0\ 0\ 0\ 0; 0\ 1\ 0\ 0\ 0; 0\ 0\ 1\ 0\ 0; 0\ 0\ 0\ 1\ 0; 0\ 0\ 0\ 0\ 1]';$

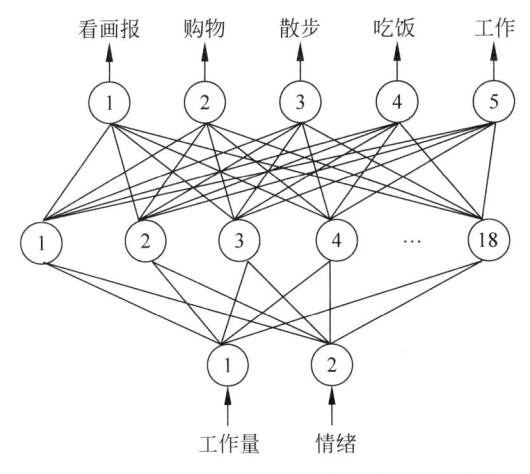

图 5-21 星期日下午活动安排决策 CPN 网络

下面对网络进行一个周期的学习。令输入层和竞争层之间的连接权向量矩阵用 W 表示，竞争层和输出层之间的权向量矩阵用 V 表示。可知 W 为一个 18×2 的矩阵，V 是一个 5×18 的矩阵。学习速率设定为 0.1。

（1）初始化。利用 MATLAB 中的随机数产生函数 W 和 V，并赋以区间[0,1]之间的随机值，代码为：

```
W = rands(18,2)/2 + 0.5;
V = rands(5,18)/2 + 0.5;
```

由于函数 rands 产生的随机数位于区间(-1,1)，所以这里做了这样的处理，使得产生的随机数既不影响随机性能，又位于区间[0 1]中。

对输入向量进行归一化处理：

```
W = rands(18,2)/2 + 0.5;
V = rands(5,18)/2 + 0.5;
for i = 1:6
    if(P(i,:) == [0 0])
        P(i,:) = P(i,:)
    else
        P(i,:) = P(i,:)/norm(P(i,:));
    end
end
```

之所以要在循环中进行数据判断，是因为向量[0 0]是无法归一化处理的，比如 P 的第一组元素，就是正在用的这一组中。

（2）将第一个输入样本(0 0)提供给网络的输入层神经元。
（3）对连接权向量 W 进行归一化处理。
（4）求每一个竞争层神经元的加权输入 $s_j, j=1,2,\cdots,18$：

```
for i = 1:18
    W(i,:) = W(i,:)/norm(W(i,:));
    s(i) = P(1,:) * W(i,:)';
end
```

循环语句中第一句用于对连接权向量 W 进行归一化处理，第二句可以求出竞争层每个神经元的输出。结果为：

```
s =
   0   0   0   0   0   0   0   0   0   0   0   0   0
   0   0   0   0   0
```

(5) 求连接权向量 W 中与(0 0)距离最近的向量，由于输出全部为 0，所以可任选一个权值向量 Wg，这里选为 18，并将该神经元的输出设定为 1。

```
for i = 1:18
    W(i,:) = W(i,:)/norm(W(i,:));
    s(i) = P(1,:) * W(i,:)';
end
temp = max(s);
for i = 1:18
    if temp == s(i)
        count = i;
    end
end
% 将所有竞争层神经元的输出置为 0
for i = 1:18
    s(i) = 0;
end
% 选中的神经元输出为 1
s(count) = 1;
```

(6) 调整连接权向量 W18，并重新将其归一化。

```
W(count,:) = W(count,:) + 0.1 * [P(1,:) - W(count,:)];
W(count,:) = W(count,:)/norm(W(count,:))
```

输出结果为：

```
W(18,:) =
    0.9997    0.0251
```

经检验，此时的 W18 确实已经归一化了。

(7) 调整竞争层神经元到输出层神经元之间的连接权向量 V：

```
V(:,count) = V(:,count) + 0.1 * (T(1,:)' - T_out(1,:)');
```

由于此时输出层神经元的输出与目标向量是一致的，所以这里的权值是没有经过调整的，等到来了下一个模式后，权值才会真正得到调整。

(8) 计算输出层各神经元的加权输入，并将其作为神经元的实际输出值：

```
T_out(1,:) = V(:,count)';
```

第一组实际输出就等于竞争层中第 18 个神经元与输出层各神经元之间调整后的连接权值。

(9) 返回步骤(2)，将输入向量中的(0.5 0.5)提供给网络。

(10) 继续学习，直到训练次数达到设定的最大值。

CPN 网络训练结束后，按照以下步骤进行网络回想。

(1) 将输入模式 A 提供给网络的输入层。
(2) 根据下式求出竞争层的获胜神经元 g。

$$b_g = \max_{i=1,2,\cdots,Q} \left(\sum_{i=1}^{N} w_{ji} a_i \right)$$

(3) 令 $b_g = 1$，其余的输出都等于 0。按照下式求得输出层各神经元的输出。

$$c_j = v_{jg} b_g$$

由此产生了输出模式 $C = (c_1, c_2, \cdots, c_M)$，从而就得到了输入 A 的分类结果。

```
clear all
% 初始化正向权值 W 和反向权值 V
W = rands(18,2)/2 + 0.5;
V = rands(5,18)/2 + 0.5;
% 输入向量 P 和目标向量 T
P = [0 0;0.5 0.5;0 0.5;1 3;0.5 1;1 0.5];
T = [1 0 0 0 0;1 0 0 0 0;0 1 0 0 0;0 0 1 0 0;0 0 0 1 0;0 0 0 0 1]';
T_out = T;
% 设定学习步数为 1000 次
epoch = 1000;
% 归一化输入向量 P
for i = 1:6
    if P(i,:) == [0 0]
        P(i,:) = P(i,:);
    else
        P(i,:) = P(i,:)/norm(P(i,:));
    end
end
% 开始训练
while epoch > 0
    for j = 1:6
        % 归一化正向权值 W
        for i = 1:18
            W(i,:) = W(i,:)/norm(W(i,:));
            s(i) = P(j,:) * W(i,:)';
        end
        % 求输出最大的神经元,即获胜神经元
temp = max(s);
for i = 1:18
    if temp == s(i)
        count = i;
    end
end
% 将所有竞争层神经元的输出置为 0
for i = 1:18
    s(i) = 0;
end
% 选中的神经元输出为 1
s(count) = 1;
% 权值调整
W(count,:) = W(count,:) + 0.1 * [P(j,:) - W(count,:)];
W(count,:) = W(count,:)/norm(W(count,:));
V(:,count) = V(:,count) + 0.1 * (T(j,:)' - T_out(j,:)');
% 计算网络输出
T_out(j,:) = V(:,count)';
    % end
    % 训练次数递减
```

```
        epoch = epoch - 1;
    end
    % 训练结束
T_out
% 网络回想
% 网络的输入模式 Pc
Pc = [0.5 1;1 3];
% 初始化 Pc
for i = 1:2
    if Pc(i,:) == [0 0]
        Pc(i,:) = Pc(i,:);
    else
        Pc(i,:) = P(i,:)/norm(Pc(i,:));
    end
end
% 网络输出
Outc = [0 0 0 0 0;0 0 0 0 0];
for j = 1:2
    for i = 1:18
        sc(i) = Pc(j,:) * W(i,:)';
    end
    tempc = max(sc);
    for i = 1:18
        if tempc == sc(i)
            countp = i;
        end
        sc(i) = 0;
    end
    sc(countp) = 1;
    Outc(j,:) = V(:,countp)';
end
% 回想结束
Outc
```

输出结果为：

```
T_out =
    1    1    0    0    0    0
    0    0    1    0    0    0
    0    0    0    1    0    0
    0    0    0    0    1    0
    0    0    0    0    0    1
```

由此可见，经过 1000 次训练后，网络的实际输出和目标输出就一致了，这说明训练过程是有效的。

```
Outc =
    0.3050    0.8744    0.0150    0.7680    0.9708
    0.3784    0.8600    0.8537    0.5936    0.4966
```

Outc 是网络回想的输出，实际上也就是网络测试的结果，在这里给出了两种特定的组合状态，即(0.5 1)和(1 1)的组合，这两种组合分别对应吃饭和到公园散步，可见，网络给出了正确的建议。

在以上代码中，训练输入向量 P 和回想输入向量 Pc 中的(1 1)都被(1 3)所替代，这是因为经过归一化处理后，P 中两个本来不一致的样本(0.5 0.5)和(1 1)变得一致了，而它们对应的输出向量却并不一致。因此，将其用(1 3)替代就是为了避免这种情况，对结果并没有影响。

第 6 章

MATLAB神经网络的应用

人工神经网络(Artificial Neural Network,ANN)是20世纪80年代以来人工智能领域兴起的研究热点。它从信息处理角度对人脑神经元网络进行抽象,建立某种简单模型,按不同的连接方式组成不同的网络。在工程与学术界也常直接简称为神经网络或类神经网络。神经网络是一种运算模型,由大量的节点(或称神经元)之间相互连接构成。每个节点代表一种特定的输出函数,称为激励函数(activation function)。每两个节点间的连接都代表一个对于通过该连接信号的加权值,称之为权重,这相当于人工神经网络的记忆。网络的输出则依网络的连接方式、权重值和激励函数的不同而不同。而网络自身通常都是对自然界某种算法或者函数的逼近,也可能是对一种逻辑策略的表达。

最近十多年来,人工神经网络的研究工作不断深入,已经取得了很大的进展,其在模式识别、智能机器人、自动控制、预测估计、生物、医学、经济等领域已成功地解决了许多现代计算机难以解决的实际问题,表现出了良好的智能特性。

6.1 人工神经网络

人工神经网络中,神经元处理单元可表示不同的对象,例如特征、字母、概念,或者一些有意义的抽象模式。网络中处理单元的类型分为三类:输入单元、输出单元和隐单元。输入单元接收外部世界的信号与数据;输出单元实现系统处理结果的输出;隐单元是处在输入和输出单元之间,不能由系统外部观察的单元。神经元间的连接权值反映了单元间的连接强度,信息的表示和处理体现在网络处理单元的连接关系中。人工神经网络是一种非程序化、适应性、大脑风格的信息处理,其本质是通过网络的变换和动力学行为得到一种并行分布式的信息处理功能,并在不同程度和层次上模仿人脑神经系统的信息处理功能。它是涉及神经科学、思维科学、人工智能、计算机科学等多个领域的交叉学科。

人工神经网络具有以下4个基本特征。

(1) 非线性:非线性关系是自然界的普遍特性。大脑的智慧就是一种非线性现象。人工神经元处于激活或抑制两种不同的状态,这种行为在数学上表现为一种非线性关系。

(2) 非局限性:一个神经网络通常由多个神经元广泛连接而成。一个系统的整体行为不仅取决于单个神经元的特征,而且可能主要由单元之间的相互作用、相互连接所决定。

(3) 非常定性:人工神经网络具有自适应、自组织、自学习能力。不但神经网络处理的信息可以有各种变化,而且在处理信息的同时,非线性动力系统本身也在不断变化。

(4) 非凸性:一个系统的演化方向,在一定条件下将取决于某个特定的状态函数。例如能量函数,它的极值相应于系统比较稳定的状态。

人工神经网络是并行分布式系统,采用了与传统人工智能和信息处理技术完全不同的机理,克服了传统的基于逻辑符号的人工智能在处理直觉、非结构化信息方面的缺陷,具有自适应、自组织和实时学习的特点。

6.2 线性神经网络

线性神经网络同感知器相似,是最简单的一种神经元网络,同感知器不同的是,线性神经网络输出的激发函数为线性函数 purelin,而感知器模型的激发函数为符号函数 hardlim,因此感知器模型中只可能取 0 或 1,而线性神经网络输出的数值可以是任意数值,这一点也决定了线性神经网络同感知器应用范围的不同。

6.2.1 线性神经网络的原理

线性神经网络由多个线性神经元模型构成,单个线性神经元模型的结构如图 6-1 所示。线性网络的激发函数为线性 purelin 函数,其输出可以为任意数值。

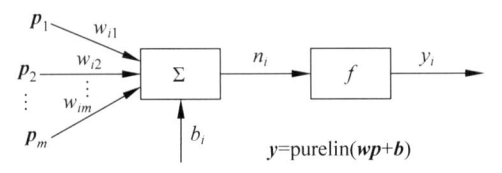

图 6-1 单个线性神经元模型的结构

其中,m 为输入向量的个数,单线性神经元同样有输入向量的权重系数 w_{i1} 和阈值 b_i。当感知器神经元模型中包含多个神经元时,只需要将多个线性神经元串联,并形成网络拓扑结构,同时对应于 n 个神经元输出,那么第 i 个神经元的输出为:

$$n_i = \sum_{k=1}^{m} w_{ik} x_k + b_i$$

感知器的输出函数由线性传递函数使用 purelin 函数实现。第 i 个神经元经过线性传递函数后的输出为:

$$y_i = f(n_i) = \text{purelin}(\mathbf{W}\mathbf{x} + \mathbf{b})$$

在 MATLAB 命令行窗口中输入:

```
>> x = -5:0.01:5;
>> y = purelin(x);
>> plot(x,y);
>> title('purelin 函数曲线');
```

运行程序效果如图 6-2 所示。

6.2.2 线性神经网络的相关函数

1. newlin 函数

功能:构建线性神经网络函数。

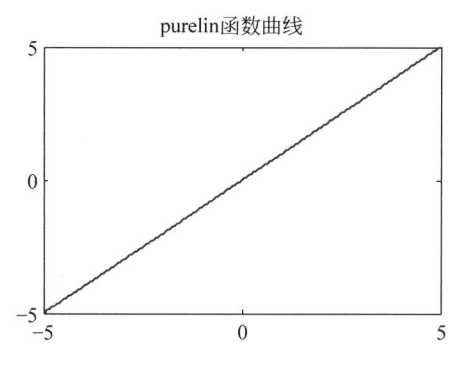

图 6-2 线性神经元 purelin 函数曲线

格式：net=newlin(PR,S,ID,LR)

说明：函数参数解析如下。

PR：R×2 的输入向量最大值和最小值构成的矩阵。

S：输出向量的个数。

ID：输入延迟向量。

LR：学习速率，学习速率可以使用 maxlinlr 函数进行计算，通常学习速度越大，网络训练时间越短，但同时也导致学习过程不稳定。如果 P 为训练样本数据，那么 maxlinlr(P)返回一个不带阈值的线性层所需要的最大学习速率，而 maxlinlr(P,'bias')返回一个带阈值的线性层所需要的最大学习速率。

【例 6-1】 使用 newlin 函数构建线性神经网络逼近函数。

$$y = \begin{cases} \cos(2\pi t), & 0 \leqslant t \leqslant 2 \\ \cos(4\pi t), & 2 \leqslant t \leqslant 4 \\ \cos(6\pi t), & 4 \leqslant t \leqslant 6 \end{cases}$$

（1）首先产生输入训练样本和训练目标样本。

```
t1 = 0:0.01:2;
t2 = 2.01:0.01:4;
t3 = 4.01:0.01:6;
t = [t1 t2 t3];
T = [cos(t1 * 2 * pi) cos(t2 * 4 * pi) cos(t3 * 6 * pi)];
T = con2seq(T);                    % 将向量转化为序列 cell 向量
P = T;                             % 输出向量等于给定输出向量
```

（2）使用 newlin 函数构建线性神经网络，并使用 adapt 函数训练网络。

```
lr = 0.1;
delays = [1 2 3 4 5 6];
net = newlin(minmax(cat(2,P{:})),1,delays,lr);
[net,A,E] = adapt(net,P,T);
```

（3）绘制网络输出信号和给定信号以及误差信号曲线。

```
plot(t,cat(2,P{:}),t,cat(2,A{:}),'r-+');
legend('给定输入信号','网络输出信号');
figure
plot(t,cat(2,E{:}));
title('误差曲线');
```

结果如图 6-3 及图 6-4 所示。

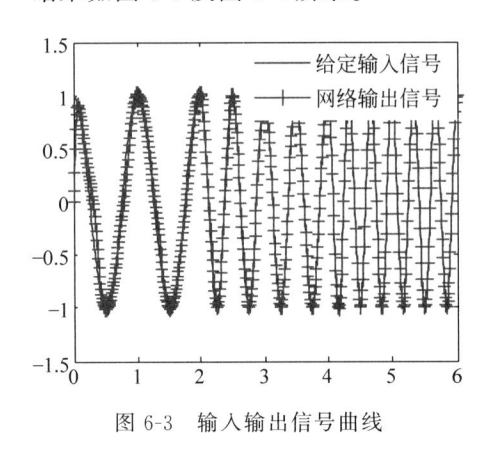

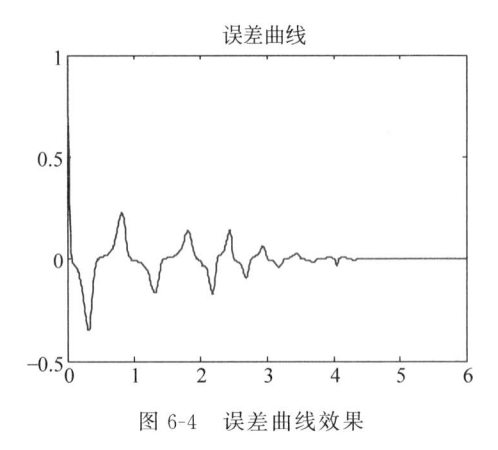

图 6-3 输入输出信号曲线

图 6-4 误差曲线效果

2. newlind 函数

功能：设计一个线性层。

格式：net＝newlind(P，T，Pi)

说明：其中 P、T 分别是训练样本的输入矩阵和目标输出向量，Pi 是初始输入延时 cell 向量。使用例 6-4 所示的示例演示 newlind 函数的使用。

（1）首先，产生输入训练样本和训练目标样本。

```
t1 = 0:0.01:2;
t2 = 2.01:0.01:4;
t3 = 4.01:0.01:6;
t = [t1 t2 t3];
T = [cos(t1 * 2 * pi) cos(t2 * 4 * pi) cos(t3 * 6 * pi)];
Q = length(T);
P = zeros(6,Q);
P(1,2:Q) = T(1,1:(Q-1));
P(2,3:Q) = T(1,1:(Q-2));
P(3,4:Q) = T(1,1:(Q-3));
P(4,5:Q) = T(1,1:(Q-4));
P(5,6:Q) = T(1,1:(Q-5));
P(6,7:Q) = T(1,1:(Q-6));
```

（2）使用 newlind 函数设计线性层。

```
net = newlind(P,T);
a = sim(net,P);
plot(t,T,t,A,'k-+');
legend('给定输入信号','网络输出信号');
figure
plot(t,A-T);
title('误差曲线');
```

线性层网络函数逼近效果如图 6-5 及图 6-6 所示。

6.2.3 线性神经网络的 MATLAB 实现

线性神经网络的输出函数为线性传递函数 purelin，其输出可以为任意数值，因此线性神经网络应用范围非常广泛，可以应用于非线性系统拟合、函数逼近、系统辨识等方面。

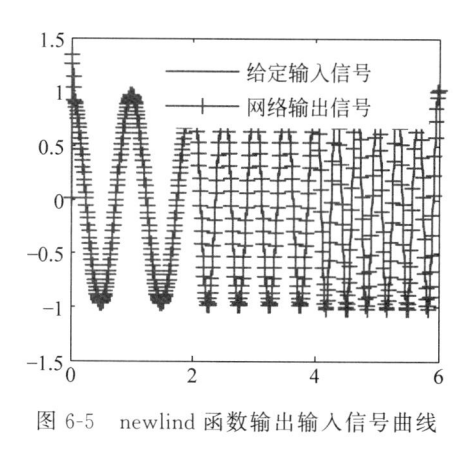

图 6-5　newlind 函数输出输入信号曲线 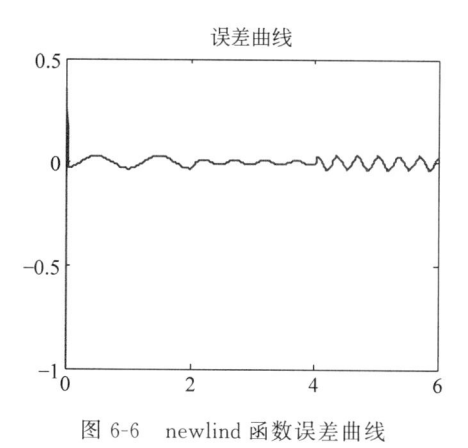　　　　图 6-6　newlind 函数误差曲线

【例 6-2】 使用线性神经网络逼近非线性函数 $f(x)=2x^6+3x^5-3x^3+x^2+1$ 绘制非线性函数并产生网络训练数据点。

```
x = -2:0.01:1;
y = 2*x.^6+3*x.^5-3*x.^3+x.^2+1;
P = x(1:15:end);
T = y(1:15:end);
plot(x,y,P,T,'mo');
legend('逼近曲线','网络训练点');
```

其中，x、y 数据作为线性神经网络的训练数据点集，运行程序效果如图 6-7 所示。

使用 newlind 函数训练线性神经网络：

```
Q = length(y);
r = zeros(6,Q);
r(1,2:Q) = y(1,1:(Q-1));
r(2,3:Q) = y(1,1:(Q-2));
r(3,4:Q) = y(1,1:(Q-3));
r(4,5:Q) = y(1,1:(Q-4));
r(5,6:Q) = y(1,1:(Q-5));
r(6,7:Q) = y(1,1:(Q-6));
net = newlind(r,y);
a = sim(net,r);
plot(x,y,x,a,'k-o');
legend('给定输入信号','网络输出信号');
```

运行结果如图 6-8 所示。

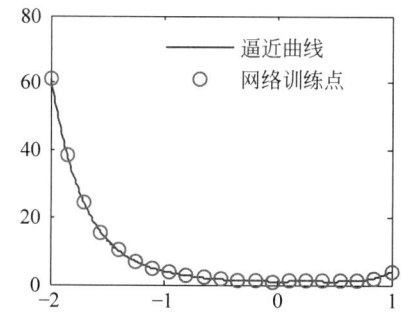

图 6-7　非线性逼近函数和网络训练点 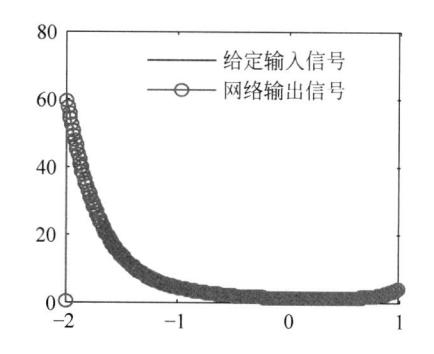　　　　图 6-8　线性神经网络非线性曲线逼近结果

6.3 感知器

感知器(Perceptron)是由美国科学家 F. Rosenblatt 于 1957 年提出的,其目的是模拟人脑的感知和学习能力。感知器是最早提出的一种神经网络模型。它特别适合于简单的模式分类问题,如线性可分的形式。

6.3.1 感知器的原理

感知器的神经元的激发函数是符号函数,最简单的感知器的输出为 0 或 1,即将输入向量分成了两部分,用 0 和 1 来区分。感知器的神经元模型可以用图 6-9 来表示。

其中,N 为输入向量的个数,图中所示的感知器神经元模型中仅含单一的神经元,其神经元构成包括输入向量的权重系数 w_{i1} 和阈值 b_i。当感知器神经元模型中包含多个神经元时,只需要将多个神经元串联,并形成网络拓扑结构,同时对应于 v 个神经元输出,那么第 i 个神经元的输出为:

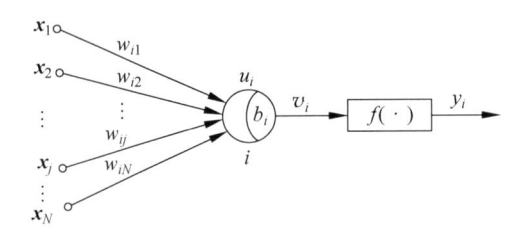

图 6-9 感知器神经元模型

$$v_i = \sum_{k=1}^{N} w_{ik} x_k + b_i$$

感知器的输出函数由符号函数阈值单元构成,使用 hardlim 函数实现,其功能与 sign 函数相同,当输入 $v_i \geq 0$ 时,$y_i = 1$,当 $v_i \leq 0$ 时,$y_i = 0$,那么第 i 个神经元经过符号阈值后的输出为:

$$y_i = f(v_i) = \text{hardlim}(Wx + b)$$

在 MATLAB 命令行窗口中输入:

```
>> x = -5:0.01:5;
>> y = hardlim(x);
>> plot(x,y)
>> axis([-5 5 -0.2 1.2]);
```

得到感知器阈值函数 hardlim 的曲线如图 6-10 所示。

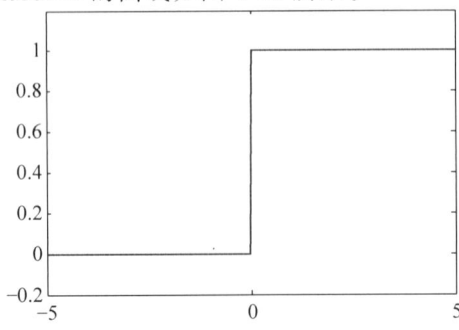

图 6-10 感知器阈值函数 hardlim 的曲线

6.3.2 感知器的相关函数

1. newp 函数

功能：构建感知器模型函数。

格式：net=newp(PR,S,TF,LF)

说明：函数参数解析如下。

PR：R×2 的输入向量最大值和最小值构成的矩阵。

S：神经元的个数。

TF：传输函数设置，为 hardlim 函数或者 hardlims 函数，默认为 hardlim 函数。

LF：学习函数设置，为 learnp 函数或者 learnpn 函数，默认为 learnp 函数。

net：生成的感知器网络。

【例 6-3】 生成具有 1 个神经元的神经网络。

在命令窗口中输入：

```
>> % 输入向量
P = [1.24 1.36 1.38 1.38 1.38 1.4 1.48 1.54 1.56 1.56 1.14 1.18 1.2 1.26 1.28 1.3;
     1.72 1.74 1.64 1.82 1.9 1.7 1.82 1.82 2.08 1.78 1.96 1.86 2.0 2.0 2.0 1.96];
% 目标向量
T = [1 1 1 1 1 1 1 1 1 1 0 0 0 0 0 0];
net = newp([0 3;0 3],1);
```

查看工作窗口中的变量，可以得到：

```
>> whos
  Name      Size              Bytes  Class
  P         2x16                256  double array
  T         1x16                128  double array
  net       1x1               18543  network object
Grand total is 679 elements using 18927 bytes
```

net 的变量属性是网络对象的结构体，可以输入 net 后查看 net 结构体的相关信息。

```
>> inputweights = net.inputweights{1}
inputweights =
        delays: 0
        initFcn: 'initzero'           % 网络权重初始化函数
         learn: 1
      learnFcn: 'learnp'              % 默认的学习函数
    learnParam: []
          size: [1 2]                 % 神经网络的大小
      userdata: [1x1 struct]
      weightFcn: 'dotprod'            % 权重函数、点积函数
```

通过以下命令查看神经网络各层权重以及神经元的阈值情况。

```
>> net.IW{1}              % 输入层神经元权重
ans =
     0    0
>> net.LW{1}              % 隐层神经元权重
ans =
     []
```

```
>> net.b{1}              % 神经元阈值
ans =
     0
```

2. adapt 函数

功能：对神经网络进行自适应训练。

格式：[net,Y, E, Pf, Af, tr]=adapt(net, P, T, Pi, Ai)

说明：对输入输出参数解析如下。

P：训练样本数据，对于 n 组训练样本，R 个输入端，则 P 的数据格式为 R×n 的数组。

T：目标样本数据，相对应于 P 数据，则为 1×n 的输出向量。

Pi：初始化输入层延迟条件。

Ai：初始化层延迟条件。

Y：神经网络的输出数据，数据大小格式同输入的目标样本数据，为 1×n 的向量。

E：神经网络的输出误差数据，大小为 1×n 的向量，使用 sse 函数或者 mse 函数计算网络误差。

Pf：训练后的网络输出层延迟条件。

Af：训练后网络层延迟条件。

tr：网络训练过程数据记录，包括 epochs 和 pref 数据。

对例 6-1 构建的感知器网络进行自适应训练，得到以下结果：

```
>> [net,Y,E,Pf,Af,tr] = adapt(net,P,T);
Y =
  1  1  1  1  1  1  1  1  1  1  1  1  1  1  1
E =
  0  0  0  0  0  0  0  0  0  0 -1 -1 -1 -1 -1  1
tr =
    timesteps: 1
        perf: 0.3750
>> mse(E)                % 均方差结果显示
ans =
    0.4000
>> sse(E)                % 误差平方和结果显示
ans =
    6
```

3. sim 函数

功能：使用 sim 函数进行神经网络仿真。

格式：[Y, Pf, Af, E, perf]=sim(net, P, Pi, Ai, T)
　　　[Y, Pf, Af, E, perf]=sim(net, {Q TS}, Pi, Ai, T)
　　　[Y, Pf, Af, E, perf]=sim(net, Q, Pi, Ai, T)

说明：输入输出参数的解析可以参考 adapt 函数中的解析。使用 sim 函数同样可以实现感知器网络的训练。利用上文中建立的感知器神经元模型，训练新的样本数据：

```
>> p = [1.24 1.28 1.4;1.8 1.84 2.04];
>> a = sim(net,p)
a =
    1    1    1
```

4. train 函数

功能：对网络样本数据进行训练。

格式：[net，tr，Y，E，Pf，Af]=train(net，P,T，Pi，Ai，VV，TV)

说明：train 函数中输入参数和输出参数与 adapt 函数、sim 函数基本相同，其含义参看 adapt 函数中的参数说明。两个不同的输入参数分别是 VV 和 TV，前者表示给定向量结构体，后者表示测试向量结构体。通过设置 net.trainParam 的参数可以设置最大的迭代次数、感知器神经元模型训练目标、训练过程显示的训练迭代次数以及训练时间设置，用户可以设置这些训练参数，改变神经网络模型 net 的相关属性。

```
>> net.trainParam
ans =
              show: 25                % 训练过程显示训练次数
        showWindow: 1
   showCommandLine: 0
            epochs: 100               % 最大迭代次数
              goal: 0                 % 网络训练目标
              time: Inf               % 训练时间设置
```

【例 6-4】 使用 train 函数训练感知器网络。

（1）首先，输入训练样本和训练目标样本，创建单神经元感知器网络，设置训练函数 train 的参数，并进行训练，训练过程如图 6-11 所示。

```
% 输入训练样本数据
P = [1.24 1.36 1.38 1.38 1.38 1.4 1.48 1.54 1.56 1.56 1.14 1.18 1.2 1.26 1.28 1.3;
     1.72 1.74 1.64 1.82 1.9 1.7 1.82 1.82 2.08 1.78 1.96 1.86 2.0 2.0 2.0 1.96];
% 训练样本目标数据
T = [1 1 1 1 1 1 1 1 1 1 0 0 0 0 0 0];
% 创建单神经元感知器网络
net = newp([0 3;0 3],1);
% 训练函数 train 的参数设置
net.trainParam.epochs = 499;
net.trainParam.goal = 0;
net.trainParam.show = 49;
% 使用 train 函数训练单神经元感知器网络
[net,tr,Y,E,Pf,Af] = train(net,P,T);
```

（2）利用训练好的单神经元感知器模型仿真检验样本数据，结果如图 6-12 所示。

```
% 使用测试样本数据并绘制分类图
figure
p = [1.24 1.28 1.4;1.8 1.84 2.04];
a = sim(net,p);
plotpv(p,a);
point = findobj(gca,'type','line');
set(point,'color','red');
hold on;
plotpv(P,T);
plotpc(net.IW{1},net.b{1});
```

6.3.3 感知器的 MATLAB 实现

【例 6-5】 利用感知器实现三输入的与门功能。

图 6-11　单神经元感知器的训练过程　　　　图 6-12　测试样本训练结果

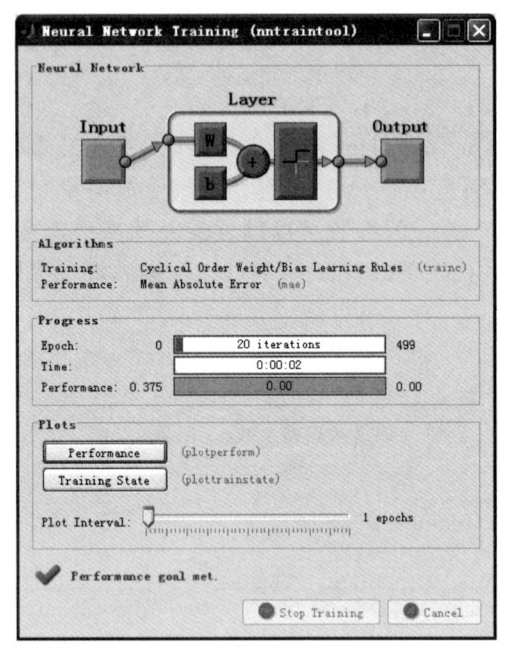

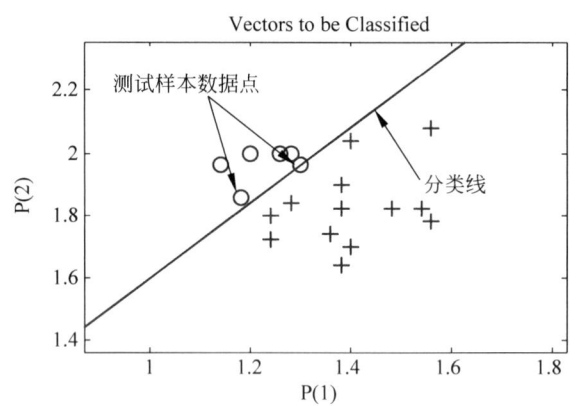

利用感知器可以训练一个三输入的与门功能,其真值表如表 6-1 所示。在这里使用两种方法训练神经网络:一种方法是采用全样本数据训练,而检验样本为输入样本增加 0.2 的误差,另一种方法是采用部分样本数据训练,剩余真值表数据作为检验样本数据。

表 6-1　三输入与门真值表

样本数目	A	B	C	Y
1	0	1	0	0
2	0	1	1	0
3	0	0	1	0
4	1	0	0	0
5	1	0	0	0
6	1	0	1	0
7	0	1	0	0
8	0	1	1	0
9	1	1	1	1

训练方法一:采用全样本数据,检验样本增加 0.2。

```
>> % 输入样本数据
P = [0 0 0 1 1 1 0 0 1;
     1 1 0 0 0 0 1 1 1;
     0 1 1 0 0 1 0 1 1];
% 输入训练目标样本数据
T = [0 0 0 0 0 0 0 0 1];
% 构建单神经元感知器网络
net = newp([repmat([-1 2],3,1)],1);
% 训练单神经元感知器网络
E = 1;
while(sse(E))
    [net,Y,E,Pf,Af,tr] = adapt(net,P,T);
```

```
end
%训练样本数据增加0.2的扰动
p = P + 0.2;
a = sim(net,p)
```

输出结果为：

```
a =
    0    0    0    0    0    0    0    1
```

可以看出仿真结果完全正确，训练好的单神经元感知器网络对输入样本数据具有一定的抗扰动的能力，如果扰动过大，那么感知器网络将带来较大的误差，如扰动增加到0.3时：

```
>> p = P + 0.3;
a = sim(net,p)
a =
    0    0    0    1    1    1    0    0    1
```

从结果可以看出，此时单神经元感知器网络训练误差比较大，有三组样本数据输出错误。所以，从该示例可以发现，神经网络具有一定的抗干扰能力，但扰动过大时，神经网络适应能力将下降。

训练方法二：采用部分样本数据作为训练样本。

```
>> %输入样本数据
P = [0 1 1 1 0 0;
     0 0 0 0 1 1;
     1 0 0 1 0 1];
%输入训练目标样本数据
T = [0 0 0 0 0 1];
%构建单神经元感知器网络
net = newp([repmat([-1 2],3,1)],1);
%训练单神经元感知器网络
E = 1;
while(sse(E))
    [net,Y,E,Pf,Af,tr] = adapt(net,P,T);
end
%检验样本数据
p = [0 1;0 1;1 0];
a = sim(net,p)
```

训练后输出结果为：

```
a =
    0    0
```

从结果可以看到，训练后的单神经元感知器对检验数据输出错误。从这个示例来看，当利用单神经元感知器网络实现逻辑门功能时，由于训练样本的数据空间不是特别大，所以，应该采用全训练样本集，以确保感知器网络的正确性。

6.4 BP网络

在人工神经网络的实际应用中，使用最广泛的是采用反向传播算法的BP神经网络。BP

神经网络包含输入层、输出层和多个隐层,因此其结构复杂,适应性强,可以应用于各种函数逼近、模式识别、分类问题以及数据压缩等。

6.4.1 BP网络的原理

在如图6-13所示的通用神经元模型中,R为输入向量的个数,通用神经元同样由输入向量的权重系数w_{i1}和阈值b_i组成。

BP网络的输出函数为任意函数,包括logsig函数、tansig函数和purelin函数。第i个神经元经过任意传递函数后的输出为

$$y_i = f(n_i) = \text{logsig}(n_i) \mid \text{tansig}(n_i) \mid \text{purelin}(n_i)$$

在MATLAB命令行窗口中输入以下程序段:

```
>> x = -5:0.01:5;
>> y = logsig(x);
>> plot(x,y);
>> title('logsig函数');
>> figure;
>> plot(x,y,'r');
>> title('tansig函数');
```

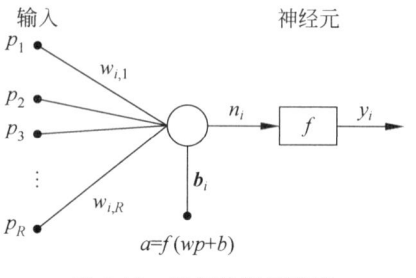

图6-13 通用神经元模型

运行程序后,得到普通神经元logsig函数(见图6-14)和tansig函数(见图6-15)的曲线。

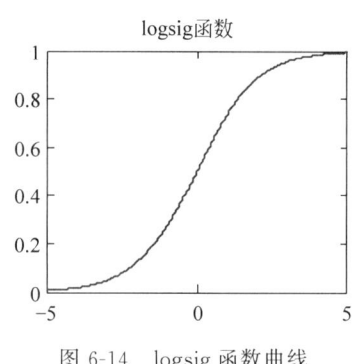

图6-14 logsig函数曲线

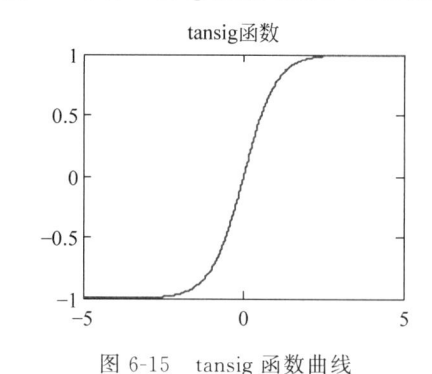

图6-15 tansig函数曲线

6.4.2 BP网络的相关函数

1. newff函数

功能:创建一个反射传播算法的BP网络。

格式:net=newff(PR,[S1 S2 ... SN],{TF1 TF2 ... TFN},BTF,BLF,PF)

说明:函数参数解析如下。

PR:R维的输入元素的R×2最大值和最小值矩阵。

Si:第i层网络神经元的个数,其有N1层。

TFi:第i层网络的转移函数,默认为tansig函数。

BTF:神经网络的训练函数,默认为trainlm函数。

BLF:神经网络权值/偏差的学习函数。

PF:性能评价函数,默认为mse函数。

下面利用蠓虫分类问题的数据,建立 BP 神经网络,使用不同的训练函数进行网络训练。

```
% 输入样本
P = [1.24 1.36 1.38 1.38 1.38 1.4 1.48 1.54 1.56 1.14 1.18 1.2 1.26 1.28 1.3;
     1.72 1.74 1.64 1.82 1.9 1.7 1.82 1.82 2.08 1.78 1.96 1.86 2.0 2.0 1.96];
% 目标样本
T = [1 1 1 1 1 1 1 1 1 0 0 0 0 0 0];
% 检验样本
p = [1.24 1.28 1.4;1.8 1.84 2.04];
% 创建一个两层的 BP 网络,转换函数分别为 logsig 函数和 purelin 函数
net = newff(minmax(P),[5 1],{'logsig','purelin'});
a = sim(net,P)
```

没有经过训练的神经网络的输出情况为:

```
a =
  Columns 1 through 14
 0.7791    0.6919    0.2880    0.7572    0.4973    0.4501    0.3927    0.1612
  Columns 9 through 15
 0.2634    0.7212    0.3096    0.6881    0.3677    0.3750    0.4116
```

可以发现,此时网络的输出与目标样本的误差非常大。

2. BP 网络的训练函数

(1) traingd 函数。

traingd 函数使用梯度下降算法训练神经网络,通过 net.trainParam 可以查看 traingd 函数网络训练的相关参数。

```
>> net = newff(minmax(P),[5 1],{'logsig','purelin'},'traingd');
>> net.trainParam
ans =
              show: 25
        showWindow: 1
    showCommandLine: 0
            epochs: 1000              % 最大的迭代次数
              time: Inf
              goal: 0                 % 训练目标
          max_fail: 6
                lr: 0.0100            % 学习速率
          min_grad: 1.0000e-010
```

使用 traingd 函数进行蠓虫分类,在 MATLAB 命令窗口中输入:

```
net = newff(minmax(P),[5 1],{'logsig','purelin'},'traingd');
net.trainParam.show = 49;
net.trainParam.lr = 0.25;
net.trainParam.epochs = 299;
net.trainParam.goal = 0.01;
[net,tr] = train(net,P,T);
% 回代检验
A = sim(net,P);
% 测试样本检验
a = sim(net,p)
```

训练过程如图 6-16 所示,测试样本检验结果如下:

```
a =
    0.6501    0.5219    0.5370
```

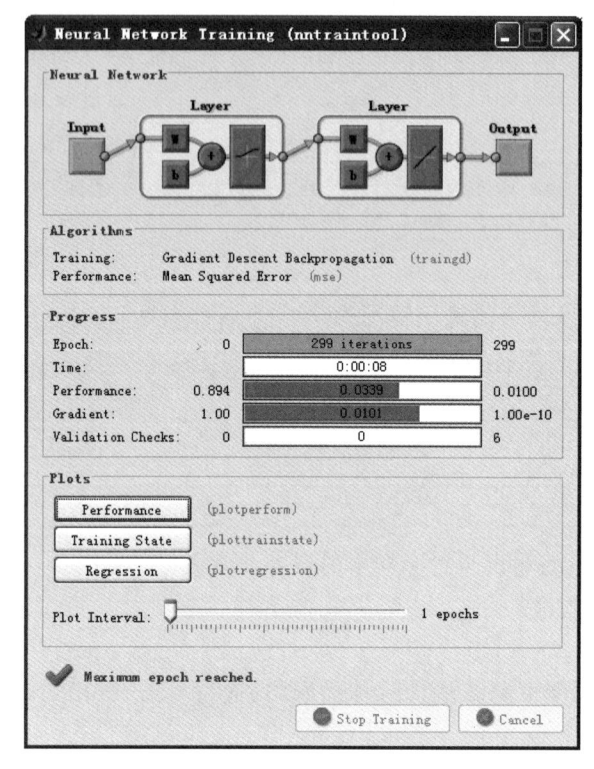

图 6-16 traingd 函数训练过程

(2) traingdm 函数。

与 traingd 函数相似，traingdm 采用动量梯度下降法训练 BP 网络，通过设置 net.trainParam.mc 来设置动量因子的大小。

```
>> net = newff(minmax(P),[5 1],{'logsig','purelin'},'traingdm');
>> net.trainParam
ans =
              show: 25
        showWindow: 1
    showCommandLine: 0
            epochs: 1000
              time: Inf
              goal: 0
          max_fail: 6
                lr: 0.0100
                mc: 0.9000
          min_grad: 1.0000e - 010
```

在 MATLAB 的命令行窗口中输入：

```
net = newff(minmax(P),[5 1],{'logsig','purelin'},'traingdm');
net.trainParam.show = 49;
net.trainParam.lr = 0.1;
net.trainParam.mc = 0.9;
net.trainParam.epochs = 299;
```

```
net.trainParam.goal = 0.01;
[net,tr] = train(net,P,T);
% 回代检验
A = sim(net,P);
% 测试样本检验
a = sim(net,p)
```

如图 6-17 所示为 traingdm 函数的训练过程。训练后的网络对测试样本的输出为：

```
a =
    0.7175    0.7159    0.4130
```

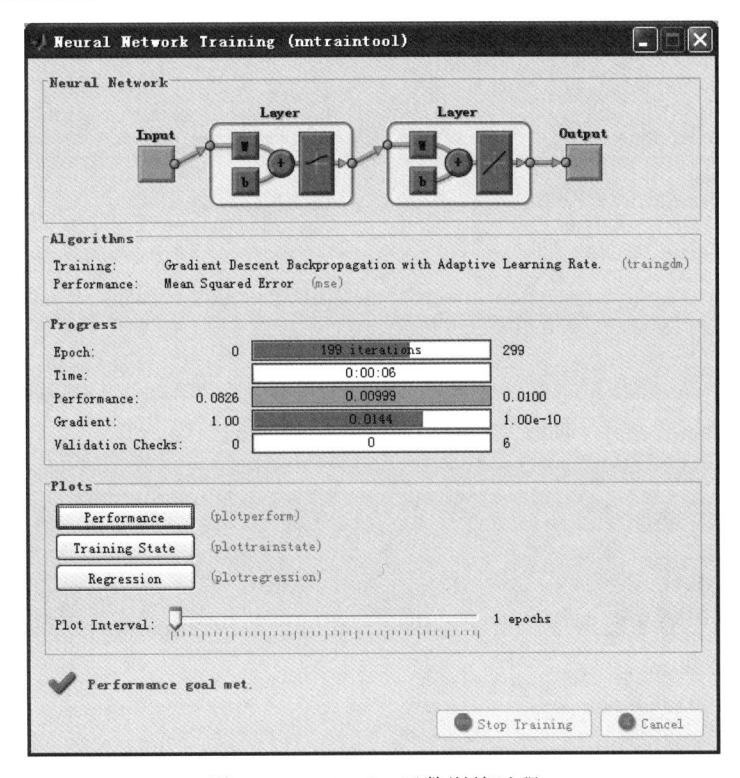

图 6-17 traingdm 函数训练过程

（3）traingda 函数。

当 BP 网络使用 traingd 函数和 traingdm 函数训练时，学习速率在训练过程中保持恒定不变，那么训练结果对学习速率的灵敏度大，不同的学习速率对网络的训练结果影响大。如果学习速率过大，那么网络将变得不稳定；如果学习速率过小，那么网络收敛速率慢，训练时间大大加长。

因此，对于给定训练样本和目标样本，必须首先确定最优的学习速率。而 traingda 函数为改变学习速率的网络训练算法，可以有效地克服学习速率难以确定的缺点，在训练过程中自适应改变学习速率的大小。

```
>> net = newff(minmax(P),[5 1],{'logsig','purelin'},'traingda');
net.trainParam
ans =
              show: 25
        showWindow: 1
```

```
       showCommandLine: 0
                epochs: 1000
                  time: Inf
                  goal: 0
              max_fail: 6
                    lr: 0.0100              %学习速率基值
                lr_inc: 1.0500              %学习速率增加率为1.05
                lr_dec: 0.7000              %学习速率减少率为0.7
          max_perf_inc: 1.0400
              min_grad: 1.0000e-010
```

在 MATLAB 命令行窗口中输入以下程序段：

```
net = newff(minmax(P),[5 1],{'logsig','purelin'},'traingda');
net.trainParam.show = 49;
net.trainParam.lr = 0.1;
net.trainParam.lr_inc = 1.05;
net.trainParam.lr_dec = 0.85;
net.trainParam.epochs = 299;
net.trainParam.goal = 0.01;
[net,tr] = train(net,P,T);
%回代检验
A = sim(net,P);
%测试样本检验
a = sim(net,p)
```

其训练过程图不再给出，训练后的网络对测试样本的输出为：

```
a =
    0.6666    0.6822    0.2083
```

（4）traingdx 函数。

traingdx 函数结合了自适应改变学习速率和动量法，与 traingda 函数完全相同，只是增加了一个动量因子参数 mc。

```
>> net = newff(minmax(P),[5 1],{'logsig','purelin'},'traingdx');
net.trainParam
ans =
                  show: 25
            showWindow: 1
       showCommandLine: 0
                epochs: 1000
                  time: Inf
                  goal: 0
              max_fail: 6
                    lr: 0.0100
                lr_inc: 1.0500
                lr_dec: 0.7000
          max_perf_inc: 1.0400
                    mc: 0.9000
              min_grad: 1.0000e-010
```

在 MATLAB 命令行窗口中输入：

```
net = newff(minmax(P),[5 1],{'logsig','purelin'},'traingdx');
net.trainParam.show = 49;
```

```
net.trainParam.lr = 0.1;
net.trainParam.lr_inc = 1.05;
net.trainParam.lr_dec = 0.85;
net.trainParam.mc = 0.9;
net.trainParam.epochs = 299;
net.trainParam.goal = 0.01;
[net,tr] = train(net,P,T);
% 回代检验
A = sim(net,P);
% 测试样本检验
a = sim(net,p)
```

训练后的网络对测试样本的输出为：

```
a =
    0.4818    0.5194    0.8511
```

（5）trainrp 函数。

前面介绍的所有训练函数都采用梯度的变化量作为权重和阈值的变化依据，但是当函数在极值旁边非常平坦时，梯度的变化量非常小，那么权重和阈值的变化将非常小，过小的梯度变化一方面导致网络训练收敛速度非常慢，另一方面，网络无法达到训练性能要求。

trainrp 函数可以克服这方面的缺点，trainrp 函数使用误差梯度的方向来确定权重和阈值的变化，而误差梯度的大小对权重阈值的变化没有任何作用，权重阈值的变化量由另外两个参数 delt_inc 和 delt_dec 来确定。trainrp 函数的训练参数设置为：

```
>> net = newff(minmax(P),[5 1],{'logsig','purelin'},'trainrp');
net.trainParam
ans =
              show: 25
        showWindow: 1
    showCommandLine: 0
            epochs: 1000
              time: Inf
              goal: 0
          max_fail: 6
          min_grad: 1.0000e-010
          delt_inc: 1.2000        % delta 值的增加率
          delt_dec: 0.5000        % delta 值的减小率
            delta0: 0.0700        % delta 的初始值
          deltamax: 50            % 最大的 delta 值
```

在 MATLAB 命令行窗口中输入：

```
net = newff(minmax(P),[5 1],{'logsig','purelin'},'trainrp');
net.trainParam.show = 49;
net.trainParam.epochs = 299;
net.trainParam.goal = 0.01;
net.trainParam.delt_inc = 1.5;
net.trainParam.delt_dec = 0.8;
[net,tr] = train(net,P,T);
% 回代检验
A = sim(net,P);
% 测试样本检验
a = sim(net,p)
```

训练后的网络对测试样本的输出为：

```
a =
   0.2655    0.3715    0.7320
```

(6) traincgf 函数。

前面介绍的所有 BP 网络训练函数均采用负梯度方向，即误差下降方向进行搜索，这样的搜索策略可以使目标函数即网络训练误差下降速率最快，但是却不能保证网络最快收敛，因此提出了共轭梯度算法，搜索方向为共轭梯度方向。

共轭梯度算法训练函数包括 traincgf 函数、traincgp 函数、traincgb 函数和 trainscg 函数。接下来，我们将介绍共轭梯度算法函数。

```
>> net = newff(minmax(P),[5 1],{'logsig','purelin'},'traincgf');
net.trainParam
ans =
                show: 25
          showWindow: 1
      showCommandLine: 0
              epochs: 1000
                time: Inf
                goal: 0
            max_fail: 6
            min_grad: 1.0000e-010
            searchFcn: 'srchcha'
           scale_tol: 20
               alpha: 1.0000e-003
                beta: 0.1000
               delta: 0.0100
                gama: 0.1000
             low_lim: 0.1000
              up_lim: 0.5000
             maxstep: 100
             minstep: 1.0000e-006
                bmax: 26
```

在 MATLAB 命令行窗口中输入：

```
net = newff(minmax(P),[5 1],{'logsig','purelin'},'traincgf');
net.trainParam.show = 49;
net.trainParam.epochs = 299;
net.trainParam.goal = 0.01;
net.trainParam.searchFcn = 'srchbre';
[net,tr] = train(net,P,T);
% 回代检验
A = sim(net,P);
% 测试样本检验
a = sim(net,p)
```

训练后的网络对测试样本的输出为：

```
a =
   0.7265    0.7366    0.0624
```

(7) traincgp 函数。

与 traincgf 函数相同,traincgp 函数采用共轭梯度算法进行 BP 网络训练,traincgp 函数的训练参数与 traincgf 完全相同,具体参数设置见 traincgf 函数的相关介绍。

在 MATLAB 命令窗口中输入：

```
net = newff(minmax(P),[5 1],{'logsig','purelin'},'traincgp');
net.trainParam.show = 49;
net.trainParam.epochs = 299;
net.trainParam.goal = 0.01;
net.trainParam.searchFcn = 'srchbre';
[net,tr] = train(net,P,T);
% 回代检验
A = sim(net,P);
% 测试样本检验
a = sim(net,p)
```

训练后的网络对测试样本的输出为：

```
a =
    0.4882    0.5409    0.3872
```

读者可以参照 traincgf 和 traincgp 函数,使用共轭梯度算法训练函数 traincgb 和 trainscg 进行 BP 网络训练,体会函数间的差异。

(8) trainbfg 函数。

前面分别介绍了反向传播算法训练函数、线性搜索算法函数、共轭梯度算法训练函数。MATLAB 神经网络工具箱中还提供了拟牛顿训练函数 trainbfg 函数和 trainoss 函数。在这里主要介绍 trianbfg 训练函数,读者自己可以仿照示例使用 trainoss 函数训练网络。trainbfg 函数训练参数通过以下指令获取：

```
>> net = newff(minmax(P),[5 1],{'logsig','purelin'},'trainbfg');
net.trainParam
```

拟牛顿训练函数的相关参数与共轭梯度算法训练函数相似,在此不再列出。在 MATLAB 命令行窗口中输入：

```
>> net = newff(minmax(P),[5 1],{'logsig','purelin'},'trainbfg');
net.trainParam.show = 49;
net.trainParam.epochs = 299;
net.trainParam.goal = 0.01;
[net,tr] = train(net,P,T);
% 回代检验
A = sim(net,P);
% 测试样本检验
a = sim(net,p)
```

训练后的网络对测试样本的输出为：

```
a =
    0.2770    0.2748    1.2451
```

(9) trainlm 函数。

trainlm 函数与拟牛顿法相似,使用一阶 Jacobian 矩阵近似计算二阶 Hessian 矩阵,避免了网络训练误差的二阶导数计算。通过以下命令获取 trainlm 函数的参数设置：

```
>> net = newff(minmax(P),[5 1],{'logsig','purelin'},'trainlm');
net.trainParam
ans =
                show: 25
          showWindow: 1
       showCommandLine: 0
              epochs: 1000
                time: Inf
                goal: 0
            max_fail: 6
           mem_reduc: 1
            min_grad: 1.0000e-010      % 网络训练停止的最小梯度
                  mu: 1.0000e-003      % 系数 u 的基值
              mu_dec: 0.1000           % 系数 u 的减小因子
              mu_inc: 10               % 系数 u 的增加因子
              mu_max: 1.0000e+010      % 网络训练停止的最大 u 值
```

在 MATLAB 命令行窗口中输入：

```
net = newff(minmax(P),[5 1],{'logsig','purelin'},'trainlm');
net.trainParam.show = 49;
net.trainParam.epochs = 299;
net.trainParam.goal = 0.01;
net.trainParam.mu_dec = 0.1;
net.trainParam.mu_inc = 7;
[net,tr] = train(net,P,T);
% 回代检验
A = sim(net,P);
% 测试样本检验
a = sim(net,p)
```

训练后的网络对测试样本的输出为：

```
a =
    0.8210    0.7992    0.2224
```

6.4.3 BP 网络的 MATLAB 实现

在前面关于 BP 神经网络的函数逼近、分类问题中的应用都介绍了相关例子，BP 神经网络还应用于噪声去除问题。在 MATLAB 神经网络工具箱中，提供了 26 个大写字母的数据矩阵，利用 BP 神经网络，可以进行字符识别处理。

输入训练样本数据和测试样本：

```
% 训练样本数据点
[AR,TS] = prprob;
A = size(AR,1);
B = size(AR,2);
C2 = size(TS,1);
% 测试样本数据点
CM = AR(:,13)
noisyCharM = AR(:,13) + rand(A,1) * 0.3
figure
plotchar(noisyCharM)
```

BP 网络训练采样全训练样本集,即使用所有 26 个大写字母,测试样本采样包含噪声的字母 M 数据点。字母 M 和对应包含噪声的字母 M 图形如图 6-18 所示。

创建 BP 神经网络,并使用全训练数据点训练 BP 神经网络:

```
% 创建 BP 网络,并使用数据点训练网络
P = AR;
T = TS;
% 输入层包含 10 个神经元,输出层为 C2 个神经元,输入输出层分别使用 logsig 传递函数
net = newff(minmax(P),[10,C2],{'logsig' 'logsig'},'traingdx');
net.trainParam.show = 50;
net.trainParam.lr = 0.1;
net.trainParam.lr_inc = 1.05;
net.trainParam.epochs = 3000;
net.trainParam.goal = 0.01;
[net,tr] = train(net,P,T);
```

回代检验和测试样本点的检验:

```
% 回代检验
A = sim(net,CM);
% 测试样本检验
a = sim(net,noisyCharM);
% 找到字母所在位置
pos = find(compet(a) == 1)
figure
% 绘制去除噪声后的字母
plotchar(AR(:,pos))
```

包含噪声的字母 M 经过 BP 网络后,输出结果如图 6-19 所示。BP 网络去除了字母 M 上的随机噪声。

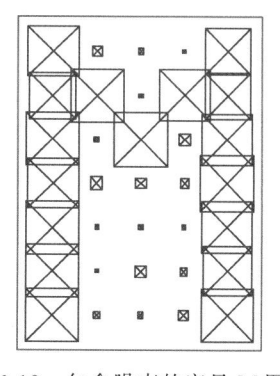

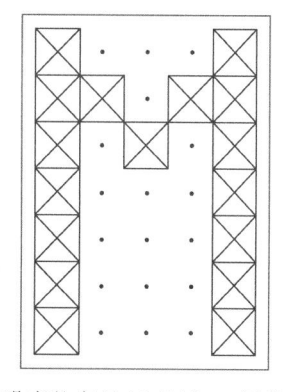

图 6-18 包含噪声的字母 M 图形　　图 6-19 包含噪声的字母 M 经过 BP 网络后的输出结果

6.5 回归神经网络

回归神经网络(Recurrent Network)也称为记忆网络,主要包括 Hopfield 网络和 Elman 网络。Hopfield 网络通常存储一个或者多个稳定目标向量,当给定一组输入向量时,Hopfield 网络就可以从存储目标向量中寻找到与输入向量最接近的稳定平衡点输出。

Elman 网络是一个具有两层结构的反向传输网络,其中隐藏层节点的输出直接反馈至隐

藏层节点的输入端,因此具有记忆的功能。本节主要介绍 Hopfield 网络和 Elman 网络的相关函数及其应用。

6.5.1 回归神经网络的相关函数

1. newhop 函数

功能:创建 Hopfield 网络。

格式:net=newhop(T)

说明:其中输入参数 T 为 Q 个目标向量组成的 R×Q 矩阵,其数值必须为 1 或者 −1。以下代码创建 Hopfield 网络,并仿真网络。

```
T = [−1 −1 1;1 −1 1]';              % 目标稳定平衡点
net = newhop(T);                     % 创建 Hopfield 网络
ai = {[−0.9;−0.8;0.7]};              % 测试样本点
[Y,Pf,Af] = sim(net,{1 5},{},ai);
```

运行程序可以得到测试样本点的输出为:

```
>> Y{1}
ans =
    −1
    −1
     1
```

可以看出,测试样本点经过 Hopfield 网络后输出存储的最近的稳定平衡点。

2. newelm 函数

功能:创建 Elman 网络。

格式:net=newelm(PR,[S1 S2 ... SN].{TF1 TF2 ... TFN},BTF,BLF,PF)

说明:Elman 网络结构与 BP 网络基本相同,同样为反向传输网络。其函数参数说明如下。

PR:R 维输入元素的 R×2 最大值和最小值矩阵。

Si:第 i 层网络神经元的个数,共有 N 层。

TFi:第 i 层网络的转换函数,默认为 tansig 函数。

BTF:神经网络的训练函数,默认为 trainlm 函数。

BLF:神经网络权值/偏差的学习函数,默认为 learngdm 函数。

PF:性能评价函数,默认为 mse 函数。

Elman 网络训练函数与 BP 网络完全相同。以下代码创建 Elman 网络并仿真网络。

```
p = round(rand(1,8));                                        % 生成 1×8 的随机数向量
Pseq = con2seq(p);                                           % 转化为序列向量
net = newelm([0 1],[5 1],{'tansig','logsig'},'trainlm');     % 生成 Elman 网络
a = sim(net,Pseq)
b = seq2con(a);
b{1,1}
```

输出结果为:

```
a =
  [0.5408]  [0.9872]  [0.8403]  [0.9212]  [0.9092]  [0.9109]  [0.9018]  [0.9049]
b{1,1} =
   0.5408   0.9872   0.8403   0.9212   0.9092   0.9109   0.9018   0.9049
```

6.5.2 回归神经网络的 MATLAB 实现

【例 6-6】 使用 newhop 函数创建 Hopfield 网络,并使用随机数进行训练仿真。

(1) 绘制 Hopfield 神经网络状态空间。

```
% 定义Hopfield网络的目标平衡点
T = [1 -1;-1 1]';
plot(T(1,:),T(2,:),'r^');
axis([-1.1 1.1 -1.1 1.1]);
title('Hopfield 神经网络状态空间');
```

生成的 Hopfield 神经网络状态空间如图 6-20 所示。

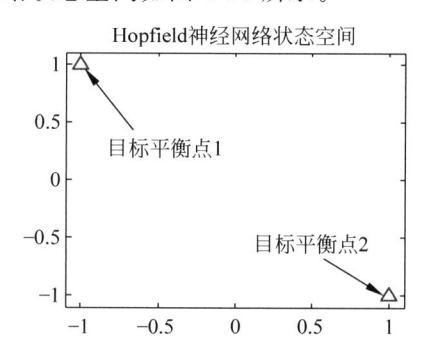

图 6-20 Hopfield 神经网络的状态空间

(2) 创建 Hopfield 神经网络。

```
net = newhop(T);              % 创建 Hopfield 神经网络
w = net.LW{1,1}               % 获取 Hopfield 神经网络的权重
b = net.b{1,1}                % 获取 Hopfield 神经网络的阈值
```

输出结果为:

```
w =
    0.6925   -0.4694
   -0.4694    0.6925
b =
    0
    0
```

(3) 使用原始平衡点仿真网络。

```
>> [Y,Pf,Af] = sim(net,2,[],T);
Y
返回结果为:
Y =
    1    -1
   -1     1
```

返回结果表明,Hopfield 网络确定存储了平衡点数据。

(4) 使用随机数据仿真网络。

Hopfield 网络能够寻找到与随机数最相似的稳定平衡点,以下代码用来测试 Hopfield 网络对随机数的仿真情况:

```
color = {'r','g','b','m','y','k'};              % 线段颜色
for i = 1:6 * length(color)
    a = {rands(2,1)};                           % 生成随机数
    [Y,Pf,Af] = sim(net,{1 20},{},a);           % Hopfield 网络训练
    re = [cell2mat(a) cell2mat(Y)];             % 记录训练过程数据点
    % 绘制随机数和稳定平衡点路径
    plot(re(1,1),re(2,1),'rx',re(1,:),re(2,:),color{rem(i,length(color)) + 1});
    hold on;
end
```

不同随机数 Hopfield 网络输出稳定平衡点的路径如图 6-21 所示。从图中可以看出，不同的随机数，经过 Hopfield 网络后，都将输出与之最近的稳定平衡点。

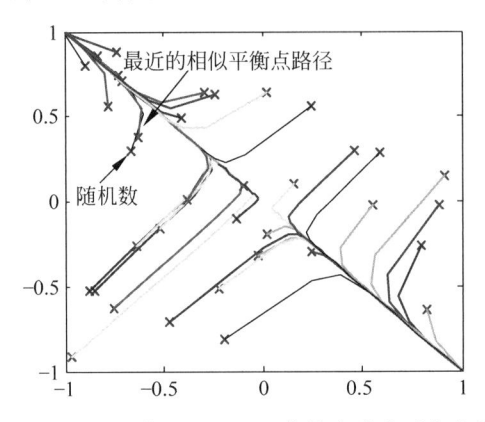

图 6-21 不同随机数 Hopfield 网络输出稳定平衡点的路径

【例 6-7】 使用 newelm 函数创建 Elman 网络，并训练仿真网络。

（1）输入训练样本数据。

```
P = round(rand(1,10));                          % 输入训练样本
T = [0 0 1 1 0 0 0 1 1 1];                      % 训练样本目标输出
Pseq = con2seq(P)                               % 转化为序列向量
Tseq = con2seq(T)
```

得到训练样本数据为：

```
Pseq =
    [1]    [0]    [1]    [1]    [1]    [1]    [1]    [0]    [0]    [0]
Tseq =
    [0]    [0]    [1]    [1]    [0]    [0]    [0]    [1]    [1]    [1]
```

（2）创建 Elman 神经网络，并训练网络。

```
% 创建两层 Elman 神经网络，训练函数为 trainlm
net = newelm([0 1],[5 1],{'tansig','logsig'},'trainlm');
% 训练参数设置
net.trainParam.goal = 1e - 7;
net.trainParam.epochs = 499;
net.trainParam.show = 49;
net = train(net,Pseq,Tseq);                     % 训练 Elman 神经网络
```

（3）回代检验。

```
y = sim(net,Pseq);
z = seq2con(y);
```

得到 Elman 网络的输出结果为：

```
>> z{1,1}
ans =
    0.0002    0.0000    1.0000    1.0000    0.0003    0.0001    0.0001    0.9992    1.0000    1.0000
```

从结果可以看出，Elman 网络输出的误差非常小，具有较好的性能。

6.6 径向基网络

径向基函数的网络即 RBF 网络由 3 层构成：输入层、隐藏层和输出层，与 BP 网络不同的是：径向基函数网络的隐藏层采用径向基 radbas 函数，只有当输入信号靠近 radbas 函数中央时，隐藏层节点才产生较大的输出，因此径向基函数网络具有局部逼近能力。与 BP 网络一样，RBF 网络可以近似逼近任何连续的非线性函数。

6.6.1 径向基网络的原理

在图 6-22 所示的径向基神经元模型中，R 为输入向量的个数，w_i 为输入向量的权重系数，b_i 是阈值。

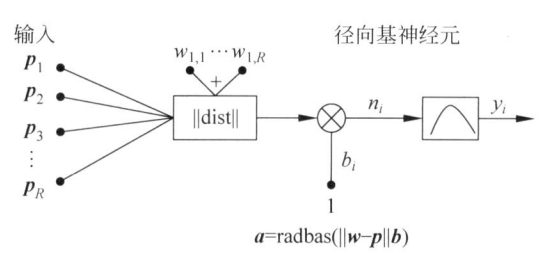

图 6-22 径向基神经元模型

径向基网络中包含多个径向基神经元模型，需要将多个径向基神经元串联，同时对应于有 n 个神经元输出，那么第 i 个径向基神经元的输出为：

$$n_i = \| w_{ik} - x_k \| \cdot b_i$$

径向基神经元的输出函数使用径向基函数 radbas，只有当输入靠近 radbas 函数中央时，才会输出较大的值。第 i 个神经元经过径向基传递函数后的输出为：

$$y_i = f(n_i) = \text{radbas}(\| W - x \| \cdot b_i)$$

在 MATLAB 命令行中输入以下程序段：

```
% 绘制单个径向基函数曲线
x = -4:0.01:4;
y = radbas(x);
subplot(211);
plot(x,y);
title('radbas 函数曲线')
% 绘制多个径向基函数按一定权重合成曲线
subplot(212);
y2 = radbas(x-1);
y3 = radbas(x+1.5);
y4 = y * 1.3 + y2 * 0.7 + y3 * 0.5;
plot(x,y,'b-',x,y2,'r--',x,y3,'g--',x,y4,'k-')
legend('r = 0','r = 1','r = 1.5','合成曲线');
```

运行程序得到如图 6-23 所示的曲线。

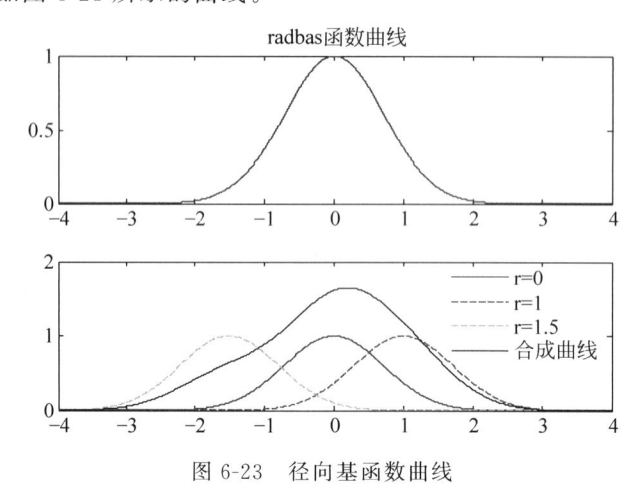

图 6-23　径向基函数曲线

6.6.2　径向基网络的相关函数

1．newrb 函数

功能：创建径向基网络。

格式：[net, tr] = newrb(P, T, goal, spread, MN, DF)

说明：函数参数解析如下。

P、T：分别为训练样本输入和目标输出。

goal：径向基网络输出的总平均误差方差。

spread：径向基函数 radbas 的密度常数。

MN：最大的神经数目。

在径向基网络设计中，spread 参数对径向基网络的性能影响较大，通常情况下，spread 值较大时，径向基网络逼近曲线越光滑，当 spread 值过小时，径向基网络的逼近效果就会变差。

在 MATLAB 命令行窗口中输入：

```
P = [1 2 3 4 5];
T = [0.4 1.3 2.1 3.0 4.7];
goal = 0.015;
spread = 1.5;                    %径向基函数密度常数
net = newrb(P,T,goal,spread);    %创建径向基网络
a = sim(net,P)                   %回代检验
postreg(a,T)                     %绘制回归曲线
```

径向基网络输出和训练样本目标输出回归曲线如图 6-24 所示。回代检验的输出结果为：

```
a =
    0.4000    1.3000    2.1000    3.0000    4.7000
```

对新样本进行训练，输入以下代码：

```
>> p = 4.2;
A = sim(net,p)
```

输出结果为：

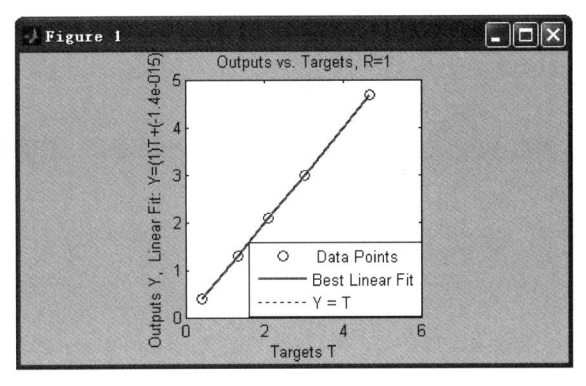

图 6-24 newrb 函数径向基网络输出的回归曲线

```
A =    3.3131
```

2. newrbe 函数

功能：创建一个准确的径向基网络，可以实现网络输出与目标输出零误差。

格式：net＝newrbe(P，T，spread)

说明：newrbe 函数各参数的意义与 newrb 函数完全相同。

在 MATLAB 命令行中输入以下代码：

```
P = [1 2 3 4 5];
T = [0.4 1.3 2.1 3.0 4.7];
spread = 1.5;                        % 径向基函数密度常数
net = newrbe(P,T,spread);            % 创建径向基网络
a = sim(net,P)                       % 回代检验
postreg(a,T)                         % 绘制回归曲线
p = 4.2;
A = sim(net,p)
```

该程序段首先使用 newrbe 函数创建一个准确的径向基网络，然后使用训练样本数据回代检验，并绘制网络输出的回归曲线，最后给出测试样本的输出。newrbe 函数准确径向基网络输出同目标向量的回归曲线如图 6-25 所示。可以发现此时 newrbe 函数创建的准确径向基网络能够实现目标向量零误差输出。回代检验结果和测试样本输出结果如下：

```
a =
    0.4000    1.3000    2.1000    3.0000    4.7000
A =    3.3278
```

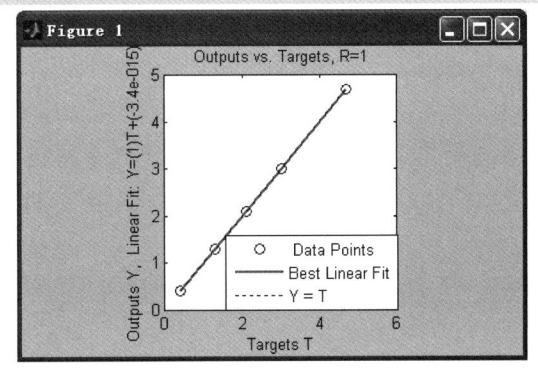

图 6-25 newrbe 函数准确径向基网络输出同目标向量的回归曲线

3. newpnn 函数

功能：创建概率神经网络。

格式：net=newpnn(P,T,spread)

说明：newpnn 函数的参数含义参见 newrb 函数的相关介绍，下面通过示例介绍 newpnn 函数的使用。

```
>> P = [0 0 2 3 2 2 1;0 1 2 3 0 1 3];
T = [2 2 1 1 2 1 1];
Tc = ind2vec(T)
ind2vec 函数将下标变换成单值向量：
Tc =
    (2,1)        1
    (2,2)        1
    (1,3)        1
    (1,4)        1
    (2,5)        1
    (1,6)        1
    (1,7)        1
```

创建概率神经网络，并对输入样本进行训练。

```
>> net = newpnn(P,Tc);        % 创建概率神经网络
ac = sim(net,P);              % 回代检验
a = vec2ind(ac)               % 将单值向量转化为下标形式
```

输出结果为：

```
a =
    2    2    1    1    2    1    1
```

从输出结果可以看出，回代误差为 0，对输入向量进行了正确的分类。对新的样本进行训练。

```
>> p = [3 2;1 2];
A = vec2ind(sim(net,p))
```

返回结果为：

```
A =
    1    1
```

4. newgrnn 函数

功能：创建广义回归神经网络。

格式：net=newgrnn(P, T, spread)

说明：newgrnn 函数中的输入输出参数与 newrb 函数完全相同。利用 6.2.3 节中的非线性曲线，使用 newgrnn 广义回归神经网络进行逼近。首先创建网络训练数据点：

```
x = -2:0.01:1;
y = 2*x.^6 + 3*x.^5 - 3*x.^3 + x.^2 + 1;
P = x(1:15:end);
T = y(1:15:end);
```

P、T 为广义回归网络的训练样本数据点。以下程序段实现不同 spread 值下广义回归神经网络曲线逼近的效果：

```
spread = [0.05 0.2 0.4 0.6 0.8];                    %6组不同的 spread 值
l_style = {'r.-','bo--','ko-.','k*--','r^-','bx-'}; %6组不同的线段形式
for i = 1:length(spread)
    net = newgrnn(P,T,spread(i));                    %创建广义回归神经网络
    a = sim(net,P);                                  %训练样本点回代检验
    plot(P,a,l_style{i})                             %绘制逼近曲线
    hold on;
end
plot(P,T,'o');
legend('spread = 0.05','spread = 0.2','spread = 0.4','spread = 0.6','spread = 0.8','train data');
```

程序运行结果如图 6-26 所示，从图中可以看出不同 spread 值下广义回归神经网络曲线逼近效果差异较大，当 spread＝0.05 时，曲线逼近效果最好，与原曲线基本重合，而随着 spread 数值的增大，逼近曲线误差增大。

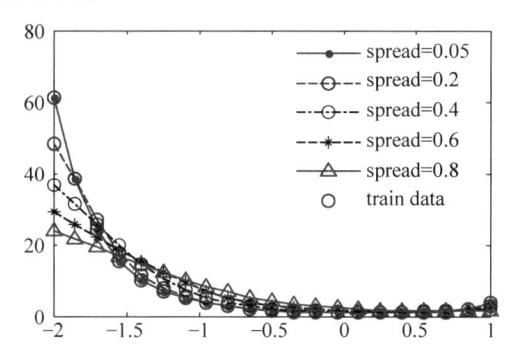

图 6-26　不同 spread 值下广义回归神经网络曲线逼近效果

6.6.3　径向基网络的应用示例

径向基网络是具有单隐藏层的前向传输网络，输出函数采用径向基传输函数 radbas，具有非常高的函数逼近精度。

【**例 6-8**】　使用径向基网络进行非线性曲线逼近。

采用 6.2.3 节中的非线性曲线，与例 6-2 中完全相同，生成训练网络的训练样本数据，其程序段如例 6-2 所示。

方法一：使用径向基网络函数 newrb 进行非线性曲线逼近，代码如下：

```
x = -2:0.01:1;
y = 2*x.^6+3*x.^5-3*x.^3+x.^2+1;
P = x(1:15:end);
T = y(1:15:end);
plot(x,y,P,T,'mo');
legend('逼近曲线','网络训练点');
eg = 0.02;              %总平方误差和
sc = 1;                 %径向基分布密度常数
net = newrb(P,T,eg,sc);
a = sim(net,x);
figure
plot(P,T,'+',x,a);
legend('网络训练点','径向基网络逼近曲线')
```

运行程序,效果如图 6-27 所示,从图中可以看出,径向基网络曲线逼近效果非常理想。

方法二:使用广义回归神经网络 GRNN 进行非线性曲线逼近。

广义回归神经网络 GRNN 训练速度快,非线性映射能力强,与径向基网络相似,特别适合于函数逼近。

```
x = -2:0.01:1;
y = 2 * x.^6 + 3 * x.^5 - 3 * x.^3 + x.^2 + 1;
P = x(1:15:end);
T = y(1:15:end);
plot(x,y,P,T,'mo');
legend('逼近曲线','网络训练点');
spread = 0.1;
net = newgrnn(P,T,spread);
a = sim(net,x);
plot(P,T,'+',x,a);
legend('网络训练点','GRNN 网络逼近曲线')
```

运行程序,效果如图 6-28 所示。

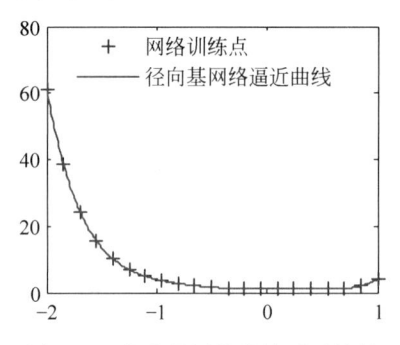

图 6-27 径向基网络曲线逼近效果

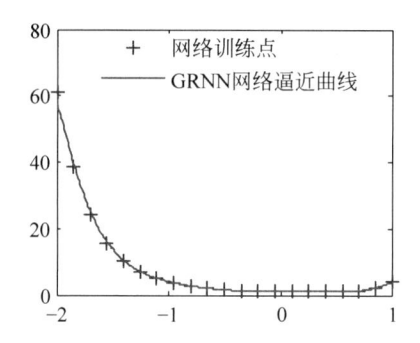

图 6-28 GRNN 网络曲线逼近效果

第 7 章

MATLAB线性规划

线性规划(Linear Programming,LP)是运筹学中研究较早、发展较快、应用广泛、方法较成熟的一个重要分支,是辅助人们进行科学管理的一种数学方法,是研究线性约束条件下线性目标函数的极值问题的数学理论和方法。线性规划是运筹学的一个重要分支,广泛应用于军事作战、经济分析、经营管理和工程技术等方面。为合理地利用有限的人力、物力、财力等资源作出最优的决策,提供科学的依据。

线性规划是解决多变量最优决策的方法,是在各种相互关联的多变量约束条件下,解决或规划一个对象的线性目标函数最优的问题,即给予一定数量的人力、物力和资源,如何应用而能得到最大的经济效益。当资源限制或约束条件表现为线性等式或不等式,目标函数表示为线性函数时,可运用线性规划法进行决策。

线性规划是决策系统的静态最优化数学规划方法之一。它作为经营管理决策中的数学手段,在现代决策中的应用是非常广泛的,它可以用来解决科学研究、工程设计、生产安排、军事指挥、经济规划、经营管理等各方面提出的大量问题。

7.1 线性规划问题的形式

线性规划的目标函数可以是求最大值,也可以是求最小值,约束条件的不等号可以是小于号也可以是大于号。为了避免这种形式多样性带来的不便,一般采用统一的标准型进行描述。而如果遇到非标准型的线性规划问题,都可采用相应的方法将其改写成与其等价的线性规划标准型。

7.1.1 一般标准型

根据线性规划问题的定义,线性规划问题即求取设计变量 $x=[x_1,x_2,\cdots,x_n]^T$ 的值,在线性约束条件下使得线性目标函数达到最大。由此可得,线性规划问题的一般标准形式如下:

$$\max f = c_1 x_1 + c_2 x_2 + \cdots + c_n x_n$$

$$\text{s.t.} \begin{cases} a_{11}x_1 + a_{12}x_2 + \cdots + a_{1n}x_n = b_1 \\ a_{21}x_1 + a_{22}x_2 + \cdots + a_{2n}x_n = b_2 \\ \vdots \\ a_{m1}x_1 + a_{m2}x_2 + \cdots + a_{mn}x_n = b_m \\ x_i \geqslant 0, i=1,2,\cdots,n \end{cases}$$

其中，$c_i(i=1,2,\cdots,n)$，$a_{ij}(i=1,2,\cdots,m;j=1,2,\cdots,n)$、$b_i(i=1,2,\cdots,m)$ 均为给定的常数。

7.1.2 矩阵标准型

利用向量或矩阵符号，线性规划问题的标准型还可以用矩阵形式表示，如下所示：

$$\min f = \boldsymbol{c}^{\mathrm{T}}\boldsymbol{x}$$
$$\text{s. t.} \begin{cases} \boldsymbol{Ax} \leqslant \boldsymbol{b} \\ \boldsymbol{x} \geqslant 0 \end{cases}$$

通常 $\boldsymbol{A}=(a_{ij})_{m\times n}\in\mathbf{R}^{m\times n}$ 为约束矩阵，$\boldsymbol{c}=(c_1,c_2,\cdots,c_n)^{\mathrm{T}}\in\mathbf{R}^n$ 为目标函数系数矩阵；$\boldsymbol{b}=(b_1,b_2,\cdots,b_m)^{\mathrm{T}}\in\mathbf{R}^m$ 称为资源系数向量，$\boldsymbol{x}=(x_1,x_2,\cdots,x_n)^{\mathrm{T}}\in\mathbf{R}^n$ 称为决策向量。

7.1.3 向量标准型

有时还将线性规划问题用向量的形式表示，此时线性规划的向量标准型为：

$$\max f = \boldsymbol{cx}$$
$$\text{s. t.} \begin{cases} [\boldsymbol{P}_1,\boldsymbol{P}_2,\cdots,\boldsymbol{P}_n]\boldsymbol{x}=\boldsymbol{b} \\ \boldsymbol{x} \geqslant 0 \end{cases}$$

其中，$\boldsymbol{P}_j$ 为矩阵 $\boldsymbol{A}$ 的第 j 列向量，例如：

$$\boldsymbol{P}_j=(a_{1j},a_{2j},\cdots,a_{mj})^{\mathrm{T}}$$

7.1.4 非标准型的标准化

根据实际应用问题建立的线性规划模型在形式上未必是标准型，对于不同类型的非标准型，可以采用相应的方法，通过以下方式将所建立的模型转化为线性规划的标准型。

1. 目标函数为极小化

设原有线性规划问题为极小化目标函数：$\min f=c_1x_1+c_2x_2+\cdots+c_nx_n$

此时，可设 $f'=-f$，则极小化目标函数问题转化为极大化目标函数问题，即如下所示：

$$\max f'=-(c_1x_1+c_2x_2+\cdots+c_nx_n)$$

2. 约束条件为不等式

如果原有线性规划问题的约束条件为不等式，则可增加一个或减去一个非负变量，使约束条件变为等式，增加或减去的非负变量称为松弛变量。

例如，约束为：$a_{i1}x_1+a_{i2}x_2+\cdots+a_{in}x_n\leqslant b_i$

可在左边增加一个非负变量 x_{n+1}，使其变为等式：$a_{i1}x_1+a_{i2}x_2+\cdots+a_{in}x_n+x_{n+1}=b_i$

如果约束为：$a_{i1}x_1+a_{i2}x_2+\cdots+a_{in}x_n\geqslant b_i$

可在左边减去一个非负变量 x_{n+1}，使其变为等式：$a_{i1}x_1+a_{i2}x_2+\cdots+a_{in}x_n-x_{n+1}=b_i$

3. 无非负限制

如果对某个变量 x_j 的非负并无限制，可设两个非负变量 x_j' 和 x_j''，令

$$x_j=x_j'-x_j''$$

注意到：因为对原设计变量进行了代换，还需要将上式代入目标函数和其他约束条件做相应的代换，这样即可满足线性规划标准型对变量非负的要求。

【例 7-1】 将下列线性规划模型标准化：

$$\min f=x_1-2x_2+x_3$$

$$\text{s.t.} \begin{cases} x_1 + x_2 + x_3 \leqslant 5 \\ x_1 + x_2 - 2x_3 \geqslant 2 \\ -x_1 + 2x_2 + 3x_3 = 6 \\ x_1, x_2 \geqslant 0 \end{cases}$$

将上述问题转化为等价的线性规划标准型。

原问题的目标函数为求极小值,即将目标函数两边乘以-1转化为求极大值,即求解目标为:

$$\max f = -x_1 + 2x_2 - x_3$$

原问题约束条件中的前两个条件均为不等式,在第一个不等式的左边加上一个松弛变量x_4,在第二个不等式的左边减去一个松弛变量x_5,将两者转化为等式约束,即有:

$$x_1 + x_2 + x_3 + x_4 = 5$$
$$x_1 + x_2 - 2x_3 - x_5 = 2$$

原问题对设计变量x_3没有非负限制,因此,可引入非负变量x_3^1和x_3^2,令

$$x_3 = x_3^1 - x_3^2$$

并将上式代入目标函数和各约束条件中,最后整理可得与原问题等价的线性规划的标准型为:

$$\max f = -x_1 + 2x_2 - x_3$$

$$\text{s.t.} \begin{cases} x_1 + x_2 + x_3 + x_4 = 5 \\ x_1 + x_2 - 2x_3 - x_5 = 2 \\ -x_1 + 2x_2 + 3x_3^1 - 3x_3^2 = 6 \\ x_1, x_2, x_3^1, x_3^2, x_4, x_5 \geqslant 0 \end{cases}$$

7.2 线性规划

线性规划是辅助人们进行科学管理的一种数学方法。在经济管理、交通运输、工农业生产等经济活动中,提高经济效果是人们必不可少的要求,而提高经济效果一般通过两种途径:一是技术方面的改进,例如改善生产工艺,使用新设备和新型原材料。二是生产组织与计划的改进,即合理安排人力物力资源。线性规划所研究的是:在一定条件下,合理安排人力物力等资源,使经济效果达到最好。一般地,求线性目标函数在线性约束条件下的最大值或最小值的问题,统称为线性规划问题。满足线性约束条件的解叫作可行解,由所有可行解组成的集合叫作可行域。决策变量、约束条件、目标函数是线性规划的三要素。

实现线性规划的流程如图7-1所示。

从实际问题中建立数学模型一般有以下三个步骤。

(1) 根据影响所要达到目的的因素找到决策变量;
(2) 由决策变量和所在达到目的之间的函数关系确定目标函数;
(3) 由决策变量所受的限制条件确定决策变量所要满足的约束条件。

所建立的数学模型具有以下特点。

(1) 每个模型都有若干个决策变量$(x_1, x_2, \cdots, x_n)$,其中n为决策变量的个数。决策变量的一组值表示一种方案,同时决策变量一般是非负的。

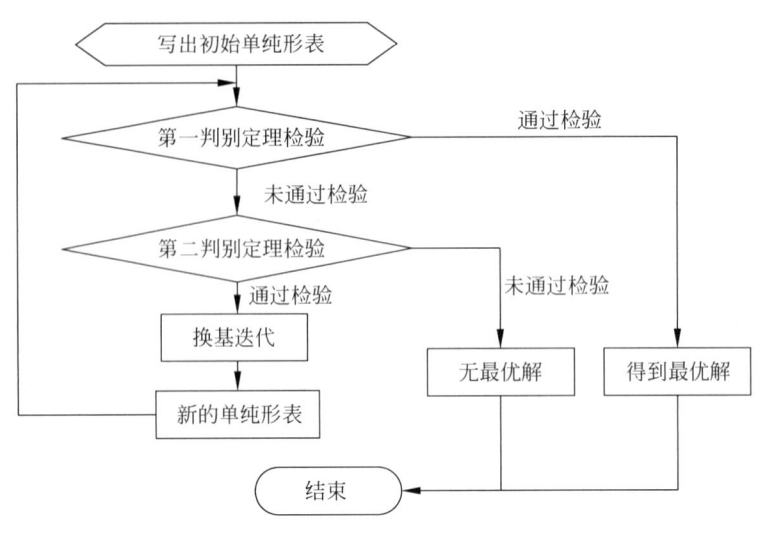

图 7-1 线性规划的流程图

（2）目标函数是决策变量的线性函数，根据具体问题可以是最大化（max）或最小化（min），二者统称为最优化（opt）。

（3）约束条件也是决策变量的线性函数。

当我们得到的数学模型的目标函数为线性函数，约束条件为线性等式或不等式时称此数学模型为线性规划模型。

7.3　线性规划的求解方法

线性规划问题的求解法，主要有图形解法和单纯形解法。图形解法主要应用于二维问题的求解。下面分别用两个例子来说明图形解法与单纯形解法的用法。

【例 7-2】　用图形解法求解如下二维线性规则问题，

$$\max f = x_1 + x_2$$

$$\text{s.t.} \begin{cases} x_1 - 2x_2 \leqslant 4 \\ x_1 + 2x_2 \leqslant 8 \\ x_1, x_2 \geqslant 0 \end{cases}$$

以 x_1 为横轴，以 x_2 为纵轴，由于线性规划满足非负条件 $x_1, x_2 \geqslant 0$，因此问题的探讨局限在平面直角坐标系的第一象限。

分析：约束条件 $x_1 - 2x_2 \leqslant 4$，取等式 $x_1 - 2x_2 = 4$，这是一条直线，如图 7-2 所示，这条直线将平面分成两个区域，其中直线上的点和直线以上的区域满足不等式 $x_1 - 2x_2 \leqslant 4$，为可行的区域。同样对于约束条件 $x_1 + 2x_2 \leqslant 8$，取等式 $x_1 + 2x_2 = 8$ 作一条直线，由图 7-2 可见，直线上的点和直线以下的区域为满足不等式 $x_1 + 2x_2 \leqslant 8$ 的可行区域。同时，问题的讨论局限在第一象限，因此可以根据以上分析得出该线性规划问题的可行区域，即两条直线的可行区域在第一象限的部分。由图 7-2 可看出，假设平面直角坐标系

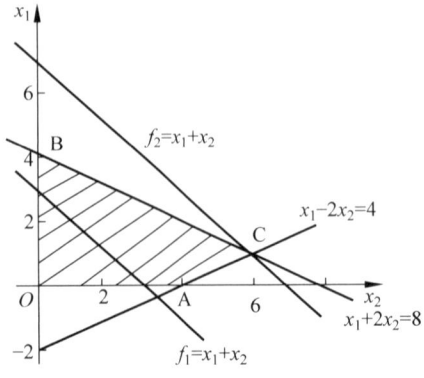

图 7-2　二维线性规划的图形解法

的原点为 O，直线 $x_1-2x_2=4$ 与 x_1 轴的交点为 A，直线 $x_1+2x_2\leqslant 8$ 与 x_2 轴的交点为 B，两条直线的交点为 C，则该问题的可行域为四边形 $ACBO$ 内的区域（包括边界上的点），在图中用阴影表示出来。该区域即为线性规划的可行域，该可行域中的每一个点可以看作线性规划问题的一个可行解，均满足线性规划问题的约束条件。

在找到了线性规划的问题可行域后，为了找到线性规划问题的最优解，下面来分析目标函数 $f=x_1+x_2$，可将其改写为 $x_2=-x_1+f$，可发现改完后的方程是以 f 为参量，以 -1 为斜率的簇平行直线，此时可以令目标函数 f 的值等于一系列的常数，作出目标函数的等值线。例如，如果取 $f_1=3$，则有 $x_2=-x_1+3$，如图 7-2 所示。按照类似的方法，可做出一系列的平行线，在作直线的过程中可以发现，这些平行线越向右上方移动，离原点越远，对应的目标函数值就越大。但值得注意的是，平行线不能无限远离原点，因为问题还受到可行域的限制，当直线运动到经过点 C 时，即不能继续向上移动，否则将脱离线性规划问题的可行域，因此线性规划问题在点 C 达到最大值，此时的直线在图 7-2 上表示为 $f_2=x_1+x_2$，即 $x_2=-x_1+7$，此时有 $x_1=6$，$x_2=1$，目标函数的值为 $f_2=7$。同时进一步总结可得出，该线性规划问题的可行域为 $ACBO$ 包围成的凸四边形，且目标函数的极值在凸四边形的顶点处可得。

在上面的问题中，求得的最优解是唯一的，但是在不同的目标函数和约束条件下，线性规划问题的可行域还可能出现其他的情况。例如，R 可能是空集也可能是非空集合，当 R 非空时，R 既可能是有界区域，也可能是无界区域。在 R 非空时，线性规划既可以存在有限最优解，也可以不存在有限最优解，即线性规划问题的目标函数值无界。当 R 非空且线性规划问题有有限最优解时，最优解可以唯一或有无穷多个。

以下用单纯形法求解线性规划问题。

【例 7-3】 用单纯形法求解下列线性规划问题：

$$\max f = 4x_1 + 3x_2$$

$$\text{s.t.} \begin{cases} 3x_1 - 4x_2 \leqslant 12 \\ 3x_1 + 3x_2 \leqslant 10 \\ 4x_1 + 2x_2 \leqslant 8 \\ x_1, x_2 \geqslant 0 \end{cases}$$

先将上述线性规划模型化为标准型，由于约束条件均为不等式，因此加入非负松弛变量 x_3、x_4 和 x_5，令其转化为等式，得转化后的标准型为：

$$\max f = 4x_1 + 3x_2$$

$$\text{s.t.} \begin{cases} 3x_1 + 4x_2 + x_3 = 12 \\ 3x_1 + 3x_2 + x_4 = 10 \\ 4x_1 + 2x_2 + x_5 = 8 \\ x_1, x_2, x_3, x_4, x_5 \geqslant 0 \end{cases}$$

此时，约束方程组构成的矩阵 $\boldsymbol{A}$ 为：

$$\boldsymbol{A} = \begin{bmatrix} 3 & 4 & 1 & 0 & 0 \\ 3 & 3 & 0 & 1 & 0 \\ 4 & 2 & 0 & 0 & 1 \end{bmatrix}$$

各个设计变量对应的列向量为：

$$\boldsymbol{P}_1 = \begin{bmatrix} 3 \\ 3 \\ 4 \end{bmatrix}, \quad \boldsymbol{P}_2 = \begin{bmatrix} 4 \\ 3 \\ 2 \end{bmatrix}, \quad \boldsymbol{P}_3 = \begin{bmatrix} 1 \\ 0 \\ 0 \end{bmatrix}, \quad \boldsymbol{P}_4 = \begin{bmatrix} 0 \\ 1 \\ 0 \end{bmatrix}, \quad \boldsymbol{P}_5 = \begin{bmatrix} 0 \\ 0 \\ 1 \end{bmatrix}$$

此时线性规划问题有 5 个变量，3 个独立约束方程，即 $m=3$，$n=5$，矩阵 A 的秩为 3，因此可以选取 3 个线性无关的列向量作为线性规划问题的一个基矩阵。不难发现，由松弛变量对应的列向量构成的矩阵 A 的子矩阵为一个单位阵，此 3 个列向量显然线性无关，于是选择 x_3、x_4 和 x_5 作为初始基，即 $\boldsymbol{x_B}=[x_3,x_4,x_5]$。

此时，由列向量 $\boldsymbol{P}_3$、$\boldsymbol{P}_4$ 和 $\boldsymbol{P}_5$ 所构成的基矩阵 $\boldsymbol{B}_1$ 可表达为：

$$\boldsymbol{B}_1 = [\boldsymbol{P}_3, \boldsymbol{P}_4, \boldsymbol{P}_5] = \begin{bmatrix} 1 & 0 & 0 \\ 0 & 1 & 0 \\ 0 & 0 & 1 \end{bmatrix}$$

此时的非基变量为 $\boldsymbol{x}_N=[x_1,x_2]$，令非基变量 $x_1=x_2=0$，易得到一个基本解为：

$$\boldsymbol{x}_{B_1} = \boldsymbol{B}^{-1}\boldsymbol{b} = \boldsymbol{b} = \begin{bmatrix} 12 \\ 10 \\ 8 \end{bmatrix}$$

可见，上述基本解的各个分量均非负，因此该基本解为线性规划的一个基本可行解。$\boldsymbol{B}$ 为线性规划问题的一个可行基，因此单纯形法的第一步工作已经完成，下面开始迭代，即寻找新的非基变量来代替现有的一个基本变量，使得目标函数值有所增加，直到找到最优解。这个过程可以通过构建单纯形表来完成。

针对例 7-3 中的线性规划问题，构建初始单纯形表如表 7-1 所示。从行的角度来说，给出的每一行代表一个约束方程（把目标函数也看作约束方程放在第一行）；从列的角度讲，对于约束方程而言，表中的第一列即为约束方程右边的值，而对于目标函数 f 则是填写根据当前基计算出来的目标函数值。其他的每一列则对应于一个变量。

表 7-1 初始单纯形表

	value(值)	x_1	x_2	x_3	x_4	x_5
f	0	-4	-3	0	0	0
x_3	12	3	4	1	0	0
x_4	10	3	3	0	1	0
x_5	8	4	2	0	0	1

由求初始基可行解的过程可知，如果线性规划标准型的向量 $\boldsymbol{b}$ 的每一个分量均为正，当令所有的松弛变量为基时，总是可以找到一组基本可行解。这时每个基本变量的值等于其方程右端的常数。由于此时目标函数的系数全为 0，所以对应的目标函数值也为零。此处的目的即是要使用单纯形法，通过变换运算，在每次迭代的最后，使得当前基本变量对应的矩阵 $\boldsymbol{B}$ 形成一个单位阵，并且目标函数中对应于基本变量的系数变为零。具有这种性质的表称为规范型。

以下对单纯表进行迭代，寻找该线性规划问题的最优解。

(1) 对基于 $\boldsymbol{B}_1$ 的初始单纯形表的操作。

① 对单纯形法进行判别。

单纯形表如表 7-1 的检验数存在负数，即 $b_{01}=-4$、$b_{03}=-3$，可知基 $\boldsymbol{B}_1$ 对应的解不满足最优解条件，又 b_{01}、b_{03} 对应的列向量中的分量有非负数，所以需要进行换基迭代。

② 确定进基变量、出基变量和枢点项。

在两个非负检验数中，取较小者，即 $b_{01}=-4$，b_{01} 对应设计变量 x_1 所在列，因此 x_1 为进基变量，标记进基变量所在列的符号 $s=1$。接着确定出基变量和枢点项。

设计变量 x_1 对应的列向量为

$$\boldsymbol{P}_1' = \begin{bmatrix} 3 \\ 3 \\ 4 \end{bmatrix}$$

$\boldsymbol{P}_1'$ 中的 3 个分量均为正数,即 $b_{11}=3$、$b_{21}=3$、$b_{31}=4$,此时需要分别计算单纯形表中 $b_{i0}/b_{i1}(i=1,2,3)$ 的值,即将除第一行外 value 列的值和 x_1 对应列的值相除,然后取其最小值,这样即可以确定出基变量和枢点项,于是:

$$\min\left(\frac{b_{10}}{b_{11}}, \frac{b_{20}}{b_{21}}, \frac{b_{30}}{b_{31}}\right) = \min\left(\frac{12}{3}, \frac{10}{3}, \frac{8}{4}\right) = \min\left(4, \frac{10}{3}, 2\right)$$

即选择的是 $\frac{b_{30}}{b_{31}}$,于是 $r=3$,枢点项为 b_{31},枢点项所在行对应的变量为 x_5,因此出基变量为 x_5。把枢点项用括号括起来,如表 7-2 所示。

表 7-2　标记枢点项

	value(值)	x_1	x_2	x_3	x_4	x_5
f	0	-4	-3	0	0	0
x_3	12	3	4	1	0	0
x_4	10	3	3	0	1	0
x_5	8	(4)	2	0	0	1

③ 调换基变量,构造新的基矩阵 $\boldsymbol{B}_2$ 和单纯形表。

由以上推导得,出基变量为 x_5,进基变量为 x_1,因此在 $\boldsymbol{B}_1$ 中加入 $\boldsymbol{P}_1$,换出 $\boldsymbol{P}_5$,得到线性规划问题的新的基矩阵 $\boldsymbol{B}_2$:

$$\boldsymbol{B}_2 = [\boldsymbol{P}_3, \boldsymbol{P}_4, \boldsymbol{P}_1] = \begin{bmatrix} 1 & 0 & 3 \\ 0 & 1 & 3 \\ 0 & 0 & 4 \end{bmatrix}$$

下一步即是使当前基变量对应的矩阵 $\boldsymbol{B}_2$ 形成一个单位阵,并且目标函数中对应于基本变量的系数变为零。为此,采用 Gauss-Jordan 消去法,这个方法分为两个阶段。

首先为了使 $b_{rs}=1$,需将枢点项所在行的所有数值除以枢点项的值,即用 b_{rs} 去除第 r 行各数,得到新表。第 r 行各数如表 7-3 所示。

表 7-3　Gauss-Jordan 消元 1

	value(值)	x_1	x_2	x_3	x_4	x_5
f	0	-4	-3	0	0	0
x_3	12	3	4	1	0	0
x_4	10	3	3	0	1	0
x_1	28	(1)	1/2	0	0	1/4

然后是使得 b_{rs} 所在列的元素除了 b_{rs} 以外,其他的数值均为零,即形成单位阵的一个列向量,并且目标函数中对应于基本变量的系数变为零。在此采用的方法是将某一行的元素加上或减去枢点行对应元素的若干倍。例如,为了使 f 所在行、新基变量 x_1 所在列的元素变为零,由表 7-3 可知,应当用 f 所在行的元素减去枢点项所在行的元素的 4 倍,注意是对应元素均采用同样的法则。同时,需要对除枢点行以外的所有行进行类似的操作,即:

原表中第 0 行各数减去第 3 行相应数的 $b_{01}/b_{31}=-4$ 倍,得新表第 0 行的数;
原表中第 1 行各数减去第 3 行相应数的 $b_{11}/b_{21}=3$ 倍,得新表第 1 行的数;
原表中第 2 行各数减去第 3 行相应数的 $b_{21}/b_{31}=3$ 倍,得新表第 2 行的数。

经过以上变换，新的基矩阵变成单位阵，且目标函数对应于基本变量的系数为零，即建立了基于新的基矩阵 B_2 的单纯形表。至此，完成了一次迭代，如表 7-4 所示。

表 7-4 Gauss-Jordan 消元 2

	value（值）	x_1	x_2	x_3	x_4	x_5
f	8	0	-1	0	0	1
x_3	6	0	5/2	1	0	$-3/4$
x_4	4	0	3/2	0	1	$-3/4$
x_1	2	1	1/2	0	0	1/4

在得到新的单纯形表后，需要进行判断是否进行再次迭代，采用的方法和上一次的迭代完全相同。

（2）对基于 B_2 的单纯形表的操作。

① 对单纯形表进行判别。

单纯形表 7-4 的检验数存在负数，即 $b_{02}=-1$，可知基 B_2 对应的解不满足最优解条件，又 b_{02} 对应的列向量中的分量有非负数，因此还需要进行换基迭代。

② 确定进基变量、出基变量和枢点项。

由于 b_{02} 对应设计变量 x_2 所在列，因此 x_2 为进基变量，标记进基变量所在列的符号 $s=2$。以下确定出基变量和枢点项。

设计变量 x_2 对应的列向量为 $\boldsymbol{P}_2' = \begin{bmatrix} 5/2 \\ 3/2 \\ 1/2 \end{bmatrix}$

$\boldsymbol{P}_2'$ 中的 3 个分量均为正数，则分别计算单纯形表中 $b_{i0}/b_{i2}(i=1,2,3)$ 的值，可知：

$$\min\left(\frac{b_{10}}{b_{12}}, \frac{b_{20}}{b_{22}}, \frac{b_{30}}{b_{32}}\right) = \min\left(\frac{12}{5}, \frac{8}{3}, 4\right) = \frac{12}{5}$$

于是 $r=1$，枢点项为 b_{12}，枢点项所在行对应的变量为 x_3，因此基变量为 x_3。把枢点项用圆括号括起来，如表 7-5 所示。

表 7-5 标记枢点项

	value（值）	x_1	x_2	x_3	x_4	x_5
f	8	0	-1	0	0	1
x_3	6	0	(5/2)	1	0	$-3/4$
x_4	4	0	3/2	0	1	$-3/4$
x_5	2	1	1/2	0	0	1/4

③ 调换基变量，构造新的基矩阵 B_3 和单纯形表。

出基变量为 x_3，进基变量为 x_2，因此在 B_1 中加入 P_2，得到线性规划问题新的基矩阵 B_3：

$$B_3 = [P_2, P_4, P_1] = \begin{bmatrix} 4 & 0 & 3 \\ 3 & 1 & 3 \\ 2 & 0 & 4 \end{bmatrix}$$

对表 7-5 采用 Gauss-Jordan 消元法，使得圆括号中的元素 $b_{rs}=1$，即将枢点行所有元素均除以 b_{rs}，结果如表 7-6 所示。

表 7-6　Gauss-Jordan 消元 1

	value（值）	x_1	x_2	x_3	x_4	x_5
f	8	0	-1	0	0	0
x_2	12/5	0	(1)	2/5	0	$-3/10$
x_4	4	0	3/2	0	1	$-3/4$
x_1	2	1	1/2	0	0	1/4

然后对表继续作行变换，可得到基于矩阵 $\boldsymbol{B}_3$ 的单纯形表，如表 7-7 所示。

表 7-7　Gauss-Jordan 消元 2

	value（值）	x_1	x_2	x_3	x_4	x_5
f	52/5	0	0	2/5	0	7/10
x_2	12/5	0	1	2/5	0	$-3/10$
x_4	2	0	0	$-3/5$	1	$-3/10$
x_1	4/5	1	0	$-1/5$	0	2/5

线性规划问题的单纯形表 7-7 中，检验数已没有负数，即所有 $b_{0i} > 0 (i=1,2,3)$，因此基矩阵 $\boldsymbol{B}_3$ 对应的基本可行解是线性规划问题的最优解。此时线性规划问题的最优解为：

$$\boldsymbol{X}^* = \begin{bmatrix} x_2 \\ x_4 \\ x_1 \end{bmatrix} = \begin{bmatrix} 12/5 \\ 2/5 \\ 4/5 \end{bmatrix}$$

对应的目标函数极值为 $f^* = \dfrac{52}{5}$。

7.4　线性规划的 MATLAB 实现

在调用 MATLAB 线性规划函数 linprog 时，要遵循 MATLAB 中对标准型的要求。

7.4.1　MATLAB 的标准形式

线性规划问题的 MATLAB 标准型为：

$$\min f = \boldsymbol{c}^{\mathrm{T}} \boldsymbol{x}$$

$$\text{s.t.} \begin{cases} \boldsymbol{A}\boldsymbol{x} \leqslant \boldsymbol{b} \\ \text{Aeq.}\,\boldsymbol{x} = \text{beq} \\ \text{lb} \leqslant \boldsymbol{x} \leqslant \text{ub} \end{cases}$$

在上述模型中，有一个需要极小化的目标函数 f，以及需要满足的约束条件。

假设 $\boldsymbol{x}$ 为 n 维设计变量，且线性规划问题具有不等式约束 m_1 个，等式约束 m_2 个，那么，$\boldsymbol{c}$、$\boldsymbol{x}$、lb 和 ub 均为 n 维列向量，$\boldsymbol{b}$ 为 m_1 维列向量，$\boldsymbol{b}_{\text{eq}}$ 为 m_2 维列向量，$\boldsymbol{A}$ 为 $m_1 \times n$ 维矩阵，$\boldsymbol{A}_{\text{eq}}$ 为 $m_2 \times n$ 维矩阵。

需要注意以下两点：

(1) 在该 MATLAB 标准型中，目的是对目标函数求极小值的（与前面介绍的不同）；

(2) MATLAB 标准型中的不等式约束形式为"$\leqslant$"。

【例 7-4】　对如下线性规划问题：

$$\max f = -5x_1 + 5x_2 + 13x_3$$

$$\text{s.t.} \begin{cases} -x_1 + x_2 + 3x_3 \leqslant 20 \\ 12x_1 + 4x_2 + 10x_3 \geqslant 90 \\ x_1, x_2, x_3 \geqslant 0 \end{cases}$$

要转化为 MATLAB 标准形式,则需要经过如下几个步骤。

(1) 原问题是对目标函数求极大值,因此添加负号使问题目标为 $f = 5x_1 - 5x_2 - 13x_3$。

(2) 原问题中存在"$\geqslant$"的约束条件,因此添加负号使其变为 $-12x_1 - 4x_2 - 10x_3 \leqslant -90$。

于是不等式组合约束写成矩阵形式为:

$$\begin{bmatrix} 1 & -1 & -3 \\ 12 & 4 & 10 \end{bmatrix} \begin{bmatrix} x_1 \\ x_2 \\ x_3 \end{bmatrix} \leqslant \begin{bmatrix} 20 \\ -90 \end{bmatrix}$$

7.4.2 MATLAB 的函数应用

在 MATLAB 优化工具箱中提供了 linprog 函数用于实现线性规划问题的求解。其调用格式为:

x=linprog(f,A,b):求解下面形式的线性规划:

$$\begin{cases} \min \quad c^T x \\ \text{s.t.} \quad Ax \leqslant b \end{cases} \tag{7-1}$$

x=linprog(f,A,b,Aeq,beq):求解下面形式的线性规划:

$$\begin{cases} \min \quad c^T x \\ \text{s.t.} \begin{cases} Ax \leqslant b \\ Aeq. x = beq \end{cases} \end{cases} \tag{7-2}$$

若没有不等式约束 $Ax \leqslant b$,则只需令 A=[],b=[]。

x=linprog(f,A,b,Aeq,beq,lb,ub):求解下面形式的线性规划:

$$\begin{cases} \min \quad c^T x \\ \text{s.t.} \begin{cases} Ax \leqslant b \\ Aeq. x = beq \\ lb \leqslant x \leqslant ub \end{cases} \end{cases} \tag{7-3}$$

若没有不等式 $Ax \leqslant b$,则只需令 A=[],b=[];若只有下界约束,则可以不用输入 ub。

x=linprog(f,A,b,Aeq,beq,lb,ub,x0):解式(7-3)形式的线性规划,将初值设置为 x0。

x=linprog(f,A,b,Aeq,beq,lb,ub,x0,options):解式(7-3)形式的线性规划,将初值设置为 x0,options 为指定的优化参数,如表 7-8 所示,可以利用 optimset 函数来设置这些参数。

表 7-8 linprog 函数的优化参数及说明

优 化 参 数	说　　明
LargeScale	若设置为 on,则使用大模型算法;若设置为 off,则使用中小规模算法
Diagnostics	打印要极小化的函数的诊断信息
Display	设置为 off 不显示输出;设置为 iter 显示每一次的迭代输出;设置为 final 只显示最终结果
MaxIter	函数所允许的最大迭代次数
Simplex	如果设置为 on,则使用单纯形算法求解(仅适用于中小规划算法)
TolFun	函数值的容忍度

[x,fval]=linprog(…):除了返回线性规划的最优解 x 外,还返回目标函数最优值 fval,

即 fval$=c^T x$。

[x,fval,exitflag]=linprog(…)：除了返回线性规划的最优解 x 及最优值 fval 外，还返回终止迭代的条件信息 exitflag。exitflag 的值及相应的说明如表 7-9 所示。

表 7-9　exitflag 的值及说明

exitflag 的值	说　　明
1	表示函数收敛到解 x
0	表示达到了函数最大评价次数或迭代最大次数
−2	表示没有找到可行解
−3	表示所求解的线性规划问题是无界的
−4	表示在执行算法的时候遇到了 NaN
−5	表示原问题和对偶问题都是不可行的
−7	表示搜索方向使得目标函数值下降得很少

[x,fval,exitflag,output]=linprog(…)：在上个命令的基础上，输出关于优化算法的信息变量 output，其结构及说明如表 7-10 所示。

表 7-10　output 的结构及说明

output 的结构	说　　明
iterations	表示算法的迭代次数
algorithm	表示求解线性规划问题所用的算法
cgiterations	表示共轭梯度迭代(如果用的话)的次数
message	表示算法退出的信息

[x,fval,exitflag,output,lambda]=linprog(…)：在上个命令的基础上，输出各种约束对应的 Lagrange 乘子(即相交的对偶变量值)。这是一个结构体变量，其结构及说明如表 7-11 所示。

表 7-11　lambda 的结构及说明

lambda 的结构	说　　明
ineqlin	表示不等式约束对应的 Lagrange 乘子向量
eqlin	表示等式约束对应的 Lagrange 乘子向量
upper	表示上界约束 x≤ub 对应的 Lagrange 乘子向量
lower	表示下界约束 x≥lb 对应的 Lagrange 乘子向量

以下代码用 linprog 函数求解例 7-2 的线性规划问题。

```
>> clear all;
%目标函数,为转化为极小值,取目标函数中设计变量的相反数
c=[-1;-1];
%线性不等式约束
A=[1 -2;1 2];
b=[4;8];
%设计变量的边界约束,由于无上界,因此设置 ub=[Inf;Inf]
lb=[0;0];
ub=[Inf;Inf];
%求最优解 x 和目标函数值 fval,由于无等式约束,因此设置 Aeq=[],beq=[]
[x,fval,exitflag,output,lambda]=linprog(c,A,b,[],[],lb,ub)
```

运行程序,输出如下：

```
Optimization terminated.
x =
    6.0000
    1.0000
fval =
    -7.0000
% 优化结束时的状态指示,exitflag 参数值为 1,代表线性规划问题收敛到了最优解 x
exitflag =
    1
output =
         iterations: 7
          algorithm: 'large-scale: interior point'
        cgiterations: 0
            message: 'Optimization terminated.'
      constrviolation: 0
        firstorderopt: 5.6155e-13
% 最优解 x 处的拉格朗日乘子结构变量
lambda =
      ineqlin: [2x1 double]
        eqlin: [0x1 double]
        upper: [2x1 double]
        lower: [2x1 double]
```

以下代码用 linprog 函数求解例 7-3 的线性规划问题。

```
>> clear all;
% 目标函数,为转化为极小值,取目标函数中设计变量的相反数
c = [-4;-3];
% 线性不等式约束
A = [3 4;3 3;4 2];
b = [12 10 8]';
% 设计变量的边界约束,由于无上界,因此设置 ub = [Inf;Inf]
lb = [0;0];
ub = [Inf;Inf];
% 求最优解 x 和目标函数值 fval,由于无等式约束,因此设置 Aeq = [],beq = []
[x,fval,exitflag,output] = linprog(c,A,b,[],[],lb,ub)
```

运行程序,输出如下:

```
Optimization terminated.
% 最优解向量
x =
    0.8000
    2.4000
% 在最优解向量 x 处的原线性规划问题的目标函数值的相反数
fval =
    -10.4000
% 优化结束时的状态指示,exitflag 参数值为 1,代表线性规划问题收敛到了最优解 x
exitflag =
    1
% 优化算法的输出信息结构变量
output =
         iterations: 7
          algorithm: 'large-scale: interior point'
        cgiterations: 0
            message: 'Optimization terminated.'
      constrviolation: 0
        firstorderopt: 4.4672e-14
```

【例 7-5】 求解下面的线性规划问题：

$$\min f = -3x_1 - 2x_2$$

$$\text{s. t.} \begin{cases} x_1 + 2x_2 \leqslant 4 \\ 3x_1 + 4x_2 \leqslant 7 \\ -3x_1 + 2x_2 = 2 \end{cases}$$

其实现的 MATLAB 代码为：

```
>> clear all;                             % 清除工作空间中的变量
f = [-3 -2]';                             % 目标函数系数
A = [1 2;3 4];                            % 约束不等式系数
b = [4 7]';                               % 约束不等式 b 值
Aeq = [-3 2];                             % 约束等式系数
beq = 2;                                  % 约束等式的系数
lb = [0 0];                               % 变量上界
ub = [10 10];                             % 变量下界
% 设置 linprog 函数为标准算法,显示迭代过程,采用 Simplex 算法
options = optimset('Simplex','on','Display','iter','LargeScale','off');
[x,fval,exitflag,output,lambda] = linprog(f,A,b,Aeq,beq,lb,ub,[],options)   % 求解线性规划
Phase 1: Compute initial basic feasible point.
    Iter            Infeasibility
     0                0.666667
     1                    -0
Phase 2: Minimize using simplex.
    Iter          Objective          Dual Infeasibility
                    f'*x               A'*y+z-w-f
     0                -2                    6
     1                -4                    0
Optimization terminated.
x =
    0.3333
    1.5000
fval =
    -4.0000
exitflag =                                % 收敛到最优解
     1
output =
          iterations: 6
           algorithm: 'large-scale: interior point'
          cgiterations: 0
             message: 'Optimization terminated.'
       constrviolation: 7.9936e-015
         firstorderopt: 6.0436e-011
lambda =
    ineqlin: [2x1 double]
      eqlin: -0.3333
      upper: [2x1 double]
      lower: [2x1 double]
>> L1 = lambda.ineqlin,L2 = lambda.eqlin,L3 = lambda.upper,L4 = lambda.lower
L1 =
    0.0000
    0.6667
L2 =
    -0.3333
L3 =
  1.0e-011 *
    0.2530
    0.3024
```

```
L4 =
  1.0e-010 *
    0.7933
    0.0502
```

7.5 线性规划案例

本节的应用实例将线性问题的建模和求解综合在一起,目的是让读者进一步了解典型线性规划问题的建模技巧和 MATLAB 在线性规划问题求解中的使用方法。

7.5.1 生产计划安排中的应用

下面通过实例来说明线性规划在生产计划安排中的应用。

【例 7-6】 某工厂计划生产甲、乙两种产品,主要材料有钢材 3500kg,铁材 1800kg、专用设备能力 2800 台时,材料与设备能力的消耗定额及单位产品所获的利润如表 7-12 所示,如何安排生产,才能使该厂所获利润最大?

表 7-12 材料与设备能力的消耗定额及单位产品所获的利润

材料与设备	产品 甲/件	产品 乙/件	现在的材料与设备能力
钢材/kg	8	5	3500
铁材/kg	6	4	1800
设备能力/台时	4	5	2800
单位产品的利润/元	80	125	

首先建立模型,设甲、乙两种产品计划生产量分别为 x_1、x_2(件),总的利润为 $f(x)$(元)。求变量 x_1、x_2 的值为多少时,才能使总利润 $f(x)=80x_1+125x_2$ 最大?

依题意可建立数学模型为:

$$\max f(x) = 80x_1 + 125x_2$$

$$\text{s.t.} \begin{cases} 8x_1 + 5x_2 \leqslant 3500 \\ 6x_1 + 4x_2 \leqslant 1800 \\ 4x_1 + 5x_2 \leqslant 2800 \\ x_1, x_2 \geqslant 0 \\ x_1 \geqslant 0, x_2 \geqslant 0, x_3 \geqslant 0 \end{cases}$$

因为 linprog 是求极小值问题,所以以上模型可变为:

$$\min f(x) = -80x_1 - 125x_2$$

$$\text{s.t.} \begin{cases} 8x_1 + 5x_2 \leqslant 3500 \\ 6x_1 + 4x_2 \leqslant 1800 \\ 4x_1 + 5x_2 \leqslant 2800 \\ x_1, x_2 \geqslant 0 \end{cases}$$

根据上述模型,其实现的 MATLAB 代码如下:

```
>> clear all;
F = [-80, -125];
A = [8 5;6 4;4 5];
b = [3500,1800,2800];
lb = [0;0];ub = [inf;inf];
[x, fval, exitflag, output] = linprog(F,A,b,[],[],lb)      % 线性规划问题求解
```

运行程序,输出如下:

```
Optimization terminated.
x =
     0.0000
   450.0000
fval =
  -5.6250e+004
exitflag =
     1
output =
         iterations: 5
          algorithm: 'large-scale: interior point'
       cgiterations: 0
            message: 'Optimization terminated.'
      constrviolation: 0
       firstorderopt: 2.2804e-10
```

当决策变量 $x=(x_1,x_2)=(0,450)$ 时,规划问题有最优解,此时目标函数的最小值是 fval=56250,即当不生产甲产品,只生产乙产品 450 件时,该厂可获最大利润为 56250 元。

7.5.2 如何配料

下面通过实例来说明线性规划在配料问题中的应用。

【例 7-7】 某种作物在全部生产过程中至少需要 32kg 氮,磷以 24kg 为宜,钾不得超过 42kg。现有甲、乙、丙、丁 4 种肥料,各种肥料的单位价格及含氮、磷、钾的数量如表 7-13 所示。

表 7-13 各种肥料的单位价格及含氮、磷、钾的数量

各种元素及价格	甲	乙	丙	丁
氮	0.03	0.3	0	0.15
磷	0.05	0	0.2	0.10
钾	0.14	0	0	0.07
价格/元	0.04	0.15	0.10	0.125

应如何配合使用这些肥料,使得既能满足作物对氮、磷、钾的需要,又能使施肥成本最低?

假设以决策变量 x_1、x_2、x_3、x_4 分别表示甲、乙、丙、丁 4 种肥料的用量,从而根据表 7-13 得到如下的线性方程组:

$$\min f(z) = 0.04x_1 + 0.15x_2 + 0.1x_3 + 0.125x_4$$

$$\text{s.t.} \begin{cases} 0.03x_1 + 0.3x_2 + 0.15x_4 \geq 32 \\ 0.05x_1 + 0.2x_3 + 0.1x_4 = 24 \\ 0.14x_1 + 0.07x_4 \leq 42 \\ x_1, x_2, x_3, x_4 \geq 0 \end{cases}$$

将约束条件化为标准的线性规划形式为:

$$\min f(z) = 0.04x_1 + 0.15x_2 + 0.1x_3 + 0.125x_4$$

$$\text{s.t.} \begin{cases} -0.03x_1 - 0.3x_2 - 0.15x_4 \leqslant -32 \\ 0.05x_1 + 0.2x_3 + 0.1x_4 = 24 \\ 0.14x_1 + 0.07x_4 \leqslant 42 \\ x_1, x_2, x_3, x_4 \geqslant 0 \end{cases}$$

其实现的 MATLAB 代码为：

```
>> clear all;
f = [0.04 0.15 0.1 0.125]';                        %目标函数
A = [-0.03 -0.3 0 -0.15;0.14 0 0 0.07];
b = [-32 42]';
Aeq = [0.05 0 0.2 0.1];
Beq = [24];
lb = zeros(4,1);                                    %优化变量的下限,无上限约束
[x,fval,exitflag,output] = linprog(f,A,b,Aeq,Beq,lb) %线性规划问题求解
```

运行程序,输出如下：

```
Optimization terminated.
x =
    76.0965
    61.7436
    63.6625
    74.6268
fval =
    28.0000
exitflag =
     1
output =
         iterations: 5
          algorithm: 'large-scale: interior point'
        cgiterations: 0
            message: 'Optimization terminated.'
      constrviolation: 3.5527e-15
       firstorderopt: 2.0168e-14
```

由以上结果可看出,当甲、乙、丙、丁 4 种肥料的用量分别为 76.0965kg、61.7436kg、63.6625kg、74.6268kg 时,既能满足作物对氮、磷、钾的需要,又能使施肥成本最低,为 28 元。

7.5.3 投资组合

下面通过实例来说明线性规划在投资组合问题中的应用。

【例 7-8】 某投资者有 50 万元资金可用于长期投资,可供选择的投资品种包括购买国债、公司债券、股票、银行储蓄与投资房地产。各种投资方式的投资期限、年收益率、风险系数、增长潜力的具体参数如表 7-14 所示。若投资者希望投资组合的平均年限不超过 5 年,平均的期望收益率不低于 12.5%,风险系数不超过 3.5,收益的增长潜力不低于 10%。在满足上述要求的条件下,投资者该如何进行组合投资选择使平均年收益率达到最高？

表 7-14　各种投资方式的投资期限、年收益率、风险系数、增长潜力

序号	投资方式	投资期限/年	年收益率/%	风险系数	增长潜力/%
1	购买国债	3	11	1	0
2	公司债券	8	14	3	16
3	房地产	5	21	9	30
4	股票	3	24	8	24
5	短期储蓄	1	6	0.5	2
6	长期储蓄	4	15	1.5	4

首先，建立目标函数。设决策变量为 x_1,x_2,x_3,x_4,x_5,x_6，其中 x_i 为第 i 种投资方式在总投资中占的比例，由于决策的目标是使投资组合的平均年收益率最高，因此目标函数为：

$$\max f(x) = 11x_1 + 14x_2 + 21x_3 + 24x_4 + 6x_5 + 15x_6$$

再根据题意建立约束条件：

$$\text{s.t.} \begin{cases} 3x_1 + 8x_2 + 5x_3 + 3x_4 + x_5 + 4x_6 \leqslant 5 \\ 11x_1 + 14x_2 + 21x_3 + 24x_4 + 6x_5 + 15x_6 \geqslant 12.5 \\ x_1 + 3x_2 + 9x_3 + 8x_4 + 0.5x_5 + 1.5x_6 \leqslant 3.5 \\ 16x_2 + 30x_3 + 24x_4 + 2x_5 + 4x_6 \geqslant 10 \\ x_1 + x_2 + x_3 + x_4 + x_5 + x_6 = 1 \\ x_1, x_2, x_3, x_4, x_5, x_6 \geqslant 0 \end{cases}$$

即其数学模型为：

$$\max f(x) = 11x_1 + 14x_2 + 21x_3 + 24x_4 + 6x_5 + 15x_6$$

$$\text{s.t.} \begin{cases} 3x_1 + 8x_2 + 5x_3 + 3x_4 + x_5 + 4x_6 \leqslant 5 \\ 11x_1 + 14x_2 + 21x_3 + 24x_4 + 6x_5 + 15x_6 \geqslant 12.5 \\ x_1 + 3x_2 + 9x_3 + 8x_4 + 0.5x_5 + 1.5x_6 \leqslant 3.5 \\ 16x_2 + 30x_3 + 24x_4 + 2x_5 + 4x_6 \geqslant 10 \\ x_1 + x_2 + x_3 + x_4 + x_5 + x_6 = 1 \\ x_1, x_2, x_3, x_4, x_5, x_6 \geqslant 0 \end{cases}$$

根据 linprog 函数的要求将数学模型改为：

$$\min f(x) = -11x_1 - 14x_2 - 21x_3 - 24x_4 - 6x_5 - 15x_6$$

$$\text{s.t.} \begin{cases} 3x_1 + 8x_2 + 5x_3 + 3x_4 + x_5 + 4x_6 \leqslant 5 \\ -11x_1 - 14x_2 - 21x_3 - 24x_4 - 6x_5 - 15x_6 \leqslant -12.5 \\ x_1 + 3x_2 + 9x_3 + 8x_4 + 0.5x_5 + 1.5x_6 \leqslant 3.5 \\ -16x_2 - 30x_3 - 24x_4 - 2x_5 - 4x_6 \leqslant -10 \\ x_1 + x_2 + x_3 + x_4 + x_5 + x_6 = 1 \\ x_1, x_2, x_3, x_4, x_5, x_6 \geqslant 0 \end{cases}$$

其实现的 MATLAB 代码如下：

```
>> clear all;
c = [-11 -14 -21 -24 -6 -15];
A = [3 8 5 3 1 4;-11 -14 -21 -24 -6 -15;1 3 9 8 0.5 1.5;0 -16 -30 -24 -2 -4];
b = [5 -12.5 3.5 -10]';
lb = zeros(6,1);
```

```
Aeq = ones(1,6);
beq = 1;
[x,fval, exitflag,output] = linprog(c,A,b,Aeq,beq,lb)
```

运行程序,输出如下:

```
Optimization terminated.
x =
    0.0000
    0.0000
    0.0000
    0.3077
    0.0000
    0.6923
fval =
    -17.7692
exitflag =
    1
output =
         iterations: 8
          algorithm: 'large-scale: interior point'
        cgiterations: 0
            message: 'Optimization terminated.'
      constrviolation: 0
       firstorderopt: 3.5527e-15
```

运行结果表明,投资组合选择的决策是长期储蓄占投资总额的 69.23%,股票投资占总额的 30.77%。其年收益为 17.7692 万元。

7.5.4 投资组合方案

下面通过实例来说明线性规划在投资收益与风险问题中的应用。

【例 7-9】 市场上有 n 种资产(股票、债券、⋯⋯)$S_i(i=1,2,\cdots,n)$ 供投资者选择,某公司有数额为 M 的相当大的一笔资金可用做这一时期的投资。公司财务分析人员对 S_i 种资产进行评估,估算在这一时期内购买 S_i 的平均收益率为 r_i,并预测出购买 S_i 损失率为 q_i,考虑到投资越分散,总的风险就越小的因素,公司已确定用这笔资金购买若干种资产,总体风险可用所投资的 S_i 中的最大一个风险来度量,购买 S_i 要付交易费,费率为 p_i,并且当购买额不超过给定值 u_i 时,交易费按购买 u_i 计算(不买当然无须付费),另外,假定同期银行存款利率是 r_0,且既无交易费又无风险($r_0=5\%$)。已知 $n=4$ 时的相关数据如表 7-15 所示。

表 7-15 不同资产的收益率、损失率、交易费率与限额

S_i	r_i/%	q_i/%	p_i/%	u_i
S_1	26	2.4	1	1.2
S_2	22	1.6	2	199
S_3	24	5.4	4.6	53
S_4	25	2.7	6.4	38

试给该公司设计一种投资组合方案,即用给定的资金 M,有选择地购买若干种资产或存银行生息,使净收益尽可能大,而总体风险尽可能小。

可建立一个确定投资比例的向量模型,使资产组合的净收益尽可能大,而总体风险尽可能小。

建立模型，设 x_0, x_1, x_2, x_3, x_4 分别是银行存款与投资于 S_0, S_1, S_2, S_3, S_4 的投资比例系数，由于银行存款既无交易费又没有风险故 $p_0=0, q_0=0$，总体风险可用所投资的 S_i 中最大的一个风险来度量，于是投资组合总体风险为：

$$F = \max_{0 \leqslant i \leqslant 4} \{x_i q_i\}$$

由于题设给出 M 为相当大的一笔资金，为了简化模型，可认为该公司购买每一项资产都超过给定的定值 u_i，于是资产组合的平均收益率为

$$R = \sum_{i=0}^{4} x_i (r_i - p_i)$$

为了使得平均收益率尽可能大，而总体风险尽可能小，可采取固定总体风险的一个上界 q 使得总体收益取得最大，为此建立如下的线性规划模型：

$$\max R = \sum_{i=0}^{4} x_i (r_i - p_i)$$

$$\text{s.t.} \begin{cases} x_0 + x_1 + x_2 + x_3 + x_4 = 1 \\ x_i q_i \leqslant q \ (i=0,1,2,3,4) \\ x_0, x_1, x_2, x_3, x_4 \geqslant 0 \end{cases}$$

对总体风险的上界[0 3]，取步长为 0.01，计算 301 种不同风险时的总体收益的最大值及相应的投资比例系数。并给出投资方案的净收益率与风险损失率的关系图。

其实现的 MATLAB 代码为：

```
>> clear all;
c = [-25 -20 -19.4 -18.4 -5];
A = [2.4 0 0 0 0;0 1.6 0 0 0;0 0 5.4 0 0;0 0 0 2.7 0;0 0 0 0 0];
A1 = [1 1 1 1 1];
b1 = 1;
lb = [0 0 0 0 0]';
t = 0:0.01:3;
b = t(ones(5,1),:);
for k = 1:301;
    [x(:,k),Y(k)] = linprog(c,A,b(:,k),A1,b1,lb);
end
plot(t,-Y);             %绘出投资方案的净收益率与风险损失率的关系图
axis([0 4 0 30])
%拟合净收益率与风险损失率的关系
h1 = polyfit(t(1:62),-Y(1:62),1)
h2 = polyfit(t(62:251),-Y(62:251),1)
h3 = polyfit(t(251:301),-Y(251:301),1)
%输出26种风险的各种资产的投资比例系数与收益矩阵
tz = [t(1:10:251)' [x(:,1:10:251)' -Y(1:10:251)']]
```

运行程序，输出如下，效果如图 7-3 所示。

```
h1 =
    25.3380    5.0000
h2 =
     2.1718   19.8189
h3 =
     0.0000   25.0000
tz =
```

0	0.0000	0.0000	0.0000	0.0000	1.0000	5.0000
0.1000	0.0417	0.0625	0.0185	0.0370	0.8403	7.5338
0.2000	0.0833	0.1250	0.0370	0.0741	0.6806	10.0676
0.3000	0.1250	0.1875	0.0556	0.1111	0.5208	12.6014
0.4000	0.1667	0.2500	0.0741	0.1481	0.3611	15.1352
0.5000	0.2083	0.3125	0.0926	0.1852	0.2014	17.6690
0.6000	0.2500	0.3750	0.1111	0.2222	0.0417	20.2028
0.7000	0.2917	0.4375	0.1296	0.1412	0.0000	21.1546
0.8000	0.3333	0.5000	0.1481	0.0185	0.0000	21.5481
0.9000	0.3750	0.5625	0.0625	0.0000	0.0000	21.8375
1.0000	0.4167	0.5833	0.0000	0.0000	0.0000	22.0833
1.1000	0.4583	0.5417	0.0000	0.0000	0.0000	22.2917
1.2000	0.5000	0.5000	0.0000	0.0000	0.0000	22.5000
1.3000	0.5417	0.4583	0.0000	0.0000	0.0000	22.7083
1.4000	0.5833	0.4167	0.0000	0.0000	0.0000	22.9167
1.5000	0.6250	0.3750	0.0000	0.0000	0.0000	23.1250
1.6000	0.6667	0.3333	0.0000	0.0000	0.0000	23.3333
1.7000	0.7083	0.2917	0.0000	0.0000	0.0000	23.5417
1.8000	0.7500	0.2500	0.0000	0.0000	0.0000	23.7500
1.9000	0.7917	0.2083	0.0000	0.0000	0.0000	23.9583
2.0000	0.8333	0.1667	0.0000	0.0000	0.0000	24.1667
2.1000	0.8750	0.1250	0.0000	0.0000	0.0000	24.3750
2.2000	0.9167	0.0833	0.0000	0.0000	0.0000	24.5833
2.3000	0.9583	0.0417	0.0000	0.0000	0.0000	24.7917
2.4000	1.0000	0.0000	0.0000	0.0000	0.0000	25.0000
2.5000	1.0000	0.0000	0.0000	0.0000	0.0000	25.0000

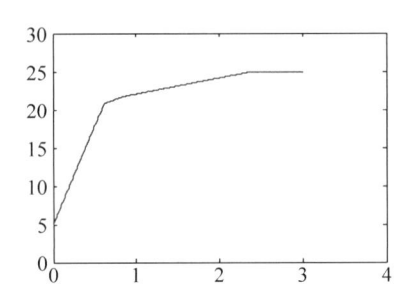

图 7-3 投资方案的净收益率与风险损失率的关系图

7.5.5 人员计划安排

下面通过示例来说明线性规划在工作人员计划安排问题中的应用。

【例 7-10】 某昼夜服务的公共交通系统每天各时段(每 4 小时为一个时段)所需的值班人数如表 7-16 所示。这些值班人员在某一时段开始上班后要连续工作 8 小时(包括轮流用膳时间)。该公交系统至少需要多少名工作人员才能满足值班的需要？

表 7-16 值班安排表

班 次	时 间 段	所需人数
1	6:00—10:00	56
2	10:00—14:00	72
3	14:00—18:00	56
4	18:00—22:00	48
5	22:00—2:00	24
6	2:00—6:00	30

首先，设 x_i 为第 i 时开始上班的人员数($i=1,2,\cdots,6$)。

可得上述问题的数学模型为：

$$\min z = x_1 + x_2 + x_3 + x_4 + x_5 + x_6$$

$$\text{s.t.} \begin{cases} x_6 + x_1 \geqslant 56 \\ x_1 + x_2 \geqslant 72 \\ x_2 + x_3 \geqslant 56 \\ x_3 + x_4 \geqslant 48 \\ x_4 + x_5 \geqslant 24 \\ x_5 + x_6 \geqslant 30 \end{cases}$$

即利用 linprog 函数求解以上数学模型，代码为：

```
>> clear all;
f = ones(6,1);
z2 = zeros(1,2);
z3 = zeros(1,3);
z4 = zeros(1,4);
a = [1,z4,1;1,1,z4;0,1,1,z3];
a = [a;z2,1,1,z2;z3,1,1,0;z4,1,1];
a = -a;
lb = zeros(6,1);
b = -[56 72 56 48 24 30]';
[x,fval exitflag,output] = linprog(f,a,b,[],[],lb,[])
```

运行程序，输出如下：

```
Optimization terminated.
x =
    40.9242
    31.0758
    29.6131
    18.3869
    11.4859
    18.5141
fval =
   150.0000
exitflag =
     1
output =
         iterations: 6
          algorithm: 'large-scale: interior point'
       cgiterations: 0
            message: 'Optimization terminated.'
     constrviolation: 5.1159e-13
      firstorderopt: 1.0374e-12
决策变量 x 为人数，应考虑整数解，为此作
>> p = round(x')
p =
    41    31    30    18    11    19
```

在命令窗口中输入如下运算：

```
>> a * p'
ans = -[60 72 61 48 29 30]'
```

不难得到:

a*p'≤b,
又 p'≥lb,

这表明 p 为可行解。

又有 p*f = fval = 150

由此可见,p=[41 31 30 18 11 19]也是最优解。这样得到该公司在 6 个时段的最优解安排为:

1 时段安排 41 人。
2 时段安排 31 人。
3 时段安排 30 人。
4 时段安排 18 人。
5 时段安排 11 人。
6 时段安排 19 人。
总计安排人员 150 人。

7.5.6 运算问题中的应用

下面通过实例来说明线性规划在运算问题中的应用。

【例 7-11】 某玩具公司分别生产 A、B、C 三种新型玩具,供应给甲、乙、丙 3 个商店,其供应分别为 1200 件、2500 件、2400 件。已知每月百货商店对 A、B、C 玩具预期销售量均为 1800 件,又知丙店要求至少供应 C 种玩具 1200 件,且拒进 A 种玩具。各商店销售这 3 种玩具的盈利额如表 7-17 所示。求满足上述条件下使盈利额最大的供销方案。

表 7-17 供应量安排

公司	商店			可供量
	甲	乙	丙	
A	5(x_1)	4(x_2)	0(x_3)	1200
B	16(x_4)	8(x_5)	9(x_6)	2500
C	12(x_7)	10(x_8)	11(x_9)	2400
预期销量	1800	1800	1800	

把上述问题看成一个运输问题。

设玩具 A 送到甲、乙、丙商店的量为 x_1、x_2、x_3 件,玩具 B 送到甲、乙、丙商店的量为 x_4、x_5、x_6 件,玩具 C 送到甲、乙、丙商店的量为 x_7、x_8、x_9 件。

利润函数可写为:

$$z = 5x_1 + 4x_2 + 16x_4 + 8x_5 + 9x_6 + 12x_7 + 10x_8 + 11x_9$$

供量限制为:

$$x_1 + x_2 + x_3 \leqslant 1200$$
$$x_4 + x_5 + x_6 \leqslant 2500$$
$$x_7 + x_8 + x_9 \leqslant 2400$$

销量限制为:

$$x_1 + x_4 + x_7 = 1800$$

$$x_2 + x_5 + x_8 = 1800$$
$$x_3 + x_6 + x_9 = 1800$$

销量要求为：
$$x_9 \geqslant 1200$$

至此可以给出所述问题数学模型为：
$$\max z = 5x_1 + 4x_2 + 16x_4 + 8x_5 + 9x_6 + 12x_7 + 10x_8 + 11x_9$$
$$\begin{cases} x_1 + x_2 + x_3 \leqslant 1200 \\ x_4 + x_5 + x_6 \leqslant 2500 \\ x_7 + x_8 + x_9 \leqslant 2400 \\ x_1 + x_4 + x_7 = 1800 \\ x_2 + x_5 + x_8 = 1800 \\ x_3 + x_6 + x_9 = 1800 \\ x_9 \geqslant 1200 \\ x_1, x_2, \cdots, x_8 \geqslant 0 \end{cases}$$

利用 linprog 函数求解上述运输问题，代码为：

```
>> clear all;
f = -[5 4 0 16 8 9 12 10 11]';
z3 = zeros(1,3);
z6 = zeros(1,6);
o = ones(1,3);
a = [o z6;z3 o z3;z6 o];
b = [1200,2500,2400]';
z2 = zeros(1,2);
aeq = [1,z2,1,z2,1,z2,0;0,1,z2,1,z2,1,0];
aeq = [aeq;z2,1,z2,1,z2,1];
beq = [1800,1800,1800]';
lb = zeros(9,1);
lb(9) = 1200;
[x,fval exitflag,output] = linprog(f,a,b,aeq,beq,lb,[])
```

运行程序，输出如下：

```
Optimization terminated.
x =
   1.0e + 03 *
    0.0000
    0.5000
    0.0000
    1.8000
    0.4289
    0.2711
    0.0000
    0.8711
    1.5289
fval =
   -6.2200e + 04
exitflag =
    1
```

```
output =
        iterations: 5
         algorithm: 'large-scale: interior point'
       cgiterations: 0
           message: 'Optimization terminated.'
    constrviolation: 4.5475e-13
      firstorderopt: 7.6213e-09
```

因 x 的分量应为整数，则有：

```
>> p = round(x')
p =
     0   500     0  1800   429   271     0   871  1529
```

在命令窗口中进行验算：

```
>> a * p'
ans =
      500
     2500
     2400
>> aeq * p'
ans =
     1800
     1800
     1800
>> p * f
ans =
    -62200
```

于是 p 也为最优解。

再作

```
>> pp = reshape(p,3,3);
>> pp = pp'
pp =
        0   500     0
     1800   429   271
        0   871  1529
```

则最优供销方案为：A 玩具给乙店 500 件；B 玩具给甲店 1800 件，给乙店 429 件，给丙店 271 件；C 玩具给乙店 817 件，给丙店 1529 件。共获利 62200 元。

7.5.7 绝对值问题

下面通过实例来说明线性规划在绝对值问题中的应用。

【例 7-12】 求解如下优化问题：

$$\min f = |x| + |y| + |z|$$

$$\text{s. t.} \begin{cases} x + y \leqslant 1 \\ 2x + z = 3 \end{cases}$$

该问题并非线性规划问题，因为目标函数中含有变量的绝对值，于是需要将上述问题转化成可以求解的线性规划问题。

如果设计两个与 x 相关的非负变量 m 和 n，使得满足如下关系式：
$$m=\frac{x+|x|}{2}, \quad n=\frac{|x|-x}{2}$$

根据以上两个式子，可得到 $x=m-n$；$|x|=m+n$。于是，相同的代换方式，令：
$|x|=x_1+x_2, x=x_1-x_2$；$|y|=x_3+x_4, y=x_3-x_4$；$|z|=x_5+x_6, z=x_5-x_6$，问题可转化为如下形式：

$$\min f = x_1+x_2+x_3+x_4+x_5+x_6$$

$$\text{s.t.} \begin{cases} x_1-x_2+x_3-x_4 \leqslant 1 \\ 2x_1-2x_2+x_5-x_6 = 3 \\ x_j(j=1,2,\cdots,6) \geqslant 0 \end{cases}$$

利用 linprog 函数求解以上模型，代码为：

```
>> clear all;
% 目标函数
c = [1 1 1 1 1 1]';
% 线性不等式约束
A = [1 -1 1 -1 0 0];
b = [1];
% 线性等式约束
aeq = [2 -2 0 0 1 -1];
beq = [3];
% 设计变量的边界约束，无上界约束
lb = [0 0 0 0 0 0]';
ub = [Inf Inf Inf Inf Inf Inf]';
[x, fval, exitflag, output] = linprog(c, A, b, aeq, beq, lb, ub)
```

运行程序，输出如下：

```
Optimization terminated.
x =                      % 最优解向量
    1.0936
    0.0000
    0.0000
    0.0936
    0.8129
    0.0000
fval =
    2.0000
exitflag =
    1
output =
         iterations: 6
          algorithm: 'large-scale: interior point'
       cgiterations: 0
            message: 'Optimization terminated.'
     constrviolation: 1.3323e-15
      firstorderopt: 2.1958e-13
```

更为一般地，对于存在绝对值的极值问题，事实上，对于任意的 x_i，都可取非负数 p_i 和 q_i，使得：

$$p_i = \frac{x_i+|x_i|}{2}, \quad q_i = \frac{|x_i|-x_i}{2}$$

经上述变换,可将原问题进行代换:$x_i = p_i - q_i$,$|x_i| = p_i + q_i$,即可以将含有绝对值问题的非线性规划问题转化为线性规划问题来进行求解。

7.6 线性规划的案例实现

有旅行者要从 n 种物品中选取不超过 b kg 的物品放入背包随身携带,要求总价值最大。设第 j 种物品的重量为 a_j kg,价值为 c_j 元($j = 1, 2, \cdots, n$)。

7.6.1 问题概述

定义变量 $x_1, x_2, \cdots, x_n$:当选取第 j 种物品放入背包中时取 $x_j = 1$,否则取 $x_j = 0$。于是所有选取放入背包的物品的总价值为 $c_1 x_1 + c_1 x_2 + \cdots + c_n x_n$,总重量为 $a_1 x_1 + a_1 x_2 + \cdots + a_n x_n$,问题为:

$$\max z = c_1 x_1 + c_1 x_2 + \cdots + c_n x_n$$

约束条件:$a_1 x_1 + a_1 x_2 + \cdots + a_n x_n \leqslant b$

x_j 取 0 或 1($j = 1, 2, \cdots, n$)

7.6.2 贪心法

这一问题的求解,与线性规划问题的求解并不完全相同,因为这里的控制变量 x_j 仅取 0 或 1,一般用贪心法来解这一问题。贪心法是一种求解组合优化问题的近似方法,具体做法如下。

首先计算出所有物品的价值密度 $p_j = \dfrac{c_j}{a_j}$ ($j = 1, 2, \cdots, n$),然后,将价值密度按由大到小的次序排列为 $p_{k_1} \geqslant p_{k_2} \geqslant \cdots \geqslant p_{k_n}$。选取第 k_1 件物品,判断背包是否会超载,如果不超载,则将其放入背包,并选取第 k_2 件物品再判断;如果第 k_1 件物品超载,则放弃第 k_1 件选取第 k_2 件物品。重复刚才的操作,一直下去,直到背包不能放入余下的任何一件物品为止。最后输出放入背包的所有物品的总重量、总价值以及物品的编号。

根据上述描述,可总结出以下算法:

(1) 将物品的重量 a_j,价值 c_j ($j = 1, 2, \cdots, n$) 存入向量 **a**,**c**,输入背包允许的最大载重量 b。

(2) 计算物品的价值密度向量 **p** = **c**/**a**。

(3) 给出物品的编号向量 **k** = 1:n。

(4) 对 **p** 按降序排序,并将 **a**,**c**,**k** 中的对应元素作相应的调整。

(5) 置背包中允许选入物品的总重量 $S_0 \leftarrow 0$,置背包中允许选入物品的总价值 $P_0 \leftarrow 0$。

(6) 对于 $i = 1, 2, \cdots, n$,做以下操作:

① $S \leftarrow S_0 + a_i$,$P \leftarrow P_0 + c_i$。

② 若 $S \leqslant b$,则 $x_{ki} \leftarrow 1$,$S_0 \leftarrow S$,$P_0 \leftarrow P$,否则 $x_{ki} \leftarrow 0$。

(7) 输出入选物品总重量 S_0,总价值 P_0 以及入选物品的编号 x。

【例 7-13】 设有重量分别为 55kg,1kg,45kg,10kg,40kg,40kg,20kg,30kg,22kg 的物品,其价值分别为 60 元,10 元,55 元,20 元,50 元,30 元,40 元,32 元,背包的最大载重量为 110kg,选择物品装入,使其价值最大。

其实现的 MATLAB 程序代码如下：

```
>> clear all;
a = [55 1 45 10 40 20 30 22];          % 输入物品的重量
c = [60 10 55 20 50 30 40 32];         % 输入物品的价值
b = 110;                                % 输入背包的最大载重量
p = c/a;                                % 计算各物品的价值密度
n = length(a);                          % 测出物品的件数
k = 1:n;                                % 对物品编号
% 用选择排序法对 p 按降序进行排序,并将 a, c, k 元素作相应的调整
for i = 1:n-1
    max = p(i);
    pos = i;
    flag = 0;
    for j = i+1:n
        if p(j)> max
            max = p(j);
            pos = j;
            flag = 1;
        end
    end
    if flag == 1
        t = p(i);p(i) = p(pos);p(pos) = t;
        t = a(i);a(i) = a(pos);a(pos) = t;
        t = c(i);c(i) = c(pos);c(pos) = t;
        t = k(i);k(i) = k(pos);k(pos) = t;
    end
end
% 依据使背包中所背物品的总价值最大的原则,选取物品并计算总重量和总价值
s0 = 0;                                 % 背包中允许选入物品的总重量赋初值 0
p0 = 0;                                 % 背包中允许选入物品的总价值赋初值 0
for i = 1:n
    s = s0 + a(i);                      % 累加背包中选入物品的重量
    p = p0 + c(i);                      % 累加背包中选入物品的价值
    if s <= b                           % 若背包中选入物品的重量未超载
        x(k(i)) = 1;                    % 将编号为 k(i) 的物品放入背包
        s0 = s;                         % 置背包中允许选入物品的总重量为 s
        p0 = p;                         % 置背包中允许选入物品的总价值为 p
    else
        x(k(i)) = 0;                    % 若超重,则编号为 k(i) 的物品不放入背包
    end
end
% 输入选入物品总重量 s0,总价值 p0 以及入选物品的编号 x
fprintf('所选物品的总重量为 % 6.0d\n',s0);
fprintf('所选物品的总价值为 % 6.0d\n',p0);
fprintf('物品被选择的状态为\n');
disp(x)
```

运行程序,输出如下：

```
所选物品的总重量为    83
所选物品的总价值为    132
物品被选择的状态为
     0     1     0     1     0     1     1     1
```

这表明,应将编号为 2,4,6,7,8 的物品选入背包,这一方案的总重量为 83kg,总价值为

132元。由于背包可以载重110kg,还剩余27kg,可以装物品但却没有合适的物品放入,显然这不是总体最优,这一方案只是局部最优。

在解决背包问题时,运用了这样一种策略,就是在求最优解过程的每一步都采用一种局部最优的策略,即优先考虑将价值密度大的物品放入背包,把问题的范围和规模缩小,最后把每一步的结果合并起来得到一个全局最优解。

归纳起来,运用贪心法解题一般步骤是:①从问题的某个初始解出发;②采用循环语句,当可以向求解目标前进一步时,就根据局部最优策略,得到一个部分解,缩小问题的范围或规模;③将所有部分解综合起来,得到问题的最优解。

一个问题满足最优化原理,也不一定就能用贪心法来解决。

【例7-14】 某国家的货币体系包含 n 种面值(其中一定有面值为1的),现有一种商品价格为 p,请问最少用多少枚货币可以正好买下?

该问题满足最优化原理。如果试图用贪心法来解,一个很容易想到的贪心策略是:尽量用面值大的货币。这个策略在很多情况下是有效的,例如我国的货币体系为{1,2,5,10,20,50,100},又如美国的货币体系为{1,5,10,25,100},这一策略总能得到最优解。但如果一个国家的货币体系为{1,5,8,10}, $p=13$,则这一贪心策略得到的结果是4枚货币,而值分别为10、1、1、1,然而最优策略是2枚货币,面值为8和5。贪心法就失效了。

很可惜,目前并没有一个一般性的结论,可以保证贪心法一定得到问题的最优解。因此在应用贪心法之前,应该先论证当前的策略能否得到问题的最优解。对于上面的货币问题,贪心法并不能保证得到最优解。一般需用动态规划方法来解决。

有些问题能应用贪心法来解,但需要选择适当的局部最优策略,才能得到正确的结果。

【例7-15】 有一容量为200的背包,还有8种物品,每种物品的体积和价值如表7-18所示。现要将物品装进背包,要求不能超过背包的容量且使物品总价值最大,该如何装包?

表7-18 物品体积与价值表

物品编号	1	2	3	4	5	6	7	8
体积	40	55	20	65	30	40	45	35
价值	35	20	20	40	35	15	40	20

很容易想到三种贪心策略:①每次取价值最大的物品;②每次取单位体积价值最大的物品;③每次取体积最大的物品。

对于此题来说,策略①、策略②可以得到全局最优解,而策略③只能得到局部最优解。

7.6.3 穷举法

对于背包问题,如果要获得全局最优解,可使用穷举法。穷举法是一种很自然也比较简单的算法,不足之处是所需计算量随问题的规模增大而迅速增长(呈指数增长),计算机在时间方面所花的代价太大。重新考虑背包问题,对每一物品有选取和不选取两种可能,对 n 件物品的选择共有 2^n 种可能的方案,穷举法可列出所有选取方案,从中筛选出可行方案,最后再从可行方案中比较产生最佳方案。

具体算法如下:

(1) 列出 2^n 种选取方案;

(2) 从 2^n 种选取方案中选出所有未超重的方案;

(3) 对每一种方案计算出装入背包中物品的总价值;

(4) 从所有总价值数据中选出最大数,并找出对应的方案;

(5) 输出最佳方案的总重量、总价值以及入选物品的编号。

下面是用穷举算法实现的 MATLAB 程序代码：

```matlab
>> clear all;
a = [55 1 45 10 40 20 30 22];                    % 输入物品的重量
c = [60 10 55 20 50 30 40 32];                   % 输入物品的价值
b = 110;                                          % 输入背包的最大载重量
k = 0;
for j1 = 0:1
    for j2 = 0:1
        for j3 = 0:1
            for j4 = 0:1
                for j5 = 0:1
                    for j6 = 0:1
                        for j7 = 0:1
                            for j8 = 0:1
                                % 产生所有选取方案
                                t = [j1,j2,j3,j4,j5,j6,j7,j8];
                                if a * t' <= b
                                    k = k + 1;
                                    x(k,:) = t;   % 产生所有未超重的选取方案
                                end
                            end
                        end
                    end
                end
            end
        end
    end
end
p = x * c';                                       % 计算每种未超重方案的物品总价值
[p0,i] = max(p);                                  % 找出总价值的最大者以及它所在行
t = x(i,:);                                       % 选出最优方案
s0 = a * t';                                      % 计算最优方案的物品总重量
disp('输入物品总重量和总价值分别如下:');
disp([s0,p0]);                                    % 输出最优方案的物品总重量,总价值
disp('输入物品编号如下:')
disp(t)                                           % 输出最优方案中入选物品的编号
```

运行程序，输出如下：

```
输入物品总重量和总价值分别如下:
   108   157
输入物品编号如下:
     0     1     1     1     0     0     1     1
```

这表明，应选取编号为 2,3,4,7,8 的物品装入背包，其总重量为 108kg，总价值为 157 元。穷举算法所得结果是全局最优，所选取物品的总重量达到了 108kg，尽管背包可以装载 110kg，但是在所有的方案中已经没有更好的方案了，这是最佳方案。

第 8 章

MATLAB整数规划

整数规划是从1958年由R.E.戈莫里提出割平面法之后形成独立分支的,60多年来发展出很多方法解决各种问题。解整数规划最典型的做法是逐步生成一个相关的问题,称它是原问题的衍生问题。对每个衍生问题又伴随一个比它更易于求解的松弛问题(衍生问题称为松弛问题的源问题)。通过松弛问题的解来确定它的源问题的归宿,即源问题应被舍弃,还是再生成一个或多个它本身的衍生问题来替代它。随即,再选择一个尚未被舍弃的或替代的原问题的衍生问题,重复以上步骤直至不再剩有未解决的衍生问题为止。现今比较成功又流行的方法是分支定界法和割平面法,它们都是在上述框架下形成的。

整数规划与组合最优化从广泛的意义上说,两者的领域是一致的,都是在有限个可供选择的方案中,寻找满足一定标准的最好方案。因此整数规划的应用范围也是极其广泛的。它不仅在工业和工程设计及科学研究方面有许多应用,而且在计算机设计、系统可靠性、编码和经济分析等方面也有新的应用。

8.1 求解整数规划

对于求解整数规划问题,大家往往会有如下两种想法。

(1) 通过枚举对结果进行比较总能求出最好方案这种想法对于维数很低的整数规划问题行得通,但是随着设计变量维数的增加,该方法的计算量是不可想象的,因而此种想法不可行。

(2) 考虑先忽略整数约束,解一个线性规划问题,然后用四舍五入法取得其整数解。事实证明,这样经过四舍五入的结果甚至不是问题的可行解。

8.1.1 整数规划求解分析

求解整数规划问题时,如果可行域是有界的,理论上是可以用穷举法求解,对于变量不太多时此法可行,当变量很多时这种穷举法往往是行不通的。分支定界法是20世纪60年代初由Land Doig和Dakin等提出的可用于求解纯整数或混合整数线性规划问题的算法。分支定界法比穷举法优越,它仅在一部分可行的整数解中寻求最优解,计算量比穷举法小。当然若变量数目很大,其计算工作量也是相当可观的。

分支定界法求解整数规划(最小化)问题的步骤为:

一开始,将要求解的整数规划问题称为IL,将与它相应的线性规划问题称为问题L。

(1) 解问题 L,可能得到以下情况之一:

① L 没有可行解,这时 IL 也没有可行解,则停止。

② L 有最优解,并且解变量都是整数,因而它也是 IL 的最优解,则停止。

③ L 有最优解,但不符合 IL 中的整数条件,此时记它的目标函数值为 f_0。

这时若记 f 为 IL 的最优目标函数值,则必有 $f \geqslant f_0$。

(2) 迭代。

① 分支:在 L 的最优解中任选一个不符合整数条件的变量 x_j,设其值为 l_j,构造两个约束条件:$x_j \leqslant [l_j]$ 和 $x_j \geqslant [l_j]+1$,将这两个条件分别加入问题 L,将 L 分成两个后继问题 L_1 和 L_2。不考虑整数条件要求,求解 L_1 和 L_2。

② 边界:以每个后继子问题为一分支并标明求解的结果,与其他问题的解的结果一道,找出最优目标函数值最小者作为新的下界,替换 f_0,从已符合整数条件的各分支中,找出目标函数值最小者作为新的上界 f^*,即有 $f^* \geqslant f \geqslant f_0$。

③ 比较与剪支:各分支的最优目标函数中若有大于 f^* 者,则剪掉这一支(即这一支所代表的子问题已无继续分解的必要);若小于 f^*,且不符合整数条件,则重复步骤①,直到最后得到最优目标函数值 $f=f^*$ 为止,从而得到最优整数解 x_j^*,$j=1,2,\cdots,n$。

下面用一个例子来说明上述过程。

【例 8-1】 求解下列整数规划

$$\min f = 7x_1 + 3x_2 + 4x_3$$

$$\text{s.t.} \begin{cases} x_1 + 2x_2 + 3x_3 \geqslant 8 \\ 3x_1 + x_2 + x_3 \geqslant 5 \\ x_j \geqslant 0, (j=1,2,\cdots,n) \\ x_1, x_2, x_3 \text{ 为整数} \end{cases}$$

放弃 x_1, x_2, x_3 为整数的条件求解线性规划问题 L 得:

$$x^0 = (0.4, 3.8, 0), \quad f_0 = 14.2$$

按条件 $x_2 \leqslant 3$ 和 $x_2 \geqslant 4$ 将问题 L 分解成子问题 L_1 和 L_2 并赋它们下界为 14.2。

① 求解线性规划子问题 L_1 得:$x^1 = (0.5, 3, 0.5), f_1 = 14.5$。

② 求解线性规划子问题 L_2 得:$x^2 = (1/3, 4, 0), f_2 = 14.33$;$f_1 \wedge f_2 = 14.33$($f_1$ 与 f_2 中的较小者),由于 $f_1 \wedge f_2 = f_2$,而 x^2 中 $x_1 = 1/3$,因此以条件 $x_1 = 0$ 和 $x_1 \geqslant 1$ 将 L_2 分成两个子问题 L_3 和 L_4 并赋它们下界为 14.33。

③ 求解线性规划子问题 L_3 得:$x^3 = (0, 5, 0), f_3 = 15$。

④ 求解线性规划子问题 L_4 得:$x^4 = (1, 4, 0), f_4 = 19$。

由于 x^3 和 x^4 是原整数规划问题的可行解且 $f_3 \wedge f_4 = 15$,所以置 $f^* = 15$ 作为上界。

以下再将 L_1 分支,因 $x^1 = 0.5$ 所以可按条件 $x_1 = 0$ 和 $x_1 \geqslant 1$ 将 L_1 分成两个问题 L_5 和 L_6,并赋予它们下界 14.33。

① 求解线性规划子问题 L_5 得:$x^5 = (0, 3, 2), f_5 = 17$。

② 求解线性规划子问题 L_6 得:$x^6 = (1, 0, 7/3), f_6 = 16.33$。

由于 $f_5, f_6 > f_3 \wedge f_4 = 15$,所以 L_5 和 L_6 都没有继续分支求解的必要,至此求得最优解为 $x^* = x^3 = (0, 5, 0)$,最优目标函数值为 $f = f_3 = 15$。

8.1.2 整数规划的 MATLAB 实现

由于 MATLAB 优化工具箱中并未提供求解纯整数规划和混合整数规划的函数，因此需要自行根据需求和设定相关的算法来实现。在此给出开罗大学的 Sherif 和 Tawfik 在 MATLAB Central 上发布的一个用于求解一般混合整数规划的程序，此函数命名为 IntLp.m。IntLp 函数的调用格式为：

```
[x,fval,exitflag] = intprog(f,A,b,Aeq,beq,lb,ub,M,TolXInteger)
```

该函数所解决的整数规划问题为：

$$\min f = \boldsymbol{c}^\mathrm{T} \boldsymbol{x}$$

$$\mathrm{s.t.} \begin{cases} \boldsymbol{A}\boldsymbol{x} \leqslant \boldsymbol{b} \\ \boldsymbol{A}_{eq}\boldsymbol{x} = \boldsymbol{b}_{eq} \\ \mathrm{lb} \leqslant \boldsymbol{x} \leqslant \mathrm{ub} \\ x_i \geqslant 0 (i=1,2,\cdots,n) \\ x_j \text{ 取整数数值} (j \in \mathrm{M}) \end{cases}$$

在上述标准问题中，假设 $\boldsymbol{x}$ 为 n 维设计变量，且线性规划问题具有不等式约束 m_1 个，等式约束 m_2 个，则：$\boldsymbol{c}$、$\boldsymbol{x}$ 均为 n 维列向量，$\boldsymbol{b}$ 为 m_1 维列向量，$\boldsymbol{b}_{eq}$ 为 m_2 维列向量，$\boldsymbol{A}$ 为 $m_1 \times n$ 维矩阵，$\boldsymbol{A}_{eq}$ 为 $m_2 \times n$ 维矩阵。

在调用函数时，输入参数中，$\boldsymbol{c}$ 为目标函数所对应设计变量的系数向量，$\boldsymbol{A}$ 为整数规划对应的不等式约束条件方程组构成的系数矩阵，$\boldsymbol{b}$ 为不等式约束条件方程组右边的值构成的向量。$\boldsymbol{A}_{eq}$ 为整数规划对应的等式约束方程组构成的系数矩阵，$\boldsymbol{b}_{eq}$ 为等式约束条件方程组右边的值构成的向量。lb 和 ub 为设计变量对应的上界和下界。M 为具有整数约束限制的设计变量的序号。

输出参数 $\boldsymbol{x}$ 为整数规划问题的最优解向量，fval 为整数规划问题的目标函数在最优解向量 $\boldsymbol{x}$ 处的函数值，exitflag 为函数计算终止时的状态指示变量。当 exitflag=1 时表示收敛到解 $\boldsymbol{x}$；exitflag=0 时达到线性规划的最大迭代次数；exitflag=−1 表示线性规划无解。

实现 IntLp 函数的源代码为：

```
function [x,fval,exitflag] = IntLp(f,A,b,Aeq,beq,lb,ub,M,TolXInteger)
% 设置不显示求解线性规划过程中的提示信息
options = optimset('display','off');
% 上界的初始值
bound = inf;
% 求解原问题 P0 的松弛线性规划 Q0,首先获得问题的初始解
[x0,fval0] = linprog(f,A,b,Aeq,beq,lb,ub,[],options);
% 利用递归法进行二叉树的遍历,实现分支定界法对整数规划的求解
[x,fval,exitflag,b] = IntLp_B(f,A,b,Aeq,beq,lb,ub,x0,fval0,M,TolXInteger,bound);
```

在 IntLp 函数中调用自定义编写的 IntLp_B 子函数，源代码为：

```
% 分支定界法的递归算法
% x 为问题的初始解,v 是目标函数在 x 处的取值
function [xx,fval,exitflag,bb] = IntLp_B(f,A,b,Aeq,beq,lb,ub,x,v,M,TolXInteger,bound)
options = optimset('display','off');
[x0,fval0,exitflag0] = linprog(f,A,b,Aeq,beq,lb,ub,[],options);
```

```matlab
% 当结束状态指示变量为负值时,即表示无可行解,返回初始输入
% 或是目标函数值大于已经获得的上界,返回初始输入
if exitflag0 <= 0 | fval0 > bound
    xx = x;
    fval = v;
    exitflag = exitflag0;
    bb = bound;
    return;
end
% 确定所有变量是否均为整数,是,则返回
% 该条件表示 x0(M)不是整数
ind = find(abs(x0(M) - round(x0(M)))> TolXInteger);
% 如果都是整数
if isempty(ind)
    exitflag = 1;
% 如果当前的解优于已知的最优解,则表示当前解作为最优解
    if fval0 < bound
        x0(M) = round(x0(M));
        xx = x0;
        fval = fval0;
        bb = fval0;
% 否则,返回原来的解
    else
        xx = x;
        fval = v;
        bb = bound;
    end
    return;
end
% 该处选择与整数值相差最大的非整数变量首先进行分支形成两个子问题
% 第一个非整数变量的序号,并且记录该变量与其最邻近的整数之差的绝对值
[row col] = size(ind);
br_var = M(ind(1));
br_value = x(br_var);
flag = abs(br_value - floor(br_value) - 0.5);
% 查找非整数设计变量中整数值相差最大的设计变量,即每当遇到与其最邻近的整数差
% 遇到更大的非整数设计变量之时,即记录下该设计变量的序号,直至遍历完所有非整数变量
for i = 2:col
    tempbr_var = M(br_var);
    tempbr_value = x(br_var);
    temp_flag = abs(tempbr_value - floor(tempbr_value) - 0.5);
    if temp_flag > flag
        br_var = tempbr_var;
        br_value = tempbr_value;
        flag = temp_flag;
    end
end
if isempty(A)
    [r c] = size(Aeq);
else
    [r c] = size(A);
end
% 分支后第一个子问题的参数设置
% 添加约束条件 xi <= floor(xi),i 即为上面找到的设计变量的序号
A1 = [A;zeros(1,c)];
A1(end,br_var) = 1;
b1 = [b;floor(br_value)];
```

```
    % 分支后第二个子问题的参数设置
    % 添加约束条件 Xi >= ceil(Xi),i 即为上面找到的设计变量的序号
    A2 = [A;zeros(1,c)];
    A2(end,br_var) = -1;
    b2 = [b;-ceil(br_value)];
    % 分支后的第一个子问题的递归求解
    [x1,fval1,exitflag1,bound1] = IntLp_B(f,A1,b1,Aeq,beq,lb,ub,x0,fval0,M,TolXInteger,bound);
    exitflag = exitflag1;
    if exitflag1 > 0 & bound1 < bound
        xx = x1;
        fval = fval1;
        bound = bound1;
        bb = bound1;
    else
        xx = x0;
        fval = fval0;
        bb = bound;
    end
    % 分支后的第二个子问题的递归求解
    [x2,fval2,exitflag2,bound2] = IntLp_B(f,A2,b2,Aeq,beq,lb,ub,x0,fval0,M,TolXInteger,bound);
    if exitflag2 > 0 & bound2 < bound
        exitflag = exitflag2;
        xx = x2;
        fval = fval2;
        bb = bound2;
    end
```

【例 8-2】 利用 IntLp 函数求解如下整数规划问题：

$$\max f = 5x_1 + 8x_2$$

$$\text{s.t.} \begin{cases} x_1 + x_2 \leqslant 5 \\ 4x_1 + 8x_2 \leqslant 42 \\ x_1, x_2 \geqslant 0, \text{且取整数数值} \end{cases}$$

首先将以上整数规划问题化为标准形式为：

$$\min f = -5x_1 - 8x_2$$

$$\text{s.t.} \begin{cases} x_1 + x_2 \leqslant 5 \\ 4x_1 + 8x_2 \leqslant 42 \\ x_1, x_2 \geqslant 0, \text{且取整数数值} \end{cases}$$

利用 IntLp 函数求解，代码为：

```
>> clear all;
% 目标函数所对应的设计变量的系数,为求极小值,取原目标函数的相反数
c = [-5 -8];
% 不等式约束
A = [1 1;4 8];
b = [5 42]';
% 调用 IntLp 函数求最优解整数解 x 和目标函数在 x 处的值 fval
[x,fval,exitflag] = IntLp(c,A,b,[],[],[],[],[],[])
```

运行程序，输出如下：

```
x =
    -0.5000
```

```
        5.5000
fval =
     -41.5000
exitflag =
         1
```

【例 8-3】 利用 IntLp 函数求解如下整数规划问题 P：

$$\max f = x_1 + x_2$$

$$\text{s. t.} \begin{cases} 4x_1 - 2x_2 \geqslant 1 \\ 4x_1 + x_2 \leqslant 12 \\ 2x_2 \geqslant 1 \\ x_1, x_2 \geqslant 0, \text{且取整数数值} \end{cases}$$

将以上整数规划化为标准形式为：

$$\min f = -x_1 - x_2$$

$$\text{s. t.} \begin{cases} -4x_1 + 2x_2 \leqslant -1 \\ 4x_1 + x_2 \leqslant 12 \\ -2x_2 \leqslant -1 \\ x_1, x_2 \geqslant 0, \text{且取整数数值} \end{cases}$$

利用 IntLp 函数求解，代码为：

```
>> clear all;
% 目标函数所对应的设计变量的系数,为求极小值,取原目标函数的相反数
c = [-1 -1]';
% 不等式约束
A = [-4 2;4 2;0 -2];
b = [-1 12 -1]';
% 设计变量的边界约束,无上界约束
lb = [0 0]';
% 均要求为整数变量
M = [1 2]';
% 设定误差限
Tol = 1e - 7;
% 调用 linprog 求解线性规划最优解
[x,fval] = linprog(c,A,b,[],[],lb,[])
% 调用 IntLp 函数求解整数规划问题
[x1,fval1,exitflag] = IntLp(c,A,b,[],[],lb,[],M,Tol)
```

运行程序，输出如下：

```
Optimization terminated.
x =
    1.6250
    2.7500
fval =
   -4.3750
x1 =
     2
     2
fval1 =
```

```
         - 4.0000
exitflag =
         1
```

8.2 整数规划的理论分析

整数规划问题根据对设计变量的取值要求的不同可以分为如下几类。

(1) 纯整数规划：所有决策变量均要求为整数的整数规划。

(2) 混合整数规划：部分决策变量要求为整数的整数规划。

(3) 纯 0-1 整数规划：所有决策变量均要求为 0-1 的整数规划。

(4) 混合 0-1 规划：部分决策变量要求为 0-1 的整数规划。

整数规划与线性规划不同之处只在于增加了整数约束。不考虑整数约束所得到的线性规划称为整数规划的线性松弛模型。

在一般的线性规划中增加限定：决策变量是整数，即为所谓的 ILP 问题，其表述如下：

$$\min f = \boldsymbol{c}^{\mathrm{T}} \boldsymbol{x}$$

$$\text{s.t.} \begin{cases} \boldsymbol{A}\boldsymbol{x} \leqslant (\text{或} =, \text{或} \geqslant) \boldsymbol{b}, \\ x_j \geqslant 0, (j=1,2,\cdots,n) \\ x_j, (j=1,2,\cdots,n) \text{ 取整数} \end{cases}$$

整数线性规划问题的标准形式为：

$$\min f = \boldsymbol{c}^{\mathrm{T}} \boldsymbol{x}$$

$$\text{s.t.} \begin{cases} \boldsymbol{A}\boldsymbol{x} = \boldsymbol{b}, \\ x_j \geqslant 0, (j=1,2,\cdots,n) \\ x_j, (j=1,2,\cdots,n) \text{ 取整数} \end{cases}$$

其中，$\boldsymbol{c} = (c_1, c_2, \cdots, c_n)^{\mathrm{T}}$，$\boldsymbol{x} = (x_1, x_2, \cdots, x_n)^{\mathrm{T}}$，$\boldsymbol{A} = (a_{ij})_{m \times n}$，$\boldsymbol{b} = (b_1 b_2, \cdots, b_m)^{\mathrm{T}}$。

8.2.1 典型整数规划

在现实生活中，决策变量代表产品的件数、个数、台数、箱数、艘数、辆数等，则变量就只能取整数值。如截料模型实际上就是一个整数规划模型，该例的决策变量代表所截钢管的根数，显然只能取整数值。因而整数规划模型也有着广泛的应用领域，从以下的几个例子中更可以窥其一斑。

1. 装载问题

【例 8-4】 有一列用于运货的火车，其最大承载能力为 b。现在有 n 种不同的货物 p_1，$p_2, \cdots, p_n$ 可供装载，设每件 p_i 的质量为 a_i，装载收费为 $c_i (i=1,2,\cdots,n)$，则应采用哪种装载方案，能够使得该列火车载货的收入最大？

设 x_j 为列车上装载 p_j 的数量，则 x_j 必为非负整数，根据该火车最大可承载 b 的货物可知，所有集装箱的质量之和必须小于火车的最大承载能力，因此有约束条件：

$$\sum_{j=1}^{n} a_j x_j \leqslant b$$

由于每个 j 货物收费为 c_j，可知载货的总收入为：

$$f = \sum_{j=1}^{n} c_j x_j$$

该例的目标即使目标函数 f 最大化。综上所述,可得如下整数规划问题:

$$\max f = \sum_{j=1}^{n} c_j x_j$$

$$\text{s.t.} \begin{cases} \sum_{j=1}^{n} a_j x_j \leqslant b \\ x_j (j=1,2,\cdots,n) \geqslant 0 \end{cases}$$

上述问题要求所有的设计变量均取整数值,因此为纯整数规划问题。

2. 物资调拨模型

【例 8-5】 某厂拟用 a 元资金生产 m 种设备 $A_1, A_2, \cdots, A_m$,其中设备 A_i 的单位成本为 $p_i (i=1,2,\cdots,m)$。预计将一台设备 A_i 在 B_j 处销售可获利 x_{ij} 元,则应怎样调拨这些设备,才能使预计总利润最大?

设 y_i 为生产设备 A_i 的参数,x_{ij} 为设备 A_i 调拨到 B_j 处销售的台数,f 为预计总利润(元),则该问题的数学模型为:

$$\max f = \sum_{i=1}^{m} \sum_{j=1}^{n} c_{ij} x_{ij}$$

$$\text{s.t.} \begin{cases} \sum_{j=1}^{n} x_{ij} \leqslant y_i, & j=1,2,\cdots,m \\ \sum_{i=1}^{m} x_{ij} \leqslant b_j, & i=1,2,\cdots,n \\ \sum_{i=1}^{m} p_j y_j \leqslant a \\ x_{ij} \geqslant 0, y_i \geqslant 0 \end{cases}$$

并且 x_{ij} 及 y_i 都为整数。

3. 选址问题

【例 8-6】 某地区有 m 座铁矿 $A_1, A_2, \cdots, A_m$。每年的产量为 $a_i (i=1,2,\cdots,m)$,该地区已有一个铁厂 B_0,每年铁的用量为 p_0,每年固定运营费用为 r_0。由于当地经济的发展,政府拟建立一个新的钢铁厂,于是今后该地区的 m 座铁矿将全部用于支持这两个钢铁厂的生产运营。现在有 n 个备选的厂址,分别为 $B_1, B_2, \cdots, B_n$,如果在 $B_j (j=1,2,\cdots,n)$ 处建厂,则每年固定的运营费用为 r_j。由 A_i 向 B_j 每运送 1 吨钢铁的运输费用为 $c_{ij} (i=1,2,\cdots,m; j=1,2,\cdots,n)$。那么,应当怎样选择新厂厂址,铁矿所开采出来的铁矿石又当怎样分配给两个钢铁厂,才能使每年的总费用(固定运营费用和钢铁的运费)最低?

钢铁厂 B_0 每年需要用铁 p_0,而且今后该地区 m 座铁矿将全部用于支持这两个钢铁厂的生产,因此新的钢铁厂每年用铁量 p 为该 m 座铁矿的总产量减去 B_0 的用铁量,即

$$p = \sum_{i=1}^{m} a_i - p_0$$

令设计变量为 v_i,如果 $v_i = 1$,则表示选择 B_i 作为新厂厂址,否则 $v_i = 0$:

$$v_i = \begin{cases} 1, & B_i \text{ 作为新厂厂址} \\ 0, & B_i \text{ 不作为新厂厂址} \end{cases} (i=1,2,\cdots,n)$$

再设 x_{ij} 为每年从 A_i 运往 B_j 的钢铁数量 ($i=1,2,\cdots,m; j=0,1,2,\cdots,n$),于是每年的总费用为:

$$f = \sum_{i=1}^{m}\sum_{j=0}^{n} c_{ij} x_{ij} + \sum_{j=1}^{n} r_j v_j + v_0$$

由铁矿 A_i 运出的所有钢铁将等于铁矿 A_i 的产量 a_i,因此有约束条件:

$$\sum_{j=0}^{n} x_{ij} = a_i (i=1,2,\cdots,m)$$

原钢铁厂 B_0 钢铁的用量 p_0 由 m 座铁矿为其供应,因此其收量应当等于 m 座铁矿分别对其供应量的总和,即

$$\sum_{i=0}^{m} x_{i0} = p_0$$

同样地,对于备选的铁矿 B_j,由 $p = \sum_{i=1}^{m} a_i - p_0$ 可知其中钢铁的用量为 p,且由 m 座铁矿供应。由于备选的铁矿只有一座,因此在 p 前面需要乘以系数 v_j,即代表如果选择 B_j 为备选厂址,则用铁矿;否则,该厂不存在,不需要使用铁矿,此时,对应的 x_{ij} 将全部取零值,即有

$$\sum_{i=1}^{m} x_{ij} = p v_j (j=1,2,\cdots,n)$$

同时,由铁矿 A_i 向铁矿 B_j 的钢铁运输量均为非负实数,因此有约束条件:

$$x_{ij} \geq 0 (i=1,2,\cdots,m; j=0,1,2,\cdots,n)$$

由于备选的钢铁厂只有一处,因此对于设计变量 v_j 还有约束条件:

$$\sum_{j=1}^{n} v_j = 1$$

根据以上分析,设计变量的取值规则,建厂取 0,不建厂取 1,同时该问题还要确定如果选择了厂址,应当怎样分配 m 座铁矿对两个钢铁厂的供应量 x_{ij},而该变量的取值为非负实数即可,因此该问题为一混合整数规划问题,且为混合 0-1 规划。其数学模型为:

$$\max f = \sum_{i=1}^{m}\sum_{j=0}^{n} c_{ij} x_{ij} + \sum_{j=1}^{n} r_j v_j + v_0$$

$$\text{s.t.} \begin{cases} \sum_{j=0}^{n} x_{ij} = a_i, & i=1,2,\cdots,m \\ \sum_{i=1}^{m} x_{i0} = p_0 \\ \sum_{i=1}^{m} x_{ij} \leq p v_j, & j=1,2,\cdots,n \\ \sum_{j=1}^{n} v_j = 1, & v_j \text{ 取 0 或取 1} \\ x_{ij} \geq 0 \end{cases}$$

4. 背包问题

【例 8-7】 三个登山者要到 A 地进行登山,现有 3 个旅行包,其容量大小分别为 12L、15L

和 18L,三人在列出物品清单后根据需要已整理出 10 个包装袋,其中一些包装袋中装的是登山工具,必带,共有 7 件,其容量大小分别为 5L、2L、1.5L、3L、4L、6L 及 8.2L。尚有 8 个包装袋可带可不带,不带则可在 A 地购买,这些可选包装袋的容积和其对应的物品在 A 地的价格如表 8-1 所示。

表 8-1 可选物品的容积与价格表

物品	1	2	3	4	5	6	7	8
容量/L	2.5	4.5	5	4.8	3.6	1.6	7.2	4.6
价格/元	25	50	90	75	54	80	180	100

试根据上述信息给出一个合理的打包方案。

在这个问题中,需要确定选带哪几个可选的包装袋,且将必带和选带物品放在哪个旅行包中。为此设第 i 个包装袋是否放在第 j 个旅行包中,并以此作为设计变量。同时,设第 i 个包装袋的容积可用 $w_i(i=1,2,\cdots,15)$ 来表示,可选包装袋对应的价格用 p_i 表示。

由于第 i 个包装袋要么在第 j 个旅行包中,要么不在,因此设只取 0 和 1,即有

$$x_{ij} = \begin{cases} 包装袋 i 在旅行包 j 中 \\ 包装袋 i 不在旅行包 j 中 \end{cases} (i=1,2,\cdots,15;j=1,2,3)$$

由于每个旅行包的容积确定,因此装入第 j 个旅行包中的所有包装袋的容积总和必须小于第 j 个旅行包的容积,即需要满足约束条件:

$$\sum_{i=1}^{15} w_i x_{ij} \leqslant r_j (j=1,2,3)$$

由于包装袋中有 7 件为必带,因此这 7 个包装袋必然在 3 个旅行包中的其一,设包装袋的编号为 i,则在设计变量 x_{i1},x_{i2} 和 x_{i3} 中必有一个取值为 1,另外两个取值为 0,其和为 1。据上所述,对于 7 件必带的包装袋必须满足约束:

$$\sum_{j=1}^{3} x_{ij} = 1, (i=1,2,\cdots,7)$$

对于可选的包装袋,则其要么在某个旅行包中,要么不在旅行包中,设包装袋的编号为 i,如果它在某个旅行包中,则设计变量 x_{i1},x_{i2} 和 x_{i3} 的取值之和为 1,如果它不在旅行包之中,则设计变量 x_{i1},x_{i2} 和 x_{i3} 取值之和为 0,因此对于可选的包装袋必须满足如下约束:

$$\sum_{j=1}^{3} x_{ij} = 1, (i=8,9,\cdots,15)$$

从经济的角度来考虑,其目标即是使得在到达 A 地后,所买物品的价格最低,即不在旅行包中的包装袋的总价格最低。如果某个包装袋 i 不在旅行包中,则可知 $\sum_{j=1}^{3} x_{ij} = 0$,因此其价格可用 $p_i\left(1-\sum_{j=1}^{3} x_{ij}\right)$ 来表示,所以所有不在旅行包中的包装袋的价值 f 可表达为:

$$f = \sum_{i=1}^{15} p_i \left(1 - \sum_{j=1}^{3} x_{ij}\right)$$

确定打包方案的原则即是使得 f 取得最小值,因此综合上述分析,该背包问题的数学模型为:

$$\min f = f = \sum_{i=1}^{15} p_i \left(1 - \sum_{j=1}^{3} x_{ij}\right)$$

$$\text{s.t.}\begin{cases} \sum_{i=1}^{15} w_i x_{ij} \leqslant r_j (j=1,2,3) \\ \sum_{j=1}^{3} x_{ij} = 1 (i=1,2,\cdots,7) \\ \sum_{j=1}^{3} x_{ij} \leqslant 1 (i=8,9,\cdots,15) \\ x_{ij} = 1,0 (i=1,2,\cdots,15; j=1,2,3) \end{cases}$$

可见,该问题的所有设计变量均要求取 0 或者 1,因此这是一个 0-1 规划问题。

8.2.2 整数规划案例分析

在经济建设中,企业总有各种各样的投资机会,每一种投资机会又有多种的投资方式,每一种投资方式都称为一个投资方案,所以经济建设中企业总有多方案可供选择,同时需要大量的资源,而资源是有限的,因此企业要根据有限的资源确定投资方案的顺序,使有限的资源取得最大的效益,即经济建设中企业要进行多方案的最佳选择。

1. 多方案选择的传统方法

多方案的选择,必须明确各方案间的关系,方案间关系不同,其选择的方法也不同。方案间的关系可以概括为互斥型、独立型和混合型。

(1) 互斥型方案的选择。

互斥型方案即是相互之间存在互不相容、互相排斥关系的一组方案。互斥方案经济效果评比的实质是判断增量投资的经济合理性,评比的基本方法是增量分析法,根据反映增量经济效果的指标的不同,增量分析法可细分为静态的差额投资收益率法和差额投资回收期法、动态的差额净现值法和差额内部收益率法等。

(2) 独立型方案的选择。

独立型方案是相互之间互不影响的一组方案。受资源限制的独立型方案的选择方法有两种,即独立方案的互斥化法和双向均衡排序法。

① 独立方案的互斥化法。该方法首先把各独立方案形成互斥的方案组合;其次选出能满足资金限制的方案组合;最后用互斥方案评选方法评选出最优方案组。

该方法的优点是保证能选出受资源限制的情况下收益最大的方案组合。其不足是当独立方案数目较多时,形成的互斥方案组的数目众多,计算复杂:每一个独立方案都有拒绝或接受两种可能,如果有 N 个互相独立的方案,所形成的互斥方案组合就有 2N 个。

② 独立方案的双向均衡排序法。该方法首先计算各独立项目的约束资源的效率,并由大到小排序,若约束资源是资金,其效率指标为 NPVR 或 IRR;其次依次计算各方案的资源代价率及各方案组的资源总代价,各方案的资源代价率即各方案的资源消耗量,各方案组的资源总代价即各方案组的资源消耗总量;然后画图并标注有关约束条件,如资源限额、基准收益率等;最后选出最优方案组。

(3) 混合型方案的选择。

混合型方案即互相之间既有互相独立、又有互相排斥关系的一组方案,也称为层混方案,即方案之间的关系分为两个层次,高层是互相独立的项目,而低层则由构成每个独立项目的互斥方案组成。受资源限制的混合方案的评选也分为互斥化法和双向均衡排序法。

① 层混方案的互斥化法。该方法的评选步骤和优点与独立方案的互斥化法相同,只是在

形成互斥方案组合时,是从互相独立的每个项目中,至多选出一个方案来形成各种互斥的组合。

该方法的不足也是当方案数目较多时,计算非常复杂。例如,共有 M 个互相独立的项目,第 t 个项目有 N_t 个互斥方案,可以组成互相排斥的方案组合数是:

$$N = \prod_{t=1}^{M}(N_t+1) = (N_1+1) \wedge (N_M+1)$$

② 层混方案的双向均衡排序法。该方法用增量效率指标来反映互斥方案的经济效果,所以也称为增量效率指标排序法。具体步骤如下。

ⅰ. 淘汰无资格方案:如果 $\dfrac{\Delta R}{\Delta I_{k-1,k}} < \dfrac{\Delta R}{\Delta I_{k,k+1}}$,则方案 k 为无资格方案,即如果一笔基础投资的利用效率低于其增量投资的利用效率,就认为该基础投资方案是无资格方案,应予以淘汰。

ⅱ. 计算有资格方案的约束资源的增量效率指标,并按该指标由大到小排序,受资金限制的层混方案的约束资源增量效率指标为 ΔIRR、ΔNPVR、$\Delta R/\Delta$ 等。

ⅲ. 计算资源代价率及资源代价并绘图。

ⅳ. 标注资源约束条件,如资源限额、基准收益率等。

ⅴ. 比选最优方案组。

该方法的不足是:如果资源约束线分割了方案,那么所选择的方案组可能不是真正的最优方案组;如果被分割的方案恰好包含无资格方案,那么真正的最优方案组可能恰恰包含被当作无资格方案淘汰掉的方案。

2. 整数规划在多方案选择中的应用

传统方法一般只能对受一种资源约束的多方案进行选择,而整数规划可以解决受多种资源约束的多方案选择问题,并克服传统方法的不足,保证选出受资源限制情况下的收益最大的方案组合。

(1) 评选目标。

考虑方案间的经济寿命可能不相等,用净年值最大作为评选目标。

目标函数为:

$$\max \text{NAV} = \sum_{j=1}^{m}\sum_{t=0}^{n}(\text{CI}-\text{CO})_{tj}\left(\frac{P}{F},i,t\right)\left(\frac{A}{P},i,n\right) \cdot X_j, \quad X_j = 0,1$$

其中,$(\text{CI}-\text{CO})_{tj}$ 为方案 j 在第 t 年的净现金流量;m 为方案的总个数;n 为方案的经济寿命;X_j 为决策变量,$X_j=0$ 表示放弃 j 方案,$X_j=1$ 表示接受 j 方案。

(2) 结束条件。

由具体情况而定,一般由资源约束和关系约束组成。

① 资源约束(资金、人工、设备、原材料等):

$$\sum_{j=1}^{m}C_{tj} \leqslant B_t \text{ 且 } \sum_{j=1}^{m}\sum_{t=1}^{n}C_{tj} \leqslant B。$$

其中,C_{tj} 为方案在第 t 年耗用的资源量;B_t 为第 t 年的资源可用量;B 为资源总量。

② 关系约束。

- 互斥方案的约束条件 $\sum\limits_{j=1}^{m}X_j \leqslant 1$,表示 m 个方案中最多只能选取一个。

- 独立方案的约束条件 $\sum\limits_{j=1}^{m}X_j \leqslant m$,表示 m 个方案中每一个都可以被选中。

- 混合方案的约束条件 $\sum_{k=1}^{m}\sum_{j=1}^{m_1}X_{kj} \leqslant m$ 且 $\sum_{j=1}^{m_1}X_{kj} \leqslant 1$,式中,$k$ 为互相独立的项目数;m_1 为第 k 个项目的互斥方案数目。
- 从属关系约束条件 $X_A - X_B \leqslant 0$,表示 A 方案只有当 B 方案选用时才有意义,即不选用 B 方案即不能选用 A 方案。
- 严格互补关系约束条件 $X_C - X_D = 0$,表示 C 方案和方案 D 必须同时选用或同时不选用。

8.3 整数规划的应用

下面通过实现来演示整数规划在实际工程中的应用。

8.3.1 生产计划问题

【例 8-8】 某工厂生产某种电器以满足某地区市场的需求。经该工厂市场销售部门对该地区销售情况的统计,估计该电器在明年 4 个季度的需求量分别为 1500 台、2000 台、4000 台和 1000 台。而经该厂生产计划部门的预估,该厂生产能力能满足市场的需求,即不用考虑工厂的生产能力。

如果该厂决定在某一季度开工,需要工程准备费 2 万元,每台电器的生产成本为 450 元,如果在满足需求后季度末有库存产品剩余,则每台电器的存储费为 8 元。假设开始工厂无库存,则应当怎样安排生产,在既能满足市场需求的前提下可使得总费用最省?

此处共有 4 个季度,用 i 来表示,$i=1,2,3,4$。假设第 i 个季度的需求量为 r_i,电器的产量为 x_i,第 i 个季度末的库存为 s_i。同时引入 0-1 变量 v_i 表示某个季度是否开工,即

$$v_i = \begin{cases} 1, & \text{第 } i \text{ 个季度开工} \\ 0, & \text{第 } i \text{ 个季度不开工} \end{cases}$$

因此,在生产销售过程中,由于只有开发才会有产量,因此当 $v_i=1$ 时,第 i 个季度才需要支出工程准备费 2 万元,当 $v_i=0$ 时,第 i 季度的该笔支出为 0。因此可知,这部分费用为:

$$f_{费用} = \sum_{i=1}^{4} 20000 v_i$$

由于每件电器的生产成本为 450 元,因此第 i 季度的生产成本为 $450 x_i$,则一年中的生产成本为:

$$f_{成本} = \sum_{i=1}^{4} 450 x_i$$

保管费用为:

$$f_{保管费} = \sum_{i=1}^{4} 8 s_i$$

综合以上各式,产生的总费用为上述三种费用之和,即

$$f_{总} = \sum_{i=1}^{4} (20000 v_i + 450 x_i + 8 s_i)$$

将其作为目标函数来最小化。

由于只有某季度开工才可能有新的产品生产出来,即在 v_i 与 x_i 间存在约束关系:

$$v_i = \begin{cases} 1, & x_i > 0 \\ 0, & x_i = 0 \end{cases}, \quad i = 1, 2, 3, 4$$

此时可看出 v_i 与 x_i 并非线性关系，所以需要对该约束条件进行转化。由于 x_i 不可能无限制增大，因此可设置线性关系 $x_i \leqslant M v_i$，M 为足够大的正整数，使得 x_i 取值不可能超过 M，即确定了一组不等式约束为：

$$x_i \leqslant 20000 v_i \quad (i = 1, 2, 3, 4)$$

接着考虑供需限制，由于在问题中假设了产量和库存量及需求量，因此每个季度电器的产量与上个季度的库存量之和应等于本季度的需求量与库存量之和，即有：

$$s_{i-1} + x_i = r_i + s_i$$

值得注意的是，r_i 为已知的需求量数据，可从表中读出代入。由于假设工厂开始无库存，因此 $s_0 = 0$。

另外，问题中涉及的变量均满足非负的要求，且 v_i 必须取值为 0 或 1。

由上述分析可知，该问题对某些设计变量要求取值为整数，对某些设计变量要求取值为 0 或 1，因而这是一个混合整数规划问题，其数学模型为：

$$\min f = \sum_{i=1}^{4} (20000 v_i + 450 x_i + 8 s_i)$$

$$\text{s. t.} \begin{cases} x_i \leqslant 20000 v_i \\ s_{i-1} + x_i = r_i + s_i \\ s_0 = 0; s_i \geqslant 0 \\ x_i \geqslant 0 \text{ 且取整数值} \\ v_i = 0, 1 \end{cases}, \quad i = 1, 2, 3, 4$$

为了增加数学模型的可读性，作了一个简单的变量代换，将 $s_1 \sim s_4$ 用 $x_5 \sim x_8$ 代表，将 $v_1 \sim v_4$ 用 $x_9 \sim x_{12}$ 代表。

注意到此时所有的设计变量都必须取非负的整数值，可得该问题的整数规划数学模型为：

$$\min f = \sum_{i=1}^{4} (20000 v_i + 450 x_i + 8 s_i)$$

$$\text{s. t.} \begin{cases} x_1 - x_5 = 1500 \\ x_2 + x_5 - x_6 = 2000 \\ x_3 + x_6 - x_7 = 4000 \\ x_4 + x_7 - x_8 = 1000 \\ x_1 - 20000 x_9 \leqslant 0 \\ x_2 - 20000 x_{10} \leqslant 0 \\ x_3 - 20000 x_{11} \leqslant 0 \\ x_4 - 20000 x_{12} \leqslant 0 \\ x_i \geqslant 0 \text{ 且取整数数值}(i = 1, 2, \cdots, 8) \\ x_j = 0, 1 (j = 9, 10, 11, 12) \end{cases}$$

根据上述模型即可调用 IntLp 函数来进行求解，此问题的设计变量中，有的要求是整数，有的要求是 0-1 型变量，因此需要区别对待。

调用 IntLp 函数求解,代码为:

```
>> clear all;
% 目标函数所对应的设计变量的系数
f = [450 450 450 450;8 8 8 8;20000 20000 20000 20000]';
% 不等式约束
A = [1 0 0 0 0 0 0 0 -20000 0 0 0;0 1 0 0 0 0 0 0 -20000 0 0;...
     0 0 1 0 0 0 0 0 0 -20000 0;0 0 0 1 0 0 0 0 0 0 0 -20000];
b = [0 0 0 0]';
% 等式约束
Aeq = [1 0 0 0 -1 0 0 0 0 0 0 0;0 1 0 0 1 -1 0 0 0 0 0 0;...
       0 0 1 0 0 1 -1 0 0 0 0 0;0 0 0 1 0 0 1 -1 0 0 0 0];
beq = [1500;2000;4000;1000];
% 设计变量的边界约束,其中设置 0-1 型变量的上界为 1
lb = zeros(1,12);
ub = [Inf,Inf,Inf,Inf,Inf,Inf,Inf,Inf,1,1,1,1]';
% 所有变量均为整数变量,因此将所有序号组成向量 M
M = [1:12]';
% 判定为整数的误差限
Tol = 1e-8;
% 求最优解 x 和目标函数值 fval,并返回状态指示及输出信息
[x,fval] = IntLp(f,A,b,Aeq,beq,lb,ub,M,Tol)
```

运行程序,输出如下:

```
x =
  3500
     0
  5000
     0
  2000
     0
  1000
     0
     1
     0
     1
     0
fval =
  4.160000000000254e+006
```

根据以上结果,可知该工厂的计划应为:在第一个季度开工,生产可以满足前两个季度市场需求的 3500 台电器,而后第二个季度停工,第三个季度继续开工,生产可以满足第三个季度和第四个季度市场需求的 3000 台电器,第四个季度停工。此时的所有花费为 416 万元。

8.3.2 排班问题

【例 8-9】 某连锁宾馆在一天的各时间区段内所需服务员人数如表 8-2 所示。假设服务员上班的时间在各时间段的开始时刻,并且连续工作 8 小时,则该宾馆应该至少配备多少名服务员?

表 8-2 宾馆各时间段需要的服务员人数

班 次	时 间 段	需服务员人数
1	08:00—12:00	98
2	12:00—16:00	120

续表

班　　次	时　间　段	需服务员人数
3	16:00—20:00	100
4	20:00—24:00	80
5	24:00—04:00	25
6	04:00—08:00	36

假设 x_i 为从第 i 个班次开始上班的服务员人数,则该宾馆共需服务员的人数为 $f = x_1 + x_2 + x_3 + x_4 + x_5 + x_6$,该问题的目标是使 f 值最小。

约束条件为在每一时间段至少需要配备的服务员人数如表 8-3 所示。因此,在班次 1 开始时刻即 8:00 开始上班的服务员,需要连续上班 8 小时到 16:00,即该服务员可以上两个班次,所以在时间段 08:00—12:00 在岗的服务员为班次 6 和班次 1 的服务员。以此类推,在时间段 12:00—16:00 在岗的服务员为班次 1 和班次 2 的服务员,在时间段 16:00—20:00 在岗的服务员为班次 2 和班次 3 的服务员。

设在班次 n 所在时间段需要的服务员人数为 s_n,则 $s_n(n=1,2,\cdots,6)$ 和 $x_i(i=1,2,\cdots,6)$ 需要满足的约束条件为：

$$\begin{cases} x_n + x_{n-1} \geqslant s_n (n=1,2,\cdots,6) \\ x_1 + x_6 \geqslant s_1 \end{cases}$$

得到该问题的数学描述为：

$$\min f = x_1 + x_2 + x_3 + x_4 + x_5 + x_6$$

$$\text{s.t.} \begin{cases} x_1 + x_2 \geqslant 98 \\ x_2 + x_3 \geqslant 120 \\ x_3 + x_4 \geqslant 100 \\ x_4 + x_5 \geqslant 80 \\ x_5 + x_6 \geqslant 25 \\ x_1 + x_6 \geqslant 36 \\ x_i \geqslant 0 \text{ 且取整数值} (i=1,2,\cdots,6) \end{cases}$$

用 MATLAB 求解以上整数规划问题,代码为：

```
>> clear all;
% 目标函数所对应的设计变量的系数
f = ones(1,6);
% 不等式约束
A = [-1 -1 0 0 0 0;0 -1 -1 0 0 0;0 0 -1 -1 0 0;...
     0 0 0 -1 -1 0;0 0 0 0 -1 -1;-1 0 0 0 0 -1];
b = [-98;-120;-100;-80;-25;-36];
% 边界约束,由于无上界,因此设置 ub=[Inf,Inf,Inf,Inf,Inf,Inf]';
lb = [0 0 0 0 0 0]';
ub = [Inf,Inf,Inf,Inf,Inf,Inf]';
% 所有变量均为整数变量,因此将所有序号组成向量 M
M = [1:6]';
% 判定为整数的误差限
Tol = 1e-8;
% 求最优解 x 和目标函数值 fval,并返回状态指示及输出信息
[x,fval,exitflag] = IntLp(f,A,b,[],[],lb,ub,M,Tol)
```

运行程序,输出如下:

```
x =
     0
    98
    22
    78
     2
    36
fval =
   236.0000
exitflag =
        1
```

由此可知,按照运行结果中的人数进行排班,即在各时间段的开始时刻分别安排 0、98、22、78、2、36 个服务员上班,所需要的总人数最少,一共为 236 个服务员。

8.3.3 资金分配问题

【例 8-10】 某企业在今后 3 年内有 5 项工程考虑施工,每项工程的期望收入和年度费用如表 8-3 所示。假定每一项已经批准的工程要在整个 3 年内完成。企业应怎样选择工程,使企业总收入最大?

表 8-3 每项工程的期望收入和年度费用

工程	费用/千元			收入/千元
	第 1 年	第 2 年	第 3 年	
1	6	2	9	22
2	4	7	12	45
3	5	10	2	18
4	8	4	1	18
5	7	5	10	32
最大可用基金数	25	25	25	

作决策变量 $x_1、x_2、x_3、x_4、x_5$:
$$x_i = \begin{cases} 1, & \text{选择 } i \text{ 项工程} \\ 0, & \text{放弃 } i \text{ 项工程} \end{cases}, \quad i = 1,2,3,4,5$$

这样,得到问题的数学模型为:
$$\max f = 22x_1 + 45x_2 + 18x_3 + 18x_4 + 32x_5$$
$$\text{s.t.} \begin{cases} 6x_1 + 4x_2 + 5x_3 + 8x_4 + 7x_5 \leqslant 25 \\ 2x_1 + 7x_2 + 10x_3 + 4x_4 + 5x_5 \leqslant 25 \\ 9x_1 + 12x_2 + 2x_3 + x_4 + 10x_5 \leqslant 25 \\ x_i = 0 \text{ 或 } 1 (i = 1,2,3,4,5) \end{cases}$$

调用 bintprog 函数求解该整数问题,代码为:

```
>> clear all;
f = -[22 45 18 18 2]';
a = [6 4 5 8 7;2 7 10 4 5;9 12 2 1 10];
b = [25 25 25]';
[x,fval,exitflag,output] = bintprog(f,a,b,[],[])
```

运行程序，输出如下：

```
Optimization terminated.
x =
     1
     1
     1
     1
     0
fval =
   -103
exitflag =
     1
output =
          iterations: 8
               nodes: 3
                time: 1.1076
           algorithm: 'LP-based branch-and-bound'
      branchStrategy: 'maximum integer infeasibility'
     nodeSrchStrategy: 'best node search'
             message: 'Optimization terminated.'
```

上述计算结果表明，企业选择第 1~4 项工程，能获最大收入 103 千元。

8.3.4 选课问题

【例 8-11】 某大学运筹学专业硕士生课程计划中必须选修两门数学类课程，两门运筹学类课程和两门计算机类课程。课程中有些只归属某一类，如"微积分"归属数学类，"计算机程序"归属计算机类，但有些课程是跨类的，如"运筹学"可归属运筹学和数学类，"数据结构"可归属计算机类和数学类，"管理统计"可归属数学类和运筹学类，"计算机模拟"可归属计算机类和运筹学类，"预测"可归属运筹学类和数学类。凡归属两类的课程选学后可认为两类中各学一门课。此外有些课程要求先学习先修课，如学"计算机要模拟"或"数据结构"必须先修"计算机程序"，学"管理统计"须先修"微积分"，学"预测"须先修"管理统计"。则一个硕士生最少应学几门、哪几门，才能满足上述要求？

对微积分、运筹学、数据结构、管理统计、计算机模拟、计算机程序、预测 7 门课程分别编号为 1,2,…,7。即有：

$$x_i = \begin{cases} 1, & \text{选学第 } i \text{ 门课程} \\ 0, & \text{不选学第 } i \text{ 门课程} \end{cases} \quad i=1,2,\cdots,7$$

即本题的数学模型为：

$$\min f = x_1 + x_2 + x_3 + x_4 + x_5 + x_6 + x_7$$

$$\text{s.t.} \begin{cases} x_1 + x_2 + x_3 + x_4 + x_7 \geq 2 \\ x_2 + x_4 + x_5 + x_7 \geq 2 \\ x_3 + x_5 + x_6 \geq 2 \\ x_1 \geq x_4 \\ x_6 \geq x_5 \\ x_6 \geq x_3 \\ x_4 \geq x_7 \\ x_i = 0 \text{ 或 } 1 (i=1,2,\cdots,7) \end{cases}$$

将模型转化为标准形式为：

$$\min f = x_1 + x_2 + x_3 + x_4 + x_5 + x_6 + x_7$$

$$\text{s.t.} \begin{cases} -(x_1 + x_2 + x_3 + x_4 + x_7) \leqslant -2 \\ -(x_2 + x_4 + x_5 + x_7) \leqslant -2 \\ -(x_3 + x_5 + x_6) \leqslant -2 \\ -x_1 + x_4 \leqslant 0 \\ x_5 - x_6 \leqslant 0 \\ x_3 - x_6 \leqslant 0 \\ -x_4 + x_7 \leqslant 0 \\ x_i = 0 \text{ 或 } 1(i = 1, 2, \cdots, 7) \end{cases}$$

调用 bintprog 函数求解以上整数规划问题，代码为：

```
>> clear all;
f = ones(7,1);
A = [1 1 1 1 0 0 1;0 1 0 1 1 0 1];
A = [A;0 0 1 0 1 1 0;1 0 0 -1 0 0 0];
A = [A;0 0 0 0 -1 1 0;0 0 -1 0 0 1 0];
A = [A;0 0 0 1 0 0 -1];
A = -A;
b = [-2 -2 -2 0 0 0 0]';
[x,fval,exitflag,output] = bintprog(f,A,b,[],[])
```

运行程序，输出如下：

```
Optimization terminated.
x =
     0
     1
     1
     0
     1
     1
     0
fval =
     4
exitflag =
     1
output = 
          iterations: 10
               nodes: 4
                time: 0.9204
           algorithm: 'LP-based branch-and-bound'
      branchStrategy: 'maximum integer infeasibility'
    nodeSrchStrategy: 'best node search'
             message: 'Optimization terminated.'
```

上述计算结果表明，fval=4，x2=1，x3=1，x5=1，x6=1，即硕士生最少应学 4 门课，它们分别为运筹学、数据结构、计算机模拟、计算机程序。

其中：

数学类：运筹学、数据结构。

运筹学：运筹学、计算机模拟。

计算机类：计算机程序、数据结构。

说明这种选学方案满足每类必修两门课程的要求。而且不难验明，其先修和后修的要求也是满足的。

8.3.5 背包问题

【例 8-12】 一个旅行者为出行需要整理其行李，但是他的背包最多只能承受 24kg 的物品。该旅行者共有 6 件物品可供选择，物品的对应编号、质量及其价格如表 8-4 所示。由于背包的限制，该旅行者决定携带尽可能高价值的物品，那么他应该怎样选择可使携带物品的总价值最大？

表 8-4 背包问题中物品对应的质量和价值

物品编号	1	2	3	4	5	6
质量/kg	5	5.6	6	3.5	4.2	8.1
价值/元	135	175	160	98	88	240

设 w_j 为物品 j 的质量，p_j 为物品 j 的价值。

选取设计变量为 $x_j(j=1,2,\cdots,10)$，$x_j=1$ 表示携带物品 j，$x_j=0$ 表示不携带物品 j，则所带物品的总质量为：

$$w = \sum_{i=1}^{6} w_j x_j = 5x_1 + 5.6x_2 + 6x_3 + 3.5x_4 + 4.2x_5 + 8.1x_6$$

由于背包最多能承受 24kg 的物品，因此必须满足 $w \leqslant 24$，将此作为该问题的一个约束条件：

$$5x_1 + 5.6x_2 + 6x_3 + 3.5x_4 + 4.2x_5 + 8.1x_6 \leqslant 24$$

同时，可根据每件物品的价值来计算携带物品的总价值为：

$$p = \sum_{i=1}^{6} p_j x_j = 135x_1 + 175x_2 + 160x_3 + 98x_4 + 88x_5 + 240x_6$$

该问题是要使得旅行者携带物品的总价值最大，即将 p 的值极大化，结合目标函数和约束条件，得到该问题的数学模型为：

$$\max f = 135x_1 + 175x_2 + 160x_3 + 98x_4 + 88x_5 + 240x_6$$

$$\text{s.t.} \begin{cases} 5x_1 + 5.6x_2 + 6x_3 + 3.5x_4 + 4.2x_5 + 8.1x_6 \\ x_i = 0 \text{ 或 } 1(i=1,2,\cdots,6) \end{cases}$$

调用 bintprog 函数求解以上模型，代码为：

```
>> clear all;
f = -[135 175 160 98 88 240]';
% 不等式约束
A = [5 5.6 6 3.5 4.2 8.1];
b = [25];
[x,fval,exitflag,output] = bintprog(f,A,b)
```

运行程序，输出如下：

```
Optimization terminated.
x =
```

```
            1
            1
            1
            0
            0
            1
fval =
    -710
exitflag =
     1
output =
         iterations: 18              % 优化过程迭代 18 次
              nodes: 13              % 搜索了 13 个节点
               time: 0.7800          % 所花的 CPU 时间
          algorithm: 'LP - based branch - and - bound'   % 所使用的具体算法
     branchStrategy: 'maximum integer infeasibility'     % 分支变量选择策略
   nodeSrchStrategy: 'best node search'                  % 分支节点选择策略
            message: 'Optimization terminated.'          % 退出信息
```

根据以上结果,当所选物品的序号为 1、2、3、6 时,相应物品的价值之和为 710 元。

上述背包问题的一般描述为:有 n 种物品,物品 j 的质量为 w_j,价格为 p_j,假定所有物品的质量和价格都是非负的;背包所能承受的最大质量为 w。如果限定每种物品只能选择 0 个或 1 个,则问题称为 0-1 背包问题,其数学模型为:

$$\max f = \sum_{j=1}^{n} p_j x_j$$

$$\text{s.t.} \begin{cases} \sum_{j=1}^{n} p_j x_j \leqslant w \\ x_j = 0 \text{ 或 } 1 (j=1,2,\cdots,n) \end{cases}$$

与上述问题相似的情况经常出现的商业、组合数学、计算复杂性理论、密码学和应用数学等领域中。背包问题是一个组合优化问题中的 NP 完全问题。如果采用动态规划的方法,背包问题存在一个伪多项式时间的算法,作为 NP 完全问题,背包问题没有一种既准确又快速能在多项式时间内求解该问题的算法。

以下实例用于利用枚举法求解背包问题。

【例 8-13】 有一辆最大货运量为 12t 的货车,用它装载 4 种货物,每种货物的单位质量及相应单位价值如表 8-5 所示。怎样装载,可使总价值最大?

表 8-5 货物的单位质量及单位价值

货物编号 i	1	2	3
单位质量/t	2.5	3.5	5.5
单位价值 c_i	4.5	4	5

设第 i 种货物装载件的数量为 $x_i (i=1,2,3)$,则所述问题可表示为:

$$\max f = 4.5x_1 + 4x_2 + 5x_3$$

$$\text{s.t.} \begin{cases} 2.5x_1 + 3.5x_2 + 5.5x_3 \leqslant 12 \\ x_i \geqslant 0, x_i \text{ 为整数} (i=1,2,3) \end{cases}$$

先取消整数限制,求出最优值和最优解。

```
>> clear all;
f = [4.5 4 5];
f1 = -f';
a = [2.5 3.5 5.5];
b = [12];
lb = [0 0 0]';
[w,fval,exitflag] = linprog(f1,a,b,[],[],lb,[])
Optimization terminated.
w =
    4.8000
    0.0000
    0.0000
fval =
  -21.6000
exitflag =
     1
```

由此结果得,定出决策变量 x_1、x_2、x_3 的取值范围:
$x_1: 0\sim 5, x_2: 0\sim 2, x_3: 0\sim 2$。
用枚举法求解的代码为:

```
>> k = 1;
for x1 = 0:5
    for x2 = 0:2
        for x3 = 0:2
            q = [x1 x2 x3]';
            p = a * q;
            if p <= b
                z(k) = f * q;
                v(k,:) = q';
                k = k + 1;
            end
        end
    end
end
[zm,ind] = max(z)
x = v(ind,:)
zv = [z',v]
```

运行程序,输出如下:

```
zm =
    13
ind =
    11
x =
     2     1     0
zv =
     0     0     0     0
     6     0     0     1
    12     0     0     2
     5     0     1     0
    11     0     1     1
    10     0     2     0
```

4	1	0	0
10	1	0	1
9	1	1	0
8	2	0	0
13	2	1	0
12	3	0	0

这说明所述整数解的最大值为 13,其最优解为 $x_1=2, x_2=1, x_3=0$。

8.3.6 指派问题

【例 8-14】 4 个工人被分派做 4 项工作,每项工作只能 1 个人做,每人只能做 1 项工作。现设每个工人做每项工作的耗时如表 8-6 所示,求总耗时最少的分派方案。

表 8-6 每项工作耗时表

工 人	工 作			
	1	2	3	4
1	$14x_1$	$17x_2$	$20x_3$	$23x_4$
2	$18x_5$	$22x_6$	$22x_7$	$16x_8$
3	$25x_9$	$18x_{10}$	$15x_{11}$	$19x_{12}$
4	$19x_{13}$	$21x_{14}$	$24x_{15}$	$17x_{16}$

作决策变量 $x_1, x_2, \cdots, x_{16}$,并将其列在表 8-6 上。$x_i (i=1,2,\cdots,16)$ 只取 0 或 1。如果 $x_2=1$,表示工人 1 做工作 2,或工作 2 由工人 1 做;$x_2=0$ 时,表示工人不能做工作 2,或工作 2 不由工人 1 做。另外 $x_{10}=1$,表示工人 3 做工作 2,或工作 2 由工人 3 做;$x_{10}=0$,表示工人 3 不做工作 2,或工作 2 不由工人 3 做,以此类推。

这样,可将上述问题给出数学模型:

$$\max f = 14x_1 + 17x_2 + 20x_3 + 23x_4 + 18x_5 + 22x_6 + 22x_7$$
$$16x_8 + 29x_9 + 18x_{10} + 15x_{11} + 19x_{12} + 19x_{13} + 21x_{14} + 24x_{15} + 17x_{16}$$

$$\text{s.t.} \begin{cases} x_1 + x_2 + x_3 + x_{\backslash 4} = 1 & \text{工人 1 只能做一项工作} \\ x_5 + x_6 + x_7 + x_{\backslash 8} = 1 & \text{工人 2 只能做一项工作} \\ x_9 + x_{10} + x_{11} + x_{\backslash 12} = 1 & \text{工人 3 只能做一项工作} \\ x_{13} + x_{14} + x_{15} + x_{\backslash 16} = 1 & \text{工人 4 只能做一项工作} \\ x_1 + x_5 + x_9 + x_{\backslash 13} = 1 & \text{工作 1 只能由一人做} \\ x_2 + x_6 + x_{10} + x_{\backslash 14} = 1 & \text{工作 2 只能由一人做} \\ x_3 + x_7 + x_{11} + x_{\backslash 15} = 1 & \text{工作 3 只能由一人做} \\ x_4 + x_8 + x_{12} + x_{\backslash 16} = 1 & \text{工作 4 只能由一人做} \\ x_i = 0 \text{ 或 } 1 (i=1,2,\cdots,16) \end{cases}$$

先将后面 4 个式子表示为:

$$\begin{cases} x_1 + x_5 + x_9 + x_{\backslash 13} = 1 \\ x_2 + x_6 + x_{10} + x_{\backslash 14} = 1 \\ x_3 + x_7 + x_{11} + x_{\backslash 15} = 1 \\ x_4 + x_8 + x_{12} + x_{\backslash 16} = 1 \end{cases}$$

上述等式可写为：

$$[\text{eye}(4) \quad \text{eye}(4) \quad \text{eye}(4) \quad \text{eye}(4)] \begin{bmatrix} x_1 \\ x_2 \\ \vdots \\ x_{16} \end{bmatrix} = \begin{bmatrix} 1 \\ 1 \\ \vdots \\ 1 \\ 1 \end{bmatrix}$$

利用 bintprog 函数求解以上问题，代码为：

```
>> clear all;
f = [14 17 20 23 18 22 22 16];
f = [f;25 18 15 19 19 21 24 17]';
o4 = ones(1,4);
z4 = zeros(1,4);
z8 = zeros(1,8);
z12 = zeros(1,12);
y = eye(4);
q = [o4,z12;z4,o4,z8];
q = [q;z8,o4,z4;z12,o4];
q = [q;y,y,y,y];
bq = ones(8,1);
[x,fval,exitflag,output] = bintprog(f,[],[],q,bq);
x',fval,exitflag,output
```

运行程序，输出如下：

```
Optimization terminated.
ans =
   1 0 0 0 0 0 0 1 0 0 1 0 0 1 0 0
fval =
    66
exitflag =
    1
output =
            iterations: 8
                 nodes: 1
                  time: 0.8112
             algorithm: 'LP - based branch - and - bound'
        branchStrategy: 'maximum integer infeasibility'
       nodeSrchStrategy: 'best node search'
               message: 'Optimization terminated.'
```

将 x 的元素按先行后列排成 4 批矩阵：

```
>> xx = reshape(x,4,4);
>> xx = xx'
xx =
     1     0     0     0
     0     0     0     1
     0     0     1     0
     0     1     0     0
```

xx 称为指派方案，其表示最优指派方案为：
工人 1 做工作 1；工人 2 做工作 4；工人 3 做工作 3；工人 2 做工作 4。

8.3.7 投资项目选择问题

【例8-15】 某地区有5个可考虑的投资项目,其期望纯收益与所需投资额如表8-7所示。由于各工程项间有一定的联系,项目1、3、5间必选且仅选一项;项目2和项目4间也是必选且仅选一项;项目3与项目4是密切相连的,项目3的实施必须以项目4的实施为前提条件。该地区共筹集到资金15万元,问应选择哪些项目,其期望纯收益最大?

表8-7 期望纯收益与所需投资额

工程项目	期望纯收益/万元	所需投资/万元
1	12	8
2	10	9
3	7	3
4	5	2
5	6	4

设决策变量 $x_i(i=1,2,\cdots,5)$,并规定:

$$x_i = \begin{cases} 0, & \text{表示项目 } i \text{ 未被选中} \\ 1, & \text{表示项目 } i \text{ 被选中} \end{cases}$$

先看约束条件:

$x_1+x_3+x_5=1$,项目1、3、5必选且仅选一项。

$x_2+x_4=1$,项目2、4必选且仅选一项。

$x_3 \leqslant x_4$,项目3的实施以项目4的实施为前提。

$8x_1+9x_2+3x_3+2x_2+4x_2 \leqslant 15$,资金限制。

即所述问题的数学模型为:

$$\max f = 12x_1 + 10x_2 + 7x_3 + 5x_4 + 6x_5$$

$$\text{s.t.} \begin{cases} x_3 - x_5 \leqslant 0 \\ 8x_1 + 9x_2 + 3x_3 + 2x_2 + 4x_2 \leqslant 15 \\ x_1 + x_3 + x_5 = 1 \\ x_i = 0 \text{ 或 } 1(i=1,2,\cdots,5) \end{cases}$$

下面先给出扩展型0-1规划的解,代码为:

```
>> clear all;
f = [12 10 7 5 6];
a = [0 0 1 0 -1;8 9 3 2 4];
b = [0 15]';
aq = [1 0 1 0 1;0 1 0 1 0];
bq = [1 1]';
lb = zeros(5,1);
ub = ones(5,1);
f1 = -f';
[w,fval1,exitgflag1] = linprog(f1,a,b,aq,bq,lb,ub);
w',fval1,exitgflag1
k = 1;
for x1 = 0:1
    for x2 = 0:1
        for x3 = 0:1
            for x4 = 0:1
```

```
                    for x5 = 0:1
                        q = [x1,x2,x3,x4,x5]';
                        p = a * q;
                        r = aq * q;
                        if p <= b & r == bq
                            z(k) = f * q;
                            v(k,:) = q';
                            k = k + 1;
                        end
                    end
                end
            end
        end
    end
end
[zm,ind] = max(z)
x = v(ind,:)
zv = [z',v]
```

运行程序,输出如下:

```
Optimization terminated.
w =
    1.0000    0.7143    0.0000    0.2857    0.0000
fval1 =
   -20.5714
exitgflag1 =
    1
zm =
    17
ind =
    3
x =
    1    0    0    1    0
zv =
    11    0    0    0    1    1
    16    0    1    0    0    1
    17    1    0    0    1    0
```

以上结果表明,该地区应选择项目 1 和项目 4,其期望纯收益最大,为 17 万元。

用 bintprog 函数求解,代码为:

```
>> [u,fval,ex] = bintprog(f1,a,b,aq,bq);
u = u',fval,ex
```

运行程序,输出如下:

```
Optimization terminated.
u =
    1    0    0    1    0
fval =
   -17
ex =
    1
```

不难看到,这与枚举法所求结果是一致的。

8.4　0-1型整数规划

0-1型整数线性规划是一类特殊的整数规划,它的变量仅取值0或1。其数学模型为:
$$\min f = \boldsymbol{c}^{\mathrm{T}}\boldsymbol{x}$$
$$\text{s. t.} \begin{cases} \boldsymbol{A}\boldsymbol{x} = \boldsymbol{b} \\ x_j(j=1,2,\cdots,n) \text{ 取 0 或 1} \end{cases}$$

其中 $\boldsymbol{c}=(c_1,c_2,\cdots,c_n)^{\mathrm{T}}$,$\boldsymbol{x}=(x_1,x_2,\cdots,x_n)^{\mathrm{T}}$,$\boldsymbol{A}=(a_{ij})_{m\times n}$,$\boldsymbol{b}=(b_1,b_2,\cdots,b_m)^{\mathrm{T}}$。

称此时的决策变量为0-1变量,或称二进制变量。在实际问题中,如果引进0-1变量,就可以把各种需要分别讨论的线性(或非线性)规划问题统一在一个问题中来讨论了。

8.4.1　0-1型整数规划理论

求解整数线性规划的分支定界法也是一种隐枚举法,0-1规划可以通过增加限定 $0 \leqslant x_i \leqslant 1$ 的整数规划来求解。

在此主要介绍一种针对0-1型整数规划特点的隐枚举法算法。所谓隐枚举是一种"聪明"的枚举,通过设计一些方法,检查变量是组合的一部分,而不必全部检查 n 个变量的 2^n 个取值组合。要说明的是,对有些问题(特别是对于一部分决策变量是0-1变量的混合线性规划中)隐枚举法有时难以适用,所以穷举法还是必要的。

实现隐枚举法的步骤如下。

(1) 记 $f_0 = \infty$,将 n 个决策变量构成的 $\boldsymbol{x}$ 的可能的 2^n 种取值组合按二进制(或某种顺序)排序。

(2) 按上述顺序对 $\boldsymbol{x}$ 的取值首先检测 $f=\boldsymbol{c}^{\mathrm{T}}\boldsymbol{x} \leqslant f_0$ 是否成立,若不成立则放弃该取值的 $\boldsymbol{x}$,按次序换(1)中下一组 $\boldsymbol{x}$ 的取值重复上述过程;若成立,则转下一步。

(3) 对 $\boldsymbol{x}$ 逐一检测 $\boldsymbol{A}\boldsymbol{x} \leqslant \boldsymbol{b}$ 中的 m 个条件是否满足,一旦检测某条件不满足便停止检测后面的条件,而放弃这一组 $\boldsymbol{x}$,按次序换(1)中下一组 $\boldsymbol{x}$ 的取值执行(2);若 m 个条件全满足,则转下一步。

(4) 记 $f_0 = \min(f_0, f)$,按次序转(1)中下一组 $\boldsymbol{x}$ 的取值,执行(2)。

(5) 最后一组满足 $f=\boldsymbol{c}^{\mathrm{T}}\boldsymbol{x} \leqslant f_0$ 和 $\boldsymbol{A}\boldsymbol{x} \leqslant \boldsymbol{b}$ 的 $\boldsymbol{x}$ 即为最优解。

注意:在执行上述算法步骤时,可以及时地记录所有满足 $f=\boldsymbol{c}^{\mathrm{T}}\boldsymbol{x} \leqslant f^*$($f^*$ 为最优值)的 $\boldsymbol{x}$,以便求所有最优解。

【例8-16】　求解整数规划问题:
$$\max f = 5x_1 + 8x_2$$
$$\text{s. t.} \begin{cases} x_1 + x_2 \leqslant 6 \\ 5x_1 + 9x_2 \leqslant 45 \\ x_1, x_2 \geqslant 0, \text{且 } x_1, x_2 \text{ 为整数} \end{cases}$$

先取消整数限制,求其最优解,代码为:

```
>> clear all;
f = [5 8];
f1 = -f;
a = [1 1;5 9];
```

```
b = [6 45]';
lb = [0 0]';
% 利用 linprog 函数,求得取消整数限制的最优值和最优解
[w,fval1,exitflag1] = linprog(f1,a,b,[],[],lb,[])
```

运行程序,输出如下:

```
Optimization terminated.
x1 =
    2.2500
    3.7500
fval1 =
   -41.2500
exitflag1 =
        1
```

因为目标线性函数具有一致斜率,因此其整数规划问题的解,应在 $w=[2.25\ 3.75]'$ 附近,这为枚举法提供了一定的参照。

利用枚举法求解,实现代码为:

```
>> k = 1;
for x1 = 0:6;
    for x2 = 0:5
        q = [x1,x2]';           % q 为整型点
        p = a * q;              % 如 p <= b,则 q 可行
        if p <= b
            z(k) = f * q;       % 当 q 可行时,计算函数值
            v(k,:) = q';        % 把可行的 q 记录下来
            k = k + 1;
        end
    end
end
% z 为枚举出来的目标函数值,v 为相应的可行点
[zm,ind] = max(z);
% zm 为整型最大值,ind 为其序号
x = v(ind,:)                    % x 为最优解
fval = [z',v]                   % z 为行向量,fval 为矩阵,第一列为目标函数值,后面两列为其相应的整型点
max(fval)
```

运行程序,输出如下:

```
x =
     0     5
fval =
     0     0     0
     8     0     1
    16     0     2
    24     0     3
    32     0     4
    40     0     5
     5     1     0
    13     1     1
    21     1     2
    29     1     3
    37     1     4
```

```
    10      2    0
    18      2    1
    26      2    2
    34      2    3
    15      3    0
    23      3    1
    31      3    2
    39      3    3
    20      4    0
    28      4    1
    36      4    2
    25      5    0
    33      5    1
    30      6    0
ans =
    40      6    5
```

由以上结果可得,整数规划的解为:

$x_1=0, x_2=5$,其最大值为 40。

【例 8-17】 求解整数规划问题:

$$\max f = 4x_1 + 6x_2 + x_3$$

$$\text{s.t.} \begin{cases} 7x_1 - 2x_2 \leqslant 5 \\ -x_1 + 4x_2 \leqslant 8 \\ -x_1 + x_2 + 2x_3 \leqslant 6 \\ x_1, x_2, x_3 \geqslant 0, \text{且} x_1, x_2, x_3 \text{为整数} \end{cases}$$

当决策变量不多时,且取得范围不大时,可以将枚举范围放宽些;但决策变量多且取值范围大时,则需要利用 linprog 函数取消整数限制的最优解,逐次给出枚举范围。

```
>> clear all;
f = [4 6 1]';
f1 = -f;
a = [7 -2 0;-1 4 0;-1 1 2];
b = [5 8 6]';
lb = [0 0 0]';
% 利用 linprog 函数,求得取消整数限制的最大值和最优解
[w,fval1,exitflag1] = linprog(f1,a,b,[],[],lb,[])
```

运行程序,输出如下:

```
Optimization terminated.
w =
    1.3846
    2.3462
    2.5192
fval1 =
   -22.1346
exitflag1 =
        1
```

利用枚举法求解整数规划问题,代码为:

```
>> k = 1;
for x1 = 0:2;
    for x2 = 0:2
        for x3 = 0:3
            q = [x1,x2,x3]';
            p = a * q;
            if p <= b
                z(k) = f * q;
                v(k,:) = q';
                k = k + 1;
            end
        end
    end
end
% x3 的取值范围为 0 到 3,是参考 w 给出的
[zm,ind] = max(z);
x = v(ind,:)
fval = [z',v];
max(fval)
```

由以上结果可得,最大值为 23,最优解为 [1 3 2]。

8.4.2 用 MATLAB 求解 0-1 型整数规划

MATLAB 的 0-1 规划函数 bintprog 是针对下述 0-1 规划:

$$\min_{x} f = \boldsymbol{c}^{\mathrm{T}} \boldsymbol{x}$$

$$\text{s. t.} \begin{cases} \boldsymbol{Ax} \leqslant \boldsymbol{b} \\ \text{Aeq.} \boldsymbol{x} = \text{beq} \\ \boldsymbol{x} = [x_1, x_2, \cdots, x_m]^{\mathrm{T}}, x_i = 0 \text{ 或 } 1, i = 1, 2, \cdots, n \end{cases}$$

bintprog 函数的调用格式如下。

x = bintprog(f,A,b):求解 0-1 型整数线性规划,用法类似于 linprog。

x = bintprog(f,A,b,Aeq,beq):求解下面的线性规划:min z=f^{T}x,Ax≤b,Aeq. x=beq,x 分量取值 0 或 1。

x = bintprog(f,A,b,Aeq,beq,x0):指定迭代初值 x0,如果没有不等式约束,可以用[]替代 A 和 b 表示缺省,如果没有等式约束,可用[]替代 Aeq 和 beq 表示缺省;用[x,fval]代替上述各命令行中左边的 x,则可得到最优解处的函数值 Fval。

[x,fval] = bintprog(…):同时返回最优解处的值 fval。

[x,fval,exitflag] = bintprog(…):exitflag 为输出的标志,其取值如表 8-8 所示。

表 8-8 exitflag 取值及说明

exitflag	说　　明
1	目标函数收敛到最优解
0	迭代次数超过最大迭代次数 MaxIter
−2	无可行解
−4	搜索节点数超过最大给定节点数 MaxNodes
−5	搜索时间超过最大给定搜索时间 MaxTime
−6	表示整数规划(LP)求解器在某节点处求解 LP 松弛问题时的迭代次数超过了设定次数 MaxRLpiter. LP

[x,fval,exitflag,output] = bintprog(…)：output 包含使用算法、迭代次数、搜索过的节点数、算法执行时间、算法终止时间。

【例 8-18】 利用 bintprog 函数求解如下 0-1 整数规划问题：

$$\min f(z) = -9x_1 - 5x_2 - 6x_3 - 4x_4$$

$$\text{s.t.} \begin{cases} 6x_1 + 3x_2 + 5x_3 + 2x_4 \leqslant 9 \\ x_3 + x_4 \leqslant 1 \\ -x_1 + x_3 \leqslant 0 \\ -x_2 + x_4 \leqslant 0 \end{cases}$$

其实现的 MATLAB 代码如下：

```
>> clear all;
f = [-9; -5; -6; -4];
A = [6 3 5 2; 0 0 1 1; -1 0 1 0; 0 -1 0 1];
b = [9; 1; 0; 0];
[x,fval,exitflag,output] = bintprog(f,A,b)
```

运行程序,输出如下：

```
Optimization terminated.
x =
     1
     1
     0
     0
fval =    -14
exitflag =     1
output =
           iterations: 12
                nodes: 5
                 time: 0.8112
            algorithm: 'LP-based branch-and-bound'
       branchStrategy: 'maximum integer infeasibility'
      nodeSrchStrategy: 'best node search'
              message: 'Optimization terminated.'
```

【例 8-19】 求解下述 0-1 整数规划问题：

$$\max f = 3x_1 - 5x_2 + x_3 - 2x_4$$

$$\text{s.t.} \begin{cases} 2x_1 - x_2 + x_3 - x_4 \geqslant 2 \\ x_1 - 2x_2 + 4x_3 + x_4 \geqslant 10 \\ 5x_1 + 3x_2 - 4x_4 \geqslant 8 \\ x_i = 0 \text{ 或 } 1 (i=1,2,3,4) \end{cases}$$

将以上 0-1 整数规划数学模型化为标准形式为：

$$\min f = -3x_1 + 5x_2 - x_3 + 2x_4$$

$$\text{s.t.} \begin{cases} -2x_1 + x_2 - x_3 + x_4 \leqslant -2 \\ -x_1 + 2x_2 - 4x_3 - x_4 \leqslant -10 \\ -5x_1 - 3x_2 + 4x_4 \leqslant -8 \\ x_i = 0 \text{ 或 } 1 (i=1,2,3,4) \end{cases}$$

利用 bintprog 函数求解 0-1 整数规划问题,代码为:

```
>> clear all;
f = [-3 5 -1 2]';
A = [-2 1 -1 1;-1 2 -4 -1;-5 -3 0 4];
b = [-2 -10 -8]';
[x,fval,exitflag,output] = linprog(f,A,b,[],[])
```

运行程序,输出如下:

```
Exiting: One or more of the residuals, duality gap, or total relative error
has stalled:
         the dual appears to be infeasible (and the primal unbounded).
         (The primal residual < TolFun = 1.00e - 08.)
x =
   1.0e + 39 *
   - 0.0000
   - 7.1506
   - 2.2346
   - 5.3630
fval =
   - 4.4245e + 40
exitflag =
     - 3
output =
         iterations: 13
          algorithm: 'large - scale: interior point'
        cgiterations: 0
            message: [1x216 char]
      constrviolation: 0
       firstorderopt: 1.1431e + 40
```

【例 8-20】 求解下列 0-1 整数规划问题:

$$\min f = 12x_1 + 18x_2 + 21x_3 + 15x_4 + 8x_5 + 22x_6 + 26x_7 + 17x_8 + 16x_9$$

$$\text{s. t.} \begin{cases} x_1 + x_2 + x_3 = 1 \\ x_4 + x_5 + x_6 = 1 \\ x_7 + x_4 + x_9 = 1 \\ x_1 + x_4 + x_7 = 1 \\ x_2 + x_5 + x_8 = 1 \\ x_3 + x_6 + x_9 = 1 \\ x_i = 0 \text{ 或 } 1 (i = 1, 2, \cdots, 9) \end{cases}$$

以上这个 0-1 整数规划只有等式约束,调用 bintprog 函数实现代码为:

```
>> clear all;
f = [12 18 21 15 8 22 26 17 16]';
z2 = zeros(1,2);
z3 = zeros(1,3);
z6 = zeros(1,6);
o3 = ones(1,3);
q = [o3,z6;z3,o3,z3;z6,o3];
q = [q;1,z2,1,z2,1,z2];
```

```
q = [q;o3,1,z2,1,z2];
q = [q;z2,1,z2,1,z2,1];
bq = ones(6,1);
[x,fval,exitflag,output] = bintprog(f,[],[],q,bq)
```

运行程序,输出如下:

```
Optimization terminated.
x =
     1
     0
     0
     0
     1
     0
     0
     0
     1
fval =
    36
exitflag =
     1
output =
            iterations: 1
                 nodes: 1
                  time: 0.9204
             algorithm: 'LP - based branch - and - bound'
        branchStrategy: 'maximum integer infeasibility'
       nodeSrchStrategy: 'best node search'
               message: 'Optimization terminated.'
```

由以上结果可得,当 x=[1 0 0 0 1 0 0 0 1]时,目标函数取得最小值 36。

第 9 章

现代智能优化及规划

在前面几章中我们介绍了 MATLAB 的线性规划、整数规划问题,本章将对 MATLAB 的其他规划问题作介绍。遗传算法是一类借鉴生物界的进化规律演化而来的随机化搜索方法;模拟退火算法最早由 Kirkpatrick 等应用于组合优化领域,它是基于 Monte-Carlo 迭代求解策略的一种随机寻优算法;禁忌搜索(Tabu Search)算法是一种元启发式(meta-heuristic)随机搜索算法,它从一个初始可行解出发,选择一系列的特定搜索方向(移动)作为试探,选择实现让特定的目标函数值变化最多的移动。

9.1 现代智能优化算法

现代智能优化算法主要包括遗传算法(Genetic Algorithms)、神经网络优化算法(Neural Networks Optimization)、模拟退火算法(Simulated Annealing)、粒子群优化算法(Particle Swarm Optimization)等,这些算法是通过提示和模拟自然现象及工程实际,并综合利用物理学、生物进化、人工智能和神经科学等所构造的算法,也称为启发式算法。

9.1.1 遗传算法

遗传算法是由美国的 J. Holland 教授于 1975 年首先提出,其主要特点是:直接对结构对象进行操作,不存在求导和函数连续性的限定;具有内在的隐并行性和更好的全局寻优能力;采用概率化的寻优方法,能自动获取和指导优化的搜索空间,自适应地调整搜索方向,不需要确定的规则。遗传算法的这些性质,已被人们广泛地应用于组合优化、机器学习、信号处理、自适应控制和人工生命等领域。它是现代有关智能计算中的关键技术。

遗传算法是解决搜索问题的一种通用算法,对于各种通用问题都适用。搜索算法的共同特征为:

(1) 组成一组候选解。
(2) 依据某些适应性条件测算这些候选解的适应度。
(3) 根据适应度保留某些候选解,放弃其他候选解。
(4) 对保留的候选解进行某些操作,生成新的候选解。

在遗传算法中,上述几个特征以一种特殊的方式组合在一起:基于染色体群的并行搜索,带有猜测性质的选择操作、交换操作和突变操作。这种特殊的组合方式将遗传算法与其他搜索算法区别开来。

遗传算法还具有以下几方面的特点。

（1）遗传算法从问题解的串集开始搜索，而不是从单个解开始。这是遗传算法与传统优化算法的极大区别。传统优化算法从单个初始值迭代求最优解，容易误入局部最优解；遗传算法从串集开始搜索，覆盖面大，利于全局择优。

（2）遗传算法同时处理群体中的多个个体，即对搜索空间中的多个解进行评估，减少了陷入局部最优解的风险，同时算法本身易于实现并行化。

（3）遗传算法基本上不用搜索空间的知识或其他辅助信息，而仅用适应度函数值来评估个体，在此基础上进行遗传操作。适应度函数不仅不受连续可微的约束，而且其定义域可以任意设定。这一特点使得遗传算法的应用范围大大扩展。

（4）遗传算法不是采用确定性规则，而是采用概率的变迁规则来指导它的搜索方向。

（5）具有自组织、自适应和自学习性。遗传算法利用进化过程获得的信息自行组织搜索时，适应度大的个体具有较高的生存概率，并获得更适应环境的基因结构。

遗传算法的流程图如图 9-1 所示。

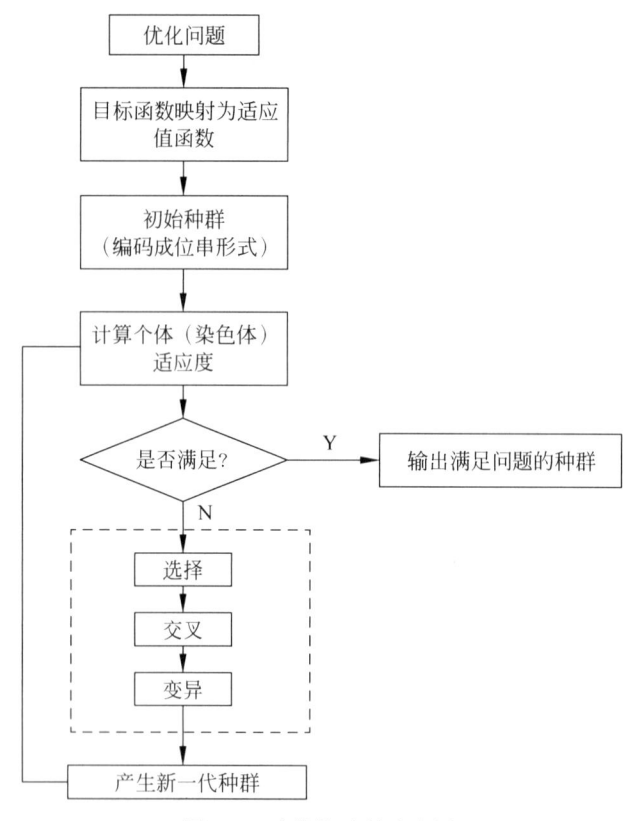

图 9-1 遗传算法的流程图

遗传算法首先将问题的每个可能的解按某种形式进行编码，编码后的解称为染色体（个体）。随机选取 N 个染色体构成初始种群，再根据预定的评价函数对每个染色体计算适应度，使得性能较好的染色体具有较高的适应度。选择适应度高的染色体进行复制，通过遗传算子选择、交叉（重组）、变异，来产生一群新的更适应环境的染色体，形成新的种群。这样一代一代不断系列、进化，通过这一过程使后代种群比前代种群更适应环境，末代种群中的最优个体经过解码，作为问题的最优解或近似最优解。

遗传算法中包含如下 5 个基本要素：问题编码、初始群体的设定、适应度函数、遗传操作设计、控制参数设定（主要是指群体大小和使用遗传操作的概率等）。这 5 个要素构成了遗传算法的核心内容。下文对前 3 个要素展开介绍。

1．问题编码

遗传算法不能直接处理问题空间的参数，必须把它们转换成遗传算法空间中由基因按一定结构组成的染色体或个体。这一转换操作即叫作编码，也可以称作（问题的）表示（representation）。

评估编码策略常采用以下 3 个规范。

（1）完备性（completeness）：问题空间中的所有点（候选解）都能作为遗传算法空间中的点（染色体）表现。

（2）健全性（soundness）：遗传算法空间中的染色体能对应所有问题空间中的候选解。

（3）非冗余性（nonredundancy）：染色体和候选解一一对应。

目前常用的几种编码技术有二进制编码、浮点数编码、字符编码、编程编码等。

二进制编码是目前遗传算法中最常用的编码方法。即由二进制字符集{0,1}产生通常的 0、1 字符串来表示问题空间的候选解。它具有以下特点。

（1）简单易行。

（2）符合最小字符集编码原则。

（3）便于用模式定理进行分析，因为模式定理就是以其为基础的。

2．初始群体的设定

遗传算法中初始群体中的个体是随机产生的。一般来讲，初始群体的设定可采取如下策略。

（1）根据问题固有知识，设法把握最优解所占空间在整个问题空间中的分布范围，然后在此分布范围内设定初始群体。

（2）先随机生成一定数目的个体，从中挑出最好的个体加到初始群体中。这种过程不断迭代，直到初始群体中个体数达到预先确定的规模。

3．适应度函数

进化论中的适应度，是表示某一个体对环境的适应能力，也表示该个体繁殖后代的能力。遗传算法的适应度函数也叫评价函数，是用来判断群体中的个体的优劣程度的指标，它是根据所求问题的目标函数来进行评估的。

遗传算法在搜索进化过程中一般不需要其他外部信息，仅用评估函数来评估个体或解的优劣，并作为以后遗传操作的依据。由于在遗传算法中，适应度函数要比较排序并在此基础上计算选择概率，所以适应度函数的值要取正值。由此可见，在不少场合，将目标函数映射成求最大值形式且函数值非负的适应度函数是必要的。

适应度函数的设计主要满足以下条件。

（1）单值、连续、非负、最大化；

（2）合理、一致性；

（3）计算量小；

（4）通用性强。

在具体应用中，适应度函数的设计要结合求解问题本身的要求而定。适应度函数设计直接影响到遗传算法的性能。

9.1.2 模拟退火算法

模拟退火算法出发点是物理中固体物质的退火过程与一般组合优化问题之间的相似性。模拟退火算法是一种通用的优化算法,理论上算法具有概率的全局优化性能,目前已在工程中得到了广泛应用,诸如 VLSI、生产调度、控制工程、机器学习、神经网络、信号处理等领域。

模拟退火算法是通过赋予搜索过程一种时变且最终趋于零的概率突跳性,从而可有效避免陷入局部极小并最终趋于全局最优的串行结构的优化算法。

模拟退火算法是针对组合优化提出的,其目的在于:

(1) 为具有 NP 复杂性的问题提供有效的近似求解算法;

(2) 克服优化过程陷入局部极小;

(3) 克服初值依赖性。

1. 模拟退火算法的基本原理

模拟退火算法来源于固体退火原理,将固体加温至充分高,再让其徐徐冷却,加温时,固体内部粒子随温升变为无序状,内能增大,而徐徐冷却时粒子渐趋有序,在每个温度都达到平衡态,最后在常温时达到基态,内能减为最小。根据 Metropolis 准则,粒子在温度 T 时趋于平衡的概率为 $e(-\Delta E/(kT))$,其中 E 为温度 T 时的内能,ΔE 为其改变量,k 为 Boltzmann 常数。用固体退火模拟组合优化问题,将内能 E 模拟为目标函数值 f,温度 T 演化成控制参数 t,即得到解组合优化问题的模拟退火算法:由初始解 i 和控制参数初值 t 开始,对当前解重复"产生新解"→"计算目标函数差"→"接受或舍弃"的迭代,并逐步衰减 t 值,算法终止时的当前解即为所得近似最优解,这是基于蒙特卡洛迭代求解法的一种启发式随机搜索过程。退火过程由冷却进度表(Cooling Schedule)控制,包括控制参数的初值 t 及其衰减因子 Δt、每个 t 值时的迭代次数 L 和停止条件 S。

2. 模拟退火算法的模型

模拟退火算法可分为解空间、目标函数和初解三部分。

模拟退火的基本思想如下。

(1) 初始化:初始温度 T(充分大),初始解状态 S(是算法迭代的起点),每个 T 值的迭代次数 L。

(2) 对 $k=1,2,\cdots,L$ 做第(3)到第(6)步。

(3) 产生新解 S'。

(4) 计算增量 $\Delta t'=C(S')-C(S)$,其中 $C(S)$ 为评价函数。

(5) 若 $\Delta t'<0$ 则接受 S' 作为新的当前解,否则以概率 $\exp(-\Delta t'/T)$ 接受 S' 作为新的当前解。

(6) 如果满足终止条件则输出当前解作为最优解,结束程序。终止条件通常取为连续若干个新解都没有被接受时终止算法。

(7) T 逐渐减小,且 $T\rightarrow 0$,转第(2)步。

3. 模拟退火算法新解的产生和接受

模拟退火算法新解的产生和接受可分为如下 4 个步骤。

(1) 由一个产生函数从当前解产生一个位于解空间的新解。为便于后续的计算和接受,减少算法耗时,通常选择由当前新解经过简单的变换即可产生新解的方法,如对构成新解的全部或部分元素进行置换、互换等,注意到产生新解的变换方法决定了当前新解的邻域结构,因而对冷却进度表的选取有一定的影响。

（2）计算与新解所对应的目标函数差。因为目标函数差仅由变换部分产生，所以目标函数差的计算最好按增量计算。事实表明，对大多数应用而言，这是计算目标函数差的最快方法。

（3）判断新解是否被接受，判断的依据是一个接受准则，最常用的接受准则是 Metropolis 准则：若 $\Delta t' < 0$ 则接受 S' 作为新的当前解 S，否则以概率 $\exp(-\Delta t'/T)$ 接受 S' 作为新的当前解 S。

（4）当新解被确定接受时，用新解代替当前解，这只需将当前解中对应于产生新解时的变换部分予以实现，同时修正目标函数值即可。此时，当前解实现了一次迭代。可在此基础上开始下一轮试验。当新解被判定为舍弃时，在原当前解的基础上继续下一轮试验。

模拟退火算法与初始值无关，算法求得的解与初始解状态 S（是算法迭代的起点）无关；模拟退火算法具有渐近收敛性，已在理论上被证明是一种以概率为 1 收敛于全局最优解的全局优化算法。

模拟退火算法具有并行性。

9.1.3 禁忌搜索算法

禁忌搜索算法为了避免陷入局部最优解，在搜索中采用了一种灵活的"记忆"技术，对已经进行的优化过程进行记录和选择，指导下一步的搜索方向，这就是禁忌表的建立。

1. 禁忌搜索算法的基本思想

考虑最优化问题 $\min f(x) | x \in X$，对于 X 中每一个解 x，定义一个邻域 $N(x)$，禁忌搜索算法首先确定一个初始可行解 x，初始可行解 x 可以从一个启发式算法获得或者在可行解集合 X 中任意选择，确定初始可行解后，定义可行解 x 的邻域移动集 $s(x)$，然后从邻域移动中挑选一个能改进当前解 x 的移动 $s \in s(x)$。$s(x)$ 从新解 x' 开始，重复搜索。如果邻域移动中只接受比当前解 x 好的解，搜索就可能陷入循环的危险。为避免陷入循环和局部最优，构造一个短期循环记忆表——禁忌表(TabuList)，禁忌表中存放刚刚进行过的 $|T|$（$|T|$ 称为禁忌表长度）个邻域移动，这些移动称作禁忌移动(Tabu Move)。对于当前的移动，在以后的 T 次循环内是禁止的，以避免回到原先的解，$|T|$ 次以后释放该移动。禁忌表是一个循环表，搜索过程中被循环地修改，使禁忌表始终保存着 $|T|$ 个移动。即使引入了一个禁忌表，禁忌搜索算法仍有可能出现循环。因此必须给定停止准则以避免算法出现循环。当迭代内所发现的最好解无法改进或无法离开它时，则算法停止。

2. 禁忌搜索算法实例

组合优化是禁忌算法应用最多的领域。置换问题，如 TSP、调度问题等，是一大批组合优化问题的典型代表，在此用它来解释简单的禁忌搜索算法的思想和操作。对于 n 元素的置换问题，其所有排列状态数为 $n!$，当 n 较大时搜索空间的大小将是天文数字，而禁忌搜索则希望仅通过探索少数解来得到满意的优化解。

对置换问题定义一种邻域搜索结构，如互换操作(SWAP)，即随机交换两个点的位置，则每个状态的邻域解有 $C_n^2 = n(n-1)/2$ 个。称从一个状态转移到其邻域中的另一个状态为一次移动(move)，显然每次移动将导致适配值(反比于目标函数值)的变化。其次，采用一个存储结构来区分移动的属性，即是否为禁忌"对象"，在以下示例中，考虑 7 元素的置换问题，并用每一状态的相应 21 个邻域解中最优的 5 次移动(对应最佳的 5 个适配值)作为候选解；为在一定程度上防止迂回搜索，每个被采纳的移动在禁忌表中将滞留 3 步(即禁忌长度)，即将移动在以下连续 3 步搜索中被视为禁忌对象；需要指出的是，由于当前的禁忌对象对应状态的适配值可能很好,因此在算法中设置判断,若禁忌对象对应的适配值优于"best so far"状态,则无视其禁忌属性而仍采纳其为当前选择,也就是通常所说的藐视准则(或称特赦准则)。

可见,简单的禁忌搜索是在领域搜索的基础上,通过设置禁忌表来禁忌一些已经历的操作,并利用藐视准则来奖励一些优良状态,其中邻域结构、候选解、禁忌长度、禁忌对象、藐视准则、终止准则等是影响禁忌搜索算法性能的关键。需要指出的是:

(1)由于禁忌搜索是局部邻域搜索的一种扩充,因此邻域结构的设计很关键,它决定了当前解邻域解的产生形式和数目,以及各个解之间的关系。

(2)出于改善算法的优化时间性能的考虑,若邻域结构决定了大量的邻域解(尤其对大规模问题,如 TSP 的 SWAP 操作将产生 C_n^2 个邻域解),则可以仅尝试部分互换的结果,而候选解也仅取其中的少量最佳状态。

(3)禁忌长度是一个很重要的关键参数,它决定禁忌对象的任期,其大小直接影响整个算法的搜索进程和行为。同时,以上示例中,禁忌表中禁忌对象的替换采用的是 FIFO 方式(不考虑藐视准则的作用),当然也可以采用其他方式,甚至动态自适应的方式。

(4)藐视准则的设置是算法避免遗失优良状态,激励对优良状态的局部搜索,进而实现全局优化的关键步骤。

(5)对于非禁忌候选状态,算法无视它与当前状态的适配值的优劣关系,仅考虑它们中的最佳状态为下一步决策,如此可实现对局部极小的突跳(是一种确定性策略)。

(6)为了使算法具有优良的优化性能或时间性能,必须设置一个合理的终止准则来结束整个搜索过程。

此外,在许多场合禁忌对象的被禁次数(frequency)也被用于指导搜索,以取得更大的搜索空间。禁忌次数越多,通常可认为出现循环搜索的概率越大。

3. 禁忌算法的流程

通过上述示例的介绍,我们基本了解了禁忌搜索的机制和步骤。简单禁忌算法的基本思想是:给定一个当前解(初始解)和一种邻域,然后在当前解的邻域中确定若干候选解;若最佳候选解对应的目标值优于"best so far"状态,则忽视其禁忌特性,用其替代当前解和"best so far"状态,并将相应的对象加入禁忌表,同时修改禁忌表中各对象的任期;若不存在上述候选解,则选择在候选解中选择非禁忌的最佳状态为新的当前解,而无视它与当前解的优劣,同时将相应的对象加入禁忌表,并修改禁忌表中各对象的任期;重复上述迭代搜索过程,直至满足停止准则。

简单禁忌搜索的算法步骤可描述如下。

(1)给定算法参数,随机产生初始解 x,置禁忌表为空。

(2)判断算法终止条件是否满足,如果满足,则结束算法并输出优化结果;否则,继续以下步骤。

(3)利用当前的邻域函数产生其所有(或若干)邻域解,并从中确定若干候选解。

(4)对候选解判断是否满足藐视准则,如果满足,则用满足藐视准则的最佳状态 y 替代 x 成为新的当前解,即 $x=y$,并用与 y 对应的禁忌对象替换最早进入禁忌表的禁忌对象,同时用 y 替换"best so far"状态,然后转步骤(6);否则,继续以下步骤。

(5)判断候选解对应的各对象的禁忌属性,选择候选解集中非禁忌对象对应的最佳状态为新的当前解,同时用与之对应的禁忌对象替换最早进入禁忌表的禁忌对象元素。

(6)转步骤(2)。

4. 禁忌算法的特点

与传统的优化算法相比,禁忌算法的主要特点如下。

(1) 在搜索过程中可以接受劣解,因此具有较强的"爬山"能力。

(2) 新解不是在当前解的邻域中随机产生,而是优于"best so far"的解,或是非禁忌的最佳解,因此选取优良解的概率远远大于其他解。由于禁忌算法具有灵活的记忆功能和藐视准则,并且在搜索过程中可以接受劣解,所以具有较强的"爬山"能力,搜索时能够跳出局部最优解,转向解空间的其他区域,从而增强获得更好的全局最优解的概率,所以禁忌算法是一种局部搜索能力很强的全局迭代寻优算法。

9.2 现代智能优化问题的 MATLAB 实现

在 MATLAB 优化工具箱中对遗传算法、模拟退火算法、禁忌搜索算法都提供了对应函数用于求解,下面对前两种算法进行介绍。

9.2.1 遗传算法的 MATLAB 实现

在 MATLAB 中,可使用遗传算法解决标准优化算法无法解决或很难解决的优化问题,例如,当优化问题的目标函数是离散的、不可微的、随机的或高度非线性优化时,使用遗传算法即会比前面章节中介绍的优化方法更有效、更方便。

在 MATLAB 优化工具箱中提供了 ga 函数用于实现求解遗传算法。其调用格式如下。

x=ga(fitnessfcn,nvars):搜索目标函数,也即是适应度函数 fitnessfcn 的一个局部无约束极小值点 x。nvars 为适应度函数的维数,即设计变量的个数。目标函数 fitnessfcn 的输入为 1×nvars 维的矩阵,输出为 x 处的标量值。

x=ga(fitnessfcn,nvars,A,b):搜索函数 fitnessfcn 在满足线性不等式约束 Ax≤b 时的一个局部极小值点 x。

x=ga(fitnessfcn,nvars,A,b,Aeq,beq):搜索函数 fitnessfcn 在满足线性不等式约束 Ax≤b 和线性等式约束 Aeqx=beq 时的一个局部极小值点 x,如果不存在线性不等式约束,则可以设置 A=[],b=[]。

x=ga(fitnessfcn,nvars,A,b,Aeq,beq,LB,UB):设计变量的边界 LB 和 UB,如果某个边界约束不存在,则可设置其值为空[],如果无界则可以设置为 Inf 或 −Inf。

x=ga(fitnessfcn,nvars,A,b,Aeq,beq,LB,UB,nonlcon):设置优化过程中的非线性约束 nonlcon。约束函数 nonlcon 的输入为设计变量 x,输出为向量 C 和 Ceq,分别代表优化问题中的非线性不等式约束和非线性等式约束。ga 则在非线性约束 C(x)≤0 和 Ceq(x)=0 的前提下对问题进行求解。

x=ga(fitnessfcn,nvars,A,b,Aeq,beq,LB,UB,nonlcon,options):options 为对最优化问题进行求解所设定的优化参数,其取值及说明如表 9-1 所示。

表 9-1 options 参数取值及说明

参 数 取 值	说　　　明
GreationFcn	建立初始种群的函数句柄
CrossoverFcn	子代交叉的函数句柄
CrossoverFraction	交叉概率,不包含由 CrossoverFcn 产生的精英子代,为一个正数,默认值为 0.8
EliteCount	在当前这一代种群中指定保证在下一代存活的精英个体数目,默认值为 2

续表

参 数 取 值	说　　明
FitnessLimit	如果适应度函数的值达到 FitnessLimit 的值，则算法停止，为一个实数，默认值为 $-\mathrm{Inf}$
TimeLimint	优化算法运行时间限制，为一个正实数，默认值为 Inf
FitnessScalingFcn	衡量适应度函数值的函数句柄
Generations	算法执行的最大迭代次数，为一个正整数，默认值为 100
InitialPopulation	初始种群，为一个矩阵，默认值为[]
InitialScores	初始适应度函数的评价得分值，为一个列向量，默认值为[]
MigrationDirection	迁移方向，取值为 both 或 forward(默认值)
MigrationFraction	从一个子种群到另一个子种群的迁移概率，取值为 0~1 间的实数，默认值为 0.2
MutationFcn	产生变异子代的函数句柄
OutputFcns	ga 在每次迭代中调用的函数，取值为@gaoutputgen 或[](默认值)
PopInitRange	说明种群中数据元素类型的取值范围，取值为矩阵或向量，默认值为[0;1]
PopulationSize	种群的数量，默认值为 20
PopulationType	说明种群中数据元素类型的字符串，取值为 bitstring、custom 或 doubleVector(默认)
SelectionFcn	选择句柄函数，用以选择进行交叉和变异的父代
StallGenLimit	适应度停滞限制，当目标函数在 StallTimeLimit 代后没有改善，则算法停止，默认值为 50
StallTimeLimit	适应度停滞限制，当目标函数在 StallTimeLimit 时间后没有改善，则算法停止，默认值为 Inf
TolCon	用以确定非线性约束的可行性，默认值为 1e-6
FolFun	算法一直运行直到适应度函数超过 StallGenLimit 的累积变化小于 TolFun，默认值为 1e-6
UseParallel	是否用并行算法计算种群的适应度函数，取值为 always 或 never(默认值)
Vectorized	表征适应度函数是否被矢量化，取值为 on 或 off(默认值)

[x,fval]=ga(fitnessfcn,nvars,…)：返回适应度函数在最小点 x 处的值。

[x,fval,exitflag]=ga(fitnessfcn,nvars,…)：返回 exitflag 值，描述函数计算的退出条件，其取值如表 9-2 所示。

表 9-2　exitflag 的取值及说明

exitflag 取值	说　　明
0	表示迭代次数超过 option.MaxIter 或函数值大于 options.FunEvals
1	表示函数收敛到最优解 x
2	表示相邻两次迭代点的变化小于预先给定的容忍度
3	表示目标函数值在相邻两次迭代点处的变化小于预先给定的容忍度
4	表示搜索方向的级小于给定的容忍度且约束的违背量小于 options.TolCon
5	表示方向导数的级小于给定的容忍度且约束的违背量小于 options.TolCon
-1	表示算法被输出函数终止
-2	表示该优化问题没有可行解
-4	搜索节点数超过最大给定节点数 MaxNodes
-5	搜索时间超过最大给定搜索时间 MaxTime

[x,fval,exitflag,output]=ga(fitnessfcn,nvars,…)：在优化计算结束时返回结构变量 output，代表算法每一代的性能，其取值如表 9-3 所示。

表 9-3　output 的取值及说明

output 取值	说　　明
problemtype	描述问题的类型,其为字符串型,其取值为 'unconstrained' 'boundconstraints' 'linearconstraints' 'nonlinearconstr' 及 'integerconstraints' 之一
rngstate	重现遗传算法的输出
generations	迭代计算次数
funccount	函数赋值次数
message	算法终止的信息
maxconstraint	最大限制

[x,fval,exitflag,output,population]=ga(fitnessfcn,nvars,…):返回矩阵 population 的行代表最终种群。

[x,fval,exitflag,output,population,scores]=ga(fitnessfcn,nvars,…):返回最终种群的 scores 值。

【例 9-1】 使用遗传算法来求解优化问题。

(1) 分析目标函数。

根据需要,在命令窗口中新建 M 文件编辑函数 li9_2fun,代码为:

```
function f = li9_2fun(y)
for j = 1: size(y,1)
    f(j) = 0.0;
    x = y(j,:);
    temp1 = 0;
    temp2 = 0;
    x1 = x(1);
    x2 = x(2);
    for i = 1:5
        temp1 = temp1 + i.*cos((i+1).*x1+i);
        temp2 = temp2 + i.*cos((i+1).*x2+i);
    end
    f(j) = temp1.*temp2;
end
```

绘制以上文件的函数图形,实现代码为:

```
>> plotobjective(@li9_2fun,[-2,2;-2,2])
>> set(gcf,'color','w')                %设置图形背景色为白色
```

运行程序,效果如图 9-2 所示。

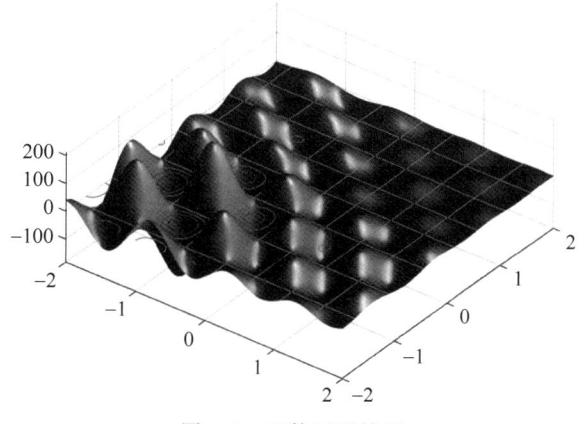

图 9-2　函数图形效果

查看 plotobjective 函数的 M 文件程序代码。该函数 plotobjective 是"Genetic Algorithm and Direct Search"工具箱中的内置函数,用来绘制目标函数的图形,其代码为:

```
function plotobjective(fcn,range)
if(nargin == 0)
    fcn = @rastriginsfcn;
    range = [-5,5;-5,5];
end
pts = 100;
span = diff(range')/(pts - 1);
x = range(1,1): span(1) : range(1,2);
y = range(2,1): span(2) : range(2,2);
pop = zeros(pts * pts,2);
k = 1;
for i = 1:pts
    for j = 1:pts
        pop(k,:) = [x(i),y(j)];
        k = k + 1;
    end
end
values = feval(fcn,pop);
values = reshape(values,pts,pts);
surf(x,y,values)
shading interp
light
lighting phong
hold on
contour(x,y,values)
rotate3d
view(37,60)
```

(2) 优化求解。

```
>> FitnessFunction = @li9_2fun;
numberOfVariables = 2;
[x,fval,exitflag,output,population,scores] = ga(FitnessFunction,numberOfVariables);
ga stopped because the average change in the fitness value is less than options.FunctionTolerance.
>> fprintf('The best variable value found was: % g, % g\n',x(1),x(2));
The best variable value found was: -26.5611, -19.6591
>> fprintf('The best function value found was: % g\n',fval);
The best function value found was: -186.517
>> fprintf('The number of generations was: % d\n',output.generations);
The number of generations was:123
>> fprintf('The number of function evaluations was: % d\n',output.funccount);
The number of function evaluations was:5834
```

从以上结果中可看出,最优解为(-26.5611,-19.6591),同时最优解处的函数结果数值为-186.517,最后,遗传算法的总体代数为123。

(3) 添加结果的可视化。

使用遗传算法求解优化问题的一个最显著的优势即是,可将优化的结果可视化。

添加优化结果的可视化属性。使用 GAOPTIMSET 命令添加遗传算法的图形属性选项:GAPLOTBESTF 和 GAPLOTSTOPPING,代码为:

```
>> opts = gaoptimset('PlotFcns',@gaplotstopping);
```

查看函数 gaplotbestf 的程序代码,代码为:

```
function state = gaplotbestf(options,state,flag)
if size(state.Score,2) > 1
    title('Best Fitness Plot: not available','interp','none');
    return;
end
switch flag
    case 'init'
        hold on;
        set(gca,'xlim',[0,options.Generations]);
        xlabel('Generation','interp','none');
        ylabel('Fitness value','interp','none');
        plotBest = plot(state.Generation,min(state.Score),'.k');
        set(plotBest,'Tag','gaplotbestf');
        plotMean = plot(state.Generation,meanf(state.Score),'.b');
        set(plotMean,'Tag','gaplotmean');
        title(['Best: ','Mean: '],'interp','none')
    case 'iter'
        best = min(state.Score);
        m = meanf(state.Score);
        plotBest = findobj(get(gca,'Children'),'Tag','gaplotbestf');
        plotMean = findobj(get(gca,'Children'),'Tag','gaplotmean');
        newX = [get(plotBest,'Xdata') state.Generation];
        newY = [get(plotBest,'Ydata') best];
        set(plotBest,'Xdata',newX, 'Ydata',newY);
        newY = [get(plotMean,'Ydata') m];
        set(plotMean,'Xdata',newX, 'Ydata',newY);
        set(get(gca,'Title'),'String',sprintf('Best: %g Mean: %g',best,m));
    case 'done'
        LegnD = legend('Best fitness','Mean fitness');
        set(LegnD,'FontSize',8);
        hold off;
end
% ---------------------------------------------
function m = meanf(x)
nans = isnan(x);
x(nans) = 0;
n = sum(~nans);
n(n==0) = NaN; % prevent divideByZero warnings
% Sum up non-NaNs, and divide by the number of non-NaNs.
m = sum(x) ./ n;
```

在以上程序代码中,引用了 state 遗传算法的各种属性,因此,该函数图形显示的是在运行遗传算法过程中的各种计算结果属性。

(4) 设置算法的属性。

接着重新设置遗传算法的属性,对前面的问题进行重新求解。代码为:

```
>> [x,fval,exitflag,output] = ga(FitnessFunction,numberOfVariables,opts);
fprintf('The best variable value found was: %g, %g\n',x(1),x(2));
fprintf('The best function value found was: %g\n',fval);
fprintf('The number of generations was: %d\n',output.generations);
fprintf('The number of function evaluations was: %d\n',output.funccount);
ga stopped because the average change in the fitness value is less than options.FunctionTolerance.
The best variable value found was:30.0158, -0.792272
```

```
The best function value found was: -185.123
The number of generations was:75
The number of function evaluations was:3578
```

(5)"种群"属性设置。

在遗传算法中,"种群"属性是十分重要的。该属性将直接影响计算的速度和结果。

```
>> opts = gaoptimset(opts,'PopInitRange',[-1,0;1,2]);
```

重新运行遗传算法,求解优化,代码为:

```
>> [x,fval,exitflag,output] = ga(FitnessFunction,numberOfVariables,opts);
fprintf('The best variable value found was: %g, %g\n',x(1),x(2));
fprintf('The best function value found was: %g\n',fval);
fprintf('The number of generations was: %d\n',output.generations);
fprintf('The number of function evaluations was: %d\n',output.funccount);
Optimization terminated: average change in the fitness value less than options.TolFun.
The best variable value found was: -1.47508, -0.74968
The best function value found was: -175.616
The number of generations was:51
The number of function evaluations was:1040
```

(6)中止属性。

在遗传算法中,"中止"属性和"种群"属性一样,是决定计算结果和效率的重要参数。设置遗传算法的"中止"属性代码为:

```
>> opts = gaoptimset(opts,'Generations',250,'StallGenLimit',50);
```

重新运行遗传算法,求解优化,代码为:

```
>> [x,fval,exitflag,output] = ga(FitnessFunction,numberOfVariables,opts);
fprintf('The best variable value found was: %g, %g\n',x(1),x(2));
fprintf('The best function value found was: %g\n',fval);
fprintf('The number of generations was: %d\n',output.generations);
fprintf('The number of function evaluations was: %d\n',output.funccount);
```

得到优化结果如下,效果如图 9-3 所示。

```
Optimization terminated: average change in the fitness value less than options.TolFun.
The best variable value found was: -0.761234, -7.71756
The best function value found was: -183.191
The number of generations was:51
The number of function evaluations was:1040
```

9.2.2 模拟退火算法的 MATLAB 实现

在 MATLAB 优化工具箱中提供了使用模拟退火算法解决无约束或边界约束最优化问题的求解函数 simulannealbnd。其调用格式如下。

x=simulannealbnd(fun,x0):从初始点 x0 开始寻找目标函数 fun 的局部极小点 x,x0 可以是标量或向量。

x=simulannealbnd(fun,x0,lb,ub):增加边界约束 lb 和 ub,使得设计变量满足关系

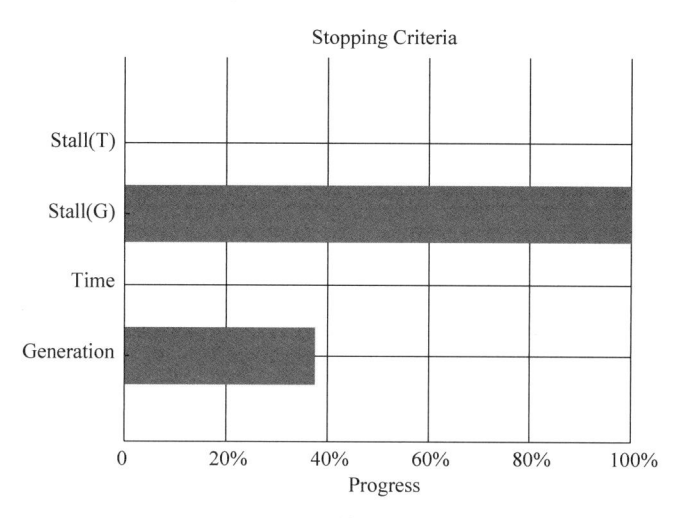

图 9-3 遗传迭代效果

lb≤x≤ub。如果问题中无边界约束,则可设置 lb 和 ub 这两个参数为空矩阵。如果对于设计变量 x_i 无下界约束,则可设置 lb(i)=-Inf;同理,如果对于设计变量 x_i 无上界约束,则可设置 ub(i)=Inf。

x=simulannealbnd(fun,x0,lb,ub,options):按照指定的控制参数进行最优化问题的求解,可以通过 saoptimset 来设置这些参数的值,其中可以设置的参数如表 9-4 所示。

表 9-4 options 参数取值及说明

options 取值	说　　明
AnnealingFcn	算法产生新点的函数句柄
TemperatureFcn	更新温度策略的函数句柄
AcceptanceFcn	确定新点能否被接受
TolFun	函数值计算终止限,为一个正实数,默认值为 1e-6
StallIterLimit	若适应度函数在当前点迭代该值次数后的变化小于 Tol.fun,则算法停滞,为一个正整数,默认值为 500×numberofvariables
MaxFunEvals	最大目标函数评价次数,为一个正整数,默认值为 3000×numberofvariables
TimeLimit	算法运算的最大时间,为一个正实数,默认值为 Inf
MaxIter	算法运行的最大迭代次数,为一个正整数,默认值为 Inf
ObjectiveLimit	目标函数的最小期望值,为一个标量,默认值为 -Inf
InitialTemperature	温度的初始值,为一个正整数,默认值为 100
ReannealInterval	退火间隔,为一个正整数,默认值为 100
DataType	设计变量的数据类型,取值为 custom 或 double(默认)

[x,fval]=simulannealbnd(…):同时返回遗传算法最优解处的值 fval。

[x,fval,exitflag]=simulannealbnd(…):返回 exitflag 值,描述函数计算的退出条件,其取值如表 9-5 所示。

表 9-5 exitflag 的取值及说明

exitflag 取值	说　　明
0	表示迭代次数超过 option.MaxIter 或函数值大于 options.FunEvals
1	表示函数收敛到最优解 x
5	表示方向导数的级小于给定的容忍度且约束的违背量小于 options.TolCon
-1	表示算法被输出函数终止

续表

exitflag 取值	说　　明
-2	表示该优化问题没有可行解
-5	搜索时间超过最大给定搜索时间 MaxTime

[x,fval,exitflag,output] = simulannealbnd(fun,…)：在优化计算结束时返回结构变量 output，代表算法每一代的性能，其取值如表 9-6 所示。

表 9-6　output 的取值及说明

output 取值	说　　明
problemtype	无约束或约束的限制类型
iterations	计算迭代的次数
temperature	目标函数的评价
funccount	函数赋值次数
message	算法终止的信息
totaltime	求解器运行的总时间
rngstate	重现退火算法的输出

【例 9-2】 求解 De Jong 第 5 函数的最小点。

该函数具有许多局部极小点的二维函数，可通过 MATLAB 提供的函数 dejong5fcn.m 来查看该函数。

```
function scores = dejong5fcn(xin)
% DEJONG5FCN Compute DeJongs fifth function.
%   Copyright 2003 - 2007 The MathWorks, Inc.
%   $ Revision: 1.1.6.1 $    $ Date: 2009/08/29 08:27:36 $
a = [-32, -16,   0,  16,  32, -32, -16,   0,  16,  32, -32, -16,  0, 16, 32 -32, -16,
     0, ...
16, 32, -32, -16, 0, 16, 32; -32, -32, -32, -32, -32, -16, -16, -16, -16, -16,  0,
     0, 0, ...
0, 0, 16,  16, 16, 16, 16, 32,  32, 32, 32, 32 ];
if(nargin == 0)
    plotobjective(@dejong5fcn,65.536 * [-1 1; -1 1]);
    return
end
scores = zeros(size(xin,1),1);
for i = 1:size(xin,1)
    p = xin(i,:);
    p = max(-65.536,min(65.536,p));
    k = 0.002;
    for j = 1:25
        k = k + 1/(j + (p(1) - a(1,j))^6 + (p(2) - a(2,j)) ^ 6);
    end
    scores(i) = 1/k;
end
```

在命令窗口中输入 dejong5fcn 可绘制出函数图形，效果如图 9-4 所示。

在无约束的前提下求解该函数的极小值点，在此过程中设置迭代求解的初始点为[0 0]，代码为：

```
>> clear all;
x0 = [0 0];
[x,fval,exitflag,output] = simulannealbnd(@dejong5fcn,x0)
```

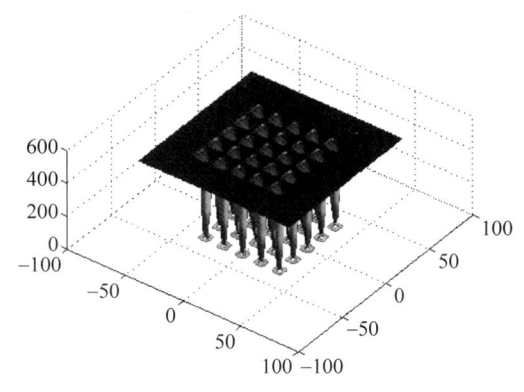

图 9-4　dejong5fcn 函数的效果图

运行程序,输出如下：

```
Optimization terminated: change in best function value less than options.TolFun.
x =
   -32.0285    -0.1280
fval =
    10.7632
exitflag =
     1
output =
    iterations: 1308
     funccount: 1319
       message: 'Optimization terminated: change in best function value less than options.TolFun.'
      rngstate: [1x1 struct]
   problemtype: 'unconstrained'
   temperature: [2x1 double]
     totaltime: 1.2324
```

此时找到一个局部极小值点为[−32.0285　−0.1280],函数极小值为 10.7632。

在问题中加入设计变量的边界约束,即设计两个设计变量均在[−64,64]上,此时有 lb=[−64 −64],ub=[64 64],进一步求解,代码为：

```
>> clear all;
x0 = [0 0];
lb = [-64 -64];
ub = [64 64];
[x,fval,exitflag,output] = simulannealbnd(@dejong5fcn,x0,lb,ub)
```

运行程序,输出如下：

```
Optimization terminated: change in best function value less than options.TolFun.
x =
   -31.9797    -31.9777
fval =
     0.9980
exitflag =
     1
output =
    iterations: 2866
```

```
            funccount: 2891
              message: 'Optimization terminated: change in best function value less than options.
TolFun.'
             rngstate: [1x1 struct]
          problemtype: 'boundconstraints'
          temperature: [2x1 double]
            totaltime: 2.4336
```

此时找到函数的一个局部极小值点为[−31.9797 −31.9777],函数极小值为 0.9980。

9.3 其他规划问题概述

本节将要介绍二次规划问题、多目标规划问题、最大最小化问题、"半无限"多元问题、动态规划问题。

9.3.1 二次规划问题概述

二次规划是非线性规划中的一类特殊的数学规划问题,在很多方面都有应用,如投资组合、序列二次规划在非线性优化问题中应用等。在过去的几十年里,二次规划已经成为运筹学、经济数学、管理科学、系统分析和组合优化科学的基本方法。

二次规划的一般形式可表示为:

$$\min_x f(x) = \frac{1}{2} \boldsymbol{x}^T \boldsymbol{H} \boldsymbol{x} + \boldsymbol{c}^T \boldsymbol{x}$$
$$\text{s.t. } \{\boldsymbol{A}\boldsymbol{x} \geqslant \boldsymbol{b} \tag{9-1}$$

其中,$\boldsymbol{H}$ 是 Hessian 矩阵,$\boldsymbol{c}$、$\boldsymbol{x}$ 和 $\boldsymbol{A}$ 都是 $\boldsymbol{R}$ 中的向量。如果 Hessian 矩阵是半正定的,则该规划是一个凸二次规划,在这种情况下该问题的困难程度类似于线性规划;如果有至少一个向量满足约束并且在可行域有下界,则凸二次规划问题就有一个全局最小值;如果是正定的,则这类二次规划为严格的凸二次规划,那么全局最小值就是唯一的;如果是一个不定矩阵,则该规划为非凸二次规划,这类二次规划更有挑战性,因为它们有多个平稳点和局部极小值点。

9.3.2 多目标规划问题概述

多目标规划问题(multiple objectives programming)是数学规划的一个分支。研究多于一个目标函数在给定区域上的最优化,又称多目标最优化。通常记为 VMP。在很多实际问题中,例如经济、管理、军事、科学和工程设计等领域,衡量多目标规划一个方案的好坏往往难以用一个指标来判断,需要用多个目标来比较,而这些目标有时不甚协调,甚至是相互矛盾的。因此有许多学者致力于这方面的研究。

多目标规划问题可描述为:

$$\min\{z_1 = f_1(x), z_2 = f_2(x), \cdots, z_n = f_n(x)\}$$
$$\text{s.t. } \begin{cases} g_i(x) \leqslant 0 \\ i = 1, 2, \cdots, q \end{cases} \tag{9-2}$$

定义决策空间:$S = \{x \in \boldsymbol{R}^n \mid g_i(x) \leqslant 0, i = 1, 2, \cdots, q\}$,$Z = \{z \in \boldsymbol{R}^n \mid z_1 = f_1(x), z_2 = f_2(x), \cdots, z_n = f_n(x)\}$ 为判据空间,那么 Pareto 最优解集 Ω(非支配解集)定义如下:

点 $x^0 \in S$ 且 $x^0 \in \Omega \Leftrightarrow$ 即不存在其他点 $x \in S$,使得 $f_k(x) < f_k(x^0)$,对于 $(1, 2, \cdots, m)$ 中的某些 k;

$f_l(x) \leqslant f_l(x^0)$,对于$(1,2,\cdots,m)$中的某些$l$。

而对于无约束的多目标优化问题,Pareto 最优解集 Ω 定义如下:

$z^0 \in \Omega \Leftrightarrow$ 不存在 $z \in Z$,使得 $z_k < z_k^0$,对于$(1,2,\cdots,m)$中的某些k;

$z_l \leqslant z_l^0$,对于$(1,2,\cdots,m)$中的某些l。

求解多目标问题,就是要尽可能全面地寻找 Pareto 最优解集。多目标优化问题的处理方法包括以下 4 种。

(1) 约束法:即确定目标函数的取值范围后,将其转化成约束条件。

(2) 权重法:即将每个目标函数分配一定的权重,进行加和,转化为单目标优化问题。权重法包括固定权重法、适当性权重法与随机权重法。

(3) 目标规划法:通过引入目标函数极值与目标的正偏差和负偏差,将求目标函数的极值问题转化为所有目标函数与对应的目标偏差的最小值问题,进行目标规划求解。

(4) 现代人工智能算法:包括遗传算法粒子群算法等直接进行多目标优化的算法。

9.3.3 最大最小化问题概述

最大最小值的优化问题是一个比较特殊的问题,其表示的是从一系列最大值中选取最小的数值,相当于求解以下优化问题:

$$\min_x \max_i F_i(\boldsymbol{x})$$
$$\text{s. t.} \begin{cases} c(\boldsymbol{x}) \leqslant 0 \\ \text{Ceq}(\boldsymbol{x}) = 0 \\ \boldsymbol{Ax} \leqslant \boldsymbol{b} \\ \text{Aeq}\boldsymbol{x} = \text{beq} \\ \text{lb} \leqslant \boldsymbol{x} \leqslant \text{ub} \end{cases} \quad (9\text{-}3)$$

在以上目标函数中,$F(\boldsymbol{x}) = [f_1(\boldsymbol{x}), f_2(\boldsymbol{x}), \cdots, f_N(\boldsymbol{x})]^{\text{T}}$。

9.3.4 "半无限"多元问题概述

"半无限"多元函数优化的数学模型为

$$\min_x f(\boldsymbol{x})$$
$$\text{s. t.} \begin{cases} \boldsymbol{Ax} \leqslant \boldsymbol{b} \\ \text{Aeq}\boldsymbol{x} = \text{beq} \\ \text{lb} \leqslant \boldsymbol{x} \leqslant \text{ub} \\ c(\boldsymbol{x}) \leqslant 0 \\ \text{Ceq}(\boldsymbol{x}) = 0 \\ K_i(x_i, w_i) \leqslant 0, 1 \leqslant i \leqslant n \end{cases} \quad (9\text{-}4)$$

其中,$c(\boldsymbol{x})$ 与 $\text{Ceq}(\boldsymbol{x})$ 表示非线性不等式与等式约束;$\boldsymbol{Ax} \leqslant \boldsymbol{b}$ 与 $\text{Aeq}\boldsymbol{x} = \text{beq}$ 表示线性不等式与等式约束;$K_i(x_i, w_i)$ 为关于优化变量 $\boldsymbol{x}$ 与变量 $\boldsymbol{w}$ 的函数关系,$\boldsymbol{w}$ 为长度大于 2 的向量。

9.3.5 动态规划问题概述

动态规划(dynamic programming)是运筹学的一个分支,是求解决策过程(decision process)最优化的数学方法。

动态规划问世以来,在经济管理、生产调度、工程技术和最优控制等方面得到了广泛的应用。例如最短路线、库存管理、资源分配、设备更新、排序、装载等问题,用动态规划方法比用其他方法求解更为方便。

虽然动态规划主要用于求解以时间划分阶段的动态过程的优化问题,但是一些与时间无关的静态规划(如线性规划、非线性规划),只要人为地引进时间因素,把它视为多阶段决策过程,也可以用动态规划方法方便地求解。

动态规划程序设计是对解最优化问题的一种途径、一种方法,而不是一种特殊算法。不像前面所述的那些搜索或数值计算那样,具有一个标准的数学表达式和明确清晰的解题方法。动态规划程序设计往往是针对一种最优化的问题,由于各种问题的性质不同,确定最优解的条件也互不相同,因而动态规划的设计方法对不同的问题,有各具特色的解题方法,而不存在一种万能的动态规划算法,可以解决各类最优化问题。因此读者在学习时,除了要对基本概念和方法正确理解外,必须具体问题具体分析处理,以丰富的想象力去建立模型,用创造性的技巧去求解。也可以通过对若干有代表性的问题的动态规划算法进行分析、讨论,逐渐学会并掌握这一设计方法。

动态规划的一些相关概念主要如下。

(1) 阶段。

整个问题的解决可分为若干相互联系的阶段依次进行。通常按时间或空间划分阶段,描述阶段的变量称为阶段变量,记为 k。

(2) 状态。

状态表示每个阶段开始所处的自然状况或客观条件,它描述了研究问题过程的状态。各阶段的状态通常用状态变量来描述。常用 x_k 表示第 k 阶段的状态变量。n 个阶段的决策过程有 $n+1$ 个状态。用动态规划方法解决多阶段决策问题时,要求整个过程具有无后效性,即如果某阶段的状态给定,则此阶段以后过程的发展不受以前状态的影响,未来状态只依赖于当前状态。

(3) 决策。

某一阶段的状态确定后,可以做出各种选择从而演变到下一阶段某一状态,这种选择手段称为决策。描述决策的变量称为决策变量。决策变量限制的取值范围称为允许决策集合。用 $u_k(x_k)$ 表示第 k 阶段处于状态 x_k 时的决策变量,它是 x_k 的函数,用 $D_k(x_k)$ 表示 x_k 的允许决策的集合。

(4) 策略。

一个由每个阶段的决策按顺序排列组成的集合称为策略,用 p 表示。即 $p(x_1)=\{u_1(x_1),u_2(x_2),\cdots,u_n(x_n)\}$。由第 k 阶段的状态 x_k 开始到终止状态的后部子过程的策略记为 $p_k(x_k)$,即 $p_k(x_k)=\{u_k(x_k),u_{k+1}(x_{k+1}),\cdots,u_n(x_n)\}$。在实际问题中,可供选择的策略有一定范围,此范围称为允许策略集合。允许策略集合中达到最优效果的策略称为最优策略。

(5) 状态转移方程。

如果第 k 个阶段状态变量为 x_k,作出的决策为 u_k,那么第 $k+1$ 阶段的状态变量 x_{k+1} 也被完全确定。用状态转移方程表示这种演变规律,记为

$$x_{k+1}=T_k(x_k,u_k)$$

(6) 指标函数与最优值函数。

指标函数是系统执行某一策略所产生结果的数量表示,是用来衡量策略优劣的数量指标,它定义在全过程与所有后部子过程上,分别用 G 与 G_k 表示。即

$G(u_1, u_2, \cdots, u_n, x_1, x_2, \cdots, x_{n+1})$ 与 $G_k(u_k, \cdots, u_n, x_k, \cdots, x_{n+1})$

过程在某阶段 j 的阶段指标函数(或阶段效益)是衡量该阶段决策优劣的数量指标,它取决于状态 x_j 与决策 u_j,用 $v_j(u_j, x_j)$ 表示。根据不同的实际问题,效益可以是利润、距离、产量或资源等。指标函数往往是各阶段效益的某种形式。指标函数的最优值称为最优函数。

(7) 最优策略与最优轨线。

使指标函数 G_k 达到最优值的策略是从阶段 k 开始的后部子过程的最优策略,记为 $p_k^* = \{u_k^*, u_{k+1}^*, \cdots, u_n^*\}$。$p_1^*$ 是全过程的最优策略,简称为最优策略。从初始状态 $x_1(=x_1^*)$ 出发,过程按照 p^* 与状态转移方程演变所经历的状态序列 $x_1^*, x_2^*, \cdots, x_{n+1}^*$ 称为最优轨线。

9.4 其他规划问题的求解

9.3 节已对前面几种规划问题进行了概述,下面将介绍这几种规划问题的求解法。

9.4.1 求解二次规划问题法

求解等式约束二次规划问题主要有以下几种方法。

1. 直接消去法

求解问题(9-1)最简单且最直接的方法即利用约束来消去部分变量,从而把问题转化为无约束问题,这一方法称为直接消去法。

将 A 分解成 $A = (B, N)$,其中 B 为基矩阵,相应地将 x、c、H 作如下分块:

$$x = \begin{bmatrix} x_B \\ x_N \end{bmatrix}, \quad c = \begin{bmatrix} c_B \\ c_N \end{bmatrix}, \quad H = \begin{bmatrix} H_{11} & H_{12} \\ H_{21} & H_{22} \end{bmatrix}$$

其中,H_{11} 为 $m \times m$ 维矩阵。这样,问题(9-1)的约束条件变为 $Bx_B + Nx_N = b$,即

$$x_B = B^{-1}b - B^{-1}Nx_N \tag{9-5}$$

将式(9-5)代入 $f(x)$ 中即得到与问题(9-2)等价的无约束问题:

$$\min \varphi(x_N) = \frac{1}{2} x_N^T \hat{H}_2 x_N + \hat{c}_N^T x_N \tag{9-6}$$

其中:

$$\hat{H}_2 = H_{22} - H_{21}B^{-1}N - N^T(B^{-1})^T H_{12} + N^T(B^{-1})^T H_{11} B^{-1} N$$

$$\hat{c}_N = c_N - N^T(B^{-1})c_B + (H_{21} - N^T(B^{-1})^T H_{11})B^{-1}b$$

如果 $\hat{H}_2$ 正定,则问题(9-6)的最优解为:

$$x_N^* = -\hat{H}_2^{-1} \hat{c}_N \tag{9-7}$$

此时,问题(9-1)的解为:

$$x^* = \begin{bmatrix} x_B^* \\ x_N^* \end{bmatrix} = \begin{bmatrix} B^{-1} \\ 0 \end{bmatrix} + \begin{bmatrix} B^{-1}N \\ -1 \end{bmatrix} \hat{H}_2^{-1} \hat{c}_N$$

记点 x^* 处的拉格朗日乘子为 λ^*,则有:$A^T \lambda^* = \nabla f(x^*) = Hx^* + c$。
故知:

$$\lambda^* = (B^{-1})^T (H_{11} x_B^* + H_{12} x_N^* + c_B)$$

如果 $\hat{H}_2$ 半正定且问题(9-6)无下界,或者 $\hat{H}_2$ 有负特征值,则不难证明问题(9-1)不存在有限解。

2. 拉格朗日乘子

求解问题(9-1)的另一种方法是拉格朗日乘子法。问题(9-1)的拉格朗日乘子函数为：

$$L(\boldsymbol{x},\boldsymbol{\lambda}) = \frac{1}{2}\boldsymbol{x}^{\mathrm{T}}\boldsymbol{H}\boldsymbol{x} + \boldsymbol{c}^{\mathrm{T}}\boldsymbol{x} - \boldsymbol{\lambda}^{\mathrm{T}}(\boldsymbol{A}\boldsymbol{x} - \boldsymbol{b}) \tag{9-8}$$

令

$$\begin{cases} \nabla_{\boldsymbol{x}} L(\boldsymbol{x},\boldsymbol{\lambda}) = 0 \\ \nabla_{\boldsymbol{\lambda}} L(\boldsymbol{x},\boldsymbol{\lambda}) = 0 \end{cases}$$

可得到 K-T 条件：

$$\begin{cases} \boldsymbol{H}\boldsymbol{x} + \boldsymbol{c} - \boldsymbol{A}^{\mathrm{T}}\boldsymbol{\lambda} = 0 \\ \boldsymbol{A}\boldsymbol{x} - \boldsymbol{b} = 0 \end{cases} \tag{9-9}$$

如果将式(9-9)写成矩阵形式，有

$$\begin{bmatrix} \boldsymbol{H} & -\boldsymbol{A}^{\mathrm{T}} \\ -\boldsymbol{A} & 0 \end{bmatrix} \begin{bmatrix} \boldsymbol{x} \\ \boldsymbol{\lambda} \end{bmatrix} = -\begin{bmatrix} \boldsymbol{c} \\ \boldsymbol{b} \end{bmatrix} \tag{9-10}$$

式(9-10)中的系数矩阵 $\begin{bmatrix} \boldsymbol{H} & -\boldsymbol{A}^{\mathrm{T}} \\ -\boldsymbol{A} & 0 \end{bmatrix}$ 称为拉格朗日矩阵，其是对称的但不一定是正定的。

如果上述拉格朗日矩阵可逆，则可表示为：

$$\begin{bmatrix} \boldsymbol{H} & -\boldsymbol{A}^{\mathrm{T}} \\ -\boldsymbol{A} & 0 \end{bmatrix}^{-1} = \begin{bmatrix} \boldsymbol{Q} & -\boldsymbol{R} \\ -\boldsymbol{R}^{\mathrm{T}} & \boldsymbol{G} \end{bmatrix} \tag{9-11}$$

从而由式(9-10)可得问题(9-1)的最优解为：

$$\begin{cases} \boldsymbol{x}^{*} = -\boldsymbol{Q}\boldsymbol{c} + \boldsymbol{R}\boldsymbol{b} \\ \boldsymbol{\lambda}^{*} = \boldsymbol{R}^{\mathrm{T}}\boldsymbol{c} - \boldsymbol{G}\boldsymbol{b} \end{cases} \tag{9-12}$$

当 $\boldsymbol{H}^{-1}$ 存在时，由式(9-11)可得 $\boldsymbol{Q}$、$\boldsymbol{R}$、$\boldsymbol{G}$ 的表达式为：

$$\begin{cases} \boldsymbol{Q} = \boldsymbol{H}^{-1} - \boldsymbol{H}^{-1}\boldsymbol{A}^{\mathrm{T}}(\boldsymbol{A}\boldsymbol{H}^{-1}\boldsymbol{A}^{\mathrm{T}})^{-1}\boldsymbol{A}\boldsymbol{H}^{-1} \\ \boldsymbol{R} = \boldsymbol{H}^{-1}\boldsymbol{A}^{\mathrm{T}}(\boldsymbol{A}\boldsymbol{H}^{-1}\boldsymbol{A}^{\mathrm{T}})^{-1} \\ \boldsymbol{G} = -(\boldsymbol{A}\boldsymbol{H}^{-1}\boldsymbol{A}^{\mathrm{T}})^{-1} \end{cases}$$

下面给出 $\boldsymbol{x}^{*}$ 和 $\boldsymbol{\lambda}^{*}$ 的另一种表达式。

设 $\boldsymbol{x}^{(0)}$ 是问题(9-1)的任一可行解，即 $\boldsymbol{x}^{(0)}$ 满足关系式 $\boldsymbol{A}\boldsymbol{x}^{(0)} = \boldsymbol{b}$，则在 $\boldsymbol{x}^{(0)}$ 处目标函数的梯度可表示为 $\nabla f(\boldsymbol{x}^{(0)}) = \boldsymbol{H}\boldsymbol{x}^{(0)} + \boldsymbol{c}$。则式(9-12)可写为：

$$\begin{cases} \boldsymbol{x}^{*} = \boldsymbol{x}^{(0)} - \boldsymbol{Q}\nabla f(\boldsymbol{x}^{(0)}) \\ \boldsymbol{\lambda}^{*} = \boldsymbol{R}^{\mathrm{T}}\nabla f(\boldsymbol{x}^{(0)}) \end{cases} \tag{9-13}$$

3. Wolfe 算法

单纯形法对于求解线性规划问题是一个很有用的方法。对于二次凸规划问题，当检验其 K-T 条件时，单纯形法的适用性是显然的。在此将要介绍 Wolfe 算法即试图将线性规划中的单纯形法推广到一般的二次凸规划问题中。

$$\min f(\boldsymbol{x}) = \frac{1}{2}\boldsymbol{x}^{\mathrm{T}}\boldsymbol{H}\boldsymbol{x} + \boldsymbol{c}^{\mathrm{T}}\boldsymbol{x}$$

$$\text{s. t.} \begin{cases} \boldsymbol{A}\boldsymbol{x} \geqslant \boldsymbol{b} \\ \boldsymbol{x} \geqslant 0 \end{cases} \tag{9-14}$$

其中，H 为 n 阶对称半正定矩阵，c 为 n 维列向量，b 为 m 维列向量，A 为 $m \times n$ 维矩阵。同时不妨假设 $\text{rank}(A) = m$。

先研究一下问题(9-14)的最优性条件，其最优解 x^* 为 K-T 点，即存在 v^*、u^* 满足式(9-15)：

$$\begin{cases} Hx^* - A^T v^* - u^* = -c \\ Ax^* = b \\ (u^*)^T x^* = 0 \\ u^*, x^* \geqslant 0 \end{cases} \tag{9-15}$$

如果把式(9-16)中的非线性部分 $(u^*)^T x^*$ 作为目标函数，式(9-15)中的线性部分作为约束条件，则可得到具有线性约束的非线性最优化问题：

$$\min f(x) = \frac{1}{2} x^T H x + c^T x$$

$$\text{s.t.} \begin{cases} Hx - A^T v - u = -c \\ Ax = b \\ u, x \geqslant 0 \end{cases} \tag{9-16}$$

设 $y^* = \begin{bmatrix} x^* \\ v^* \\ u^* \end{bmatrix}$ 为问题(9-16)的最优解，如果满足 $(u^*)^T x^* = 0$，则其中的 x^* 必为问题(9-14)的最优解。因此，问题归结为求解问题(9-16)的最优解。

为了使所有变量均具有非负限制，令 $v = v^+ - v^-$，于是问题(9-16)中的前两个约束条件变为：

$$\begin{bmatrix} A & 0 & 0 & 0 \\ H & -A^T & A^T & -I_n \end{bmatrix} \begin{bmatrix} x \\ v^+ \\ v^- \\ u \end{bmatrix} = \begin{bmatrix} b \\ -c \end{bmatrix} \tag{9-17}$$

非负约束条件为 $x, v^+, v^-, u \geqslant 0$。

要得出问题(9-16)的最优解，先要得出在上式约束条件下满足式(9-17)的基本解，为此引入人工变量 y，其实现步骤如下。

(1) 用单纯形法求得满足下述条件的解：

$$\begin{cases} Ax = b \\ x \geqslant 0 \end{cases}$$

记所得解的基变量为 x_B，非基变量为 $x_N = 0$。

(2) 确定对角阵 $E = (\Delta_j \delta_{ij})$，其中 Δ_j 为 1 或 -1，δ_{ij} 为 0 或 1，由下式确定：

$$\delta_{ij} = \begin{cases} 1, & i = j \\ 0, & i \neq j \end{cases}$$

其意义为：在式(9-17)中引入人工变量 y 后得到：

$$\begin{bmatrix} A & 0 & 0 & 0 & 0 \\ H & -A^T & A^T & -I_n & E \end{bmatrix} \begin{bmatrix} x \\ v^+ \\ v^- \\ u \\ y \end{bmatrix} = \begin{bmatrix} b \\ -c \end{bmatrix} \tag{9-18}$$

且当 x 用步骤(1)中求得的解代入时，如果能满足：
$$v^+ = v^- = u = 0$$
则必有 $y \geq 0$。

记步骤(1)中 A 的分解为 $A = (B, N)$，其中 B 为可行基，相应地，将 H 分解为 $H = (H_B, H_N)$，则 E 应当满足：
$$H_B x_B + E y = -c \tag{9-19}$$

且其中人工变量 $y = (y_1, y_2, \cdots, y_n)^T$ 非负。

设 H_B 中的列向量依次为 $q_1, q_2, \cdots, q_m$，则式(9-19)等价于：
$$\Delta_j y_j = -(c_j + q_j^T x_B); \quad j = 1, 2, \cdots, n \tag{9-20}$$

因此，E 中 $\Delta_j (j = 1, 2, \cdots, n)$ 的选取规则为：
$$\Delta_j = \begin{cases} -1, & c_j + q_j^T x_B > 0 \\ 1, & c_j + q_j^T x_B \leq 0 \end{cases}$$

(3) 进一步考虑如下约束：
$$x, v^+, v^-, u, y \geq 0; \quad u^T x = 0$$

则问题转化为在约束式(9-18)和式(9-20)的条件下极小化线性目标函数 $\sum_{i=1}^{n} y_i$。

对于上述线性规划问题，可采用单纯形法求解。但必须注意，进行换基迭代时，要求 $u^T x = 0$，即当某个 $x_j > 0$ 时，u_j 不允许进入基变量。旋转变换直线 $\sum_{i=1}^{n} y_i = 0$ 时结束，此时得到的 x^* 即为二次凸规划问题(9-14)的最优解。

9.4.2 求解多目标规划问题法

下面介绍求解多目标规划问题的方法。

1. 约束法

约束法又称主要目标法，在多目标规划问题中各个目标的重要程度往往是不相同的，约束法的基本思想为：在多目标规划问题中，根据问题的实际情况，确定一个目标为主要目标，而把其余目标作为次要目标，并根据决策者的经验给次要目标选取一定的界限值，这样即可把次要目标作为约束来处理，排除出目标组，从而将原有目标规划问题转化为一个在新的约束下，求主要目标的单目标最优化问题。

假设在 p 个目标中，$f_1(x)$ 为主要目标，而对应于其余 $(p-1)$ 个目标函数 $f_i(x)$ 均可确定其允许的边界值：
$$a_i \leq f_i(x) \leq b_i; i = 2, 3, \cdots, p$$

这即可将 $(p-1)$ 个目标函数当作最优化问题的约束来处理，于是多目标规划问题转化为单目标规划问题，即 SP 问题：
$$\min f_1(x)$$
$$\text{s.t.} \begin{cases} g_i(x) \geq 0; i = 1, 2, \cdots, m \\ a_j \leq f_j(x) \leq b_j; j = 2, 3, \cdots, p \end{cases} \tag{9-21}$$

问题(9-21)的可行域为 $R' = \{x \mid g_i(x) \geq 0, i = 1, 2, \cdots, m; a_j \leq f_j(x) \leq b_j, j = 2, 3, \cdots, p\}$。

2. 评价函数法

求解多目标规划问题时，还有一种常见的方法即评价函数法，其基本思想是将多目标规划问题转化为一个单目标规划问题来求解，而且该单目标规划问题的目标函数是用多目标问题的各个目标函数构造出来的，称为评价函数。例如，如果原多目标规划问题的目标函数为 $F(x)$，则可通过各种不同的方式构造评价函数 $h(F(x))$，然后求解如下问题：

$$\min h(F(x))$$
$$\text{s.t.} \{x \in \mathbf{R} \tag{9-22}$$

求解问题(9-22)后，可用上述问题的最优解 x^* 作为多目标规划问题的最优解。正是由于可用不同的方法来构造评价函数，因此有各种不同的评价函数方法。

3. 功效系数法

我们知道，多目标规划的任意一个可行解 $x \in \mathbf{R}$ 对每个目标 $f_1(x)$ 的相应值是有好有坏的。一个 $x \in \mathbf{R}$ 对某个 $f_1(x)$ 的相应值的好坏程度，称为 x 对 $f_1(x)$ 的功效。

为了便于对每个 $x \in \mathbf{R}$ 比较它对某个 $f_1(x)$ 的功效大小，可以将 $f_1(x)$ 作一个函数变换 $d_i(f_i(x))$，即令 $d_i = d_i(f_i(x)), x \in \mathbf{R}, i=1,2,\cdots,p$。并规定：对 $f_1(x)$ 产生功效最好的 x，评分为 $d_i=1$；对功效最坏的 x，评分为 $d_i=0$；对不是最好也不是最坏的中间状态，评分为 $0 < d_i < 1$。也就是说，用一个值在 0 与 1 间的功效函数 $d_i(f_i(x))(x \in \mathbf{R})$ 来反映 $f_i(x)$ 的好坏。下面介绍最常用的两种评分方法：线性型和指数型。

(1) 线性型功效系数法。

这种方法是用功效最好与功效最坏的两点之间的直线来反映功效程度的，考虑如下的多目标规划问题：

$$\begin{cases} \min(f_1(x), f_2(x), \cdots, f_k(x))^{\mathrm{T}} \\ \max(f_{k+1}(x), f_{k+2}(x), \cdots, f_p(x))^{\mathrm{T}} \\ \text{s.t.} \{x \in \mathbf{R} \end{cases} \tag{9-23}$$

求出 $f_1(x)$ 的最大值和最小值：

$$\min_{x \in \mathbf{R}} f_1(x) = \underline{f_i}, i=1,2,\cdots,p$$
$$\max_{x \in \mathbf{R}} f_i(x) = \overline{f_i}, i=1,2,\cdots,p$$

① 由于当 $i=1,2,\cdots,k$ 时，$f_i(x)$ 要求越小越好，因此可取：

$$d_i = d_i(f_i(x)) = \begin{cases} 1, & f = \underline{f_i} \\ 0, & f = \overline{f_i} \\ 1 - \dfrac{f_i(x) - \underline{f_i}}{\overline{f_i} - \underline{f_i}}, & \underline{f_i} < f < \overline{f_i} \end{cases} \tag{9-24}$$

式(9-24)中选取 $1 - \dfrac{f_i(x) - \underline{f_i}}{\overline{f_i} - \underline{f_i}}$ 作为函数值，主要是因为过两点 $(\underline{f_i}, 1)$ 和 $(\overline{f_i}, 0)$ 可作一条直线，其方程为：

$$\dfrac{f_i(x) - \underline{f_i}}{\overline{f_i} - \underline{f_i}} = \dfrac{d(f_i(x)) - 1}{0 - 1}; \quad i=1,2,\cdots,k \tag{9-25}$$

由式(9-25)得 $d_i(f_i(x)) = 1 - \dfrac{f_i(x) - \underline{f_i}}{\overline{f_i} - \underline{f_i}}$；$i=1,2,\cdots,k$，$d_i(f_i(x))$ 的图形如图 9-5 所示。

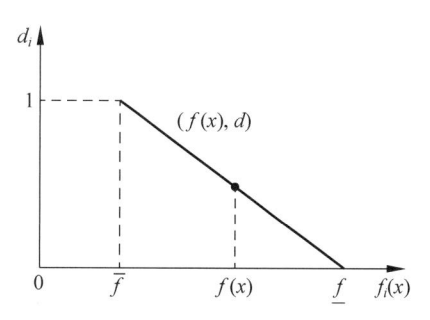

图 9-5 求目标函数极小值时的线性功效系数法示意图

显然，越靠近$(\overline{f_i},1)$的功效越好，越靠近$(\underline{f_i},0)$的功效越坏，所以$d_i(f_i(x))$便可以反映$f_i(x), i=1,2,\cdots,k$,该函数值越小越好。

② 由于当$i=k+1,k+2,\cdots,p$时，要求$f_i(x)$越大越好，因此可取：

$$d_i = d_i(f_i(x)) = \begin{cases} 1, & f = \overline{f_i} \\ 0, & f = \underline{f_i} \\ \dfrac{f_i(x) - \underline{f_i}}{\overline{f_i} - \underline{f_i}}, & \underline{f_i} < f < \overline{f_i} \end{cases} \quad (9\text{-}26)$$

式(9-26)中选取$\dfrac{f_i(x) - \underline{f_i}}{\overline{f_i} - \underline{f_i}}$作为函数值，主要是因为过两点$(\underline{f_i},0)$和$(\overline{f_i},1)$可作一条直线，其方程为：

$$\frac{f_i(x) - \underline{f_i}}{\overline{f_i} - \underline{f_i}} = \frac{d_i(f_i(x)) - 0}{1 - 0}; \quad i = k+1, k+2, \cdots, p \quad (9\text{-}27)$$

于是可得$d_i(f_i(x)) = \dfrac{f_i(x) - \underline{f_i}}{\overline{f_i} - \underline{f_i}}; i = k+1, k+2, \cdots, p$, $d_i(f_i(x))$的图形如图9-6所示。

由①和②可知，对所有的$f_i(x)(i=1,2,\cdots,p)$均给出了相应的功效系数$d_i(f_i(x))$，用①和②所推导出的$d_i(f_i(x))$的公式中，当诸$d_i(f_i(x)) \approx 1$时便可同时保证前k个目标越小越好、后$p-k$个目标越大越好。

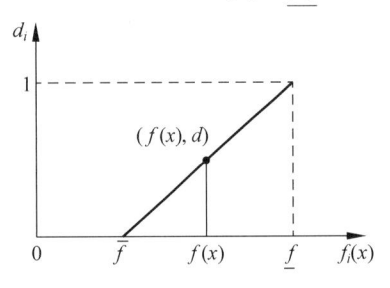

图9-6 求目标函数极大值时的线性功效系数法示意图

(2) 指数型功效系数法。

线性型功效系数法实际上是把功效系数取做线性函数。

仍考虑式(9-23)所示形式的多目标规划问题。

由于指数函数的几何特征与直线不同，指数函数最大值的$d_i(\overline{f_i}) \neq 0$，而是趋于0，因此无法像线性型功效系数法那样利用$f_i(x)$的最小值$\underline{f_i}$和最大值$\overline{f_i}$来定义$d_i(f_i(x))$，而是利用估计出的$f_i(x)$的不合格值$f_i^0$（或称为不满意值）和勉强合格值$f_i^1$（或称为最低满意值）来定义$d_i(f_i(x))$。

① 对于越大越好的$f_i(x), i=k+1,k+2,\cdots,p$，考虑如下的指数型功效系数：

$$d_i = d_i(f_i(x)) = e^{-e^{-b_0 - b_1 f_i(x)}}, \quad i = k+1, k+2, \cdots, p \quad (9\text{-}28)$$

其中，$b_0 > 0, b_1 > 0$，为待定的常数，其图形如图9-7所示。

由图9-7可见，$d_i(f_i(x)), i=1,2,\cdots,p$是$f_i(x)$的严格单调增函数，而且当$f_i(x)$充分大时，$d_i(f_i(x)) \to 1$。

为了确定b_0和b_1，规定$d_i^1 = d_i(f_i^1) = e^{-1} \approx 0.37$, $d_i^0 = d_i(f_i^0) = e^{-e} \approx 0.07$，可得到：

$$\begin{cases} e^{-1} = e^{-e^{-(b_0 + b_1 f_i^1)}} \\ e^{-e} = e^{-e^{-(b_0 + b_1 f_i^0)}} \end{cases} \quad (9\text{-}29)$$

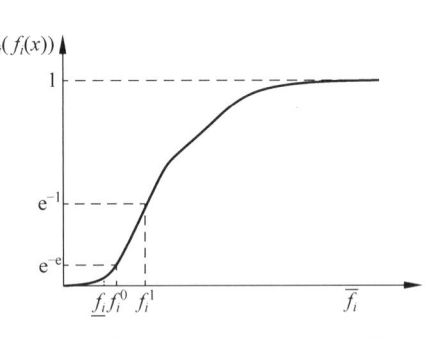

图9-7 求目标函数极大值时的指数型功效系数法示意图

由此可得：

$$\begin{cases} b_0 + b_1 f_i^1 = 0 \\ b_0 + b_1 f_i^0 = 0 \end{cases} \tag{9-30}$$

解方程组(9-30)得：

$$\begin{cases} b_0 = \dfrac{f_i^1}{f_i^0 - f_i^1} \\ b_1 = -\dfrac{1}{f_i^0 - f_i^1} \end{cases} \tag{9-31}$$

即有：

$$d_i(f_i(x)) = \exp\left(-\exp\left(\frac{f_i(x) - f_i^1}{f_i^0 - f_i^1}\right)\right), \quad i = k+1, k+2, \cdots, p \tag{9-32}$$

② 对于越小越好的 $f_i(x), i = 1, 2, \cdots, k$，可类似地求得：

$$d_i(f_i(x)) = 1 - \exp\left(-\exp\left(\frac{f_i(x) - f_i^1}{f_i^0 - f_i^1}\right)\right), \quad i = 1, 2, \cdots, k \tag{9-33}$$

这时，d_i 的图形如图 9-8 所示。图中，d_i 是 $f_i(x)$ 的严格单调减函数，而且当 $f_i(x)$ 充分小时，$d_i(f_i(x)) \to 1$。

类似线性型功效系数法，在得到各功效系数 $d_i(f_i(x)), i = 1, 2, \cdots, p$ 后，构造单目标规划问题：

$$\begin{cases} \max\limits_{x \in \mathbf{R}} h(F(x)) \\ h(F(x)) = \left(\prod\limits_{i=1}^{p} d_i(f_i(x))\right)^{\frac{1}{p}} \end{cases} \tag{9-34}$$

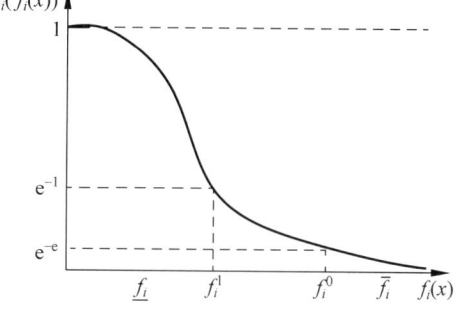

图 9-8 求目标函数极小值时的指数型功效系数法效果图

可证明，问题(9-34)的最优解为多目标规划问题(9-23)的有效解。

值得指出的是，功效系数法显然也适用于统一的极小化模型，只需要在相应的评价函数中取 $k = p$ 即可。

9.4.3 求解动态规划问题法

动态规划逆序求解的基本方程为：

$$\begin{cases} f_{n+1}(x_{n+1}) = 0 \\ x_{k+1} = T_k(x_k, u_k) \\ f_k(x_k) = \underset{u_k \in U_k(x_k)}{\mathrm{opt}} \{v_k(x_k, u_k) + f_{k+1}(x_{k+1})\} \end{cases} \quad (k = n, \cdots, 2, 1) \tag{9-35}$$

基本方程在动态规划逆序求解中起本质作用，称为动态规划的数学模型。

如果一个问题能用动态规划方法求解，那么可以按下列步骤建立动态规划的数学模型。

(1) 将过程划分成恰当的阶段。

(2) 正确选择状态变量 x_k，使它既能描述过程的状态，又满足无后效性，同时确定允许状态集合 X_k。

(3) 选择决策变量 u_k,确定允许决策集合 $U_k(x_k)$。

(4) 写出状态转移方程。

(5) 确定阶段指标 $v_k(x_k,u_k)$ 及指标函数 V_{kn} 的形式(阶段指标之和、阶段指标之积、阶段指标之极大或极小等)。

(6) 写出基本方程即最优值函数满足的递归方程,以及端点条件。

在 MATLAB 中没有提供专门的函数用于实现求解动态规划问题,下面通过编写 dynprog.m 函数来实现动态规划问题,源代码为:

```
function [p_opt,fval] = dynprog(x,DecisFun,ObjFun,TransFun)
% input x 状态变量组成的矩阵,其第 k 列是阶段 k 的状态 xk 的取值
% DecisFun(k,xk)由阶段 k 的状态变量 xk 求出相应的允许决策变量的函数
% ObjFun(k,sk,uk)阶段指标函数 vk = (sk,uk)
% TransFun(k,sk,uk)状态转移方程 Tk(sk,uk)
% Output p_opt[阶段数 k,状态 xk,决策 uk,指标函数值 fk(sk)]4 个列向量
% fval 最优函数值
k = length(x(1,:));                  % k 为阶段总数
x_isnan = ~isnan(x);
f_vub = inf;
f_opt = nan * ones(size(x));
d_opt = f_opt;
t_vubm = inf * ones(size(x));
% 以下计算最后阶段的相关值
tmp1 = find(x_isnan(:,k));
tmp2 = length(tmp1);
for i = 1:tmp2
    u = feval(DecisFun,k,x(i,k));
    tmp3 = length(u);
    for j = 1:tmp3
        tmp = feval(ObjFun,k,x(tmp1(i),k),u(j));
        if tmp <= f_vub
            f_opt(i,k) = tmp;
            d_opt(i,k) = u(j);
            t_vub = tmp;
        end
    end
end
% 以下逆序计算各阶段的递归调用程序
for ii = k - 1: - 1:1
    tmp10 = find(x_isnan(:,ii));
    tmp20 = length(tmp10);
    for i = 1:tmp20
        u = feval(DecisFun,ii,x(i,ii));
        tmp30 = length(u);
        for j = 1:tmp30
            tmp00 = feval(ObjFun,ii,x(tmp10(i),ii),u(j));
            tmp40 = feval(TransFun,ii,x(tmp10(i),ii),u(j));
            tmp50 = x(:,ii + 1) - tmp40;
            tmp60 = find(tmp50 == 0);
            if ~isempty(tmp60)
                tmp00 = tmp00 + f_opt(tmp60(1),ii + 1);
                if tmp00 <= t_vubm(i,ii)
                    f_opt(i,ii) = tmp00;
                    d_opt(i,ii) = u(j);
                    t_vubm(i,ii) = tmp00;
```

```
                    end
                end
            end
        end
    end
end
% 以下记录最优决策、最优轨线和相应指标函数值
p_opt = [];
tmpx = [];
tmpd = [];
tmpf = [];
tmp0 = find(x_isnan(:,1));
fval = f_opt(tmp0,1);
tmp01 = length(tmp0);
for i = 1:tmp01
    tmpd(i) = d_opt(tmp0(i),1);
    tmpx(i) = x(tmp0(i),1);
    tmpf(i) = feval(ObjFun,1,tmpx(i),tmpd(i));
    p_opt(k * (i - 1) + 1,[1,2,3,4]) = [1,tmpx(i),tmpd(i),tmpf(i)];
    for ii = 2:k
        tmpx(i) = feval(TransFun,ii - 1,tmpx(i),tmpd(i));
        tmp1 = x(:,ii) - tmpx(i);
        tmp2 = find(tmp1 == 0);
        if ~isempty(tmp2)
            tmpd(i) = d_opt(tmp2(1),ii);
        end
        tmpf(i) = feval(ObjFun,ii,tmpx(i),tmpd(i));
        p_opt(k * (i - 1) + ii,[1,2,3,4]) = [ii,tmpx(i),tmpd(i),tmpf(i)];
    end
end
```

下面演示几种动态规划问题在实际工程中的应用。

1. 生产计划问题

【**例 9-3**】 工厂生产某种产品,每单位(千件)的成本为 1(千元),每次开工的固定成本为 3(千元),工厂每季度的最大生产能力为 6(千件)。经调查,市场对该产品的需求量第一、二、三、四季度分别为 2、3、2、4(千件)。如果工厂在第一、二季度将全年的需求都生产出来,自然可以降低成本(少付固定成本费),但是对于第三、四季度才能上市的产品需付存储费,每季每千件的存储费为 500 元/千件。还规定年初和年末这种产品均无库存。试制订一个生产计划,安排每个季度的产量,使一年的总费用(生产成本和存储费)最少。

先考虑构成动态规划模型的条件:

(1) 阶段:把生产的 4 个时期作为 4 个阶段,$k=1,2,3,4$。

(2) 状态变量 x_k 表示第 k 时期初的库存量。由题意,$x_1=0$。

(3) 决策变量 u_k 表示第 k 时期的生产量,则 $0 \leqslant u_k \leqslant \min\{u_{k+1}+d_k,6\}$,其中 d_k 为第 k 时期的需求量。

(4) 状态转移方程为 $x_{k+1}=x_k+u_k-d_k$。

(5) 阶段指标 $V_k(u_k)$ 表示第 k 时期的生产成本 $C_k(u_k)$ 与库存量的存储费 $h_k(x_k)$ 之和。即 $v_k(u_k)=C_k(u_k)+h_k(S_k)$。其中 $h_k(x_k)=0.5x_k$。

$$C_k(u_k)=\begin{cases}0, & (u_k=0)\\ 3+1\cdot x_k, & (u_k=1,2,\cdots,6)\end{cases}$$

于是指标函数 $v_{1k} = \sum_{j=1}^{k} v_j(x_j)$，表示从第 1 时期到第 k 时期的总成本。因此，基本方程为：

$$\begin{cases} f_k(x_k) = \min\{v_k(x_k) + f_{k+1}(x_{k+1}) \mid u_k\} \\ f_4(x_4) = 0 (k = 3, 2, 1) \end{cases}$$

依据以上分析与建立的模型，编写出下面的 3 个 M 函数，并在主程序中调用参考程序 dynprog.m 进行计算。

```
% 在阶段 k 由状态变量 x 的值求出相应的决策变量的所有取值的函数
function u = li10_1funA(k,x)
q = [2,3,2,4];
if q(k) - x < 0                    % 决策变量不能取为负值
    u = 0:6;
else
    u = q(k) - x:6;                % 产量满足需求且超过 6
end
u = u(:);

% 阶段 k 的指标函数
function v = li10_1funB (k,x,u)
if u == 0
    v = 0.5 * x;
else
    v = 3 + u + 0.5 * x;
end

% 状态转移函数
function y = li10_1funC (k,x,u)
q = [2,3,2,4];
y = x + u - q(k);

% 调用 dynprog.m 的主程序
>> clear all;
x = nan * ones(5,4);               % 取 x 为 10 的倍数，x = 0:10:70 所以取 8 行
x(1,1) = 0;                        % 1 月初存储量为 0
x(1:5,2) = (0:4)';                 % 2 月初存储量为 0 到 4
x(1:5,3) = (0:4)';                 % 3 月初存储量为 0 到 4
x(1:5,4) = (0:4)';                 % 4 月初存储量为 0 到 4
[p,f] = dynprog(x, li10_1funA ','li10_1funB','li10_1funC')
```

运行程序输出结果如下：

```
p =
     1     0     2     5
     2     0     5     8
     3     2     0     1
     4     0     6     9
f =
    23
```

2. 最短路线问题

【例 9-4】 图 9-9 为一个线路图，连线上的数字表示两点之间的距离（或费用）。试寻求一条由 A 到 E 距离最短（或费用最省）的路线。

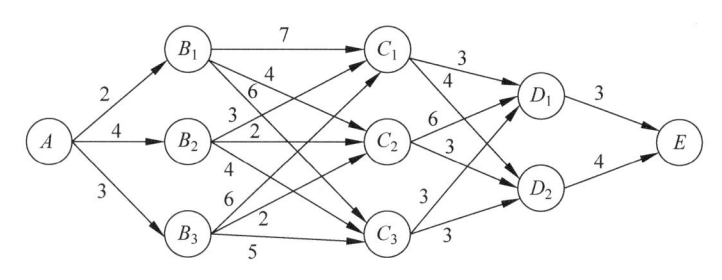

图 9-9 线路图

将该问题划分为 4 个阶段的决策问题,即第 1 阶段为 A 到 B_j($j=1,2,3$),有 3 种决策方案可供选择;第 2 阶段为从 B_j 到 C_j($j=1,2,3$),也有 3 种方案可供选择;第 3 阶段为从 C_j 到 D_j($j=1,2,3$),有两种方案可供选择;第 4 阶段为从 D_j 到 E,只有一种方案可供选择。如果用完全枚举法,则可供选择的路线有 $3\times3\times2\times1=18$(条),将其一一比较才可找出最短路线:

$$A \to B_1 \to C_2 \to D_3 \to E$$

其长度为 12。

$$A \to B_3 \to C_2 \to D_2 \to E$$

显然,这种方法是不经济的,特别是当阶段很多,各阶段可供的选择也很多时,这种解法甚至在计算机上完成也是不现实的。

由于考虑的是从全局上解决求 A 到 E 的最短路线问题,而不是就某一阶段解决最短路线,因此可以考虑从最后一阶段开始计算,由后向前逐步推至 A 点:

第 4 阶段,由 D_1 到 E 只有一条路线,其长度 $f_4(D_1)=3$,同理 $f_4(D_2)=4$。

第 3 阶段,由 C_j 到 D_i 分别有两种选择,即 $f_3(C_1)=\min\{C_1D_1+f_4(D_1)+C_1D_2+f_4(D_2)\}=\min\{C_3D_1+f_4(D_1),C_3D_2+f_4(D_2)\}=\min\{3+3,3+4\}=6$,决策点为 D_1。

$$f_3(C_2)=\min\{C_2D_1+f_4(D_1),C_2D_2+f_4(D_2)\}=\min\{6+3,3+4\}=7$$

$$f_3(C_3)=\min\{C_3D_1+f_4(D_1),C_3D_2+f_4(D_2)\}=\min\{3+3,3+4\}=6$$

第 2 阶段,由 B_j 到 C_j 分别有 3 种选择,即

$f_2(B_1)=\min\{B_1C_1+f_3(C_1),B_1C_2+f_3(C_2),B_1C_3+f_3(C_3)\}=\min\{7+6,4+7,6+6\}=11$ 决策点为 C_2。

$f_2(B_2)=\min\{B_2C_1+f_3(C_1),B_2C_2+f_3(C_2),B_2C_3+f_3(C_3)\}=\min\{3+6,2+7,4+6\}=9$ 决策点为 C_1 或 C_2。

$f_2(B_3)=\min\{B_3C_1+f_3(C_1),B_3C_2+f_3(C_2),B_3C_3+f_3(C_3)\}=\min\{6+6,2+7,5+6\}=9$ 决策点为 C_2。

第 1 阶段,由 A 到 B,有 3 种选择,即

$f_1(A)=\min\{AB_1+f_2(B_1),AB_2+f_2(B_2),AB_3+f_2(B_3)\}=\min\{2+11,4+9,3+9\}=12$ 决策点为 B_3。

$f_1(A)=12$ 说明从 A 到 E 的最短距离为 12,最短路线的确定可按计算顺序反推而得。即

$$A \to B_1 \to C_2 \to D_3 \to E$$

利用 MATLAB 代码实现最短路线的求解,根据需要首先建立 3 个 M 函数文件。

```matlab
% 在阶段 k 由状态变量 x 的值求出相应的决策变量的所有取值的函数
function u = li10_2funA (k,x)
if x == 1
    u = [2,3,4];
elseif (x == 2)|(x == 3)|(x == 4),
    u = [5,6,7];
elseif (x == 5)|(x == 6)|(x == 7),
    u = [8,9];
elseif (x == 8)|(x == 9),
    u = 10;
elseif x == 10,
    u = 10;
end

% 阶段 k 的指标函数
function v = li10_2funB (k,x,u)
tt = [2;4;3;7;4;6;3;2;4;6;2;5;3;4;6;3;3;3;3;4];
tmp = [x == 1 & u == 2, x == 1&u == 3, x == 1&u == 4, x == 2&u == 5, x == 2&u == 6, x == 2&u == 7,...
    x == 3&u == 5, x == 3&u == 6, x == 3&u == 7, x == 4&u == 5, x == 4&u == 6, x == 4&u == 7,...
    x == 5&u == 8, x == 5&u == 9, x == 6&u == 8, x == 6&u == 9, x == 7&u == 8, x == 7&u == 9,...
    x == 8&u == 10, x == 9&u == 10];
v = tmp * tt;

% 状态转移函数
function y = li10_2funC (k,x,u)
y = u;

% 调用 dynprog 函数求解最短路线,代码为:
>> clear all;
x = nan * ones(3,5);
x(1,1) = 1;
x(1:3,2) = [2;3;4];
x(1:3,3) = [5;6;7];
x(1:2,4) = [8;9];
x(1,5) = 10;
[p,f] = dynprog(x,'li10_2funA','li10_2funB','li10_2funC')
```

运行程序,输出如下:

```
p =
    1    1    4    3
    2    4    6    2
    3    6    9    3
    4    9   10    4
    5   10   10    0
f =
   12
```

可见从 A 到 E 的最短距离为 12,最短线路按顶点序号为 $1 \rightarrow 4 \rightarrow 6 \rightarrow 9 \rightarrow 10$,即 $A \rightarrow B_1 \rightarrow C_2 \rightarrow D_2 \rightarrow E$。

9.5 MATLAB 求解其他规划问题

9.4 节介绍了求解几种规划问题的方法,本节将介绍 MATLAB 中提供的一些专门求解这几种规划问题的函数。

9.5.1 MATLAB 求解二次规划问题

在 MATLAB 优化工具箱中提供了 quadprog 函数用于求解二次规划问题。quadprog 函数的调用格式为：

x=quadprog(H,f,A,b)：该格式用于求解如下形式的二次规划问题：

$$\begin{cases} \min f(\boldsymbol{x}) = \dfrac{1}{2}\boldsymbol{x}^{\mathrm{T}}\boldsymbol{H}\boldsymbol{x} + \boldsymbol{c}^{\mathrm{T}}\boldsymbol{x} \\ \mathrm{s.\,t.}\ \{\boldsymbol{A}\boldsymbol{x} \leqslant \boldsymbol{b} \end{cases}$$

x=quadprog(H,f,A,b,Aeq,beq)：求解如下形式的二次规划问题：

$$\begin{cases} \min f(\boldsymbol{x}) = \dfrac{1}{2}\boldsymbol{x}^{\mathrm{T}}\boldsymbol{H}\boldsymbol{x} + \boldsymbol{c}^{\mathrm{T}}\boldsymbol{x} \\ \mathrm{s.\,t.}\ \begin{cases} \boldsymbol{A}\boldsymbol{x} \leqslant \boldsymbol{b} \\ \boldsymbol{A}_{\mathrm{eq}}\boldsymbol{x} \leqslant \boldsymbol{b}_{\mathrm{eq}} \end{cases} \end{cases}$$

x=quadprog(H,f,A,b,Aeq,beq,lb,ub)：求解如下形式的二次规划问题：

$$\begin{cases} \min f(\boldsymbol{x}) = \dfrac{1}{2}\boldsymbol{x}^{\mathrm{T}}\boldsymbol{H}\boldsymbol{x} + \boldsymbol{c}^{\mathrm{T}}\boldsymbol{x} \\ \mathrm{s.\,t.}\ \begin{cases} \boldsymbol{A}\boldsymbol{x} \leqslant \boldsymbol{b} \\ \boldsymbol{A}_{\mathrm{eq}}\boldsymbol{x} \leqslant \boldsymbol{b}_{\mathrm{eq}} \\ \mathrm{lb} \leqslant \boldsymbol{x} \leqslant \mathrm{ub} \end{cases} \end{cases}$$

如果问题中没有等式约束，则可设置 Aeq=[],beq=[]。

x=quadprog(H,f,A,b,Aeq,beq,lb,ub,x0)：同时设置问题的初始点 x0，如果没有边界约束，可设置 lb=[],ub=[]。

x=quadprog(H,f,A,b,Aeq,beq,lb,ub,x0,options)：options 用于指定的优化参数进行目标函数的最小化，其取值如表 9-7 所示。

表 9-7 options 参数取值及说明

options 取值	说　明
LangeScale	值为 on(默认)时采用大型规模算法，值为 off 时采用中型规模算法。如果二次规划问题只有边界约束，而没有线性等式约束或线性不等式约束，则默认算法为大型规模算法。如果二次规划问题只有线性等式约束，而没有边界约束或线性不等式约束，同时线性等式约束的个数不大于设计变量的维数，则默认算法为大型规模算法
Display	输出信息级别，取 off 时表示无输出信息；取 final(默认)时表示最终输出信息和默认的退出信息
MaxIter	算法运行中的最大迭代次数，默认值为 200
TypicalX	典型 x 的值，其维数与初始点 x0 相同，默认为全 1 向量。quadprog 使用 TypicalX 来衡量梯度的有限差分估计
HessMult	Hessian 乘子函数的函数句柄。对于大型规模算法，该函数计算 H*Y 而并非直接构造 Hessian 矩阵 H。函数的形式如下： W=hmfun(Hinfo,Y)，其中参数 Hinfo 包含计算 H*Y 的矩阵
MaxPCGIter	预处理共轭梯度法(PCG)迭代的最大次数，其默认值为 max(1,floor(设计变量的个数/2))

续表

options 取值	说　　明
PrecondBandWidth	PCG 预处理的上带宽，为一个非负整数。在 quadprog 中使用对角形式，默认值为 0，对一些最优化问题而言，增大上带宽可减少 PCG 迭代的次数。如果设置 PrecondBandWidth 为 Inf，则算法使用 Cholesky 直接分解法来代替共轭梯度。直接分解比共轭梯度运算代价更高，但可更好地向最优解收敛
TolFun	函数计算终止的误差限，默认值为 $100\times eps$，TolFun 作为具有边界约束的二次规划问题的计算终止条件
TolX	最优解 x 处的误差限，默认值为 $100\times eps$，TolPCG 作为仅具有等式约束的二次规划问题的计算终止条件
TolPCG	PCG 迭代的终止误差限，为一个正数，默认值为 0.1

[x,fval]=quadprog(H,f,...)：返回目标函数在解 x 处的目标函数值 fval。

[x,fval,exitflag]=quadprog(H,f,...)：在优化结构结束时返回算法终止的状态指示结构变量 exitflag，其取值及说明如表 9-8 所示。

表 9-8　exitflag 的取值及说明

exitflag 取值	说　　明
0	表示迭代次数超过 option.MaxIter 或函数值大于 options.FunEvals
1	表示函数收敛到最优解 x
3	表示目标函数值在相邻两次迭代点处的变化小于预先给定的容忍度
4	表示找到局部极小值点
-2	表示求解问题无可行解
-3	表示求解问题无边界
-4	表示当前搜索方向不是下降方向，搜索过程结束
-7	表示搜索方向幅值太小，搜索过程结束

[x,fval,exitflag,output]=quadprog(H,f,...)：在优化计算结束时返回结构变量 output，其取值及说明如表 9-9 所示。

表 9-9　output 取值及说明

output 取值	说　　明
iterations	优化过程中的实际迭代次数
algorithm	优化过程中所采用的具体算法
firstorderopt	一阶最优测度（仅对大型规模算法有效）
cgiterations	PCG 迭代的次数（仅对大型规模算法有效）
message	退出信息

[x,fval,exitflag,output,lambda]=quadprog(H,f,...)：在优化结束时返回解 x 处的拉格朗日乘子结构变量 lambda，其取值及说明如表 9-10 所示。

表 9-10　lambda 取值及说明

lambda 取值	说　　明
lower	下边界处的拉格朗日乘子
upper	上边界处的拉格朗日乘子
ineqlin	线性不等式约束的拉格朗日乘子
eqlin	线性等式约束的拉格朗日乘子

以下利用 quadprog 函数求解二次规划问题。

【例 9-5】 求解下面的二次规划问题。

$$\min f(x) = \frac{1}{2}x_1^2 + x_2^2 - x_1 x_2 - 2x_1 - 6x_2$$

$$\text{s.t.} \begin{cases} x_1 + x_2 \leqslant 2 \\ -x_1 + 2x_2 \leqslant 2 \\ 2x_1 + x_2 \leqslant 3 \\ 0 \leqslant x_1, 0 \leqslant x_2 \end{cases}$$

其目标函数为：

$$f(\boldsymbol{x}) = \frac{1}{2}\boldsymbol{x}^\mathrm{T}\boldsymbol{H}\boldsymbol{x} + \boldsymbol{f}^\mathrm{T}\boldsymbol{x}$$

目标函数的矩阵形式为：

$$\boldsymbol{H} = \begin{bmatrix} 1 & -1 \\ -1 & 2 \end{bmatrix}, \quad \boldsymbol{f} = \begin{bmatrix} -2 \\ -6 \end{bmatrix}, \quad \boldsymbol{x} = \begin{bmatrix} x_1 \\ x_2 \end{bmatrix}$$

其实现的 MATLAB 代码如下：

```
>> clear all;
H = [1 -1; -1 2];
f = [-2; -6];
A = [1 1; -1 2; 2 1];
b = [2; 2; 3];
lb = zeros(2,1);
[x,fval,exitflag,output,lambda] = quadprog(H,f,A,b,[],[],lb)
```

运行程序，输出如下：

```
x =
    0.6667
    1.3333
fval =    -8.2222
exitflag =     1
output =
         iterations: 3
      constrviolation: 1.1102e-016
          algorithm: 'medium-scale: active-set'
        firstorderopt: []
         cgiterations: []
             message: 'Optimization terminated.'
lambda =
      lower: [2x1 double]
      upper: [2x1 double]
      eqlin: [0x1 double]
    ineqlin: [3x1 double]
```

【例 9-6】 求解下面的二次规划问题：

$$\max f(x) = -x_1^2 - x_2^2 + 9x_1 + 12x_2$$

$$\text{s.t.} \begin{cases} 4x_1 - x_2 \geqslant 5 \\ x_1, x_2 \geqslant 0 \end{cases}$$

将上述二次规划化为标准的二次规划形式：

$$\min f(x) = x_1^2 + x_2^2 - 9x_1 - 12x_2$$
$$\text{s.t.} \begin{cases} -4x_1 + x_2 \leqslant -5 \\ x_1, x_2 \geqslant 0 \end{cases}$$

将目标函数化为下面的矩阵形式：

$$\boldsymbol{H} = \begin{bmatrix} 2 & 0 \\ 0 & 2 \end{bmatrix}, \quad \boldsymbol{f} = \begin{bmatrix} -9 \\ -12 \end{bmatrix}, \quad \boldsymbol{x} = \begin{bmatrix} x_1 \\ x_2 \end{bmatrix}$$

调用 quadprog 函数求解二次规划问题，其实现代码为：

```
>> clear all;
H = [2 0;0 2];
f = [-9 -12];
A = [-4 1];
b = [-5];
lb = [0 0];
[x,fval] = quadprog(H,f,A,b,[],[],lb)
```

运行程序，输出如下：

```
Optimization terminated.
x =
    4.5000
    6.0000
fval =
   -56.2500
```

所以，原二次规划问题的最优值为 56.2500。

9.5.2　MATLAB 求解多目标规划问题

在 MATLAB 优化工具箱中提供了 fgoalattain 函数用于求解多目标规划问题。其调用格式如下。

x=fgoalattain(fun,x0,goal,weight)：以 x0 为初始点求解无约束的多目标规划问题，其中 fun 为目标函数向量；goal 为想要达到的目标函数值向量；weight 为权重向量，一般取 weight=abs(goal)。

x=fgoalattain(fun,x0,goal,weight,A,b)：以 x0 为初始点求解有线性不等式约束 A * x≤b 的多目标规划问题。

x=fgoalattain(fun,x0,goal,weight,A,b,Aeq,beq)：以 x0 为初始点求解有线性不等式与等式约束 A * x≤b，Aeq * x=beq 的多目标规划问题。

x=fgoalattain(fun,x0,goal,weight,A,b,Aeq,beq,lb,ub)：以 x0 为初始点求解有线性不等式与等式约束以及界约束 lb≤x≤ub 的多目标规划问题。

x=fgoalattain(fun,x0,goal,weight,A,b,Aeq,beq,lb,ub,nonlcon)：nonlcon 函数为编写的非线性约束函数，格式为：

```
function [c,ceq] = mycon(x)
c = ...                % x处的非线性不等式约束
ceq = ...              % x处的非线性等式约束
```

x=fgoalattain(fun,x0,goal,weight,A,b,Aeq,beq,lb,ub,nonlcon,... options)：options

为指定的优化参数,其取值及说明如表 9-11 所示。

表 9-11 fgoalattain 函数的优化参数及说明

options 取值	说 明
DierivativeCheck	比较用户提供的导数(目标函数或约束函数的梯度)与有限差分导数
Diagnostics	打印将要最小化或求解的函数的信息
DiffMaxChange	变量有限差分梯度的最大变化(中小规模算法)
DiffMinChange	变量有限差分梯度的最小变化(中小规模算法)
Display	如果设置为 off 则不显示输出;如果设置为 iter 则显示每一次的迭代信息;如果设置为 final 则只显示最终结果
GoalsExactAchieve	使得目标个数刚好达到
GradConstr	用户定义的约束函数的梯度
GradObj	用户定义的目标函数的梯度
MaxFunEvals	函数评价所允许的最大次数
FinDiffType	变量有限差分梯度的类型,取 'forward' 时即为向前差分,其为默认值;取 'central' 时,即为中心差分,其精度更精确
MaxIter	函数迭代允许的最大次数
FunValCheck	检查目标函数与约束是否都有效,当设置为 on 时,遇到复数、NaN、Inf 等,即显示出错信息;设置为 off 时,不显示出错信息,其为默认值
MeritFunction	若设置为 multiobj,则使用目标函数达到最大或最小的势函数;若设置为 singleobj,则使用 fmincon 计算目标函数
OutputFcn	在每次迭代中指定一个或多个用户定义的目标优化函数
RelLineSrchBnd	有关编写自定义绘图功能的信息
RelLineSrchBndDuration	线搜索迭代次数,默认值为 1
TolCon	目标函数的约束性,默认值为 1e−6
TolConSQP	目标函数 SQP 的约束性,默认值为 1e−6
TypicalX	典型 x 值(大规模算法)
TolX	x 处的容忍度
UseParallel	用户定义的目标函数梯度,当取值为 'always' 时,即为估计梯度,默认项;取值为 'never' 时,即为客观梯度

[x,fval]=fgoalattain(...):x 为返回的最优解,fval 为返回多目标函数在 x 处的函数值。

[x,fval,attainfactor]=fgoalattain(...):attainfactor 为解 x 处的目标规划因子。

[x,fval,attainfactor,exitflag]=fgoalattain(...):exitflag 为输出终止迭代的条件信息,其取值及说明如表 9-12 所示。

表 9-12 exitflag 的取值及说明

exitflag 取值	说 明
1	表示函数收敛到最优解 x
4	表示搜索方向的级小于给定的容忍度且约束的违背量小于 options.TolCon
5	表示方向导数的级小于给定的容忍度且约束的违背量小于 options.TolCon
0	表示迭代次数超过 options.MaxIter 或函数的赋值次数超过 options.FunEvals
−1	表示算法被输出函数终止
−2	表示求解问题无可行解

[x,fval,attainfactor,exitflag,output]=fgoalattain(...):output 为输出关于算法的信息。其结构及含义如表 9-13 所示。

表 9-13 output 的结构及说明

output 结构	说　　明
iterations	迭代次数
funcCount	函数赋值次数
lssteplength	线性搜索方向及搜索步长大小
stepsize	算法在最后一步所选取的步长
algorithm	函数所调用的算法
constrviolation	最大约束函数
firstorderopt	一阶最优性条件
message	算法终止的信息

[x,fval,attainfactor,exitflag,output,lambda]=fgoalattain(…)：lambda 为输出目标函数在解 x 处的 Hessian 矩阵 H，其取值及说明如表 9-14 所示。

表 9-14 lambda 的取值及说明

lambda 取值	说　　明
lower	下边界处的拉格朗日乘子
upper	上边界处的拉格朗日乘子
ineqlin	线性不等式约束的拉格朗日乘子
eqlin	线性等式约束的拉格朗日乘子
ineqnonlin	非线性不等式约束对应的拉格朗日乘子向量
eqnonlin	非线性等式约束对应的拉格朗日乘子向量

以下利用 fgoalattain 函数求解多目标规划问题。

【例 9-7】 求解多目标 $\begin{cases} f(x)=(A+BKC)x+Bu \\ y=Cx \end{cases}$ 的最优解，其中 A、B、C、K 的取值如下，

$$A = \begin{bmatrix} -0.5 & 0 & 0 \\ 0 & -2 & 10 \\ 0 & 1 & -2 \end{bmatrix}, \quad B = \begin{bmatrix} 1 & 0 \\ -2 & 2 \\ 0 & 1 \end{bmatrix}, \quad C = \begin{bmatrix} 1 & 0 & 0 \\ 0 & 0 & 1 \end{bmatrix}, \quad K = \begin{bmatrix} -1 & -1 \\ -1 & -1 \end{bmatrix}$$

其优化目标向量为 goal=[-5,-3,-1]。

首先建立目标函数的 M 文件，代码如下：

```
function F = li10_5fun(K,A,B,C)
F = sort(eig(A + B * K * C));
```

其实现的 MATLAB 代码如下：

```
>> clear all;
A = [-0.5 0 0; 0 -2 10; 0 1 -2];
B = [1 0; -2 2; 0 1];
C = [1 0 0; 0 0 1];
K0 = [-1 -1; -1 -1];                        % 控制矩阵初始化
goal = [-5 -3 -1];                          % 优化目标向量
weight = abs(goal);                         % 权重
lb = -4 * ones(size(K0));                   % 下界
ub = 4 * ones(size(K0));                    % 上界
options = optimset('Display','iter');       % 显示迭代过程
[K,fval,attainfactor] = fgoalattain(@(K)li10_5fun(K,A,B,C),...
    K0,goal,weight,[],[],[],[],lb,ub,[],options)
```

运行程序,输出如下:

```
                Attainment    Max      Line search  Directional
Iter   F-count    factor   constraint  steplength   derivative   Procedure
  0      6          0       1.88521
  1     12        1.031     0.02998        1          0.745
  2     18        0.3525    0.06863        1         -0.613
  3     24       -0.1706    0.1071         1         -0.223      Hessian modified
  4     30       -0.2236    0.06654        1         -0.234      Hessian modified twice
  5     36       -0.3568    0.007894       1         -0.0812
  6     42       -0.3645    0.000145       1         -0.164      Hessian modified
  7     48       -0.3645    0              1         -0.00515    Hessian modified
  8     54       -0.3675    0.0001546      1         -0.00812    Hessian modified twice
  9     60       -0.3889    0.008328       1         -0.00751    Hessian modified
 10     66       -0.3862    0              1          0.00568
 11     72       -0.3863    3.752e-013     1         -0.998      Hessian modified twice
K =
   -4.0000   -0.2564
   -4.0000   -4.0000
fval =
   -6.9313
   -4.1588
   -1.4099
attainfactor =   -0.3863
```

【例 9-8】 (采购问题)某工厂需要采购某种生产原料,该原料市场有 A 和 B 两种,价格分别为 1.5 元/千克和 2.5 元/千克。现要求所花的总费用不超过 400 元,购得原料总质量不少于 150kg,其中 A 原料不得少于 70kg。怎样确定最佳采购方案,才能花最少的钱采购最多数量的原料?

设 A、B 分别采购 x_1、x_2 千克,于是该次采购总的花费为 $f_1(x)=1.5x_1+2.5x_2$,所得原料总量为 $f_2(x)=x_1+x_2$,则求解的目标是使得花最少的钱购买最多的原料,即最小化 $f_1(x)$ 的同时最大化 $f_2(x)$。

要满足总花费不得超过 400 元,原料的总质量不得少于 150kg,A 原料不得少于 70kg,于是得到对应的约束条件为:

$$\begin{cases} x_1+x_2 \geqslant 150 \\ 1.5x_1+2.5x_2 \leqslant 400 \\ x_1 \geqslant 70 \end{cases}$$

又考虑到购买的数量必须满足非负的条件,由于对 x_1 已有相应的约束条件,因此只需要添加对 x_2 的非负约束即可。

综上所述,得到问题的数学模型为:

$$\min f_1(x)=1.5x_1+2.5x_2$$
$$\max f_2(x)=x_1+x_2$$
$$\text{s.t.} \begin{cases} x_1+x_2 \geqslant 150 \\ 1.5x_1+2.5x_2 \leqslant 400 \\ x_1 \geqslant 70 \\ x_2 \geqslant 0 \end{cases}$$

根据需要,建立目标函数的 M 文件 li10_6fun,代码为:

```
function f = li10_6fun(x)
f(1) = 1.5 * x(1) + 2.5 * x(2);
f(2) = - x(1) - x(2);
```

根据约束中的目标约束,可设置 goal 为[400,-150],再加入对设计变量的边界约束,同时权重选择为 goal 的绝对值,调用 fgoalattain 函数求解,代码为:

```
>> clear all;
x0 = [0;0];
A = [ - 1  - 1; 1.5 2.5];
b = [ - 150; 400];
lb = [70;0];
goal = [400; - 150];
weight = abs(goal);
[x,fval,attainfactor,output,lambda] = fgoalattain(@li10_6fun,x0,goal,weight,[],[],[],[],lb,[])
```

运行程序,输出如下:

```
Local minimum possible. Constraints satisfied.
fgoalattain stopped because the predicted change in the objective function
is less than the default value of the function tolerance and constraints
are satisfied to within the default value of the constraint tolerance.
< stopping criteria details >
x =
   124.4650
    54.4638
fval =
   322.8569  - 178.9288
attainfactor =
   - 0.1929
output =
    5
lambda =
           iterations: 3
            funcCount: 14
         lssteplength: 1
             stepsize: 0.0010
            algorithm: 'goal attainment SQP, Quasi - Newton, line_search'
         firstorderopt: []
         constrviolation: 3.2097e - 07
              message: [1x776 char]
```

在上述期望目标和权重选择下,问题的最优解为 $x^* = \begin{bmatrix} 124.4650 \\ 54.4638 \end{bmatrix}$。参数 attainfactor 的值为负,说明已经溢出预期的目标函数值,满足原问题的要求。

【例 9-9】 (生产计划问题)某工厂生产 A、B 和 C 三种产品以满足市场的需要,该厂每周生产时间为 48h,且规定每周的能耗不得超过 24t 标准煤,其数据如表 9-15 所示。则每周生产三种产品各多少小时,才能使得该厂的利润最多而能耗最少?

表 9-15 产品生产销售数据表

产品	生产效率/(m/h)	利润/元	最大销量/(m/周)	能耗/(t/1000m)
A	22	550	750	25
B	25	400	800	26
C	18	700	600	30

设该工厂每周生产三种产品的小时数分别为 x_1、x_2、x_3，则根据各种产品的单位利润得到其总利润 $f_1(x) = 550x_1 + 400x_2 + 700x_3$。

根据各个产品的生产效率，可生产 A、B 和 C 的生产数量分别为：

$$q_A = 22x_1, \quad q_B = 25x_2, \quad q_C = 18x_3$$

因此，生产过程中产生的能耗可表达为：$f_2(x) = \frac{22}{55}x_1 + \frac{26}{40}x_2 + \frac{3}{7}x_3$。

根据最优化问题的目标，需要使利润最多且能耗最少，即在极大化 $f_1(x)$ 的同时极小化 $f_2(x)$。

再由约束条件，该厂每周的生产时间为 48h，因此：

$$x_1 + x_2 + x_3 \leqslant 48$$

能耗不得超过 25t 标准煤：

$$\frac{22}{55}x_1 + \frac{26}{40}x_2 + \frac{3}{7}x_3 \leqslant 25$$

且三种产品每周的最大销量如表 9-15 所示，因此必须限制生产数量小于最大销量才能使成本最低，即满足约束条件：

$$q_A = 22x_1 \leqslant 750, \quad q_B = 25x_2 \leqslant 800, \quad q_C = 18x_3 \leqslant 600$$

并考虑到生产时间的非负性，因此得到该问题的数学模型为：

$$\max f_1(x) = 550x_1 + 400x_2 + 700x_3$$

$$\min f_2(x) = \frac{22}{55}x_1 + \frac{26}{40}x_2 + \frac{3}{7}x_3$$

$$\text{s.t.} \begin{cases} x_1 + x_2 + x_3 \leqslant 48 \\ \frac{22}{55}x_1 + \frac{26}{40}x_2 + \frac{3}{7}x_3 \leqslant 25 \\ 22x_1 \leqslant 750 \\ 25x_2 \leqslant 800 \\ 18x_3 \leqslant 600 \\ x_1, x_2, x_3 \geqslant 0 \end{cases}$$

将目标函数均转换为求极小化问题，建立 M 函数文件并存盘，代码为：

```
>> clear all;
x0 = [0;0;0];
lb = [0;0;0];
goal = [-32000;25];              % 期望目标
weight = abs(goal);
A = [1 1 1;22 0 0;0 25 0;0 0 18];
b = [48;750;800;600];
[x,fval,attainfactor,output,lambda] = fgoalattain(@li10_7fun,x0,goal,weight,A,b,[],[],lb,[])
```

运行程序，输出如下：

```
Local minimum possible. Constraints satisfied.
fgoalattain stopped because the size of the current search direction is less than
twice the default value of the step size tolerance and constraints are
satisfied to within the default value of the constraint tolerance.
< stopping criteria details >
x =
    14.6667
     0.0000
    33.3333
fval =
  1.0e + 04 *
   - 3.1400    0.0020
attainfactor =
     0.0188
output =
        4
lambda =
         iterations: 7
          funcCount: 41
        lssteplength: 1
           stepsize: 5.9307e - 10
          algorithm: 'goal attainment SQP, Quasi - Newton, line_search'
       firstorderopt: []
      constrviolation: 0
            message: [1x766 char]
```

由以上结果可知,问题的最优解为 $x^* = \begin{bmatrix} 14.6667 \\ 0 \\ 33.3333 \end{bmatrix}$,此时函数 $f_1(x)$ 的值为 31400,函数 $f_2(x)$ 的值为 20。

9.5.3 MATLAB 求解最大最小化问题

最大最小化问题可描述为以下标准形式:

$$\min_{x} \max_{F_i} \{F_i(x)\}$$

$$s.t. \begin{cases} c(x) \leqslant 0 \\ ceq(x) = 0 \\ A \cdot x \leqslant b \\ Aeq \cdot x = beq \\ lb \leqslant x \leqslant ub \end{cases}$$

对于目标函数 $\min_{x} \max_{F_i} \{F_i(x)\}$,其含义表示对于一组目标函数,确定这些目标函数中的最大者,然后将该目标函数对优化变量 x 确定其最小值。

在 MATLAB 优化工具箱中提供了 fminimax 函数用于求最大最小化问题。其调用格式如下。

x=fminimax(fun,x0):求解最小最大问题。目标函数与约束条件定义在 M 文件中,文件名为 fun,初始解向量为 x0。

x=fminimax(fun,x0,A,b):在约束 A * x≤b 下求解最优化问题。

x=fminimax(fun,x,A,b,Aeq,beq):在约束条件 A * x≤b 及 Aeq * x=beq 下,求解最

优化问题，如果没有不等式条件，可令 A=[]、b=[]。

x=fminimax(fun,x,A,b,Aeq,beq,lb,ub)：给出 x 的上下界，有 lb≤x≤ub。

x=fminimax(fun,x0,A,b,Aeq,beq,lb,ub,nonlcon)：nonlcon 为定义的非线性约束函数，其格式如下。

```
function [c,ceq] = mycon(x)
c = ...                % x 处的非线性不等式约束
ceq = ...              % x 处的非线性等式约束
```

x=fminimax(fun,x0,A,b,Aeq,beq,lb,ub,nonlcon,options)：options 为指定的优化参数选项，其内容如表 9-16 所示。

表 9-16　options 参数及说明

options 取值	说　　明
DerivativeCheck	比较用户提供的导数(目标函数或约束函数的梯度)与有限差分导数
Diagnostics	打印将要最小化或求解的函数的信息
DiffMaxChange	变量有限差分梯度的最大变化(中小规模算法)
DiffMinChange	变量有限差分梯度的最小变化(中小规模算法)
Display	如果设置为 off 则不显示输出；如果设置为 iter 则显示每一次的迭代信息；如果设置为 final 则只显示最终结果
GoalsExactAchieve	使得目标个数刚好达到
GradConstr	用户定义的约束函数的梯度
GradObj	用户定义的目标函数的梯度
MaxFunEvals	函数评价所允许的最大次数
FinDiffType	变量有限差分梯度的类型，取 'forward' 时即为向前差分，其为默认值；取 'central' 时，即为中心差分，其精度更精确
FinDiffRelStep	标量或矢量步长因子
MaxIter	函数迭代允许的最大次数
MinAbsMax	函数的最小最大化数值
MaxSQPIter	允许的二次规划迭代的最大数量，为一个正整数
FunValCheck	检查目标函数与约束是否都有效，当设置为 on 时，遇到复数、NaN、Inf 等，即显示出错信息；设置为 off 时，不显示出错信息，其为默认值
MeritFunction	若设置为 multiobj，则使用目标函数达到最大或最小的势函数；若设置为 singleobj，则使用 fmincon 计算目标函数
OutputFcn	在每次迭代中指定一个或多个用户定义的目标优化函数
RelLineSrchBnd	有关编写自定义绘图功能的信息
RelLineSrchBndDuration	线搜索迭代次数，默认值为 1
TolCon	目标函数的约束性，默认值为 1e−6
TolConSQP	目标函数 SQP 的约束性，默认值为 1e−6
TypicalX	典型 x 值(大规模算法)
TolX	x 处的容忍度
TolFun	函数计算终止的误差限
UseParallel	用户定义的目标函数梯度，当取值为 'always' 时，即为估计梯度，默认项；取值为 'never' 时，即为客观梯度

[x,fval]=fminimax(…)：x 为返回的最优解，fval 为返目标函数在 x 处的函数值。

[x,fval,maxfval]=fminimax(…)：maxfval 为 fval 中的最大元。

[x,fval,maxfval,exitflag]=fminimax(…)：exitflag 为输出终止迭代的条件信息。其取

值及说明如表 9-6 所示。

[x,fval,maxfval,exitflag,output]=fminimax(…)：output 为输出关于算法的信息变量，其结构取值及说明如表 9-16 所示。

[x,fval,maxfval,exitflag,output,lambda]=fminimax(…)：lambda 为输出各个约束所对应的 Lagrange 乘子，其取值及说明如表 9-8 所示。

【例 9-10】 求解下面的最大最小化问题。

$$\min_x \max_{F_i}\{f_1(x), f_2(x), f_3(x), f_4(x), f_5(x)\}$$

$$\text{s. t.} \begin{cases} x_1^2 + x_2^2 \leqslant 8 \\ x_1 + x_2 \leqslant 3 \\ -3 \leqslant x_1 \leqslant 3 \\ -2 \leqslant x_2 \leqslant 2 \end{cases}$$

其中，

$$\begin{cases} f_1(x) = 2x_1^2 + x_2^2 - 48x_1 - 40x_2 + 304 \\ f_2(x) = -x_1^2 - 3x_2^2 \\ f_3(x) = x_1 + 3x_2 - 18 \\ f_4(x) = -x_1 - x_2 \\ f_5(x) = x_1 + x_2 - 8 \end{cases}$$

编写目标函数的 M 文件如下：

```
function  f = li10_8funA (x)
f(1) = 2 * x(1)^2 + x(2)^2 - 48 * x(1) - 40 * x(2) + 304;      %目标函数
f(2) = - x(1)^2 - 3 * x(2)^2;
f(3) = x(1) + 3 * x(2) - 18;
f(4) = - x(1) - x(2);
f(5) = x(1) + x(2) - 8;
```

编写非线性约束函数的 M 文件如下：

```
function [c1,c2] = li10_8funB(x)
c1 = x(1)^2 + x(2)^2 - 8;
c2 = [];                    %没有非线性等式约束
```

其实现的 MATLAB 代码如下：

```
>> clear all;
x0 = [0.1; 0.1];              % 给定的初始点
A = [1 1];                    %线性约束系数矩阵
b = 3;
lb = [-3 -2]';                % 变量下界
ub = [2,3]';                  % 变量上界
[x,fval,exitflag,output,lamdba] = fminimax(@li10_8funA,x0,A,b,[],[],lb,ub,@li10_8funB)
```

运行程序，输出如下：

```
x =
    2.0000
    1.0000
```

```
fval =
   177.0000   -7.0000   -13.0000   -3.0000   -5.0000
exitflag =
   177
output =
   4
lamdba =
         iterations: 3
          funcCount: 14
        lssteplength: 1
           stepsize: 3.2632e-08
          algorithm: 'minimax SQP, Quasi-Newton, line_search'
       firstorderopt: []
      constrviolation: 3.2632e-08
            message: [1x763 char]
```

【例 9-11】 利用极大极小法求解如下多目标规划问题。

$$\min f_1(x) = x_1^2 + x_2^2 + x_3^2$$
$$\min f_2(x) = x_1^2 + 2x_2^2 + 3x_3^2$$
$$s.t. \begin{cases} x_1 + x_2 + x_3 = 3 \\ x_1, x_2, x_3 \geqslant 0 \end{cases}$$

其中,权系数为 $\lambda_1 = 0.6, \lambda_2 = 0.4$。

建立线性加权和法的评价函数为：$\min h(F(x)) = \lambda_1(x_1^2 + x_2^2 + x_3^2) + \lambda_2(x_1^2 + 2x_2^2 + 3x_3^2)$

因此极大极小法的两个目标函数为：

$$f_1(x) = 0.6(x_1^2 + x_2^2 + x_3^2)$$
$$f_2(x) = 0.4(x_1^2 + 2x_2^2 + 3x_3^2)$$

根据需要,建立目标函数的 M 文件 li10_9fun,代码为:

```
function f = li10_9fun(x)
f(1) = 0.6 * (x(1)^2 + x(2)^2 + x(3)^2);
f(2) = 0.4 * (x(1)^2 + 2 * x(2)^2 + 3 * x(3)^2);
```

调用 fminimax 函数进行求解,其初始点设为[1 1 1]',代码为:

```
>> clear all;
Aeq = [1 1 1];
beq = [3];
lb = [0;0;0];
x0 = [1;1;1];
[x,fval,maxfval,exitflag,output] = fminimax(@li10_9fun,x0,[],[],Aeq,beq,lb,[])
```

运行程序,输出如下:

```
x =
    1.4463
    0.9002
    0.6535
fval =
    1.9975    1.9975
```

```
maxfval =
    1.9975
exitflag =
    4
output =
         iterations: 5
         funcCount: 29
       lssteplength: 1
          stepsize: 1.7905e-06
         algorithm: 'minimax SQP, Quasi-Newton, line_search'
       firstorderopt: []
      constrviolation: 5.0749e-07
           message: [1x763 char]
```

9.5.4 MATLAB 求解"半无限"多元问题

在 MATLAB 优化工具箱中提供了"半无限"多元函数优化问题的数学模型描述为：

$$\min_x f(x)$$

$$\text{s.t.} \begin{cases} c(x) \leqslant 0 \\ ceq(x) = 0 \\ A \cdot x \leqslant b \\ Aeq \cdot x = beq \\ lb \leqslant x \leqslant ub \\ K_1(w, x) \leqslant 0 \\ K_2(w, x) \leqslant 0 \\ \vdots \\ K_n(w, x) \leqslant 0 \end{cases}$$

其中，$c(x)$ 与 $ceq(x)$ 表示非线性不等式与等式约束；$A \cdot x \leqslant b$ 和 $Aeq \cdot x = beq$ 表示线性不等式和等式约束；$K_i(w, x) \leqslant 0$ 为关于优化变量 x 与变量 w 的函数关系，w 为长度大于 2 的向量，即 $w = [w_1, w_2, \cdots, w_n], n \geqslant 2$。

在 MATLAB 优化工具箱中，提供了 fseminf 函数用于求解"半无限"多元函数优化问题。其调用格式如下。

在 MATLAB 中提供了 fseminf 函数用于求解"半无限"多元函数优化问题，其调用格式如下。

```
x = fseminf(fun, x0, ntheta, seminfcon)
x = fseminf(fun, x0, ntheta, seminfcon, A, b)
x = fseminf(fun, x0, ntheta, seminfcon, A, b, Aeq, beq)
x = fseminf(fun, x0, ntheta, seminfcon, A, b, Aeq, beq, lb, ub)
x = fseminf(fun, x0, ntheta, seminfcon, A, b, Aeq, beq, lb, ub, options)
[x, fval] = fseminf(...)
[x, fval, exitflag] = fseminf(...)
[x, fval, exitflag, output] = fseminf(...)
[x, fval, exitflag, output, lambda] = fseminf(...)
```

在 fseminf 函数调用中，ntheta 为 $K_i(x_i, w_i)$ 约束条件的个数，seminfcon 函数用来定义 $K_i(x_i, w_i)$ 与非线性约束条件，返回非线性不等式与等式约束以及 K_i 的大小。fseminf 函数退出标志 exitflag 取值说明如表 9-17 所示。在使用 fseminf 函数求解"半无限"多元函数优化问题中,需要定义目标函数 fun、$K_i(x_i,w_i)$ 与非线性约束函数 seminfcon。

表 9-17　fseminf 函数 exitflag 标志及说明

exitflag 标志	说　　明
1	目标函数收敛于最优解
2	搜索方向幅值小于给定容差或约束违背小于给定容差 TolCon
3	方向导数幅值小于给定容差或约束违背小于给定容差 TolCon
0	迭代次数超过最大迭代次数 MaxIter 或函数计算次数超过给定的 MaxFunEvals
−1	算法因为输出函数终止
−2	无可行解

【例 9-12】　求解"半无限"多元约束优化问题。

$$\max f(x) = 10x_1 + 4.4x_2^2 + 2x_3$$

$$\text{s.t.} \begin{cases} 0.5x_3^3 - x_2^2 \geqslant 3 \\ x_1 + 4x_2 + 5x_3 \leqslant 32 \\ x_1 + 3x_2 + 2x_3 \leqslant 29 \\ x_1, x_2, x_3 \geqslant 0 \end{cases}$$

其中,半无限约束 $K_i(x_i,w_i)$ 为:

$$K_1(x,w_1) = \sin(w_1 x_1)\cos(w_1 x_1) - \frac{1}{999}(w_1 - 49)^2 - \sin(w_1 x_3) - x_3 \leqslant 1, 1 \leqslant w_1 \leqslant 99$$

$$K_2(x,w_2) = \sin(w_2 x_2)\cos(w_2 x_1) - \frac{1}{999}(w_2 - 49)^2 - \sin(w_2 x_3) - x_3 \leqslant 1, 1 \leqslant w_2 \leqslant 99$$

对于"半无限"多元约束优化问题的求解,先建立目标函数的 M 文件,代码为:

```
function feval = li10_10funA(x)
feval = 10 * x(1) + 4.4 * x(2)^2 + 2 * x(3);
feval = - feval;
```

接着,建立半无限约束条件及非线性约束条件的 M 文件,代码为:

```
function [C,Ceq,K1,K2,s] = li10_10funB(x,s)
if isnan(s(1,1)),
    s = [0.2 0;0.2 0];
end
% 采样的数据点
w1 = 1:s(1,1):99;
w2 = 1:s(2,1):99;
% 半无限约束
K1 = sin(w1 * x(1)). * cos(w1 * x(2)) - 1/999 * (w1 - 49).^2 - sin(w1 * x(3)) - x(3) - 1;
K2 = sin(w2 * x(2)). * cos(w2 * x(1)) - 1/999 * (w2 - 49).^2 - sin(w2 * x(3)) - x(3) - 1;
% 非线性约束
C = 3 - 0.5 * x(3)^2 - x(2)^2;
Ceq = [];
```

调用 fseminf 函数对半无限多元约束优化问题求解,代码为:

```
>> clear all;
A = [1 4 5;1 3 2];
```

```
b = [32 29]';
Aeq = [];
beq = [];
lb = zeros(1,size(A,2));
x0 = ones(size(A,2),1);
[x,fval, exitflag,output] = fseminf('li10_10funA',x0,2,'li10_10funB',A,b,Aeq,beq,lb)
```

运行程序,输出如下:

```
x =
    4.2029
    5.0914
    1.4863
fval =
  -159.0624
exitflag =
     0
output =
          iterations: 75
           funcCount: 303
        lssteplength: 2
            stepsize: 0.0575
           algorithm: 'semi-infinite, SQP, Quasi-Newton, line_search'
       firstorderopt: 39.4335
      constrviolation: 0
             message: [1x142 char]
```

9.6 综合实例——绘制帐篷

假定某帐篷的形状是由某个约束条件的优化问题决定的,可以使用 Optimization Toolbox 中的大型优化功能来解决这个优化问题。假定图形帐篷需要掩盖方形帐篷柱,具体来讲,帐篷有 5 个帐篷柱,上面搭着弹性覆盖物。从这个结构中可以看出帐篷的原始形状,这个原始形状对应的就是某能量函数的最小值,能量函数由帐篷表面的位置数据和数据点的梯度的平方模决定。

【例 9-13】 使用二次规划的方法来创建原始帐篷的图形。

绘制原始帐篷的顶柱的 MATLAB 代码如下:

```
>> clear all;
lL = zeros(36);
mask = [6 7 30 31];
lL(mask,mask) = 0.3 * ones(4);
lL(18:19,18:19) = 0.5 * ones(2);
xx = [1:5,5:6,6:15,15:16,16:25,25:26,26:30];
[XX,YY] = meshgrid(xx);
axis([1 30 1 30 0 0.5],'off');
surface(XX,YY,lL,'facecolor',[0.6 0.6 0.6],'edgecolor','none');
light;                      % 设置灯光
colormap(gray);             % 设置为灰度
view([-20 30]);             % 调整视觉
title('原始帐篷的顶柱');
```

运行程序,效果如图 9-10 所示。

下面通过代码来绘制帐篷的下限约束表面,其 MATLAB 代码如下:

```
>> L = zeros(30);
E = ones(2);
L(15:16,15:16) = 0.5 * E;
L(5:6,5:6) = 0.3 * E;
L(25:26,5:6) = 0.3 * E;
L(5:6,25:26) = 0.3 * E;
L(25:26,25:26) = 0.3 * E;
% 实现可视化的约束
surface(L,'facecolor','none','edgecolor','m');
title('帐篷的下限约束表面');
```

运行程序,效果如图 9-11 所示。

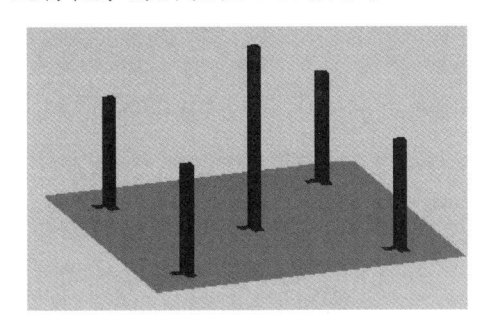

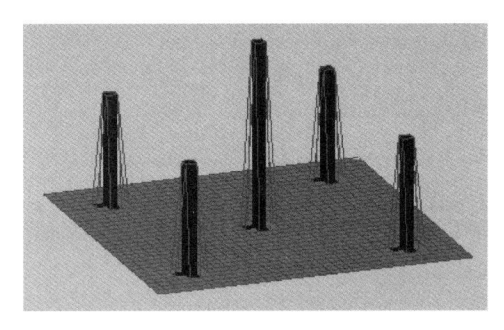

图 9-10　帐篷的顶柱效果图　　　图 9-11　添加下限的曲线效果图

通过以下的 MATLAB 代码设置帐篷的优化初始值,并可视化。

```
>> xstart = 0.5 * ones(30,30);
surface(xstart,'facecolor','none','LineStyle','none','Marker','.',...
    'MarkerEdgeColor','b');
title('优化初始值为蓝色');
set(gcf,'renderer','zbuffer');          % 标记显示
```

运行程序,效果如图 9-12 所示。

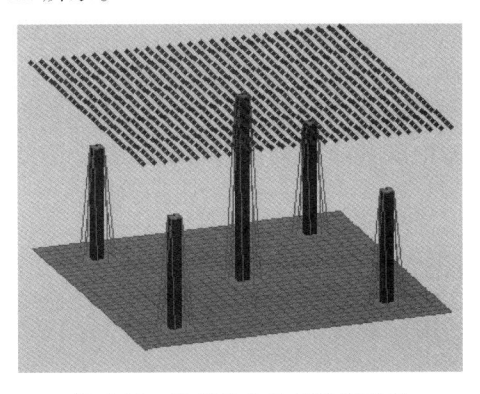

图 9-12　设置优化的初始值表面

为了将实际问题转换为标准的优化问题,需要重新将以上的矩阵转换为向量,经过转化后,L 代表的是初始值,start 代表的是下限。其实现的 MATLAB 代码如下:

```
>> low = reshape(L,900,1);
start = reshape(xstart,900,1);
% 绘制网格点
xx = 0:4;
[X,Y] = meshgrid(xx,xx);
gpts = plot(X(:),Y(:),'r.');
set(gpts,'markersize',10);
axis off;
axis([-2 12 -1.5 5.5]);
hold on;
l(1) = line([7.5 6.5],[2 2.5]);
l(2) = line([7.5 6.5],[2 1.5]);
l(3) = line([7.5 5.5],[2 2]);
set(l,'color','r');
yy = 0.2 * xx;
zz = [-1.5 + yy, yy, 1.5 + yy, 3 + yy, 4.5 + yy];
vect = plot(9 * ones(25,1),zz,'r.');
set(vect,'markersize',9);
axis off;
hold off;
```

运行程序,效果如图 9-13 所示。

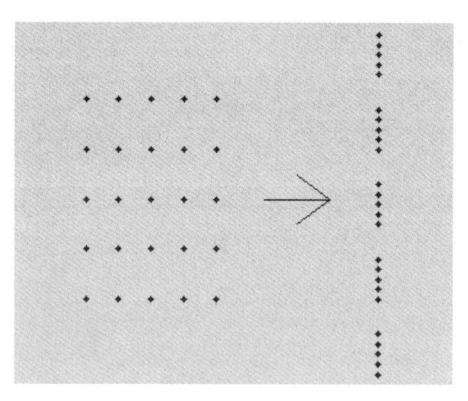

图 9-13 形状转换式效果

根据上述介绍,绘制帐篷的目标能量函数为:

$$\min_x f = \frac{1}{2} x^T H x + c^T x$$

其中, $\frac{1}{2} x^T H x + c^T x$ 为能量函数的离散拟合,同时,其中的变量满足 lb≤x0。其实现代码为:

```
H = delsq(numgrid('S',30 + 2));
h = -1/(30 - 1);
c = -h^2 * ones(30^2,1);
```

设计优化属性,进行优化求解,代码为:

```
options = optimset('LargeScale','on','display','off');
x = quadprog(H,c,[],[],[],[],low,[],start,options);
```

利用优化结果绘制曲线图,代码为:

```
S = reshape(x,30,30);
delete(findobj(0,'Name','Algorithm Performance Statistics'))
delete(findobj(0,'Name','Progress Information'))
subplot(1,2,1);
surf(L,'facecolor',[0.6 0.6 0.6]);
surface(xstart,'edgecolor','g','facecolor','none');
title('始表面');
axis off
axis tight;
view([-20 30]);
subplot(1,2,2);
surf(L,'facecolor',[0.6 0.6 0.6]);
surface(S,'edgecolor','g','facecolor','none');
title('内表面')
axis off
axis tight;
view([-20 30]);
set(gcf,'color','w')
```

运行程序,效果如图 9-14 所示。

设置帐篷表面的属性,代码为:

```
>> figure;
surf(L,'facecolor',[0 1 0]);
hold on;
surfl(S);
axis tight;
axis off;
view([-20 30]);
```

运行程序,效果如图 9-15 所示。

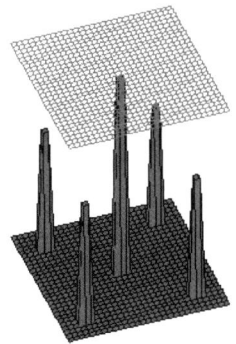

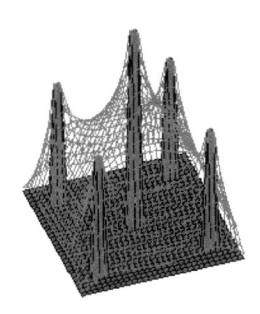

图 9-14 求解的曲线图

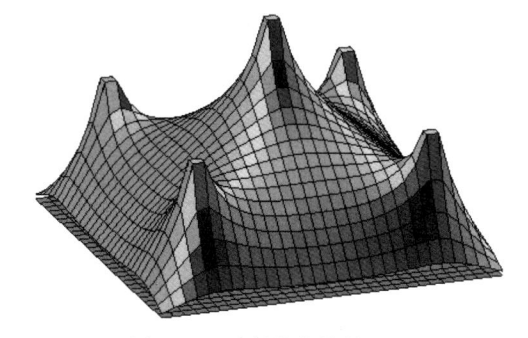

图 9-15 绘制的帐篷效果图

第10章 经典控制系统设计

经典控制理论(classical control theory)主要研究系统运动的稳定性、时间域和频率域中系统的运动特性、控制系统的设计原理和校正方法。经典控制理论包括线性控制理论、采样控制理论、非线性控制理论三部分。早期,这种控制理论常被称为自动调节原理,随着以状态空间法为基础和以最优控制理论为特征的现代控制理论的形成,广泛地采为现在的名称。

经典控制理论的研究对象是单输入、单输出的自动控制系统,特别是线性定常系统。经典控制理论的特点是以输入输出特性(主要是传递函数)为系统数学模型,采用频率响应法和根轨迹法这些图解分析方法,分析系统性能和设计控制装置。经典控制理论的数学基础是拉普拉斯变换,占主导地位的分析和综合方法是频率域方法。

10.1 经典控制系统设计概述

1948年,美国科学家 W.R.埃文斯提出了名为根轨迹的分析方法,用于研究系统参数对反馈控制系统的稳定性和运动特性的影响,并于1950年进一步应用于反馈控制系统的设计,构成了经典控制理论的另一核心方法——根轨迹法。

20世纪40年代末和50年代初,频率响应法和根轨迹法被推广用于研究采样控制系统和简单的非线性控制系统,标志着经典控制理论已经成熟。经典控制理论在理论上和应用上所获得的广泛成就,促使人们试图把这些原理推广到像生物控制机理、神经系统、经济及社会过程等非常复杂的系统,其中美国数学家 N.维纳在1948年出版的《控制论》最为重要,影响最大。

经典控制理论在解决比较简单的控制系统的分析和设计问题方面是很有效的,至今仍不失其实用价值。存在的局限性主要表现在只适用于单变量系统,且仅限于研究定常系统。

以频率响应法和根轨迹法为核心的控制理论,频率响应理论对于分析,设计单变量系统来说是非常有效的工具,设计者只需根据系统的开环频率特性,就能够判断闭环系统的稳定性和给出稳定裕量的信息,同时又能非常直观地表示出系统的主要参数,即开环增益与闭环系统稳定性的关系。频率响应法圆满地解决了单变量系统的设计问题。在串联控制校正器的频域设计方法中,使用的校正器有超前校正器、滞后校正器及滞后-超前校正器等。

最简单的串联校正器的传递函数为:

$$G_c(s) = K_c \frac{s+a}{s+b} \quad (a>0, b>0)$$

若 $a<b$，$G_c(s)$ 为超前校正装置；若 $a>b$，$G_c(s)$ 为滞后校正装置；将滞后与超前校正串联起来，就得到滞后-超前校正。

10.2 控制系统的波特图设计

与根轨迹法一样，波特图也是一种基于系统频率特性的系统设计方法，在工程中被大量采用。设计指标往往是表示系统快速性的幅值穿越频率 ω_c，表示相对稳定性的相位裕度 γ 和表示控制精度的稳态误差 e_{ss} 等。波特图法主要分为超前校正设计、滞后校正设计，以及滞后-超前校正设计三种方法。

10.2.1 波特图超前校正设计

波特图超前校正的设计步骤如下。

（1）根据稳态性能要求，确定系统开环增益 K。

（2）根据开环增益 K，画出校正前系统的波特图，并计算未校正系统的相位裕度 γ 等性能指标，以检测是否满足要求。

（3）确定需要增加的最大相位超前角：

$$\varphi_m = \gamma_0 - \gamma_1 + (5° \sim 10°)$$

式中，γ_0 为期望相位裕度，γ_1 为原开环系统相位裕度。

（4）由 $\alpha = \dfrac{1-\sin\varphi_m}{1+\sin\varphi_m}$ 确定 α 值及最大相位超前角所对应的频率 ω_m，并取新的幅值穿越频率 $\omega_{cnew} = \omega_m$。

（5）确定超前校正器传递函数：

$$G_c = \frac{1+Ts}{1+\alpha Ts}$$

$$Z_c = \sqrt{\alpha \omega_m}$$

$$P_c = Z_c / \alpha$$

（6）绘制校正后开环系统波特图，验算系统性能指标。

【例 10-1】 已知单位反馈系统开环传递函数为 $G_k(s) = \dfrac{K_0}{s(s+2)}$，试设计系统的相位超前校正，使系统：

（1）在斜坡信号 $r(t) = v_0 t$ 作用下，系统的稳态误差 $e_{ss} \leqslant 0.001 v_0$；

（2）校正系统的相位稳定裕度 γ 满足 $43° < \gamma < 48°$。

下面给出解答过程。

（1）求 K_0。

在斜坡信号作用下，系统的稳态误差 $e_{ss} = \dfrac{v_0}{K_v} = \dfrac{v_0}{K} = \dfrac{v_0}{K_0} \leqslant 0.001 v_0$，可得：$K_v = K = K_0 \geqslant 1000 \mathrm{s}^{-1}$，取 $K_0 = 1000 \mathrm{s}^{-1}$，即被控对象的传递函数为：

$$G_0(s) = 1000 \cdot \frac{1}{s(s+2)}$$

（2）作原系统的波特图与阶跃响应曲线，检查是否满足题目要求。

在 MATLAB 命令栏中输入：

```
>> k0 = 1000;n1 = 1;
d1 = conv([1 0],[1 2]);
[mag,phase,w] = bode(k0 * n1,d1);
figure(1);
margin(mag,phase,w);            % 求幅值、相角裕值、穿越频率
hold on
figure(2);
s1 = tf(k0 * n1,d1);
sys = feedback(s1,1);
step(sys)
```

可以得到未校正系统的波特图与阶跃响应曲线,分别如图 10-1 和图 10-2 所示。

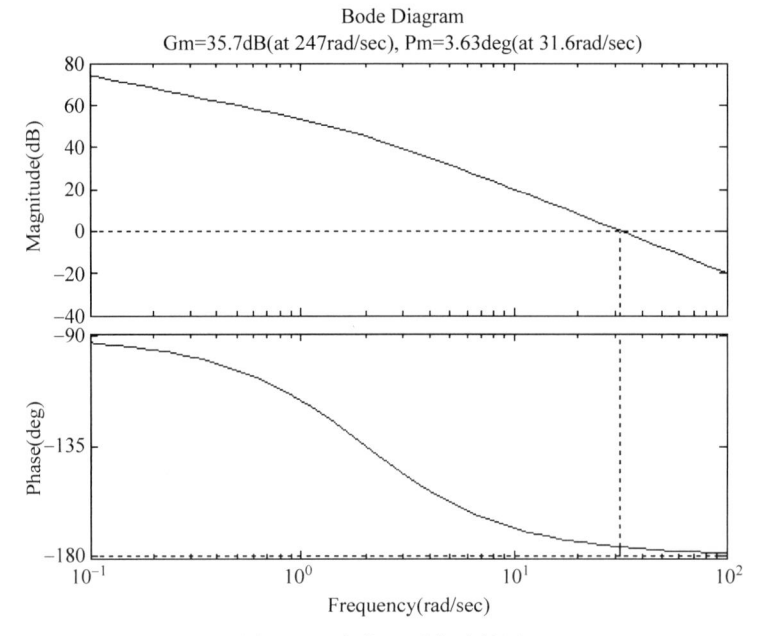

图 10-1 未校正系统波特图

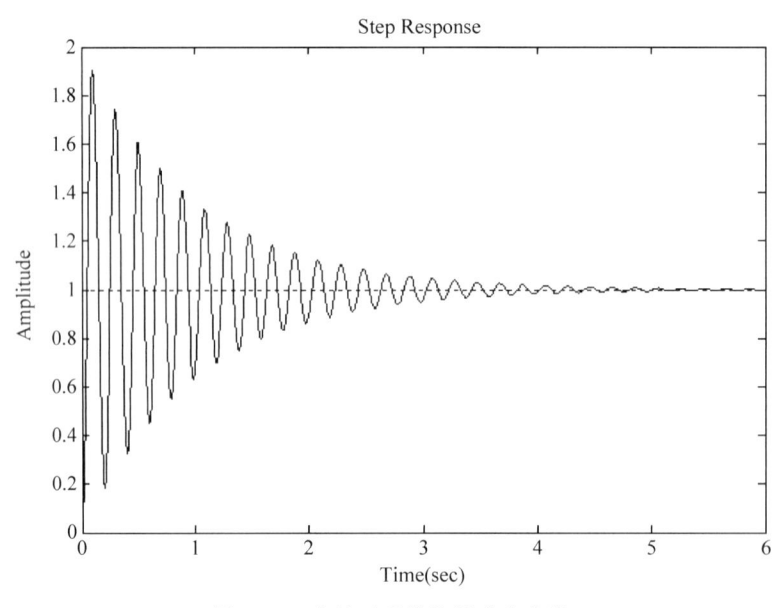

图 10-2 未校正系统阶跃响应曲线

由图 10-1 和图 10-2 可知,系统的模稳定裕量 $G_m=35.7\mathrm{dB}$,相稳定裕量 $P_m=3.63\mathrm{deg}$,未满足题目中 $43°<\gamma<48°$ 的要求;此外,系统阶跃响应曲线虽然衰减,但振荡较剧烈,同样说明系统不符合要求。

(3) 求超前校正器的传递函数。

根据相稳定裕度 $43°<\gamma<48°$ 的要求,取 $\gamma=45°$。

根据以下程序,计算超前校正器的传递函数:

```
% 计算超前校正器的传递函数
k0 = 1000;
n1 = 1;
d1 = conv([1 0],[1 2]);
sope = tf(k0 * n1,d1);
[mag,phase,w] = bode(sope);
gama = 45;
[mu,pu] = bode(sope,w);
gam = gama * pi/180;
alfa = (1 - sin(gam))/(1 + sin(gam));
adb = 20 * log10(mu);
am = 10 * log10(alfa);
ca = adb + am;
wc = spline(adb,w,am);
T = 1/(wc * sqrt(alfa));
alfat = alfa * T;
Gc = tf([T 1],[alfat 1])
```

运行后得到:

```
Transfer function:
0.04916 s + 1
---------------
0.008434 s + 1
```

即校正器传递函数:

$$G(s)=\frac{0.04916s+1}{0.008434s+1}$$

(4) 校验系统校正后是否满足要求。

根据校正后系统的结构与参数,给出以下程序:

```
% 校验系统
k0 = 1000;
n1 = 1;
d1 = conv([1 0],[1 2]);
s1 = tf(k0 * n1,d1);
n2 = [0.04916 1];
d2 = [0.008434 1];
s2 = tf(n2,d2);
sope = s1 * s2;
[mag,phase,w] = bode(sope);
margin(mag,phase,w);
```

运行后得到图 10-3 所示的系统波特图。

此时,相稳定裕量 $P_m=47.2\mathrm{deg}$,满足题目 $43°<\gamma<48°$ 的要求。

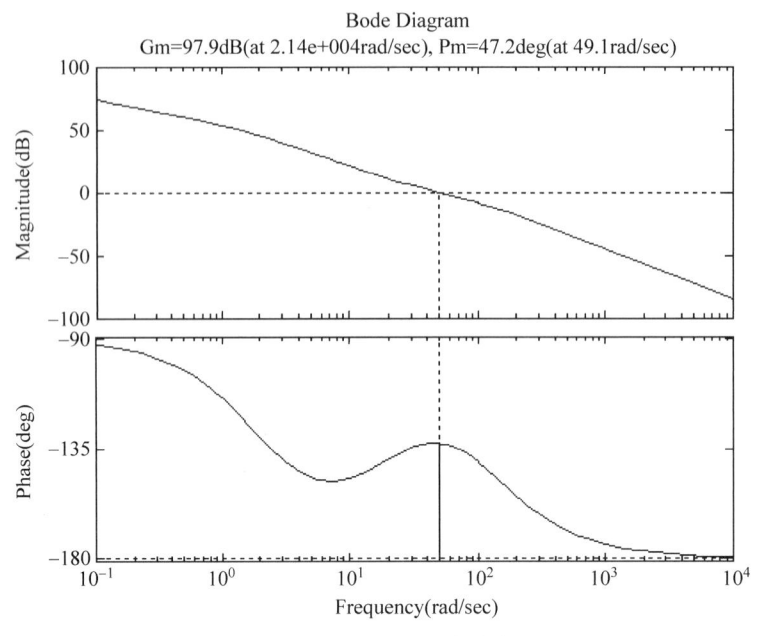

Bode Diagram
Gm=97.9dB(at 2.14e+004rad/sec), Pm=47.2deg(at 49.1rad/sec)

图 10-3　校正后的系统波特图

（5）计算系统校正后阶跃响应曲线及其性能指标。

校正系统阶跃响应曲线及性能指标：

```
% 系统校正后性能指标及阶跃响应曲线
global y t;
k0 = 1000;
n1 = 1;
d1 = conv([1 0],[1,2]);
s1 = tf(k0 * n1,d1);
n2 = [0.04916 1];
d2 = [0.008438 1];
s2 = tf(n2,d2);
sope = s1 * s2;
sys = feedback(sope,1);
step(sys)                      % 绘制阶跃响应曲线
[y,t] = step(sys);             % 求出阶跃响应的函数值及其对应时间
[sigma,tp,ts] = step(y,t)      % 调用函数 step( )
```

运行后得到的结果如图 10-4 所示。

以及系统性能指标：

```
超调量:   sigma = 0.2957
峰值时间:tp = 0.0587
上升时间:ts = 0.1136
```

10.2.2　波特图滞后校正设计

根据自动控制理论，采用波特图设计相位滞后校正器的步骤如下。

（1）根据稳态误差要求，确定系统开环增益 K 值。

（2）根据求得的 K 值，画出校正前系统的波特图，并检验性能指标是否满足要求。

（3）根据题目要求，确定校正后系统的增益交界频率 ω_{cnew}。在该频率下，校正前开环系

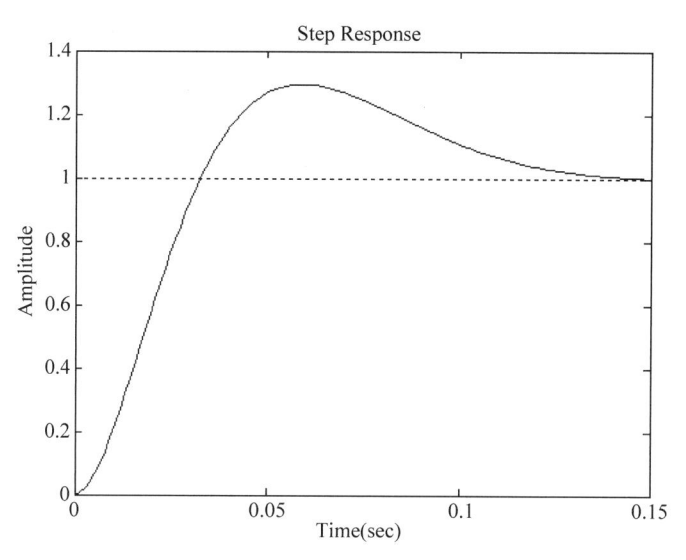

图 10-4 校正后系统阶跃响应曲线

统的相位为：
$$\varphi_k(\omega) = -180° + \gamma_d + (5° \sim 10°)$$

式中，γ_d 为期望的相位裕度。

（4）确定滞后校正装置的参数：
$$G(s) = \frac{1+Ts}{1+\beta Ts}$$

其中 Ts 为采样时间。

（5）画出校正后系统的波特图，并校验系统性能指标。

【例 10-2】 已知单位负反馈系统被控对象的传递函数为：$G_0(s) = K_0 \dfrac{1}{s(0.1s+1)(0.2s+1)}$。

试用波特图设计方法对系统进行滞后校正设计，使系统满足：

(1) 在单位斜坡信号作用下，系统的速度误差系数 $K_v \geq 30\mathrm{s}^{-1}$；
(2) 系统校正后剪切频率 $\omega_c \geq 2.5\mathrm{s}^{-1}$；
(3) 系统校正后相角稳定裕度 $\gamma > 40°$。

下面给出解答过程。

(1) 求 K_0。

根据自动控制理论，单位斜坡响应的速度误差系数 $K_v = K = K_0 \geq 30\mathrm{s}^{-1}$，取 $K_0 = 30\mathrm{s}^{-1}$。则被控对象的传递函数为：
$$G_0(s) = K_0 \frac{30}{s(0.1s+1)(0.2s+1)}$$

(2) 作原系统的波特图与阶跃响应曲线。

在 MATLAB 命令栏中输入：

```
>> k0 = 30;
n1 = 1;
d1 = conv(conv([1 0],[0.1 1]),[0.2 1]);
[mag,phase,w] = bode(k0 * n1,d1);
figure(1);
```

```
margin(mag,phase,w);
hold on
figure(2);
s1 = tf(k0 * n1,d1);
sys = feedback(s1,1);
step(sys)
```

可以得到图 10-5 所示的波特图和图 10-6 所示的阶跃响应曲线。

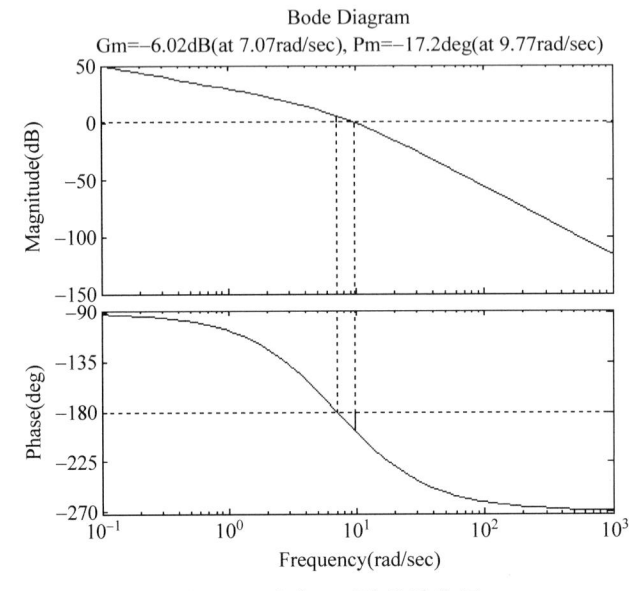

图 10-5　未校正系统的波特图

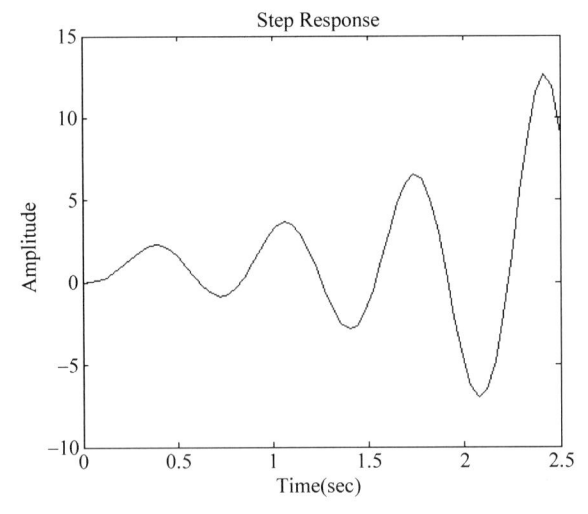

图 10-6　未校正系统的阶跃响应曲线

由图 10-5 所示可以得到未校正系统的频域性能。

模稳定裕量：$G_m = -6.02\text{dB}$。

相稳定裕量：$P_m = -17.2\text{deg}$。

$-\pi$ 穿越频率：$\omega_{cg} = 7.07\text{rad/s}$。

剪切频率：$\omega_{cp} = 9.77\text{rad/s}$。

由于系统的稳定裕量均为负值，因此此系统无法工作；此外，阶跃响应曲线发散，系统必须进行修正。

（3）求滞后校正器的传递函数。

取校正后系统的剪切频率 $\omega_{c2}=2.5\text{s}^{-1}$。根据滞后校正原理，给出程序如下所示：

```
% 计算校正器的传递函数
wc = 2.5;
k0 = 30;
n1 = 1;
d1 = conv(conv([1 0],[0.1 1]),[0.2 1]);
na = polyval(k0 * n1,j * wc);
da = polyval(d1,j * wc);
g = na/da;
g1 = abs(g);
h = 20 * log10(g1);
beta = 10^(h/20);
T = 1/(0.1 * wc);
bt = beta * T;
Gc = tf([T 1],[bt 1])
```

运行后得到：

```
Transfer function:
   4 s + 1
  -----------
  41.65 s + 1
```

校正器传递函数为：

$$G_c(s)=\frac{1+Ts}{1+\beta Ts}=\frac{4s+1}{41.65s+1}$$

（4）校验系统频域性能。

用 MATLAB 编写绘制波特图的程序：

```
% 绘制波特图
k0 = 30;
n1 = 1;
d1 = conv(conv([1 0],[0.1 1]),[0.2 1]);
s1 = tf(k0 * n1,d1);
n2 = [4 1];
d2 = [41.65 1];
s2 = tf(n2,d2);
sope = s1 * s2;
[mag,phase,w] = bode(sope);
margin(mag,phase,w);
```

程序运行后得到的结果如图 10-7 所示。

由图 10-7 可知，校正后系统的频域性能指标。

模稳定裕量：$G_m=13.8\text{dB}$。

相稳定裕量：$P_m=43.9\text{deg}$。

$-\pi$ 穿越频率：$\omega_{cg}=6.83\text{rad/s}$。

剪切频率：$\omega_{cp}=2.5\text{rad/s}$。

已满足题目要求。

（5）计算系统校正后的结构与参数。

调用 step 函数，计算校正后系统阶跃响应参数，给出 MATLAB 语言编写程序：

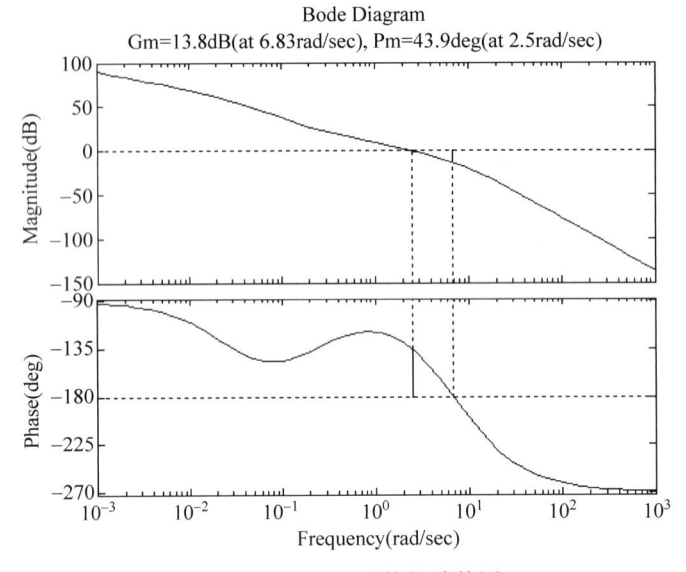

Bode Diagram
Gm=13.8dB(at 6.83rad/sec), Pm=43.9deg(at 2.5rad/sec)

图 10-7 校正后系统的波特图

```
%计算系统校正后的参数
global y t;
k0 = 30;
n1 = 1;
d1 = conv(conv([1 0],[0.1 1]),[0.2 1]);
s1 = tf(k0 * n1,d1);
n2 = [4 1];
d2 = [41.65 1];
s2 = tf(n2,d2);
sope = s1 * s2;
sys = feedback(sope,1);
step(sys)                        %绘制阶跃响应曲线
[y,t] = step(sys);               %求出阶跃响应的函数值及其对应时间
[sigma,tp,ts] = step(y,t)        %调用函数 step()
```

程序运行后,得到校正后系统的单位阶跃响应曲线,如图 10-8 所示。

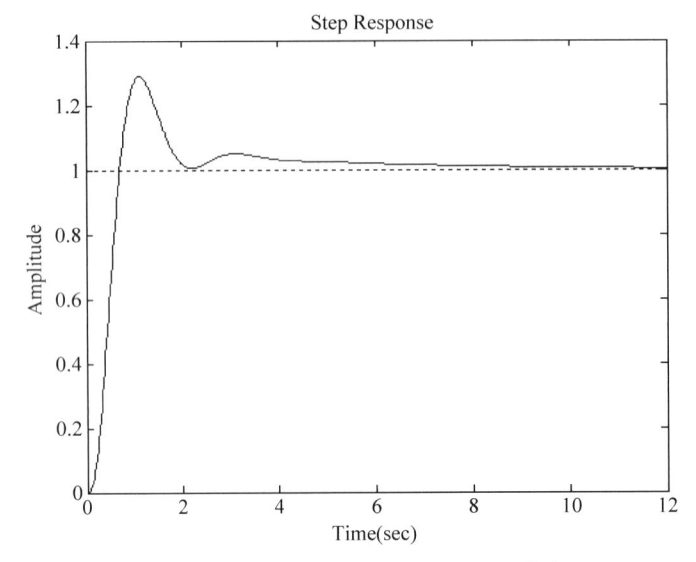

图 10-8 校正后系统的单位阶跃响应曲线

系统的阶跃响应性能指标为：

```
sigma = 0.2842
tp = 1.1284
ts = 1.8179
```

10.2.3 波特图滞后-超前校正设计

基于波特图进行相位滞后-超前校正的设计步骤如下。
(1) 根据要求的稳态品质指标，确定系统开环增益 K 值。
(2) 根据求得的 K 值，画出校正前系统的波特图，并检验性能指标是否满足要求。
(3) 确定滞后校正器传递函数的参数：$G_{c1}(s) = \dfrac{1+T_1 s}{1+\beta T_1 s}$。

式中，$\beta > 1$，$\dfrac{1}{T_1} < \omega_{c1}$，$\dfrac{1}{\beta T_1} < \omega_{c1}$，$\dfrac{1}{T_1}$ 要距 ω_{c1} 较远为好。工程上常选择 $\dfrac{1}{T_1} = 0.1\omega_{c1}$，$\beta = 8\sim 10$。

(4) 选择一个新的系统剪切频率 ω_{c2}，使在这一点上超前校正器所提供的相位超前量达到系统相稳定裕量的要求，并使在这一点上原系统加上滞后校正器的综合幅频特性衰减为 0，即 L 曲线在 ω_{c2} 点穿越横坐标。

(5) 确定超前校正器传递函数的参数 $G_{c2}(s) = \dfrac{1+T_2 s}{1+\alpha T_2 s}$，式中 $\alpha < 1$。

由表达式 $20\log_2 \alpha = L(\omega_{c2})$（$L$ 为原系统加上滞后校正器后幅频分贝值），可得：

$$\omega_{cn} = \omega_m = \dfrac{1}{\sqrt{\alpha} T},$$

$$T = \dfrac{1}{\sqrt{\alpha} \omega_m}$$

求出参数 α、T。

(6) 校验系统性能指标。

【例 10-3】 设单位反馈系统的开环传递函数为 $G(s) = \dfrac{K_0}{s(s+1)(s+4)}$，试用波特图设计法设计滞后-超前校正装置，使校正后系统满足如下性能指标：

(1) 在单位斜坡信号作用下，系统的速度误差系数 $K_v = 10 \mathrm{s}^{-1}$；
(2) 系统校正后剪切频率 $\omega_c \geqslant 1.5 \mathrm{s}^{-1}$；
(3) 系统校正后相角稳定裕度 $\gamma \geqslant 40°$；
(4) 校正后系统时域性能指标：$\sigma\% \leqslant 30\%$，$t_p \leqslant 2\mathrm{s}$，$t_s \leqslant 6\mathrm{s}$。

下面给出解答过程。
(1) 求 K_0。

根据自动控制理论，单位斜坡响应的速度误差系数 $K_v = K = 10 \mathrm{s}^{-1}$。根据速度误差的定义 $K_v = \lim\limits_{s\to 0} s \cdot \dfrac{K_0}{s(s+1)(s+4)} = 10$，可得 $K_0 = 40 \mathrm{s}^{-1}$。

被控对象的传递函数为：

$$G(s) = \dfrac{40}{s(s+1)(s+4)}$$

（2）作原系统的波特图与阶跃响应曲线：

在 MATLAB 命令栏中输入：

```
>> k0 = 30;
n1 = 1;
d1 = conv(conv([1 0],[0.1 1]),[0.2 1]);
[mag,phase,w] = bode(k0 * n1,d1);
figure(1);
margin(mag,phase,w);
hold on
figure(2);
s1 = tf(k0 * n1,d1);
sys = feedback(s1,1);
step(sys)
```

可以得到图 10-9 和图 10-10 所示的结果。

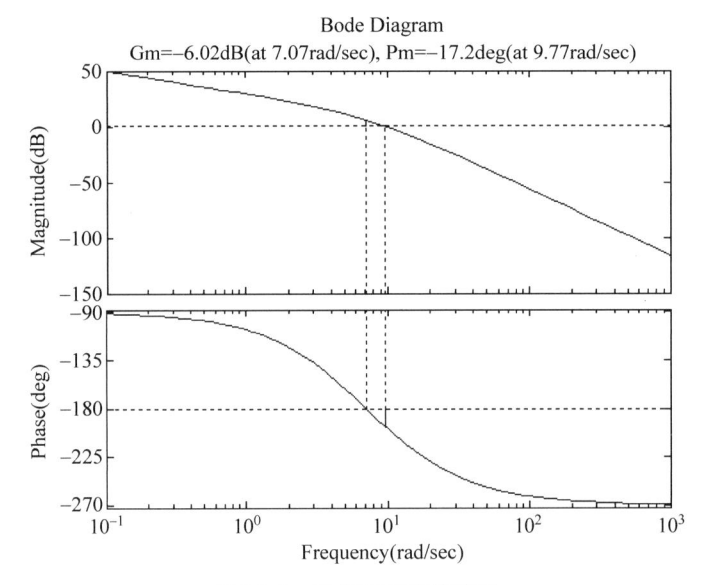

图 10-9 未校正系统波特图

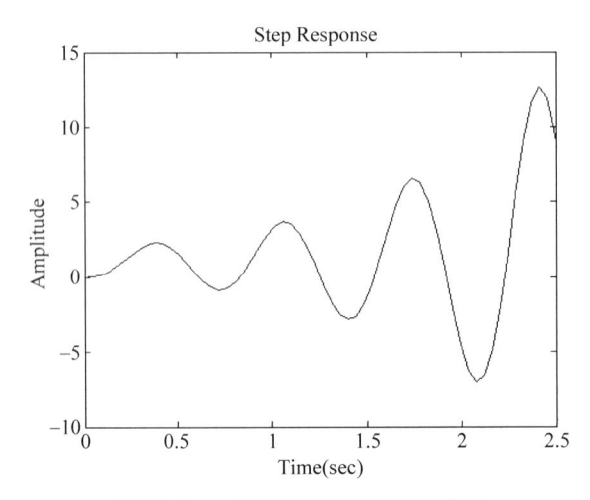

图 10-10 未校正系统阶跃响应曲线

由图 10-9 所示可以得到未校正系统的频域性能：

模稳定裕量：$G_m = -5.98$dB。

相稳定裕量：$P_m = -15$deg。

$-\pi$ 穿越频率：$\omega_{cg} = 2$rad/s。

剪切频率：$\omega_{cp} = 2.78$rad/s。

由于系统的稳定裕量均为负值，因此此系统无法工作；此外，阶跃响应曲线发散，系统必须进行修正。

（3）求滞后校正器的传递函数。

根据题目要求，取校正后系统的剪切频率 $\omega_c = 1.5\text{s}^{-1}$，$\beta = 9.5$。根据滞后校正原理，给出程序如下：

```
% 求滞后校正器的传递函数
wc = 1.5;
k0 = 40;
n1 = 1;
d1 = conv(conv([1 0],[1 1]),[1 4]);
beta = 9.5;
T = 1/(0.1 * wc);
betat = beta * T;
Gc1 = tf([T 1],[betat 1])
```

运行程序后得到：

```
Transfer function:
6.667 s + 1
-----------
63.33 s + 1
```

即滞后校正器传递函数：

$$G_{c1}(s) = \frac{6.667s + 1}{63.33s + 1}$$

（4）求超前校正器的传递函数。

串联滞后校正器的系统传递函数为：

$$G_0(s)G_{c1}(s) = \frac{40}{s(s+1)(s+4)} \cdot \frac{6.667s + 1}{63.33s + 1}$$

给出求超前校正器传递函数的 MATLAB 程序如下：

```
% 求超前校正器的传递函数
n1 = conv([0 40],[6.667 1]);
d1 = conv(conv(conv([1 0],[1 1]),[1 4]),[63.33 1]);
sope = tf(n1,d1);
wc = 1.5;
num = sope.num{1};
den = sope.den{1};
na = polyval(num,j * wc);
da = polyval(den,j * wc);
g = na/da;
g1 = abs(g);
h = 20 * log10(g1);
```

```
a = 10^(h/10);
wm = wc;
T = 1/(wm * (a)^(1/2));
alphat = a * T;
Gc = tf([T 1],[alphat 1])
```

运行程序后得到：

```
Transfer function:
1.82 s + 1
------------
0.2442 s + 1
```

超前校正器的传递函数为：

$$G_{c2}(s) = \frac{1.82s+1}{0.2442s+1}$$

（5）校验系统频域性能。

包含滞后-超前校正器的系统传递函数为：

$$G_0(s)G_{c1}(s)G_{c2}(s) = \frac{40}{s(s+1)(s+4)} \cdot \frac{6.667s+1}{63.33s+1} \cdot \frac{1.82s+1}{0.2442s+1}$$

给出程序：

```
% 校验
n1 = 40;
d1 = conv(conv([1 0],[1 1]),[1 4]);
s1 = tf(n1,d1);
s2 = tf([6.667 1],[63.33 1]);
s3 = tf([1.82 1],[0.2442 1]);
sope = s1 * s2 * s3;
[mag,phase,w] = bode(sope);
margin(mag,phase,w)
```

程序运行后，得到校正后的系统波特图，如图 10-11 所示。

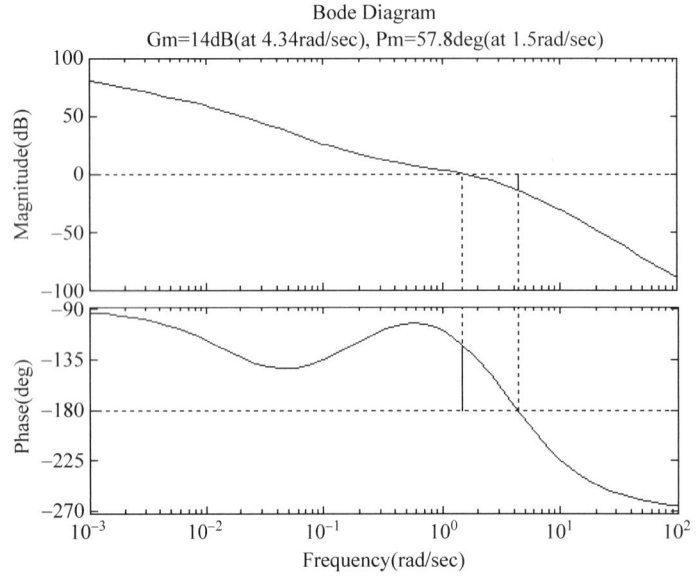

图 10-11 校正后系统的波特图

模稳定裕量：$G_m = 14\text{dB}$。

相稳定裕量：$P_m = 57.8\text{deg}$。

$-\pi$ 穿越频率：$\omega_{cg} = 4.34\text{rad/s}$。

剪切频率：$\omega_{cp} = 1.5\text{rad/s}$。

已满足题目要求。

（6）计算系统校正后阶跃响应曲线及性能指标。

用 MATLAB 语言编写程序：

```
% 校验后性能指标即阶跃响应
global y t;
k0 = 30;
n1 = 40;
d1 = conv(conv([1 0],[1 1]),[1 4]);
s1 = tf(n1,d1);
s2 = tf([6.667 1],[63.33 1]);
s3 = tf([1.82 1],[0.2442 1]);
sope = s1 * s2 * s3;
sys = feedback(sope,1);
step(sys)                    % 绘制阶跃响应曲线
[y,t] = step(sys);           % 求出阶跃响应的函数值及其对应时间
[sigma,tp,ts] = step(y,t);   % 调用函数 step( )
```

程序运行后，得到校正后系统的单位阶跃响应曲线，如图 10-12 所示。

以及系统的阶跃响应性能指标：

```
sigma = 0.1144
tp = 1.7719
ts = 5.6700
```

满足题目要求，时域性能指标合格。

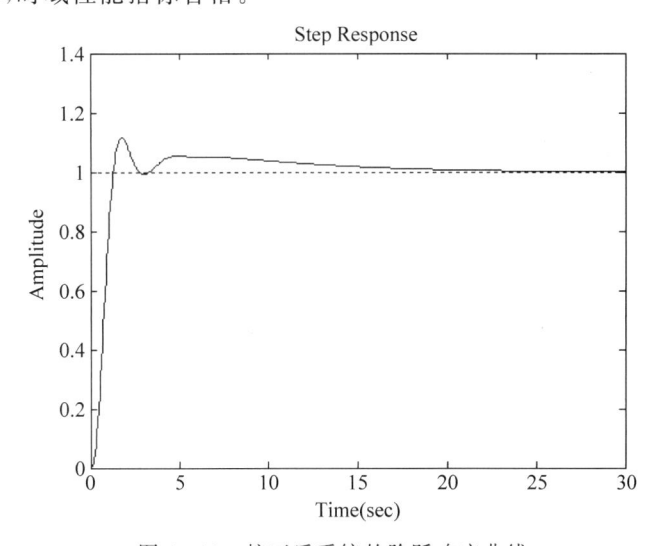

图 10-12 校正后系统的阶跃响应曲线

10.3 控制系统的根轨迹设计

根轨迹校正即是借助根轨迹曲线进行校正。系统的期望主导极点往往不在系统的根轨迹

上。由根轨迹的理论，添加上开环零点或极点可以使根轨迹曲线形状改变。若期望主导极点在原根轨迹的左侧，则需要加上一对零极点，并使零点位置位于极点右侧，通过选择适当的零极点的位置，就能够使系统根轨迹通过期望主导极点 s_1，并且使此时的稳态增益满足要求。此即为相位超前校正。若在该点的静态特性不满足要求，即对应的系统开环增益 K 太小，则可以添一对偶极子，其极点在零点的右侧。从而使系统原根轨迹形状保持不变，而在期望主导极点处的稳态增益得到加大。此即为相位滞后校正。

用根轨迹设计校正装置的步骤如下。

(1) 根据性能指标，确定期望闭环的主导极点的 s_1 位置。

(2) 确定校正装置零极点的位置，写出校正装置传递函数 $G_c(s) = K_c \dfrac{s + Z_c}{s + P_c}$，$Z_c$ 和 P_c 确定方法应根据所选用的校正装置类型采用相应的方法。

(3) 绘制根轨迹图，确定 K_c 的值。

(4) 校验，验算主导极点位置和校正后的系统性能。

10.3.1 根轨迹超前校正设计

1. 根轨迹超前校正的几何方法

我们常采用几何方法进行根轨迹超前校正设计。根轨迹超前校正几何方法的设计步骤如下。

(1) 根据要求的动态品质指标，确定闭环主导极点 s_1 的位置。该点在复平面的相角为 $\varphi = \angle(s_1)$。

(2) 计算使根轨迹通过主导极点的补偿角 $\varphi_c = 180° - \angle(s_1)$。

(3) 确定 $G_c(s)$ 的零极点，使其附加增益最小：首先过 S_1 作水平线 S_1B，则 $\angle BS_1O = \varphi$；做 $\angle BS_1O$ 的角平分线 S_1C；在线 S_1C 两边做 $\angle DS_1C = \angle ES_1C = \varphi_c/2$。线 S_1D 与 S_1E 与负实轴的交点坐标分别为 b、a，则可确定超前校正器的零极点，如图 10-13 所示。

(4) 在设计 MATLAB 程序时，以下几个公式是必须要用到的：

令 $\angle s_1 DO = \theta_P$，则 $\theta_P = \dfrac{\varphi - \varphi_c}{2}$；

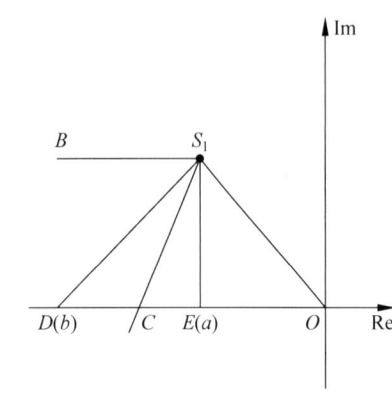

图 10-13 确定零极点

令 $\angle s_1 DO = \theta_z$，则 $\theta_z = \dfrac{\varphi + \varphi_c}{2}$；

令 $-b = p_c$，则 $p_c = -b = \text{Re}(s_1) - \dfrac{\text{Im}(s_1)}{\tan\theta_p}$；

令 $-a = z_c$，则 $z_c = -a = \text{Re}(s_1) - \dfrac{\text{Im}(s_1)}{\tan\theta_z}$。

【例 10-4】 已知具有单位反馈控制系统的开环传递函数为 $G_s = \dfrac{1}{s(s+5)(s+15)}$，试设计超前校正装置，使系统满足：

(1) 最大超调量 $\sigma\% \leqslant 30\%$；

(2) 调整时间 $t_s \leqslant 0.5\text{s}$；

下面给出解答过程。

(1) 确定期望极点在 S 复平面的位置。

根据 $\sigma = e^{\frac{\xi\pi}{\sqrt{1-\xi^2}}}$，$t_s = \dfrac{3}{\xi\omega_n}$（取 5% 的误差带），用以下语句求 ξ：

```
>> sigma = 0.3;
zeta = ((log(1/sigma))^2/((pi)^2 + (log(1/sigma))^2))^(1/2)
```

回车后求得 ξ 为：

```
zeta =
    0.3579
```

即 $\xi \geqslant 0.3579$，取 $\xi \geqslant 0.358$，则解得 $\omega_n = 16.76 \text{rad/s}$。

根据根轨迹法则，给出以下 MATLAB 语句，求在 S 复平面上期望极点的位置：

```
>> zeta = 0.358;
wn = 16.76;
p = [1 2*zeta*wn wn*wn];
roots(p)
```

回车后得到结果：

```
ans =
   -6.0001 + 15.6492i
   -6.0001 - 15.6492i
```

则期望极点的位置为 $s_{1,2} = -6.0001 \pm 15.6492i$。

(2) 求校正补偿器的传递函数。

根据前面的分析，给出以下程序计算校正的传递函数：

```
s1 = -6.0001 + 15.6492i;
ng = 1;
dg = [1 20 75 0];
ngv = polyval(ng,s1);
dgv = polyval(dg,s1);                    % 多项式求值
g = ngv/dgv;
zeta = angle(g);
if zeta > 0;
   phic = pi - zeta;
end;
if zeta < 0;
   phic = - zeta;
end;
phi = angle(s1);
zetaz = (phi + phic)/2;
zetap = (phi - phic)/2;
zc = real(s1) - imag(s1)/tan(zetaz);     % 计算校正器、极点
pc = real(s1) - imag(s1)/tan(zetap);
nc = [1 - zc];
dc = [1 - pc];
nv = polyval(nc,s1);
dv = polyval(dc,s1);
kv = nv/dv;
kc = abs(1/(g*kv));                      % 确定校正器增益
```

```
if zeta < 0;
   kc = - kc;
end;
kc
Gc = tf(nc,dc)
```

在 MATLAB 命令窗口中直接运行以上程序,可以得到校正器的 K_c 和传递函数:

```
kc =
  2.0700e + 004
Transfer function:
s + 3.841
---------
s + 73.12
```

即校正器传递函数为:

$$G_c(s) = K_c \frac{s+a}{s+b} = 20700 \frac{s+3.841}{s+73.12}$$

校正后的系统传递函数为:

$$G_0(s)G_c(s) = \frac{1}{s(s+5)(s+15)} K_c \frac{s+a}{s+b} = 20700 \frac{1}{s(s+5)(s+15)} \cdot \frac{s+3.841}{s+73.12}$$

(3) 校验校正器计算是否符合要求。

在这里,我们给出一个自定义的 MATLAB 函数 step(),用于求系统单位阶跃响应的性能指标:超调量、峰值时间和调节时间。在今后的设计中,我们可以直接调用该函数,从而方便快捷地得到系统的性能指标。

该函数的调用格式为:

$$[\mathrm{sigma}, \mathrm{tp}, \mathrm{ts}] = \mathrm{step}(y, t)$$

其中,y、t 是对应系统阶跃响应的函数值与其对应的时间。函数返回的是阶跃响应超调量 sigma、峰值时间 tp 和调节时间 ts。

函数 step() 定义如下:

```
function [sigma,tp,ts] = step(y,t)            % 函数定义
[mp,tf] = max(y);
cs = length(t);
yss = y(cs);
sigma = (mp - yss)/yss                        % 计算超调量
tp = t(ft)                                    % 计算峰值时间
% 计算调节时间
i = cs + 1;
n = 0;
while n == 0,
      i = i - 1;
         if i == 1,
            n = 1;
         elseif y(i) > 1.05 * yss,
            n = 1;
         end;
end;
t1 = t(i);
cs = length(t);
j = cs + 1;
```

```
n = 0;
while n == 0,
    j = j - 1;
    if j == 1,
        n = 1;
    elseif y(j)< 0.95 * yss,        %选择5%的误差带
        n = 1;
    end;
end;
t2 = t(j);
if t2 < tp,
    if t1 > t2,
        ts = t1
    end
elseif t2 > tp,
    if t2 < t1,
        ts = t2
    else
        ts = t1
    end
end
```

回到本例中,根据校正后的结构与参数,调用函数 step(),给出以下程序,来求出系统的性能指标及阶跃响应曲线。

```
%计算系统超调量、峰值时间、调节时间。
global y t
s2 = tf([1 3.841],[1 73.12]);
s1 = tf(20700,[1 20 75 0]);
sope = s1 * s2;
sys = feedback(sope,1);              %校正后的系统
step(sys)
[y,t] = step(sys);                   %求出阶跃响应的函数值及其对应时间
[sigma,tp,ts] = step(y,t)            %调用函数 step( )
```

运行该程序,可得到系统的阶跃响应曲线,如图 10-14 所示。

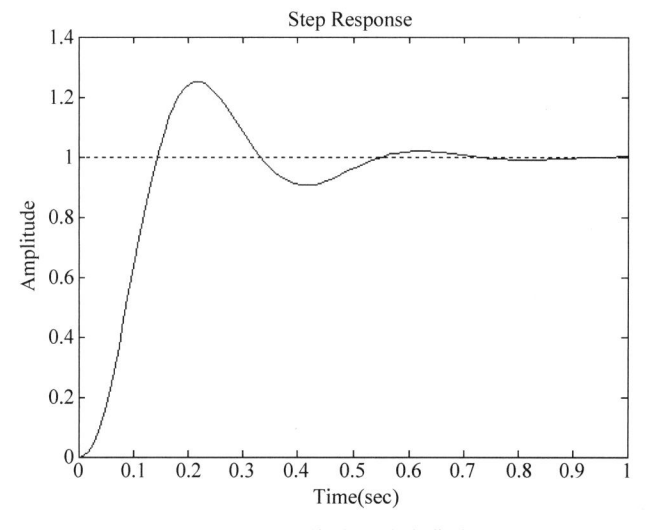

图 10-14 系统阶跃响应曲线

并有系统性能指标。

超调量：sigma=0.2489

峰值时间：tp=0.2209

调节时间：ts=0.3037

即校正后系统的阶跃响应品质指标是：调节时间 ts=0.3037s<0.5s，超调量 $\sigma\%$=24.89%<30%。因此，阶跃响应品质指标超调量与调节时间均已满足题目要求。

2. 根轨迹超前校正的解析法

设未校正前系统传递函数为 $G_0(s)$，校正器的传递函数为 $G_c(s)=K_c\dfrac{t_z s+1}{t_p s+1}$，根据系统性能指标要求，确定 K_c 与期望极点 s_1 在 s 平面的位置。则校正后系统的根轨迹为：

$$G_0(s_1)G_c(s_1)=K_c\frac{t_z s_1+1}{t_p s_1+1}M_G e^{j\theta_G}=e^{j\pi}$$

式中，M_G 是开环系统在 s_1 的幅值，θ_G 是开环系统在 s_1 的相位角。K_c 已经确定，需要求解 t_z 和 t_p 以确定 $G_c(s)$。期望极点 s_1 在 s 平面的位置也已确定。对于复变量 s_1 可用模幅式表示为：

$$S_1=M_S e^{j\theta_S}$$

则有：

$$M_S e^{j\theta_S}t_z+1=\left[\frac{e^{j\pi}}{K_c M_G e^{j\theta_G}}\right](M_S e^{j\theta_S}t_p+1)$$

这是一个复数方程，对其实部与虚部可以分别得到含有未知数 t_z 和 t_p 的两个方程，联立求解得到：

$$t_z=\frac{\sin\theta_S-K_c M_G\sin(\theta_G-\theta_S)}{K_c M_G M_S\sin\theta_G}$$

$$t_p=\frac{K_c M_G\sin\theta_S+\sin(\theta_G+\theta_S)}{M_S\sin\theta_G}$$

此时，串联校正器 $G_c(s)=K_c\dfrac{t_z s+1}{t_p s+1}$ 便能够唯一确定。

【例 10-5】 已知燃油调节控制系统的开环传递函数为：

$$G_p(s)=\frac{2}{s(1+0.25s)(1+0.1s)}$$

试设计超前校正环节，使其校正后闭环主导极点满足：

(1) 阶跃响应的超调量 $\sigma\%\leqslant 30\%$。

(2) 阶跃响应的调节时间 $t_s\leqslant 0.8s$。

此外系统单位斜坡响应稳态误差 $e_{ssv}\leqslant 10\%$。

下面给出解答过程。

(1) 求校正器增益 K_c。

设校正后系统的传递函数为：

$$G_0(s)G_c(s)=\frac{2}{s(1+0.25s)(1+0.1s)}K_c\frac{t_z s+1}{t_p s+1}=K_c\frac{2}{s(1+0.25s)(1+0.1s)}\cdot\frac{t_z s+1}{t_p s+1}$$

根据 $e_{ssv}=\dfrac{v_0}{K_v}=\dfrac{1}{K_v}\leqslant 10\%$，可得 $K_v\geqslant 10$。

又根据自动控制理论：

$$K_v = \lim_{s \to 0} s \cdot G_0(s) \cdot G_c(s) = \lim_{s \to 0} s \cdot K_c \frac{2}{s(1+0.25s)(1+0.1s)} \cdot \frac{t_z s+1}{t_p s+1} \geqslant 10$$

可得：$K_c \geqslant 5$，取 $K_c = 5$。

（2）校验原系统的阶跃响应超调量是否满足要求。

在 MATLAB 命令窗口中输入：

```
n1 = 400;
d1 = conv(conv([1 0],[1 4]),[1 10]);
sope = tf(n1,d1);
sys = feedback(sope,1);
step(sys)
```

可以得到原系统阶跃响应曲线图，如图 10-15 所示。

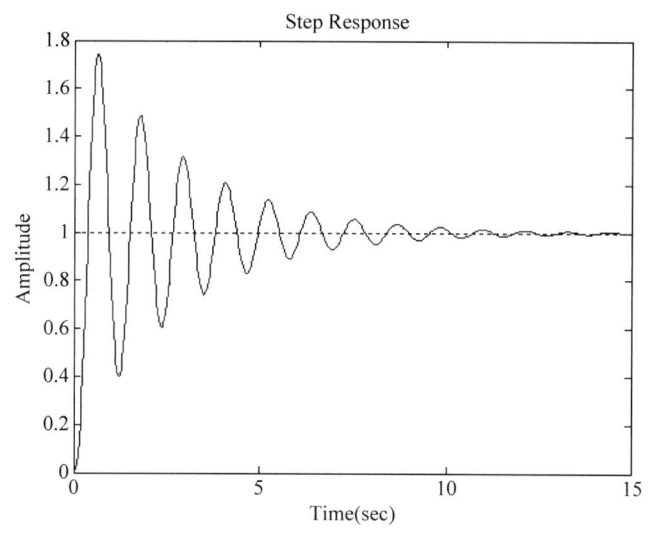

图 10-15 原系统阶跃响应曲线

由曲线可知，系统的阶跃响应超调量超过 50%，没有满足要求，所以需要进行校正。

（3）确定期望极点位置。

根据超调量求 ξ，在 MATLAB 命令窗口中输入：

```
>> sigma = 0.3
zeta = ((log(1/sigma))^2/((pi)^2 + (log(1/sigma))^2))^(1/2)
```

回车后得到结果：

```
sigma =
    0.3000
zeta =
    0.3579
```

取 $\xi = 0.358$，由 $t_s(5\%) = \dfrac{3}{\xi \omega_n} = 0.8$ 可得 $\omega_n = 10.48 \text{rad/s}$。

在 MATLAB 命令窗口中可输入以下语句求系统主导极点：

```
>> zeta = 0.358;
wn = 10.48;
p = [1 2 * zeta * wn wn * wn];
roots(p)                          % 求主导极点
```

回车后得到结果：

```
ans =
   -3.7518 + 9.7854i
   -3.7518 - 9.7854i
```

即系统主导极点为 $s_{1,2} = -3.7518 \pm 9.7854i$。

(4) 求校正器的传递函数。

根据根轨迹解析法校正理论，用以下程序 ex9_3.m 求解校正器的传递函数：

```
% 求解校正器的传递函数
kc = 5;
s_1 = -3.7518 + 9.7854i;
nk1 = 2;
dk1 = conv(conv([1 0],[0.25 1]),[0.1 1]);
ngv = polyval(nk1,s_1);
dgv = polyval(dk1,s_1);
g = ngv/dgv;
zetag = angle(g);
zetag_d = zetag * 180/pi;
mg = abs(g);
ms = abs(s_1);
zetas = angle(s_1);
zetas_d = zetas * 180/pi;
tz = (sin(zetas) - kc * mg * sin(zetag - zetas))/(kc * mg * ms * sin(zetag));
tp = - (kc * mg * sin(zetas) + sin(zetag + zetas))/(ms * sin(zetag));
nk = [tz,1];
dk = [tp,1];
Gc = tf(nk,dk)
```

运行程序后，得到校正器传递函数：

```
Transfer function:
0.2858 s + 1
-------------
0.02407 s + 1
```

即校正器传递函数为：

$$G_c(s) = \frac{0.2858s + 1}{0.02407s + 1}$$

(5) 校验校正器。

与例 10-1 类似，调用函数 step()：

```
% 计算系统超调量、峰值时间、调节时间。
global y t nc dc
n1 = 10;
d1 = conv(conv([1 0],[0.25 1]),[0.1 1]);
s1 = tf(n1,d1);
Gc = tf([0.2858 1],[0.02407,1]);
```

```
sys = feedback(s1 * Gc,1);        % 校正后的系统
step(sys)                          % 绘制阶跃响应曲线
[y,t] = step(sys);                 % 求出阶跃响应的函数值及其对应时间
[sigma,tp,ts] = step(y,t)          % 调用函数 step( )
```

运行该程序,可得到系统的阶跃响应曲线,如图 10-16 所示。

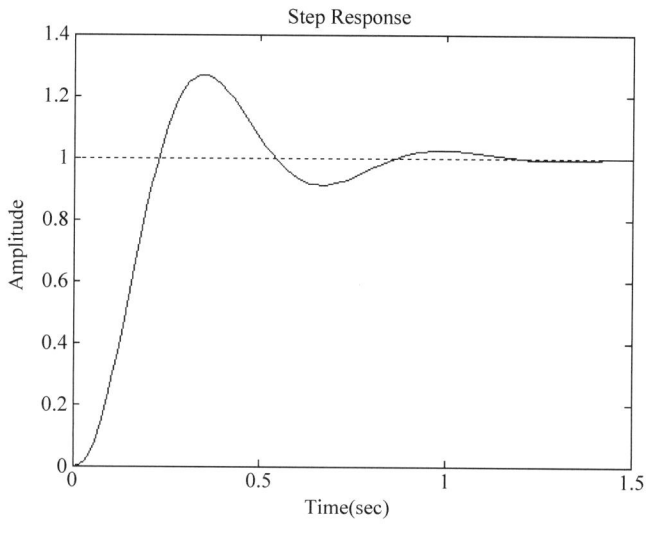

图 10-16 系统阶跃响应曲线

同时,有系统的稳态性能指标。

超调量：sigma＝0.2694

峰值时间：tp＝0.3532

调节时间：ts＝0.5004

即校正后系统的阶跃响应品质指标是：调节时间 ts＝0.5004s＜0.8s,超调量 σ％＝26.94％＜30％。因此,阶跃响应品质指标超调量与调节时间均已满足题目要求。

10.3.2 根轨迹滞后校正设计

1. 基本原理

设系统的开环传递函数为：

$$G(s)H(s) = \frac{K_r \prod_{i=1}^{m}(s+z_i)}{s^v \prod_{j=v+1}^{n}(s+p_j)}$$

式中,z_i 为系统前向通道传递函数的零点。p_j 为系统前向通道传递函数的极点。K_r 为开环系统根轨迹增益。v 为系统型别。

根据系统根轨迹方程幅值条件,则根轨迹增益为：

$$K_r = \frac{|s|^v \prod_{j=v+1}^{n}|s+p_j|}{\prod_{i=1}^{m}(s+z_i)}$$

将 s 零次方项系数换为 1,并由开环增益的定义,得到系统的开环增益为：

$$K = K_r \frac{\prod_{i=1}^{m} z_i}{\prod_{j=v+1}^{n} p_j}$$

设滞后校正器传递函数为：

$$G_c(s) = \frac{1+Ts}{1+\beta Ts}$$

则校正系统的开环传递函数为：

$$G_c(s)G(s)H(s) = \frac{K_r \prod_{i=1}^{m}(s+z_i)}{s^v \prod_{j=v+1}^{n}(s+p_j)} \cdot \frac{1+Ts}{1+\beta Ts}$$

当零点与极点相对于点 s_1 是一对偶极子时，根据幅值条件有：

$$K_{rc} = \frac{|s_1|^v \prod_{j=v+1}^{n} |s_1+p_j|}{\prod_{i=1}^{m}(s_1+z_i)} \cdot \beta \frac{\left|s_1+\frac{1}{T}\right|}{\left|s_1+\frac{1}{BT}\right|} \approx \beta \cdot \frac{|s_1|^v \prod_{j=v+1}^{n} |s_1+p_j|}{\prod_{i=1}^{m}(s_1+z_i)}$$

式中 s_1 为期望闭环主导极点，则有：

$$K_{rc} = \beta \cdot K_r$$

则校正系统静态开环增益为：

$$K_c = K_{rc} \frac{\prod_{i=1}^{m} z_i}{\prod_{j=v+1}^{n} p_j} = \beta \cdot K_r \frac{\prod_{i=1}^{m} z_i}{\prod_{j=v+1}^{n} p_j} = \beta K$$

故校正系统的静态开环增益增大为原系统开环增益的 β 倍。

2. 根轨迹滞后校正设计的步骤

由上述基本原理可知，根轨迹滞后校正设计可由如下步骤完成。

（1）绘制未校正系统的根轨迹，根据动态品质指标要求，在根轨迹上确定期望闭环主导极点 s_1 的位置。

（2）确定在 s_1 处的根轨迹增益 K_r，以及未校正系统的开环增益 K。

（3）计算系统要求的静态误差系数 K_0。

（4）计算误差系数所需增加的倍数 $\beta = \dfrac{K_0}{K}$。

（5）选择滞后校正器的零点 $-1/T$ 与极点 $-1/\beta T$，使之满足 $z_i/p_i = \beta$，这就要求零点与极点相对于点 s_1 是一对偶极子，并距离坐标原点越近越好。

（6）校验性能指标是否符合要求。

【例 10-6】 已知单位负反馈被控对象的传递函数为 $G_0(s) = K_0 \dfrac{2000}{s(s+20)}$，试用根轨迹解析方法对系统进行串联滞后校正设计，使之满足：

（1）阶跃响应的超调量 $\sigma\% \leqslant 15\%$；

（2）阶跃形影的调节时间 $t_s \leqslant 0.3s$；

(3) 单位斜坡响应稳态误差 $e_{ssv} \leqslant 0.01$。

下面给出解答过程。

(1) 求静态误差系数 K_0。

根据自动控制理论有 $e_{ssv} = \dfrac{v_0}{K_v} = \dfrac{1}{K_v} \leqslant 0.01$，故 $K_v \geqslant 100\text{s}^{-1}$，取系统速度误差系数 $K_v = 100\text{s}^{-1}$；

对于 I 型系统有 $K_v = \lim\limits_{s \to 0} s \cdot \dfrac{2000K_0}{s(s+20)} + 100$，则 $K_0 = 1$。

(2) 校验原系统的阶跃响应超调量是否满足要求。

根据系统闭环传递函数绘制单位阶跃响应曲线，在 MATLAB 命令窗口中输入：

```
n1 = 2000;
d1 = conv([1 0],[1 20]);
s1 = tf(n1,d1);
sys = feedback(s1,1);
step(sys)
```

可得系统阶跃响应曲线，如图 10-17 所示。

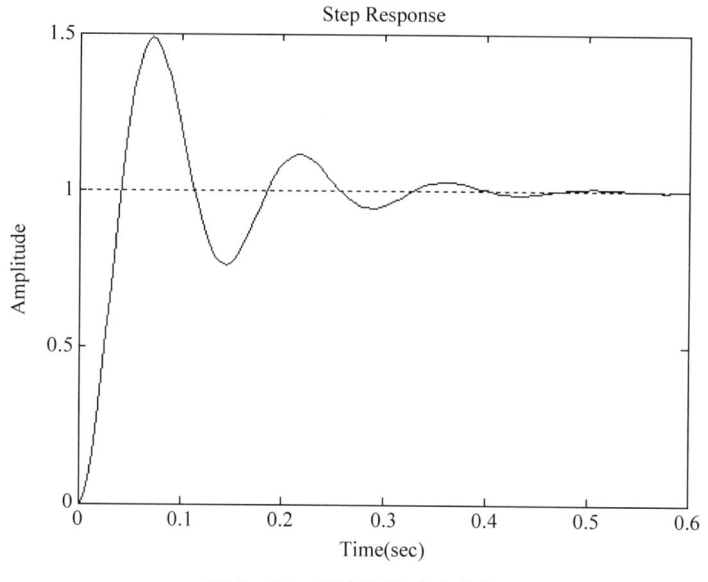

图 10-17 系统阶跃响应曲线

由该响应曲线可知，系统阶跃响应超调量接近 50%，不满足题目要求。

(3) 由期望极点确定校正器传递函数。

首先，用以下 MATLAB 语句求阻尼比 ξ：

```
>> sigma = 0.15;
zeta = ((log(1/sigma))^2/((pi)^2 + (log(1/sigma))^2))^(1/2)
```

回车后得到结果：

```
zeta =
    0.5169
```

取 zeta=0.517。

用以下 MATLAB 语句绘制未校正系统的根轨迹图：

```
>> n1 = 2000;
d1 = conv([1,0],[1 20]);
s1 = tf(n1,d1);
rlocus(s1)
```

可得系统根轨迹图如图 10-18 所示。

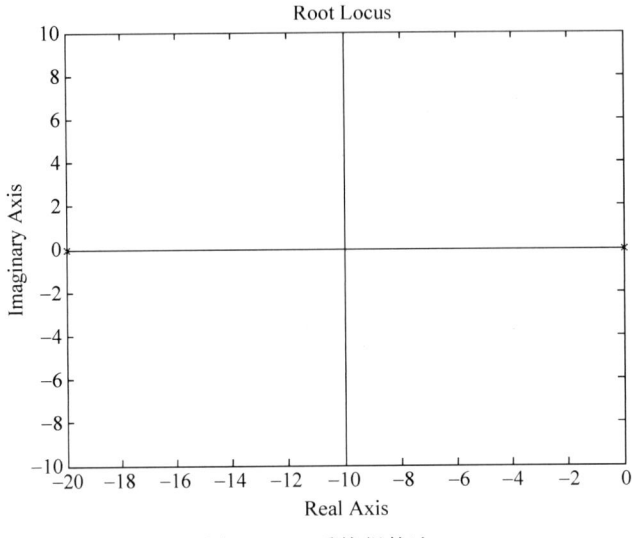

图 10-18 系统根轨迹

由图 10-18 所示可以看出，未校正系统没有零点，有两个极点：$p_1=0, p_2=-20$。根轨迹分离点 $d=-10$。

用以下程序计算校正器传递函数：

```
% 计算校正函数
essv = 0.01;
x = -10;
z1 = 0;
p1 = 0;
p2 = 20;
zeta = 0.517;                    % 阻尼比
acos(zeta);
ta = tan(acos(zeta));
y1 = x * ta;
y = abs(y1);
s1 = x + y * i;
Kr = abs(s1 + p1) * abs(s1 + p2);
K0 = 1/essv;
K = Kr/(p1 + p2);                % 静态误差系数和开环增益
beta = K0/K;                     % 误差系数所需要增加的倍数
T = 1/((1/20) * abs(x));
betat = beta * T;
gc = tf((1/beta) * [1 1/T],[1 1/betat])
```

程序运行后得到校正器传递函数为：

```
Transfer function:
0.1871 s + 0.09353
```

```
-------------------
   s + 0.09353
```

校正系统传递函数为：

$$G_0(s)G_c(s) = \frac{2000}{s(s+20)} \cdot \frac{1}{\beta} \cdot \frac{s+\frac{1}{T}}{s+\frac{1}{\beta T}} = \frac{0.1871 + 0.09353}{s + 0.09353}$$

（4）校验校正器计算是否正确。

调用自定义函数 step()，用以下程序来计算系统性能指标：

```
%计算系统性能指标
s1 = tf(2000,conv([1 0],[1 20]));
s2 = tf([0.1871 0.09353],[1 0.09353]);
sope = s1 * s2;
sys = feedback(sope,1);
step(sys)                       %绘制阶跃响应曲线
[y,t] = step(sys);              %求出阶跃响应的函数值及其对应时间
[sigma,tp,ts] = step(y,t)       %调用函数 step()
```

程序运行后绘制的系统阶跃响应曲线如图 10-19 所示。

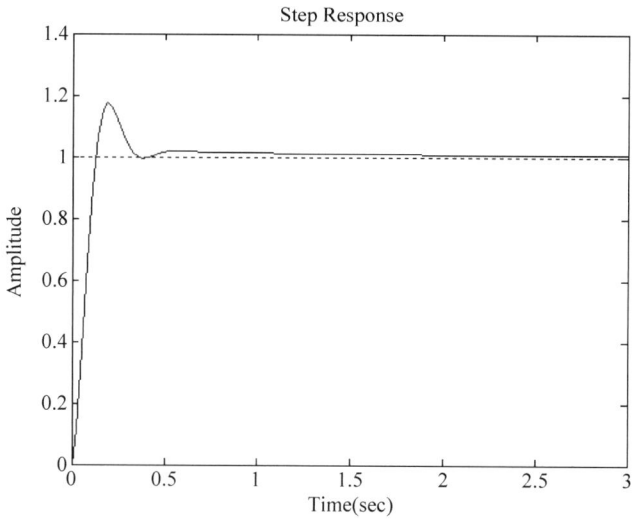

图 10-19　校正后系统阶跃响应曲线

同时得到系统的时域性能指标。

　　超调量：sigma＝0.1723

　　峰值时间：tp＝0.1919

　　上升时间：ts＝0.2741

由以上数据可知，校正后系统调节时间 ts＝0.2741s＜0.3s，超调量 σ％＝17.23％＜20％，品质指标已达到题目要求。

10.4　PID 控制原理及 PID 控制器设计

比例、积分、微分（PID）是建立在经典控制理论基础上的一种控制策略。PID 控制器作为最早实用化的控制器已有 80 多年的历史，现在仍然是最广泛的工业控制器。PID 控制器简单

易懂,使用中不需要精确的系统模型等先决条件,因而成为应用最广泛的控制器。

在本节中,我们将介绍几种常用的 PID 控制器类型,以及一些设计算法和实现。

10.4.1　PID 控制原理

PID 控制器系统原理如图 10-20 所示。

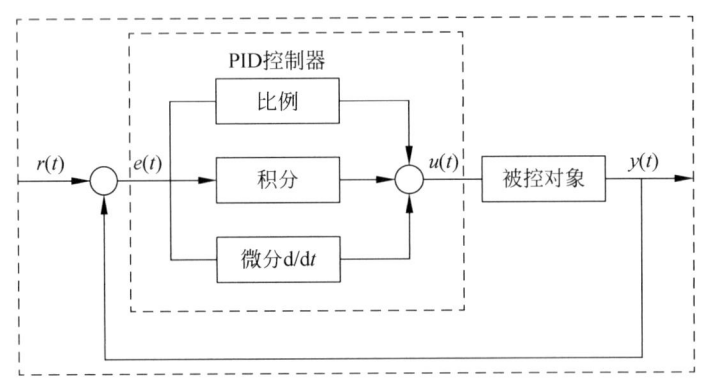

图 10-20　典型 PID 控制结构

在图 10-20 中,系统的偏差信号为 $e(t)=r(t)-y(t)$。在 PID 调节作用下,控制器对误差信号 $e(t)$ 分别进行比例、积分、微分运算,其结果的加权和构成系统的控制信号 $u(t)$,送给被控对象加以控制。

PID 控制器的数学描述为:

$$u(t)=K_p\left[e(t)+\frac{1}{T_i}\int_0^t e(\tau)\mathrm{d}\tau+T_d\frac{\mathrm{d}e(t)}{\mathrm{d}t}\right]$$

式中,K_p 为比例系数,T_i 为积分时间常数,T_d 为微分时间常数。

现在,我们通过一个简单实例来研究比例、微分与积分各个环节的作用。

【例 10-7】 考虑模型 $G(s)=1/(s+1)^3$。研究比例、微分与积分各个环节的作用。

(1) 只采用比例控制。即在 PID 控制策略中令 $T_i\to\infty$,$T_d\to 0$。给出以下程序:

```
% 比例控制
G = tf(1,[1 3 3 1]);
P = [0.1:0.1:1];
for i = 1:length(P)
    G_c = feedback(P(i) * G,1);
    step(G_c),hold on
end
```

运行程序,得到系统闭环阶跃响应曲线如图 10-21 所示。

由图 10-21 可以看出,比例环节的主要作用是:K_p 的值增大时,系统响应的速度加快,闭环系统响应的幅值增加。当达到某个 K_p 值时,系统将趋于不稳定。

(2) 将 K_p 的值固定到 $K_p=1$,应用 PI 控制策略。用 MATLAB 语言给出程序如下:

```
% 比例积分控制
Kp = 1;
Ti = [0.7:0.1:1.5];
for i = 1:length(Ti)
    Gc = tf(Kp * [1,1/Ti(i)],[1,0]);
```

```
    G_c = feedback(G * Gc,1);
    step(G_c),hold on
end
axis([0,20,0,2])
```

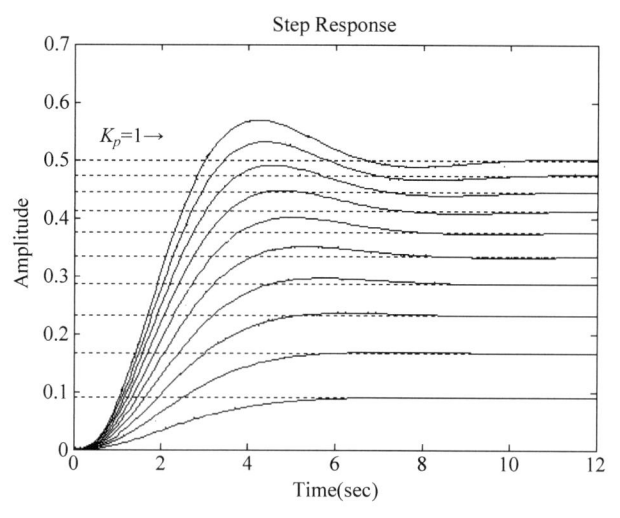

图 10-21 系统阶跃响应曲线

运行程序,系统的阶跃响应曲线如图 10-22 所示。

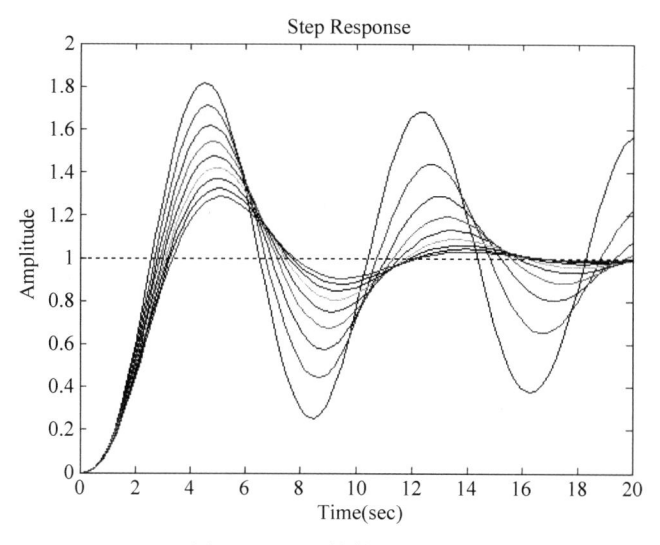

图 10-22 PI 控制阶跃响应

由图 10-22 可知,当我们增加积分时间常数 T_i 的值时,系统超调量减小,而系统的响应速度将变慢。因此,积分环节的主要作用是消除系统的稳态误差,其作用的强弱取决于积分时间常数 T_i 的大小。

(3) 如果将 K_p 和 T_i 的值均固定在 $K_p = T_i = 1$,则可以使用 PID 控制策略来试验不同的 T_d 值。用 MATLAB 语言编程如下:

```
% 比例、积分、微分
Kp = 1;
Ti = 1;
Td = [0.1:0.2:2];
```

```
for i = 1:length(Td)
    Gc = tf(Kp * [Ti * Td(i),Ti,1]/Ti,[1,0]);
    G_c = feedback(G * Gc,1);
    step(G_c),hold on
end
axis([0,20,0,2.6])
```

程序运行结果如图 10-23 所示。

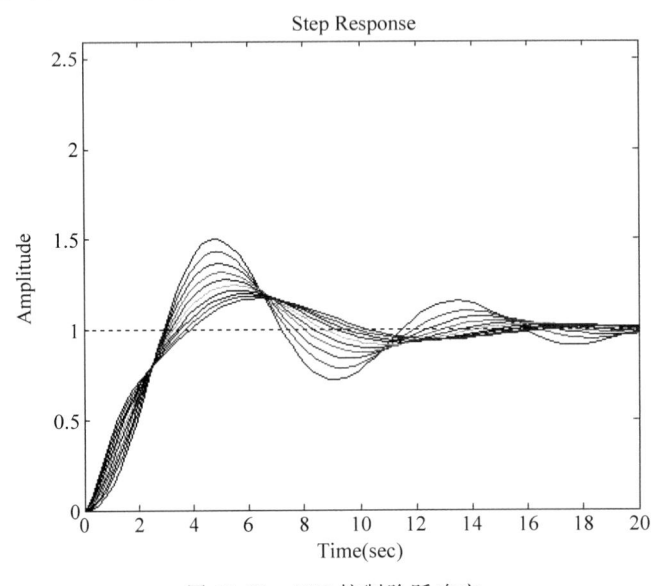

图 10-23 PID 控制阶跃响应

由图 10-23 可知,当 T_d 增大时,系统的响应速度增加,同时响应的幅度也增加。因此,微分环节的主要作用是提高系统的响应速度。由于该环节产生的控制量与信号变化速率有关,因此对于信号无变化或变化缓慢的系统不起作用。

10.4.2 PID 控制器设计

1. Ziegler-Nichols 整定公式

传统 PID 控制的经验公式是 Ziegler 与 Nichols 在 20 世纪 40 年代初提出的。这个经验公式是基于带有延迟的一阶传递函数模型提出的。该对象模型可以表示为:

$$G(s) = \frac{k}{1+sT} e^{-sL}$$

在实际的过程控制系统中,有大量的对象模型可以近似地由这样的一阶模型来表示,如果不能物理地建立起系统的模型,我们还可以由实验提取相应的模型参数。如果实验数据是通过阶跃响应获得的,我们可以由表 10-1 中给出的经验公式来设计 PID 控制器。如果实验数据是通过频域响应获得的,则我们可以容易地得到剪切频率 ω_c 和极限增益 K_c,设 $T_c = 2\pi/\omega_c$,则 PID 控制器的参数也可以由表 10-1 给出(K 为放大系数)。

表 10-1 Ziegler-Nichols 整定参数

控制器类型	由阶跃响应整定			由频域响应整定		
	K_p	T_i	T_d	K_p	T_i	T_d
P	T/kL			0.5K		
PI	0.9T/kL	3L		0.4K	0.8T	
PID	1.2T/kL	2L	L/2	0.6K	0.5T	0.12T

这里,我们来编写一个 MATLAB 函数 ziegler(),该函数的功能是实现由 Ziegler-Nichols 公式设计 PID 控制器,在今后我们设计 PID 控制器的过程中可以直接调用。程序清单为:

```
function[Gc,Kp,Ti,Td,H] = ziegler(key,vars)
Ti = [ ];
Td = [ ];
H = [ ];
if length(vars) == 4,
    K = vars(1);
    L = vars(2);
    T = vars(3);
    N = vars(4);
    a = K * L/T;
    if key == 1,
        Kp = 1/a;                       %P 控制器
    elseif key == 2,
        Kp = 0.9/a;
        Ti = 3.33 * L;                  %PI 控制器
    elseif key == 3                     %PID 控制器
        Kp = 1.2/a;
        Ti = 2 * L;
        Td = L/2;
    end
elseif length(vars) == 3,
    K = vars(1);
    Tc = vars(2);
    N = vars(3);
    if key == 1,
        Kp = 0.5 * K;
    elseif key == 2,
        Kp = 0.4 * K;
        Ti = 0.8 * Tc;
    elseif key == 3
        Kp = 0.6 * K;
        Ti = 0.5 * Tc;
        Td = 0.12 * Tc;
    end
elseif length(vars) == 5,
    K = vars(1);
    Tc = vars(2);
    rb = vars(3);
    pb = pi * vars(4)/180;
    N = vars(5);
    Kp = K * rb * cos(pb);
    if key == 2,
        Ti = - Tc/(2 * pi * tan(pb));
    elseif key == 3
        Ti = Tc * (1 + sin(pb))/(pi * cos(pb));
        Td = Ti/4;
    end
end
switch key
    case 1, Gc = Kp;
    case 2, Gc = tf(Kp * [Ti,1],[Ti,0]);
    case 3
        nn = [Kp * Ti * Td * (N + 1)/N, Kp * (Ti + Td/N), Kp];
```

```
            dd = Ti * [Td/N,1,0];
            Gc = tf(nn,dd);
    end
```

该函数的调用格式为：

$$[G_c,K_p,T_i,T_d]=\text{ziegler}(\text{key},\text{vars})$$

其中，key 为选择控制器类型的变量：当 key=1,2,3 时分别表示设计 P、PI、PID 控制器；若给出的是阶跃响应数据，则变量 vars=[K,L,T,N]；若给出的是频域响应数据，则变量 vars=[K_c,T_c,N]。

【例 10-8】 已知过程控制系统的被控对象为一个带延迟的惯性环节，其传递函数为：

$$G(s)=\frac{8}{360s+1}e^{-180s}$$

试用 Ziegler-Nichols 法设计 P 控制器、PI 控制器和 PID 控制器。

由系统传递函数可得：$k=80, T=360, L=180$。

根据题意，利用 ziegler() 函数计算系统 P、PI、PID 控制器的参数，并给出校正后系统阶跃响应曲线。

程序如下：

```
% 设计 P、PI、PID 控制器
k = 8;
T = 360;
L = 180;
n1 = [k];
d1 = [T 1];
G1 = tf(n1,d1);
[np,dp] = pade(L,2);
Gp = tf(np,dp);
[Gc1,Kp1] = ziegler(1,[k,L,T,1]);
Gc1
[Gc2,Kp2,Ti2] = ziegler(2,[k,L,T,1]);
Gc2
[Gc3,Kp3,Ti3,Td3] = ziegler(3,[k,L,T,1]);
Gc3
G_c1 = feedback(G1 * Gc1,Gp);
step(G_c1);
hold on
G_c2 = feedback(G1 * Gc2,Gp);
step(G_c2);
G_c3 = feedback(G1 * Gc3,Gp);
step(G_c3);
```

运行该程序后得到：

```
Gc1 =
      0.2500
Gc2 =
      134.9s + 0.225
      ------------------------
      599.4s
Gc3 =
```

```
     19440s^2 + 135s + 0.3
    --------------------------
       32400s^2 + 360s
```

以及经 P、PI、PID 校正后系统的阶跃响应曲线,如图 10-24 所示。

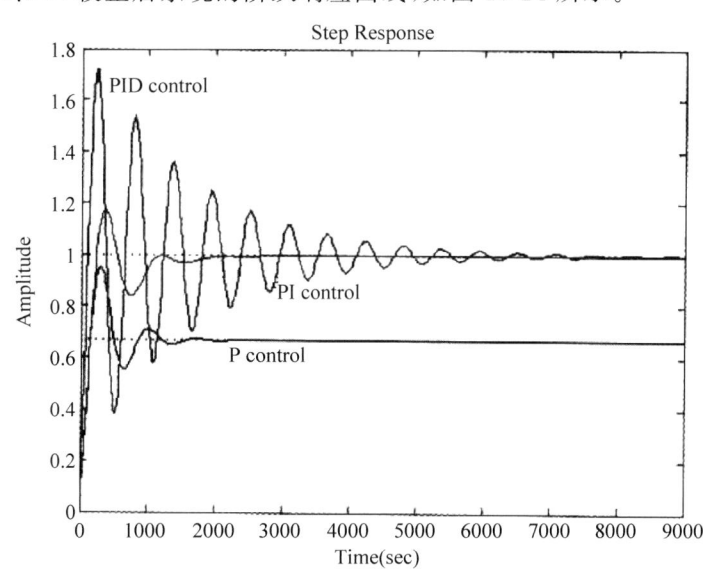

图 10-24 校正后系统的阶跃响应曲线

由图 10-24 可知,用 Ziegler-Nichols 公式计算 P、PI、PID 校正器对系统校正后,其阶跃响应曲线中 P、PI 校正两者响应速度基本相同,超调量终值不同。PI 校正超调量比 P 校正的要小一些。PID 校正比前两者的响应速度都快,但超调量最大。

2. 一般数学模型拟合成带延迟的惯性环节

被控广义对象的传递函数为 $G(s)=\dfrac{k}{1+sT}\mathrm{e}^{-sL}$,这种表达式是使用经典 Ziegler-Nichols 整定公式设计 PID 校正器的前提。如果已知模型不是这种形式的,可以将模型经过转换计算求其模型拟合的对应参数 K、T、L。转换计算方法很多,这里我们采用基于频域响应的 Jacobian 矩阵求解方法。

对于传递函数为 $G(s)=\dfrac{k}{1+sT}\mathrm{e}^{-sL}$ 的数学模型,其频率特性为:

$$G(\mathrm{j}\omega)=\dfrac{k}{1+sT}\mathrm{e}^{-sL}\bigg|_{s=\mathrm{j}\omega}=\dfrac{k}{T\mathrm{j}\omega+1}\mathrm{e}^{-\mathrm{j}\omega L}$$

考虑欧拉公式 $\mathrm{e}^{-\mathrm{j}\omega L}=[\cos(\omega T)-\mathrm{j}\sin(\omega T)]$,当系统 Nyquist 曲线在复平面与负实轴相交时,其第一个交点模值的倒数即为系统模值稳定裕量 G_m,其交点对应的角频率为 $-\pi$ 穿越频率 ω_c。有以下方程组:

$$\begin{cases} \dfrac{k[\cos(\omega_c L)-\omega_c L\sin(\omega_c L)]}{1+(\omega_c L)^2}=\dfrac{1}{G_m} \\ \sin(\omega_c L)+\omega_c L\cos(\omega_c L)=0 \end{cases}$$

开环增益 k 可由传递函数给出。求 T 与 L 的值有以下方程式:

$$\begin{cases} f_1(L,T)=kK_C[\cos(\omega_c L)-\omega_c L\sin(\omega_c L)]+1+\omega_c^2 L^2=0 \\ f_2(L,T)=\sin(\omega_c L)+\omega_c L\cos(\omega_c L)=0 \end{cases}$$

其对应的 Jacobi 矩阵为:

$$\boldsymbol{J} = \begin{pmatrix} \dfrac{\partial f_1}{\partial x_1} & \dfrac{\partial f_1}{\partial x_2} \\ \dfrac{\partial f_2}{\partial x_1} & \dfrac{\partial f_2}{\partial x_2} \end{pmatrix} = \begin{pmatrix} -kK_c(\omega_c\sin(\omega_c L) - \omega_c^2\cos(\omega_c L)) & -kK_c\omega_c\sin(\omega_c L) + 2\omega_c^2 T \\ \omega_c\cos(\omega_c L) - \omega_c^2 T\sin(\omega_c L) & \omega_c\cos(\omega_c L) \end{pmatrix}$$

对于这种矩阵可以用拟 Newton 算法求解。根据这个原理,我们用 MATLAB 语言编写一个函数 getfod() 来求解 k、T、L。函数清单如下:

```
% 求模型拟合参数
function[K,L,T] = getfod(G,method)
K = dcgain(G);
if nargin == 1
    [Kc,Pm,wc,wcp] = margin(G);
    ikey = 0;
    L = 1.6 * pi/(3 * wc);
    T = 0.5 * Kc * K * L;
    if finite(Kc),
        x0 = [L;T];
        while ikey == 0,
            ww1 = wc * x0(1);
            ww2 = wc * x0(2);
            FF = [K * Kc * (cos(ww1) - ww2 * sin(ww1)) + 1 + ww2^2;
                sin(ww1) + ww2 * cos(ww1)];
            J = [- K * Kc * wc * sin(ww1) - K * Kc * wc * ww2 * cos(ww1),...
                - K * Kc * wc * sin(ww1) + 2 * wc * ww2;
                wc * cos(ww1) - wc * ww2 * sin(ww1),wc * cos(ww1)];
            x1 = x0 - inv(J) * FF;
            if norm(x1 - x0)< 1e - 8,
                ikey = 1;
            else,x0 = x1;
        end,end
        L = x0(1);
        T = x0(2);
    end
elseif nargin == 2 & method == 1
    [n1,d1] = tfderv(G..num{1},G.den{1});
    [n2,d2] = tfderv(n1,d1);
    K1 = dcgain(n1,d1);
    K2 = dcgain(n2,d2);
    Tar = - K1/K;
    T = sqrt(K2/K - Tar^2);
    L = Tar - T;
end
function[e,f] = tfderv(b,a)
f = conv(a,a);
e1 = conv((length(b) - 1: - 1:1). * ...
    b(1:length(b) - 1),a);
e2 = conv((length(a) - 1: - 1:1). * ...
    a(1:length(a) - 1),b);
maxL = max(length(e1),length(e2));
e = [zeros(1,maxL - length(e1))e1] - ...
    [zeros(1,maxL - length(e2))e2];
```

在今后我们可以直接调用该函数,来求解 k,T,L 的值。

3. Cohen-Coon 整定公式

传统的 Ziegler-Nichols 整定公式经过改进,出现了各种设计 PID 控制器的不同算法,其中 Cohen-Coon 是一种类似于 Ziegler-Nichols 的整定算法。若我们从阶跃响应数据提取特征参数,则不同的控制器可以直接由表 10-2 中的方法设计。

表 10-2 Cohen-Coon 整定参数

控制器	K_p	T_i	T_d
P	$\dfrac{1}{a}\left(1+\dfrac{0.35\tau}{1-\tau}\right)$		
PI	$\dfrac{0.9}{a}\left(1+\dfrac{0.92\tau}{1-\tau}\right)$	$\dfrac{3.3-3\tau}{1+1.2\tau}L$	
PD	$\dfrac{1.24}{a}\left(1+\dfrac{0.13\tau}{1-\tau}\right)$		$\dfrac{0.27-0.36\tau}{1-0.87\tau}L$
PID	$\dfrac{1.35}{a}\left(1+\dfrac{0.18\tau}{1-\tau}\right)$	$\dfrac{2.5-2\tau}{1-0.39\tau}L$	$\dfrac{0.37-0.37\tau}{1-0.81\tau}L$

我们来编写一个 MATLAB 函数 cohen() 实现 Cohen-Coon PID 整定算法,函数的清单如下所示:

```
% Cohen-Coon PID 整定算法
function[Gc,Kp,Ti,Td,H] = cohenpid(key,vars)
K = vars(1);
L = vars(2);
T = vars(3);
N = vars(4);
a = K*L/T;
tau = L/(L+T);
H = [];
if key == 1,                %P 控制器
    Kp = (1+0.35*tau/(1-tau))/a;
    Gc = tf(Kp,1);
elseif key == 2,            %PI 控制器
    Kp = 0.9*(1+0.92*tau/(1-tau))/a;
    Ti = (3.3-3*tau)*L/(1+1.2*tau);
    Gc = tf(Kp*[Ti,1],[Ti,0]);
elseif key == 3,            %PID 控制器
    Kp = 1.35*(1+0.18*tau/(1-tau))/a;
    Ti = (2.5-2*tau)*L/(1-0.39*tau);
    Td = 0.37*(1-tau)*L/(1-0.81*tau);
    if key == 3
        nn = [Kp*Ti*Td*(N+1)/N,Kp*(Ti+Td/N),Kp];
        dd = Ti*[Td/N,1,0];
        Gc = tf(nn,dd);
elseif key == 4             %PD 控制器
    Kp = 1.24*(1+0.13*tau/(1-tau))/a;
    Td = (0.27-0.36*tau)*L/(1-0.87*tau);
    Ti = [];
    Gc = tf(Kp*[Td*(N+1)/N,1],[Td/N,1]);
end
```

该函数的调用格式为:

$$[G_c, K_P, T_i, T_d, H] = \text{cohen}(\text{key}, \text{vars})$$

其中,key 为选择控制器类型的变量:当 key=1,2,3,4 时分别表示设计 P、PI、PID 和 PD 控制器。

【例 10-9】 某温度过程控制系统被控广义对象的传递函数为：

$$G_0(s) = \frac{K}{(Ts+1)^2} e^{-\tau s}$$

式中 $K=1(℃/\text{kg})/\text{min}$，$T=30\text{s}$，$\tau=60\pi/4\text{s}$，试用 Cohen-Coon 整定公式计算系统串联 P、PI、PD、PID 校正器的参数，并进行阶跃给定响应的仿真。

利用函数 kttau() 先求被控对象传递函数拟合成带延迟-惯性环节的三个参数 K、T、τ。再利用 cohen() 函数计算系统 P、PI、PD、PID 校正器参数的程序如下所示：

```
% 设计 P、PI、PD、PID 控制器
G1 = tf(1/60,[30 1]);
G2 = tf(1,[30 1]);
taul = 60 * pi/4;
[np,dp] = pade(taul,2);
Gp = tf(np,dp);
G = G1 * G2 * Gp;
[K,T,tau] = kttau(G);
[Gc1] = cohen(1,[K,T,tau])
[Gc2] = cohen(2,[K,T,tau])
[Gc3] = cohen(3,[K,T,tau])
[Gc4] = cohen(4,[K,T,tau])
G12 = G1 * G2;
G_c1 = feedback(G12 * Gc1,Gp);
set(G_c1,'Td',taul);
step(G_c1);
hold on
G_c2 = feedback(G12 * Gc2,Gp);
set(G_c2,'Td',taul);
step(G_c2);
G_c3 = feedback(G12 * Gc3,Gp);
set(G_c3,'Td',taul);
step(G_c3);
G_c4 = feedback(G12 * Gc4,Gp);
set(G_c4,'Td',taul);
step(G_c4);
axis([0,1000,0,1.5]);
gtext('1 P control'),
gtext('2 PI control'),
gtext('3 PD control'),
gtext('4 PID control')
```

程序运行后，求出 P、PI、PD、PID 校正器的传递函数分别为：

```
Gc1 =
    69.9578
Gc2 =
    3159 s + 49.9
    ---------------------
    63.32 s
Gc3 =
    1045 s + 71.64
Gc4 =
    1.756e005 s^2 + 9420 s + 83.67
    ----------------------------------
         112.6s
```

程序运行后，还得到用 Cohen-Coon 公式计算的 P、PI、PD、PID 校正器校正后系统阶跃给定响应曲线，如图 10-25 所示。

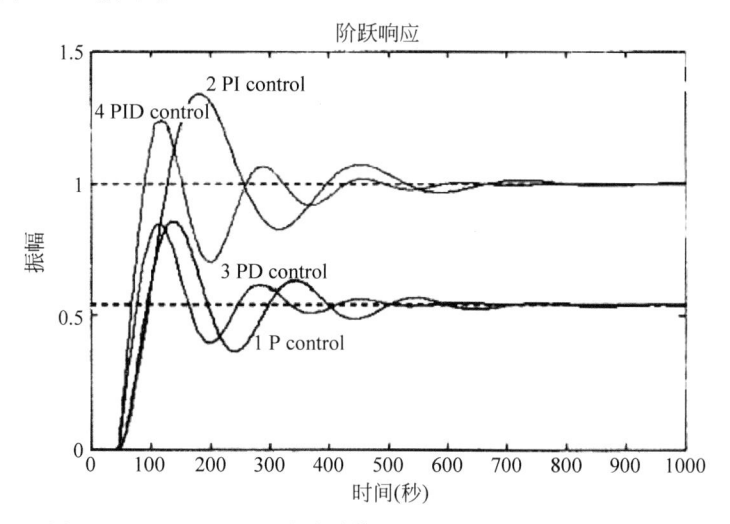

图 10-25 Cohen-Coon 公式计算的三种校正阶跃给定响应曲线

由图可见，用 Cohen-Coon 公式计算的 P、PI、PD、PID 校正器对系统校正后，其阶跃给定响应曲线中的 P、PI 校正两者响应速度基本相同，两种校正的超调量大不一样。

而 PD、PID 两种校正的响应速度基本相同，两种校正的超调量也大不一样。因为 P、PD 与 PI、PID 两类情况的 K_P 不同，所以被调量的终了值不同。PD 与 PID 校正的响应速度比另外两种的快，PD 与 P 两种校正的超调量比另外两种的大。

第11章

MATLAB控制系统的应用

MATLAB是一种强大的数学软件，广泛应用于科学研究和工程领域。控制系统工具箱（Control System Toolbox）是MATLAB中一个重要的工具包，提供了许多用于设计、分析和模拟控制系统的函数和工具。本章中将介绍一些MATLAB控制系统工具箱的高级应用，以帮助读者更好地利用这个工具包。

MATLAB控制系统工具箱是一种非常强大和实用的工具，它提供了许多函数和工具来进行控制系统的建模、分析、设计及仿真。通过运用这些函数和工具，用户可以更方便地进行控制系统的工程实践和科学研究。希望本章能够帮助读者更好地理解和应用MATLAB控制系统工具箱，从而提升在控制系统领域的能力和技术水平。

11.1 控制系统的时域分析

11.1.1 时域分析的一般方法

一个动态系统的特性常用典型输入下的时间响应来描述。所谓响应是指零初值条件下某种典型输入函数作用下控制对象的响应，控制系统中常用的输入函数为单位阶跃函数和脉冲激励函数（即冲激函数）。MATLAB的控制系统工具箱中提供了求取这两种典型输入函数下系统响应的函数。

1. step 函数

功能：该函数用来求取系统的阶跃响应。

格式：[y,x]=step(num,den,t)

[y,x]=step(A,B,C,D,iu,t)

说明：[y,x]=step(num,den,t)函数适用于传递函数表示的系统模型，其中，num和den分别为线性系统传递函数的分子和分母多项式系数，t为选定的仿真时间，返回值y为系统在仿真时刻各个输出所组成的矩阵，而x为自动选择的状态变量的时间响应数据。当该函数没有返回值时，MATLAB将直接在屏幕上绘制系统的阶跃响应曲线。[y,x]=step(A,B,C,D,iu,t)为函数适用于由状态方程表示的系统模型，其中，(A,B,C,D)是系统的状态模型，iu是输入变量的序号，返回值y为系统在仿真时刻各个输出所组成的矩阵，而x为自动选择的状态变量的时间响应数据。

【例 11-1】 含有零点的二阶系统的传统函数 $G(s)=\dfrac{\omega_n^2(T_m s+1)}{s^2+2\xi\omega_2 s+\omega_n^2}$,设其固有频率 $\omega_n=1$,阻尼系数 $\xi=0.5$,在 $T_m=0.5,1,2$ 时,分别画出其阶跃响应函数。将该系统在条件 $T_s=0.1$ 下离散化,再求阶跃响应。

代码如下:

```
wn = 1;Ts = 0.5;z = 0.4;
for Tm = [0.5 1 2]
    sys = tf([Tm,1] * wn^2,[1,2 * z * wn,wn^2]);     % 生成不同的 LTI 模型——连续系统
    sysd = c2d(sys,Ts);                              % 连续系统转换成采样系统
    figure(1),step(sys),hold on;                     % 连续系统的阶跃响应
    figure(2),step(sysd),hold on;                    % 采样系统的阶跃响应
end
```

该程序运行所得结果如图 11-1 所示。从图中可以看出,所有的零点减小时,时间常数 T_m 增大,则阶跃过渡过程的超调加大,上升时间减小,系统的跟踪速度加快。

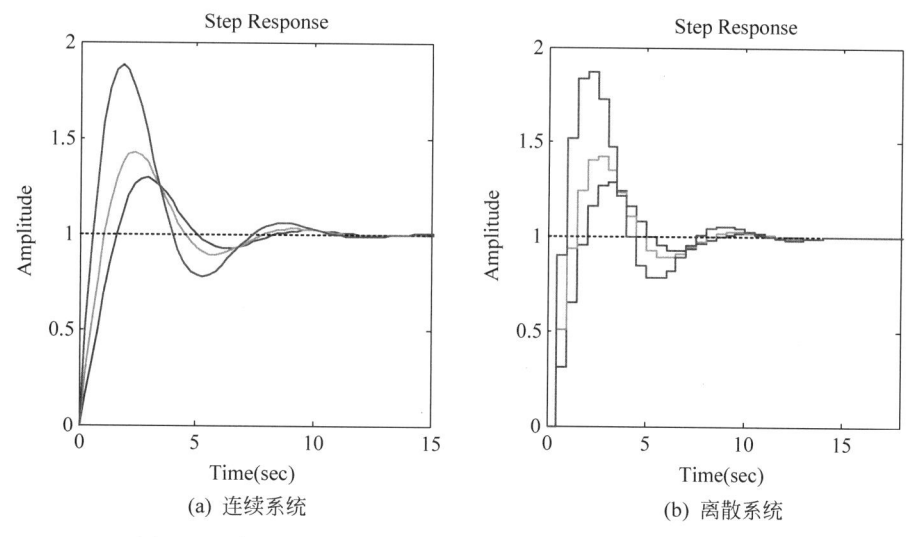

(a) 连续系统　　(b) 离散系统

图 11-1　有零点的二阶系统在不同阻尼系数下的阶跃响应曲线

2. impulse 函数

求取脉冲响应函数 impulse() 的调用方法与 step() 函数基本一致。下面通过几个示例进一步讨论控制系统时域分析的一般方法。

【例 11-2】 已知某二阶系统为 $G(s)=\dfrac{\omega_n^2(T_m s+1)}{s^2+2\xi\omega_2 s+\omega_n^2}$,$\xi=0.5$,$\omega_n=4$,求其阶跃响应。

代码如下:

```
num = 16;
den = [1 4 16];
t = 0:0.02:2;
c = step(num,den,t);
plot(t,c);
xlabel('Time - sec');
ylabel('y(t)'); grid on;
title('Two order linear system');
```

首先说明一下时间 t 的选择方法。对于二阶系统,其过渡时间的近似公式如下:

$$t_s = \frac{2 \sim 3}{\xi \omega_n} \tag{11-1}$$

由式(11-1)可以求出此系统输出 y 的过渡时间在 $1 \sim 1.5\text{s}$,即系统经过这个时间后逐渐趋于稳态,所以将仿真时间 t 的取值范围定在 $0 \sim 2\text{s}$,共输出 100 个点,因此选择时间间隔为 0.02s。程序运行后该系统的阶跃响应曲线如图 11-2 所示。

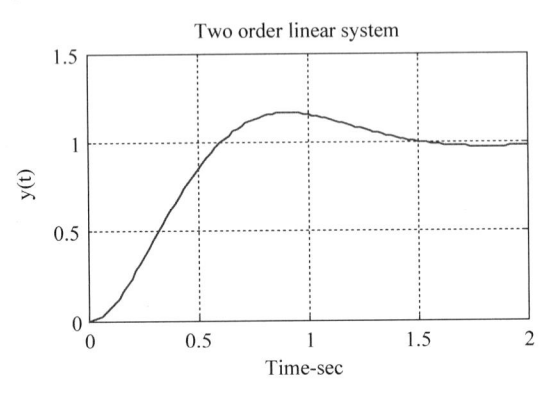

图 11-2 二阶系统的阶跃响应

【例 11-3】 求多输入输出系统的单位阶跃响应和单位冲激响应。

$$x' = \begin{bmatrix} 2.25 & -5 & -1.25 & -0.5 \\ 2.25 & -4.25 & -1.25 & -0.25 \\ 0.25 & -0.5 & -1.25 & -1 \\ 1.25 & -1.75 & -0.25 & -0.75 \end{bmatrix} x + \begin{bmatrix} 4 & 6 \\ 2 & 4 \\ 2 & 2 \\ 0 & 2 \end{bmatrix} u, \quad y = \begin{bmatrix} 0 & 0 & 0 & 1 \\ 0 & 2 & 0 & 2 \end{bmatrix} x$$

代码如下:

```
a = [2.25 -5 -1.25 -0.5;2.25 -4.25 -1.25 -0.25;
     0.25 -0.5 -1.25 -1;1.25 -1.75 -0.25 -0.75];
b = [4 6;2 4;2 2;0 2];
c = [0 0 0 1;0 2 0 2];
d = zeros(2,2);
figure(1);step(a,b,c,d);              %求系统的单位阶跃响应
figure(2);impulse(a,b,c,d);            %求系统的单位冲激响应
```

运行程序,结果如图 11-3 所示。

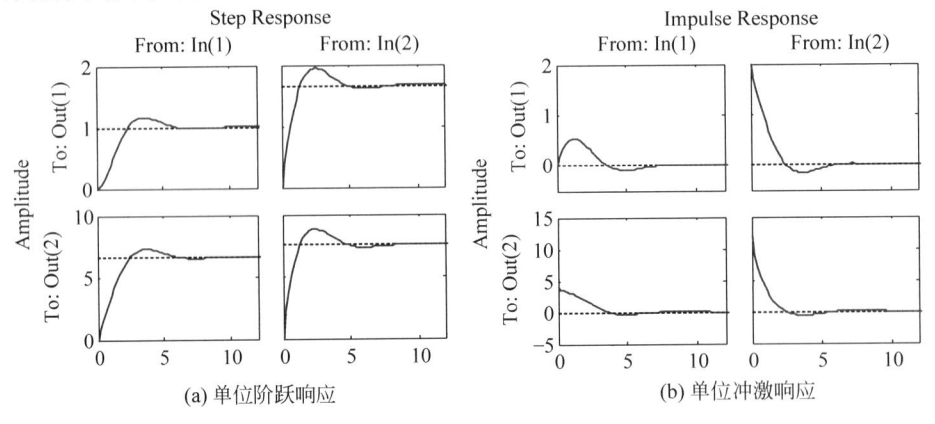

(a) 单位阶跃响应　　　　　　　(b) 单位冲激响应

图 11-3 输出图形

11.1.2 常用时域分析函数

对于控制系统而言,系统的数学模型实际上是某种微分方程或差分方程的模型,因而在仿真过程中需要用某种数值算法从给定的初始值出发,逐步计算出每一个时刻系统的响应,即系统的时间响应,最后绘制出系统的响应曲线,由此来分析系统的性能。时间响应探究系统对输入和扰动在时域内的瞬态行为,系统特征如上升时间、调节时间、超调量和稳态误差都能从时间响应上反映出来。MATLAB除了提供前面介绍的对象系统阶跃响应、冲激响应等进行仿真的函数外,还提供了大量对控制系统进行时域分析的函数,如表11-1所示。

表11-1 常用时域分析函数

函　　数	说　　明	函　　数	说　　明
covar	连续系统对白噪声的方差响应	lsim	连续系统对任意输入的响应
dcovar	离散系统对白噪声的方差响应	dlsim	离散系统对任意输入的响应
impluse	连续系统的脉冲响应	step	连续系统的阶跃响应
dimpluse	离散系统的脉冲响应	dstep	离散系统的阶跃响应
initial	连续系统的零输入响应	filter	数字滤波器
dinitial	离散系统的零输入响应		

下面示例对部分函数进行示例说明,读者可以从中了解到这些函数的使用方法。

(1) initial 函数。

【例 11-4】 某三阶系统为 $\begin{bmatrix} \dot{x}_1 \\ \dot{x}_2 \\ \dot{x}_3 \end{bmatrix} = \begin{bmatrix} 1 & -1 & 0.5 \\ 2 & -2 & 0.3 \\ 1 & -4 & -0.1 \end{bmatrix} \begin{bmatrix} x_1 \\ x_2 \\ x_3 \end{bmatrix} + \begin{bmatrix} 0 \\ 0 \\ 1 \end{bmatrix} u, y = \begin{bmatrix} 0 & 0 & 1 \end{bmatrix} \begin{bmatrix} x_1 \\ x_2 \\ x_3 \end{bmatrix}$

当初始状态 $x_0 = \begin{bmatrix} 0 & 0 & 1 \end{bmatrix}^T$ 时,求该系统的零输入响应。

代码如下:

```
a=[1 -1 0.5;2 -2 0.3;1 -4 -0.1];
b=[0 0 1]';
c=[0 0 1];
d=0;
x0=[1 0 0]';
t=0:0.01:20;
initial(a,b,c,d,x0,t);
title('The initial condition response');
```

运行程序,得到的效果如图11-4所示。

(2) dinitial 函数。

【例 11-5】 某离散二阶系统为

$$\begin{bmatrix} x_1(n+1) \\ x_2(n+1) \end{bmatrix} = \begin{bmatrix} -0.6 & -0.3162 \\ 0.3162 & 0 \end{bmatrix} \begin{bmatrix} x_1(n) \\ x_2(n) \end{bmatrix} + \begin{bmatrix} 1 \\ 0 \end{bmatrix} u$$

$$y = \begin{bmatrix} 2.4 & 6.0083 \end{bmatrix} \begin{bmatrix} x_1(n) \\ x_2(n) \end{bmatrix} + u$$

当系统的初始状态为 $x_0 = \begin{bmatrix} 1 & 0 \end{bmatrix}^T$ 时,求系统的零输入响应。

代码如下:

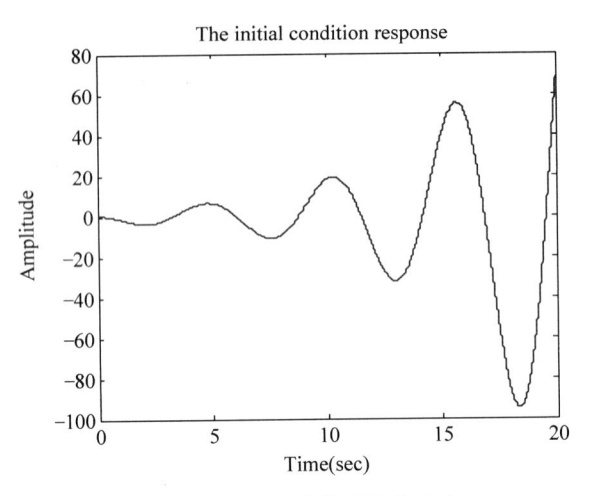

图 11-4　连续系统的零输入响应

```
a = [ - 0.6 - 0.3162;0.3162 0];
b = [1 0]';
c = [2.4 6.0083];
d = 1;
x0 = [1 0]';
dinitial(a,b,c,d,x0);
```

运行程序,得到的效果如图 11-5 所示。

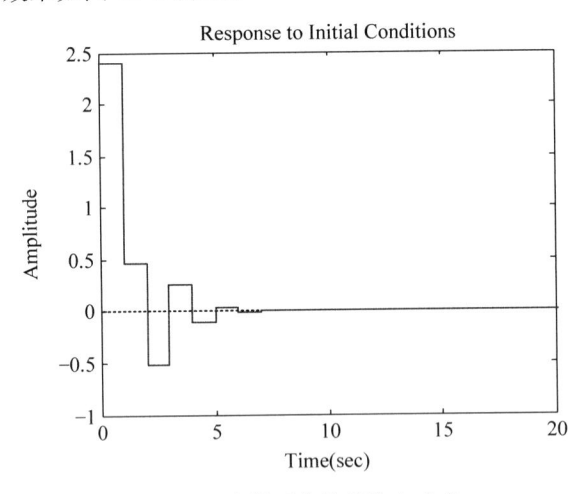

图 11-5　离散系统的零输入响应

(3) lsim 函数。

【例 11-6】 已知某系统为 $H(s)=\dfrac{s^3+6.8s^2+13.85s+8.05}{s^5+11.2s^4+46.4s^3+88.4s^2+77.4s+25.2}$,求周期为 6s 的方波输出响应。

代码如下:

```
num = [1.0000 6.8000 13.8500 8.0500];
den = [1.0000 11.2000 46.4000 88.4000 77.4000 25.2000];
t = 0:0.1:15;
% 构造周期为 6s 的方波
```

```
period = 6;
u = (rem(t,period)> = period./2);
lsim(num,den,u,t);
```

运行程序,得到的效果如图 11-6 所示。

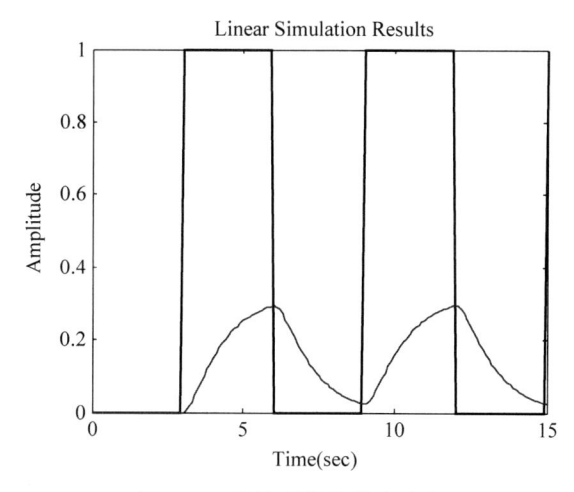

图 11-6 连续系统的输出响应

(4) dlsim 函数。

【例 11-7】 某二阶系统为 $H(s) = \dfrac{2s^2 - 3.4s + 1.5}{s^2 - 1.6s + 0.8}$,求出系统对 50 点随机噪声的响应曲线。

代码如下:

```
num = [2 - 3.4 1.5];
den = [1 - 1.6 0.8];
u = rand(50,1);
dlsim(num,den,u);
```

运行程序,得到的效果如图 11-7 所示。

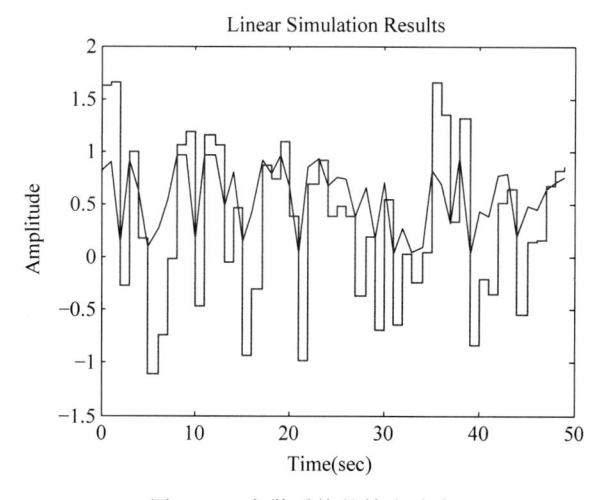

图 11-7 离散系统的输出响应

11.1.3 时域分析应用示例

本节在前面介绍的基础上,通过综合型示例进一步讨论控制系统的时域分析。

【例 11-8】 典型二阶系统为 $G(s)=\dfrac{\omega_n^2}{s^2+2\xi\omega_n+\omega_n^2}$,其中 ω_n 为自然频率(无阻尼振荡频率);ξ 为阻尼系数。要求绘制出当 $\omega_n=4$,ξ 分别为 $0.1,0.2,\cdots,1.0,2.0$ 时系统的单位阶跃响应。

代码如下:

```
wn = 4;
k = [0.1:0.1:1,2];
figure(1)
hold on;
for i = k
    num = wn.^2;
    den = [1,2 * i * wn,wn.^2];
    step(num,den);
end
title('The step response of two order system');
```

运行程序,得到的效果如图 11-8 所示。

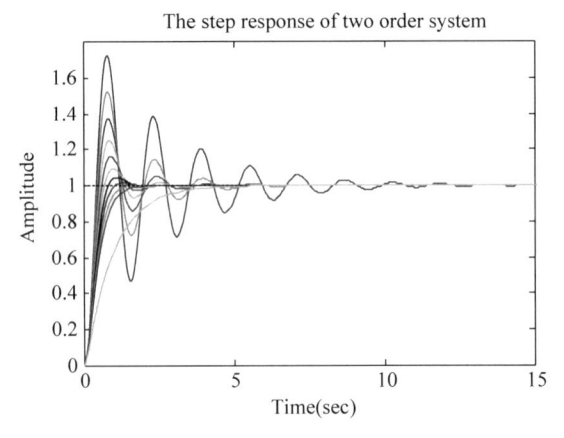

图 11-8 典型二阶系统的单位阶跃响应曲线

【例 11-9】 已知某系统为

$$\begin{bmatrix} \dot{x}_1 \\ \dot{x}_2 \\ \dot{x}_3 \\ \dot{x}_4 \end{bmatrix} = \begin{bmatrix} -1.5 & -0.8 & 0 & 0 \\ 0.8 & 0 & 0 & 0 \\ 0.3 & 0.4 & -4.0 & -1.25 \\ 0 & 0 & -1.25 & 0 \end{bmatrix} \begin{bmatrix} x_1 \\ x_2 \\ x_3 \\ x_4 \end{bmatrix} + \begin{bmatrix} 1 \\ 0 \\ 1 \\ 0 \end{bmatrix} u$$

$$y = \begin{bmatrix} 1 & 2 & 1 & 2 \end{bmatrix} \begin{bmatrix} x_1 \\ x_2 \\ x_3 \\ x_4 \end{bmatrix}$$

以 $t=0.6$ 为取样周期,将系统转换为离散系统,然后求出离散系统的单位阶跃响应、冲激响应与零输入响应($x_0 = \begin{bmatrix} 1 & 1 & 1 & 1 \end{bmatrix}^T$)。

代码如下:

```
a1 = [-1.5 -0.8 0 0;0.8 0 0 0;0.3 0.4 -4.0 -1.25;0 0 -1.25 0];
b1 = [1 0 1 0]';
c1 = [1 2 1 2];
d1 = 0;
t = 0.6;
[a,b,c,d] = c2dm(a1,b1,c1,d1,t,'tustin');
subplot(221);
dstep(a,b,c,d);
subplot(222);
dimpulse(a,b,c,d);
subplot(223);
x0 = [1 1 1 1];
dinitial(a,b,c,d,x0);
axis([0 6 -0.5 2.5]);
subplot(224);
[z,p,k] = ss2zp(a,b,c,d,1);
zplane(z,p);
title('Discrete pole-zero map');
```

运行程序,得到的效果如图 11-9 所示。

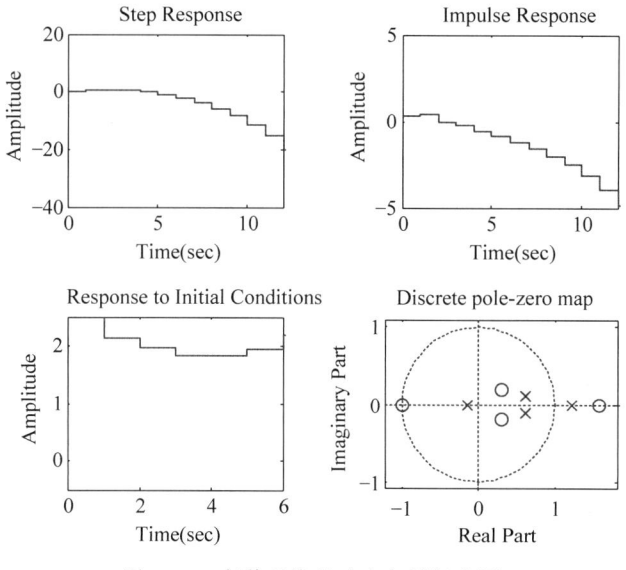

图 11-9 离散系统的响应与零极点图

11.2 控制系统模型

11.2.1 控制系统的描述与 LTI 对象

从数学描述角度,自动控制系统可分为线性系统和非线性系统。由于非线性系统领域太宽,有无数不同的数学描述,也没有统一的通用解法,所以,在 MATLAB 中,着重于线性系统的算法。这是因为,在实际应用中,对于非线性系统,往往可利用小偏差线性化的方法,把某些非线性系统近似为线性系统来求解。在线性系统中,又着重于线性时不变(Linear Time

Invariant,LTI)系统,或称常线性系统。

为了分析系统的特性,用户可以选择不同形式的系统模型来描述系统。然而,从系统模型表达式可以看出,无论采取状态空间模型、传递函数模型还是采用零极点增益模型进行描述,每种方法都需要几个参数矩阵,这对系统的调用和计算都很不方便。根据软件工程中面向对象的思想,MATLAB通过建立专用的数据结构类型,把LTI系统的各种模型封装成统一的LTI对象,这样,在一个名称之下包含了该系统的全部属性,大大方便了系统的描述和运算。

MATLAB控制系统工具箱中规定的LTI对象包含以下三种子对象:ss对象、tf对象和zpk对象,它们分别与状态空间模型、传递函数模型和零极点增益模型相对应。每个对象都具有其属性和方法,通过对象方法可以存取或者设置对象的属性值。在控制系统工具箱中,这三种对象除了具有LTI的共同属性(即子对象可以继承父对象的属性)外,还具有各自特有的属性。这些共同属性如表11-2所示。

表11-2 LTI共同属性

属性名称	意义	属性值的变量类型	属性名称	意义	属性值的变量类型
Ts	采样周期	标量	OutputName	输出变量名	字符串单元矩阵(数组)
Td	输入时延	数组	Notes	说明	
InputName	输入变量名	字符串单元矩阵(数组)	UserData	用户数据	

(1) 当系统为离散系统时,给出了系统的采样周期T_s。$T_s=0$或默认表示系统为连续时间系统;$T_s=-1$表示系统是离散系统,但它的采样周期未定。

(2) 输入时延T_d仅对连续时间系统有效,其值为由每个输入通道的输入时延组成的时延数组,默认表示无输入时延。

(3) 输入变量名InputName和输出变量名OutputName分别允许用户定义系统输入、输出的名称,其值为一字符串单元数组,分别与输入、输出有相同的维数,可默认。

(4) 说明Notes和用户数据UserData用以存储模型的其他信息,常用于给出描述模型的三种子对象的特有属性如表11-3所示。

表11-3 三种子对象特有的属性

对象名称	属性名称	意义	属性值的变量类型
tf对象 (传递函数)	den	传递函数分母系数	由行数组组成的单元阵列
	num	传递函数分子系数	由行数组组成的单元阵列
	variable	传递函数变量	s,z,p,k,z^{-1}中之一
zpk对象 (零极点增益)	k	增益	二维矩阵
	p	极点	由行数组组成的单元阵列
	variable	零极点增益模型变量	s,z,p,k,z^{-1}中之一
	z	零点	由行数组组成的单元阵列
ss对象 (状态空间)	a	系数矩阵	二维矩阵
	b	系数矩阵	二维矩阵
	c	系数矩阵	二维矩阵
	d	系数矩阵	二维矩阵
	e	系数矩阵	二维矩阵
	StateName	状态变量名	字符串单元向量

11.2.2 典型系统的生成

在 MATLAB 控制系统中,提供一些常见的 LTI 系统的生成函数。

1. rss 函数

功能:随机生成 N 阶稳定的连续状态空间模型。

格式:sys=rss(N,P,M)。

说明:该系统具有 M 个输入,P 个输出。默认时 P=M=1,即 sys=rss(N)。

【例 11-10】 利用 rss()函数生成 3 阶稳定的连续状态空间系统。

```
>> sys = rss(3)
```

输出:

```
a =
            x1         x2         x3
    x1   - 0.7694   - 0.03199    0.4178
    x2   - 0.03199  - 0.5946   - 0.1948
    x3     0.4178   - 0.1948   - 0.6074
b =
            u1
    x1    - 0
    x2     2.183
    x3    - 0
c =
            x1         x2         x3
    y1      0        1.067        0
d =
            u1
    y1    - 0.09565
Continuous - time model.
```

2. rmodel 函数

功能:随机生成 M 阶稳定的连续线性模型系数。

格式:[num,den]=rmodel(N,P)

[A,B,C,D]=rmodel(N,P,M)

说明:生成一个 N 阶连续的状态空间模型系统,具有 M 个输入系统,P 个输出系统。函数 rmodel 仅用于产生 LTI 对象的系数,并不生成 LTI 对象本身。

【例 11-11】 利用 rmodel 函数生成 3 阶连续的传递函数模型系统。

```
>> [num,den] = rmodel(3)
```

得到传递函数模型的系数为:

```
num =
    0.8580   - 1.4124   - 0.3926    0.6884
den =
    1.0000    2.0402    1.0511    0.1535
```

3. drss 和 drmodel 函数

drss 和 drmodel 函数的用法与 rss 和 rmodel 函数的用法相似,不同点仅在于生成的是离散系统。

【例 11-12】 生成一个 3 阶 2 输入 2 输出的稳定离散状态空间系统。

```
>> sys = drss(3,2,2)
```

得到为:

```
a =
            x1         x2         x3
   x1    0.2398     0.3824    - 0.5384
   x2    0.007056  - 0.21     - 0.387
   x3   - 0.6603   - 0.0598    0.405
b =
            u1         u2
   x1    1.254      0.5711
   x2   - 1.594    - 0
   x3   - 1.441     0.69
c =
            x1         x2         x3
   y1    0.8156     0          1.191
   y2    0.7119     0.6686    - 1.202
d =
            u1         u2
   y1   - 0        - 0
   y2   - 0         0.2573
Sampling time: unspecified
Discrete - time model.
```

4. ord2 函数

功能：生成固有频率为 Wn、阻尼系数为 Z 的连续二阶状态空间模型系统。

格式：$[A,B,C,D]=\mathrm{ord2}(Wn,Z)$

$[\mathrm{num},\mathrm{den}]=\mathrm{ord2}(Wn,Z)$

功能：该函数也用来产生二阶系统的系数，不能生成系统本身，因此，它的左端输出变量的数目为 4 个或 2 个，决定了生成的系统属于状态空间还是传递函数类型。

【例 11-13】 生成一个具有如下传递函数的连续二阶系统的传递函数模型和状态空间模型，其中 $\omega_n=10, \xi=0.5$。

$$H(s)=\frac{1}{s^2+2\xi\omega_n s+\omega_n^2}$$

```
>> [num,den] = ord2(10,0.5)
num =
     1
den =
     1    10    100
>> [A,B,C,D] = ord2(10,0.5)
A =  0       1
    -100   - 10
B =  0
     1
C =  1     0
D =  0
```

5. pade 函数

格式：$\mathrm{sysx}=\mathrm{pade}(\mathrm{sys},N)$

功能：对连续系统 sys 产生 N 阶 Pade 近似的延迟后，生成新的系统 sysx。

【例 11-14】 求 $\sin(x) + \cos(y)$ 的 Padé 近似值。

```
% symvar 函数选择 x 作为扩展变量
>> syms x y
pade(sin(x) + cos(y))
ans =
(- 7*x^3 + 3*cos(y)*x^2 + 60*x + 60*cos(y))/(3*(x^2 + 20))
% 将扩展变量指定为 y, pade 函数返回关于 y 的 Padé 近似值
>> pade(sin(x) + cos(y),y)
ans =
(12*sin(x) + y^2*sin(x) - 5*y^2 + 12)/(y^2 + 12)
```

11.2.3 连续系统与采样系统之间的转换

随着计算机在控制系统中的广泛使用，采样系统的分析设计也变得更加普遍和重要。所谓采样系统是指将连续系统的部分控制部分进行离散化，形成一类由连续部分和采样离散部分混合构成的系统。由于采样系统方程比较容易求解，且所得的结果接近实时运行，因此，人们往往把连续系统有意地转化为性能相当的采样系统；反过来，有时人们用测量和辨识的方法，得到系统差分方程模型，希望由它求得相应实际物理世界的连续系统模型。

连续系统到采样系统的转化关系如下。若连续系统的状态方程为：

$$\dot{x} = Ax + Bu$$
$$y = Cx + Du$$

则对应的采样系统状态方程为：

$$x(k+1) = A_d x(k) + B_d u(k)$$
$$y(k) = C_d x(k) + D_d x u(k)$$

式中，$A_d = e^{At}$，$B_d = \int_0^{T_s} e^{A(t-\tau)} B_d \tau$，$C_d = C$，$D_d = D$，$T_s$ 为采样周期。

反之，采样系统到连续系统的转化关系为上式的逆过程：

$$A = \frac{1}{T_s}\ln A_d, \quad B = (A_d - I)^{-1} A B_d, \quad C = C_d, \quad D = D_d$$

需要指出的是，虽然算式简明，但因为这些系数都是矩阵，连续系统与采样系统之间的转换计算是十分繁杂的，即使是三阶系统，用手工进行运算也是非常困难的。因此，计算机辅助设计在这个领域就更显得不可缺少了。在 MATLAB 控制工具箱中提供了相关的函数命令。

1. c2d 函数

格式：sysd=c2d(sysc,Ts,method)

　　　[sysd,G]=c2d(sysc,Ts,method)

功能：把连续系统 sysc 按指定的采样周期 Ts 和 method 方法，转换为采样系统 sysd。其中 method 共有 5 种选择，对应下列字符串。对于状态空间模型，将连续系统的初始条件映射成离散初始条件存放于矩阵 G 中，如系统 sysc 的初始条件为 x0、u0，则离散的初始条件为 xd[0]=G*[x0;u0]，ud[0]=u0。

'zoh'：零阶保存器（默认值）。

'foh'：一阶保存器。

'tustin'：双线性变换（tnsth）法。

'prewarp'：频率预修正双线性变换法,用此法时还增加一个变元(边缘频率 Wc),即调用格式为 sysd=c2d(sysc,Ts,'prewarp',Wc)。

'matched'：根匹配法。

2. d2d 函数

格式：sys=d2d(sys,Ts)

功能：将采样系统 sys 按采样周期 Ts 重新采样形成一个等效的离散系统。转换过程是：先将待变换的采样系统按零阶保持器转换为原来的连续系统,然后用新的采样频率和零阶保持器转换为新的采样系统。

【例 11-15】 系统的传递函数为：

$$H(s) = \frac{1.5s^2 + 3s + 1}{s^2 + 2s + 2}$$

输入延时 $T_d = 0.3s$,试用一阶保持法对连续系统进行离散,采样周期为 $T_s = 0.1s$。

MATLAB 代码为：

```
% 利用 tf 函数生成连续系统的传递函数模型(tf 用法参见此例)
sys = tf([1.5 3 1],[1 2 2],'td',0.3);
>> sysd = c2d(sys,0.1,'foh');          % 形成采样系统
```

程序运行结果为：

```
Transfer function:
         1.497 z^2 - 2.713 z + 1.225
z^(-3) * ---------------------------
            z^2 - 1.801 z + 0.8187
Sampling time: 0.1
```

11.3 根轨迹分析

根轨迹法是 W. R. Evans 在 1948 年提出的一种求解闭环特征方程根的图解方法,由于它计算量最小,而且非常直观化,因而其一诞生就被广泛地应用于工程实际当中。该方法根据系统开环传递函数的极点和零点分布,依照一些简单的规则,用作图的方法求出闭环极点的分布,避免了复杂的数学运算。

MATLAB 绘制根轨迹的函数为 rlocus(num,den,K),其中,num 和 den 分别是系统开环传递函数的分子多项式和分母多项式系数,K 为开环增益,K 的范围可以指定,若不给定 K 的范围,则隐含 K 从 0 到 $+\infty$,该函数可以精确地绘制出根轨迹。

11.3.1 模条件和角条件

设开环传递函数为

$$G_o(s) = \frac{KN(s)}{D(s)} \tag{11-2}$$

式中,$N(s)$ 和 $D(s)$ 分别是 s 的 m 次多项式和 n 次多项式,且 $m \leqslant n$,则系统的闭环特征方程为：

$$KN(s) + D(s) = 0 \tag{11-3}$$

显然,$N(s)$ 和 $D(s)$ 没有公因子时,该方程与下面的方程(11-4)是同根的。

$$G_o(s) = -1 \tag{11-4}$$

$G_o(s)$总可以写成如下形式：

$$G_o(s) = \frac{KN(s)}{D(s)} = \frac{K(s-z_1)\cdots(s-z_m)}{(s-p_1)\cdots(s-p_n)} \tag{11-5}$$

式中，$K>0$，$z_1,z_2,\cdots,z_m$为系统的开环零点，$p_1,p_2,\cdots,p_n$为系统的开环极点，$n \geqslant m$。

对式(11-5)两边取模，得

$$|G_o(s)| = K \cdot \frac{\prod_{i=1}^{m}|s-z_i|}{\prod_{j=1}^{n}|s-p_j|} \tag{11-6}$$

对式(11-5)两边取角，得

$$\arg G_o(s) = \sum_{i=1}^{m}\arg(s-z_i) - \sum_{j=1}^{n}\arg(s-p_j) \tag{11-7}$$

综合式(11-5)，得根轨迹的模条件和角条件如下：

$$K \cdot \frac{\prod_{i=1}^{m}|s-z_i|}{\prod_{j=1}^{n}|s-p_j|} = 1 \tag{11-8}$$

$$\sum_{i=1}^{m}\arg(s-z_i) - \sum_{j=1}^{n}\arg(s-p_j) = (2k+1)\pi \tag{11-9}$$

11.3.2 绘制根轨迹的规则

绘制根轨迹应满足以下性质。

(1) 根轨迹的对称性：根轨迹关于实轴对称。

(2) 根轨迹的分支数，起点，终点：对于$n \geqslant m$的系统而言，根轨迹共有n条分支。根轨迹起始于开环极点，终止于有限的和无穷远的开环零点。

(3) 根轨迹在实轴上的分布：实轴上的一段属于根轨迹当且仅当其右侧开环传递函数的实零点和实极点数目之和为奇数。

(4) 根轨迹的渐近线：$n-m$条渐近线都从实轴上的共同交点向外辐射，而辐射角正是渐近线的方向角，满足

$$\theta = \frac{2k+1}{n-m}\pi$$

渐近线与实轴交点的坐标可以表示为

$$\text{渐近线与实轴交点的坐标} = \frac{\sum[\text{极点坐标}] - \sum[\text{零点坐标}]}{\text{极点数} - \text{零点数}}$$

(5) 根轨迹的分离点与汇合点：如果实轴上两个相邻极点间的线段属于根轨迹，则它们之间必须分离点。同理，如果实轴上两个相邻零点之间的线段属于根轨迹，则它们之间必有汇合点。确定分离点和汇合点的方法有重根法和试点法，利用角条件求实轴上的分离点和汇合点。

(6) 实轴上分离点的分离角和汇合点的汇合角：实轴上分离点的分离角恒为$\pm 90°$，同理，实轴上汇合点的汇合角也恒为$\pm 90°$。

(7) 根轨迹在复极点(或复零点)处的出射角(或入射角)：出射角就是从复极点p_i出发

的根轨迹切线的方向角 θ,θ 可以由下式求出：

$$\theta = \sum[\text{各零点指向本极点的方向角}] - \sum[\text{其他极点指向本极点的方向角}] + \text{极点的反向角}$$

(11-10)

同理，可求出复零点的入射角。

(8) 根轨迹与虚轴的交点及临界根轨迹增益值：将 $s = j\omega$ 代入特征方程即可求得 ω 和 K，即根轨迹与虚轴的交点坐标及交点所对应的临界根轨迹增益值 K_{cr}。

常用的根轨迹函数有 pzmap、rlocfind、rlocus、sgrid 及 zgrid，这些函数的相应用法请参看以下示例。

11.3.3 根轨迹的应用示例

本节结合工程实际，通过示例来讨论 MATLAB 中应用根轨迹法分析控制系统的基本方法。

【例 11-16】 设系统的开环传递函数为 $H(s) = \dfrac{K(s+5)}{s^3 + 5s^2 + 6s}$，要求绘制出闭环系统的根轨迹，并确定交点处的增益。

代码如下：

```
num = [1 5];
den = [1 5 6 0];
rlocus(num,den);              %绘制出根轨迹
[k,p] = rlocfind(num,den)     %确定增益及相应的闭环极点
title('Root locus');
gtext('k = 0.5');             %用鼠标标示文本
```

执行时先绘制出根轨迹，并提示用户在图形窗口中选择根轨迹上的一点，以计算出增益 K 及相应的极点。这时将十字光标放在需要选取的根轨迹的交点处，即可得到如下数据：

```
selected_point =
    -2.2761 + 0.0466i
k =
     0.1697
p =
    -3.0953
    -1.7478
    -0.1569
```

这说明闭环系统有 3 个极点。事实上，如果能够将十字光标准确地放在根轨迹的交点之上，应有 $p_2 = p_3$。最后的根轨迹如图 11-10 所示。

【例 11-17】 已知一离散系统的开环传递函数 $H(z) = \dfrac{2z^2 - 0.5z + 2}{z^2 - 1.8z + 0.9}$，要求绘制其闭环系统的根轨迹，并绘制出网络线。

代码如下：

```
num = [2 -0.5 2];
den = [1 -1.8 0.9];
axis('square');                        %将图形绘制在正方形区域内
rlocus(num,den);
title('Root locus of discrete system');
zgrid;                                 %绘制网格线
```

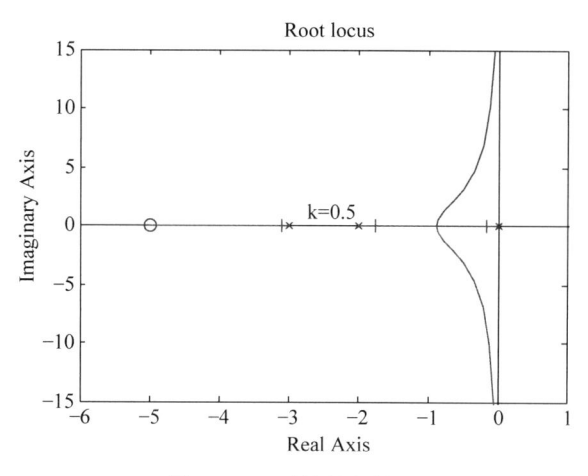

图 11-10 系统的根轨迹

运行程序,效果如图 11-11 所示。

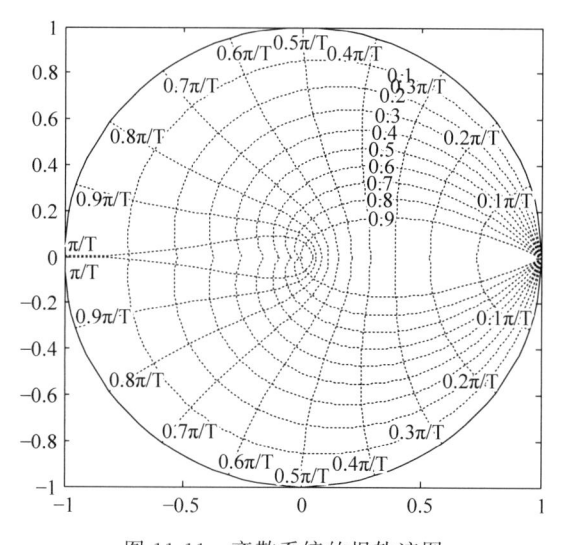

图 11-11 离散系统的根轨迹图

【例 11-18】 已知开环传递函数 $H(s)=\dfrac{K(s+2)}{(s^2+4s+4)^2}$,要求绘制该系统的闭环根轨迹,分析其稳定性,并绘制出当 $K=46$ 和 $K=56$ 时系统的闭环冲激响应。

代码如下:

```
num = [1 2];
den1 = [1 4 3];
den = conv(den1,den1);
figure(1);
k = 0:0.1:150;
rlocus(num,den,k);                    % 绘制图 11-12
title('Root locus');
[k,p] = rlocfind(num,den)

% 检验系统的稳定性
figure(2);
k = 46;
```

```
num1 = k * [1 2];
den = [1 4 3];
den1 = conv(den,den);
[num,den] = cloop(num1,den1, -1);
impulse(num,den);              % 绘制图 11-13
title('Impulse response (k = 45)');

% 检验系统的稳定性
figure(3);
k = 56;
num1 = k * [1 2];
den = [1 4 3];
den1 = conv(den,den);
[num,den] = cloop(num1,den1, -1);
impulse(num,den);              % 绘制图 11-14
title('Impulse response (k = 56)');
Select a point in the graphics window
```

该程序先绘制出闭环系统的根轨迹图,然后求出系统的临界稳定增益,最后用两组特定的 K 值所对应的系统的闭环冲激响应来验证系统的稳定性。

执行程序后得到的根轨迹如图 11-12 所示。

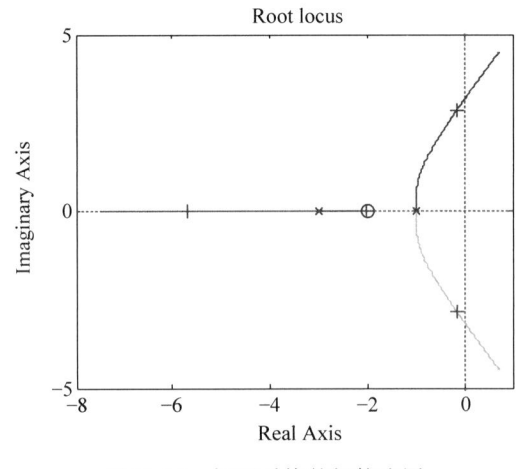

图 11-12 闭环系统的根轨迹图

接着,系统要求在根轨迹上用鼠标输入要标示的增益和相应的闭环极点,执行后得到的结果如下:

```
selected_point =
   -5.9206 - 0.0466i
k =
   52.6929
p =
   -5.9209
   -0.0300 + 3.0932i
   -0.0300 - 3.0932i
   -2.0190
```

这里利用 rlocfind 函数来找出根轨迹与虚轴的交点,并求得交点处 K=52.6929,也就是说,当 K<52.6929 时,闭环系统稳定,当 K>52.6929 时,闭环系统不稳定。这也可以从该系统的闭环冲激响应看出,分别取 K=45 和 K=56,绘制出该系统的闭环冲激响应如图 11-13 及

图 11-14 所示。

从图 11-13 及图 11-14 可以看出,当 K=45 时,闭环系统稳定;当 K=56 时,闭环系统不稳定,其冲激响应是发散的。

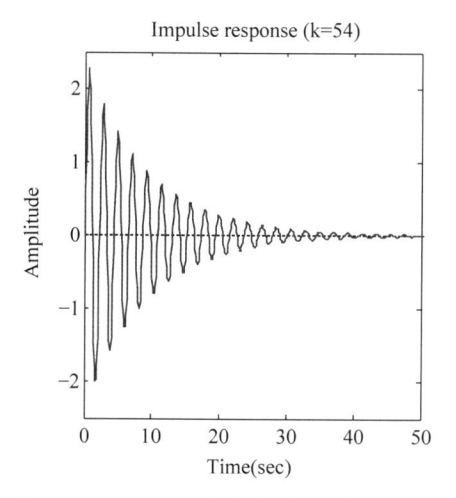

图 11-13　K=45 时系统的闭环冲激响应 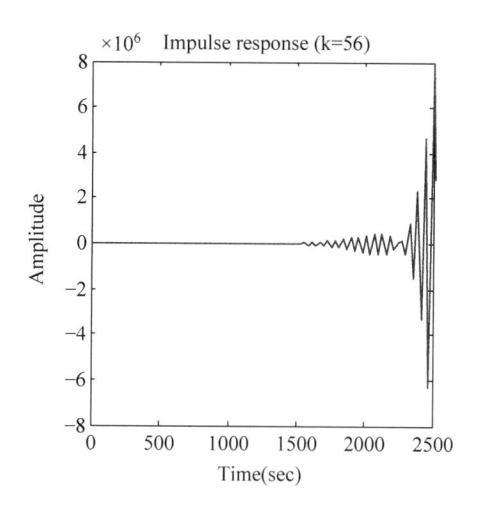　　　图 11-14　K=56 时系统的闭环冲激响应

11.4　控制系统的频域分析

11.4.1　幅相频率特性

1. Nyquist 图

幅相频率特性曲线(Nyquist 曲线)以角频率 w 为参变量,当 w 由 0 到 $+\infty$ 时,系统的频率特性构成的 $G(jw)=A(w)e^{j(\varphi)w}$ 的始端在复平面上形成的曲线,称为系统的幅相频率特性曲线,即 Nyquist 曲线。对于系统的传递函数 $G(s)$ 为:

$$G(s)=\frac{\sum_{i=1}^{m}b_{i}s^{m-i+1}+b_{m+1}}{\sum_{j=1}^{n}a_{j}s^{n-i+1}+a_{n+1}}=\frac{b_{1}s^{m}+b_{2}s^{m-1}+\cdots+b_{m+1}}{a_{1}s^{n}+a_{2}s^{n-1}+\cdots+a_{n+1}}$$

将系统传递函数 $G(s)$ 转化到复平面下,即 $s=jw$,于是得到:

$$G(jw)=\frac{b_{1}(jw)^{m}+b_{2}(jw)^{m-1}+\cdots+b_{m+1}}{a_{1}(jw)^{n}+a_{2}(jw)^{n-1}+\cdots+a_{n+1}}=P(w)+jQ(w)=A(w)e^{j\varphi(w)}$$

其中,$P(w)$ 为系统频率特性的实部,$Q(w)$ 为系统频率特性的虚部;$A(w)$ 为频率特性的模,$\varphi(w)$ 为频率特性的幅角。根据复数定义可以知道:

$$A(w)=\sqrt{P^{2}(w)+Q^{2}(W)}$$
$$\varphi(w)=\text{arctg}(Q(w)/P(w))$$

当绘制 $A(w)$ 和 $\varphi(w)$ 随着角频率 w 的变化情况时,分别对应于系统的幅频特性和相频特性。那么在复平面中由 $\Omega=\{(A(w),\varphi(w))|w=0\rightarrow\infty\}$ 所构成的所有点的集合就是系统幅相频率特性曲线。

2. 开环幅相频率特性判断闭环系统稳定性

一个闭环系统是否稳定主要取决于该闭环系统的特征方程的所有根是否位于 S 平面的

左半平面。当闭环系统特征方程的根位于虚轴上时,那么系统处于临界稳定。使用开环系统的幅相频率特性来判断闭环系统的稳定性主要有以下两条判据。

(1) 如果开环系统稳定,那么闭环系统稳定的条件是:当角频率 w 由 $-\infty$ 到 $+\infty$ 时,开环幅相频率特性曲线不包围 $(-1,j0)$ 这一点。

(2) 如果开环系统不稳定,那么闭环系统稳定的条件是:若开环系统传递函数在右半平面有 p 个极点,则当角频率 w 由 0 到 $+\infty$ 时,开环频率特性曲线在复平面上逆时针穿过 $(-1,j0)$ 点 $p/2$ 次,则闭环系统稳定,否则闭环系统不稳定。

3. MATLAB 应用示例

【例 11-19】 已知开环系统 $G(s)=\dfrac{20}{(s-2)(s+3)}$,绘制系统的 Nyquist 曲线图,并判断系统的稳定性,给出闭环系统的阶跃响应曲线。

代码如下:

```
s = zpk([],[2 -3],20);
nyquist(s);                  % 绘制开环系统的 Nyquist 曲线图
s2 = feedback(s,1);          % 控制系统的单位负反馈,即闭环系统
figure(2)
step(s2);                    % 绘制闭环系统的阶跃响应曲线
```

运行结果如图 11-15 所示,从开环系统 Nyquist 曲线可以看出,逆时针穿过 0.5 次,而开环系统包含右平面上的一个极点 $p=2$。因此可以看出,闭环系统是稳定的,图 11-15(b) 所示的闭环系统阶跃响应曲线同样表明闭环系统是稳定的。

(a) Nyquist 曲线图　　(b) 闭环系统的阶跃响应曲线

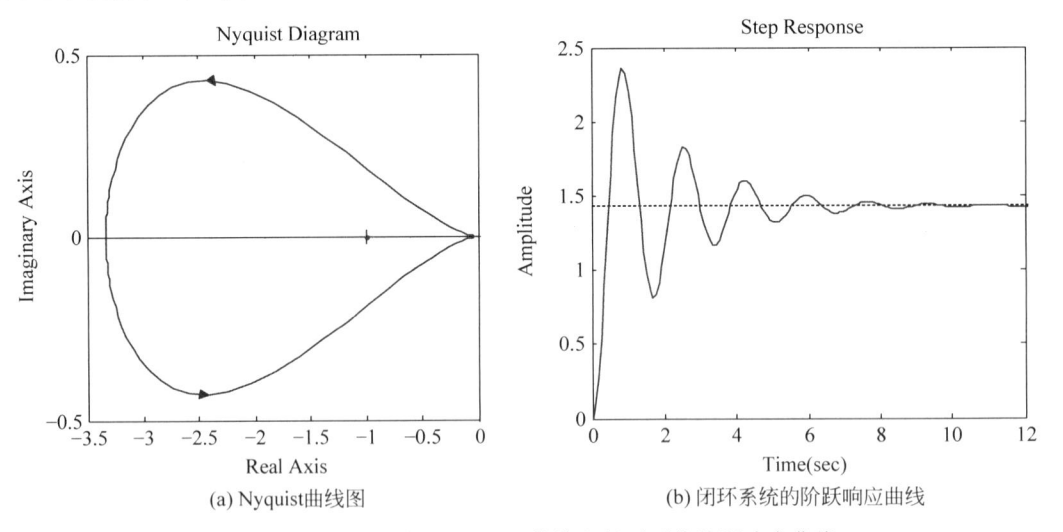

图 11-15　开环系统的 Nyquist 曲线和闭环系统阶跃响应曲线

增加开环系统的零点或极点,控制系统的稳定性将会发生闭环,在例 11-18 中的控制系统中加入 $z=0$ 的零点和 $p=1$ 的极点,判断新系统的稳定性。

```
s = zpk([0],[1 2 -3],20);    % 零极点模型
nyquist(s);
s2 = feedback(s,1);          % 单位负反馈
figure(2)
step(s2);                    % 反馈系统的阶跃响应
```

运行结果如图 11-16 所示。从 Nyquist 曲线可以看出,系统没有包围点 $(-1,j0)$,但是开

环系统不稳定,在右半平面上的两个极点分别为 $p=1$ 和 $p=2$,因此闭环系统是不稳定的。从图 11-16(b)也可以看出,闭环系统阶跃响应呈分散趋势,所以闭环系统是不稳定的。

从例 11-18 中可以看出,通过绘制系统开环 Nyquist 曲线,可以根据 Nyquist 稳定性判据来判断闭环系统的稳定性,同时可以通过增加或者减少零极点的数目,来改善系统的稳定性。

(a) 新系统的 Nyquist 曲线图　　(b) 新的闭环系统的阶跃响应曲线

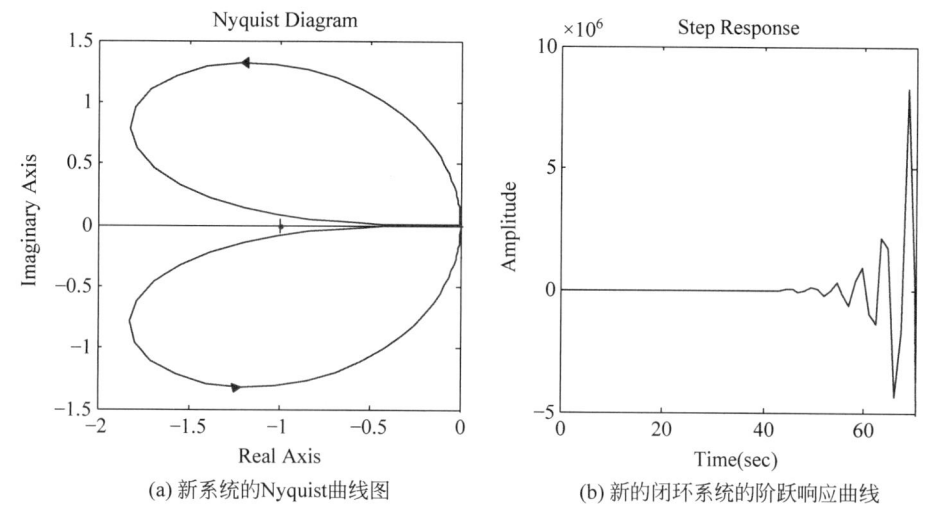

图 11-16　新系统的 Nyquist 曲线和闭环系统阶跃响应曲线

11.4.2　对数频率特性

1. Bode 图

Bode 图是指将系统的频率特性绘制于对数坐标中。在 11.4.1 节中给出了控制系统的频率特性表示形式 $G(jw)$,那么将它们绘制于对数坐标时,则取对数可得:

$$\lg[G(jw)] = \lg[A(w)e^{j\varphi(w)}] = \lg[A(w)] + j\varphi(w)\lg e$$

令 $L(w) = 20\lg[A(w)]$,则可以将幅频特性描述为对数频率特性 $L(w)$。使用对数频率特性在研究频率范围很宽的频率特性时,由于采用了对数坐标,因此可以描述较大的频率带宽,包括低频段、中频段和高频段,这样非常便于对系统在不同频段下进行系统性能的分析。

2. 开环对数频率特性用于闭环系统稳定性判据

相对于开环幅频特性,开环对数频率特性用于闭环系统稳定性判据有以下两条。

(1) 如果开环系统稳定,即开环系统所有的极点都位于复平面的左半平面,那么在对数幅频特性大于 0 的所有频段内,对数相频特性与 $-\pi$ 线正穿越和负穿越次数之差为 0,即闭环系统是稳定的,否则,闭环系统不稳定。

(2) 如果开环系统不稳定,那么也即开环系统有极点位于复平面的右半平面,假设有 p 个极点位于右半平面,那么在对数幅频特性大于 0 的所有频段内,对数相频特性与 $-\pi$ 线正穿越和负穿越次数之差为 $p/2$ 时,闭环系统稳定,否则,闭环系统是不稳定的。

3. MATLAB 应用示例

【例 11-20】 绘制二阶系统 Bode 并作分析。

$$G(s) = \frac{\omega_n^2}{s^2 + 2\xi\omega_n + \omega_n^2}$$

分别绘制 $\xi = 0.707$、$\omega_n = [4\ 6\ 8\ 10]$ 时的 Bode 图和固有频率 $\omega_n = 5$,$\xi = [0.1\ 0.3\ 0.5\ 0.707\ 0.9]$ 时系统的 Bode 图。通过增加零点极点,对系统稳定性进行分析。

代码如下:

```matlab
zeta = 0.707;
wn = [4 6 8 10];                                          % 系统阻尼系数,不同角频率下系统的波特图
for i = 1:length(wn)
    s = tf(wn(i)^2,[1 2 * zeta * wn(i) wn(i)^2]);         % 系统传递函数
    s = c2d(s,0.02,'foh');                                % 系统以采样周期0.02s,采样算法为foh进行离散化
    bode(s);                                              % 绘制系统的波特图
    dbode(s.num{1},s.den{1},0.02);                        % 离散系统的波特图
    hold on;
end
legend('tau = 4rad/s','\tau = 5rad/s','tau = 8rad/s','\tau = 10rad/s');
```

运行程序,效果如图 11-17(a)所示。

```matlab
wn = 10;
zeta = [0.3 0.5 0.707 0.9];                               % 系统角频率,不同阻尼系数下系统波特图
for i = 1:length(zeta)
    s = tf(wn^2,[1 2 * zeta(i) * wn wn^2]);               % 系统传递函数
    s = c2d(s,0.02,'foh');                                % 系统以采样周期0.02s,采样算法为foh进行离散化
    bode(s);                                              % 绘制系统的波特图
    dbode(s.num{1},s.den{1},0.02);                        % 离散系统的波特图
    hold on;
end
legend('\zeta = 0.3','\zeta = 0.5','\zeta = 0.707','\zeta = 0.9');
```

运行结果如图 11-17(b)所示。

(a) $\zeta=0.707$、ω_n=[4 6 8 10]时的Bode图
(b) ω_n=5、ω_n=[0.1 0.3 0.5 0.707 0.9]时的Bode图

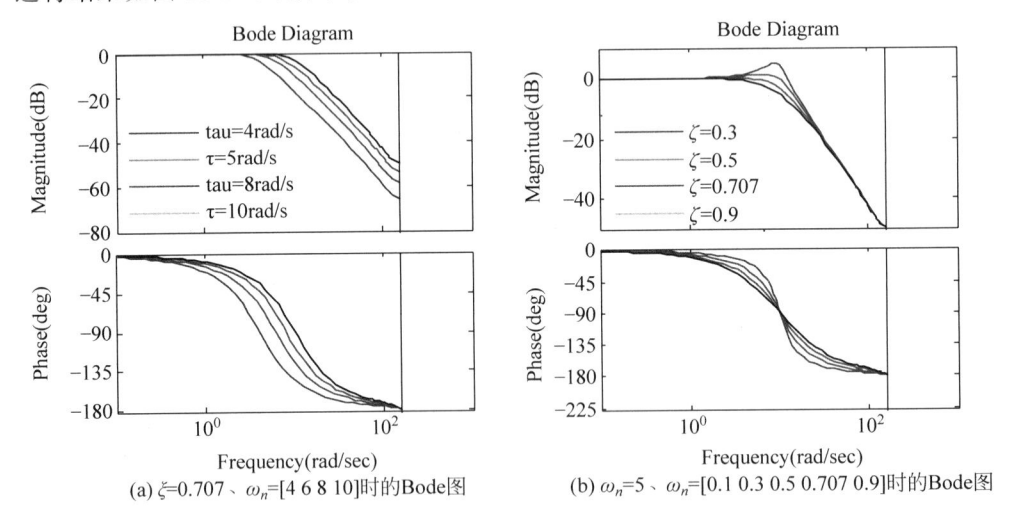

图 11-17　连续系统不同固有频率和阻尼系数对系统的影响

取 $\xi=0.707$、$\omega_n=0.5$ 时,运行下面的程序段:

```matlab
zeta = 0.707;wn = 0.5;
s = tf(wn^2,[1,zeta * wn wn^2]);
f1 = 5 + 10 * i;
r1 = evalfr(s,f1)                      % 计算系统在单点(复数)处的频率响应
w = [10 20 50 + i * 40];
r2 = freqresp(s,w)                     % 计算系统在多点向量处的频率响应
[gm,pm,wcg,wcp] = margin(s)            % 计算系统的增益、相角裕度和截止频率
```

运行程序结果如下：

```
r1 =
    1.2248e - 004
r2(:,:,1) =
    - 0.0025 - 0.0001i
r2(:,:,2) =
- 6.2520e - 004 - 1.1057e - 005i
r2(:,:,3) =
- 5.6690e - 006 - 9.5428e - 009i
ans =
     Inf    59.9901    Inf    0.6124
```

取 $\xi=0.707$、$\omega_n=0.5$ 时，对原系统增加一个极点 $p=1$，那么重新绘制系统的 Bode 图和 Nyquist 曲线。代码如下：

```
zeta = 0.707;wn = 0.5;
s = tf(wn^2,[1,zeta * wn wn^2]);
den = conv([1 - 2],s.den{1});
s_new = tf(s.num{1},den);
subplot(121);bode(s);grid on;
subplot(122);bode(s_new);grid on
figure(2)
subplot(121);nyquist(s);grid on
subplot(122);nyquist(s_new);grid on
```

运行结果如图 11-18 所示，可以看出加入一个极点 $p=1$ 后，根据 Nyquist 稳定性判据和开环对数频率特性用于闭环系统稳定性判据均可以分析，得出增加极点后的系统是不稳定的。有兴趣的读者可以自行增加或减少零点或极点，试试输出的效果是怎样的。

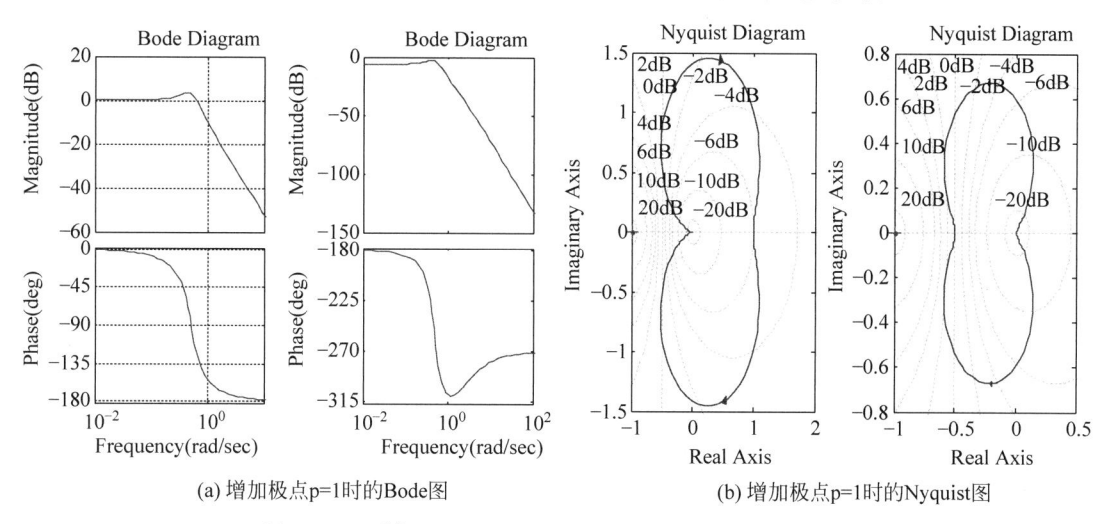

(a) 增加极点p=1时的Bode图　　　　(b) 增加极点p=1时的Nyquist图

图 11-18　增加了一个极点后系统的 Bode 图和 Nyquist 图

11.4.3　对数幅相特性

对数幅相特性是指将对数幅频特性和对数相频特性绘制在一个坐标平面上，以对数幅值作为纵坐标，以相位移作为横坐标，以频率作为参变量。通常也称为尼柯尔斯图（Nichols）。在 MATLAB 控制系统工具箱中，可以使用 nichols 函数来绘制 Nichols 图。

【例 11-21】　绘制开环系统的对数幅相频率特性。

$$G(s) = \frac{5}{s(s+5)(s+13)}$$

代码如下：

```
s = zpk([],[0 -5 -13],5);        %生成系统零极点模型
nichols(s)                        %绘制对数幅相特性曲线
ngrid
```

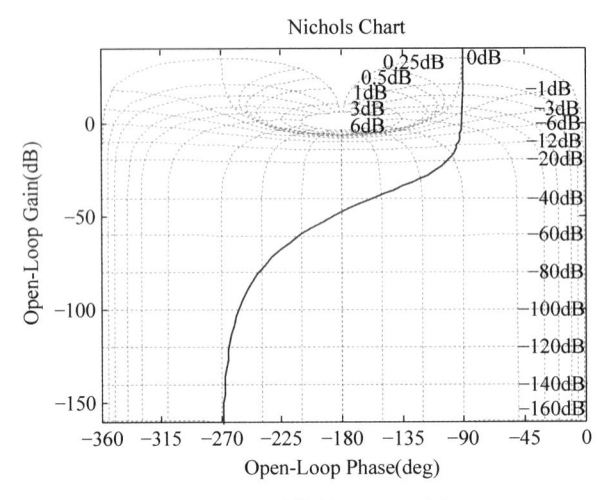

运行结果如图 11-19 所示。

图 11-19 系统的 Nichols 图

11.5 系统校正

系统校正的方法非常多，通常可以分为 3 种方式：串联超前校正、串联滞后校正、串联滞后-超前校正。

11.5.1 串联超前校正

通过在开环控制系统中串联超前校正装置 $G_c(s)$，其传递函数为

$$G_c(s) = \frac{1+\alpha Ts}{1+Ts} \quad (\alpha > 1)$$

通过相角超前特性提高系统的相角裕度和截止频率，从而减小系统的超调量，提高系统的快速性，改善动态性能，但是由于截止频率的提高，系统抗高频干扰能力减弱。利用频率响应法进行串联超前校正的步骤如下。

（1）根据稳态误差 e_{ss} 的要求确定系统开环增益系数 K。

（2）绘制校正系统对数频率特性曲线（Bode 图），计算相角裕度 γ' 和截止频率 ω_c'。

（3）根据相角裕度 γ'' 的要求计算超前校正装置的相位超前量 $\phi_m = \gamma'' - \gamma' + \sigma$，其中 σ 为用于补偿因超前校正装置引入，使系统截止频率增大而增加的相角滞后量通常取值为 $5° \sim 10°$。

（4）根据所确定的最大相位超前角 ϕ_m，计算系数 α：

$$\alpha = \frac{1+\sin(\phi_m)}{1-\sin(\phi_m)}$$

(5) 计算校正后系统的开环截止频率 ω_c''，由校正前系统的对数幅频特性曲线上，求得其幅值为 $-10\lg\alpha$ 处的频率即是校正后系统的开环截止频率 ω_c''。

(6) 根据校正后系统的开环截止频率 ω_c'' 和系数 α 计算周期 T：

$$T = \frac{1}{\omega_c''\sqrt{\alpha}}$$

(7) 画出串联超前校正网络的系数的对数频率特性，验证相角裕度是否满足要求，如果不满足，重新反馈（3）处，增大 σ，重新进行计算。

【例 11-22】 控制系统的开环传递函数为：

$$G(s) = \frac{K}{s(0.5s+1)(0.2s+1)}$$

设计串联超前校正系统，要求系统对单位斜坡输入信号的稳态误差 $e_{ss} \leq 1\%$，相角裕度 $\gamma \geq 25°$。

(1) 绘制校正前系统的 Bode 图和根轨迹，计算相角裕度。

```
clear;
s1 = zpk([],[0 -2 -5],99);              %生成控制系统的零极点模型
[wnm,pm,wcg,wcp] = margin(s1);          %计算截止频率和相角裕量
[wnm,pm,wcg,wcp]
subplot(121); bode(s1);                 %绘制系统的 Bode 图
subplot(122);rlocus(s1);                %绘制根轨迹
```

计算如下：

```
ans =
    0.7071   -8.6456    3.1623    3.7389
```

系统的 Bode 图和根轨迹如图 11-20 所示。

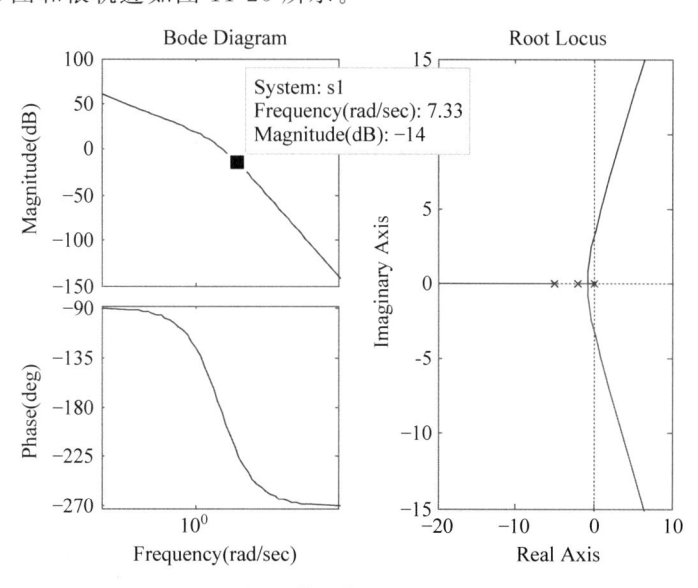

图 11-20 校正前系统的 Bode 图和根轨迹

(2) 根据系统稳态误差要求，确定开环增益系数。

$$K_v = \lim_{s \to 0} G_s(s)G(s) = \lim_{s \to 0} \frac{K}{s(0.5s+1)(0.2s+1)} = K$$

所以系统的稳态误差 e_{ss} 可以计算为：

$$e_{ss}=\frac{1}{K_v}=\frac{1}{10K}\leqslant 1\% \Rightarrow K=100$$

那么系统的开环传递函数可以表示为：

$$G(s)=\frac{100}{s(0.5s+1)(0.2s+1)}$$

（3）设计超前校正网络。

通过下面的代码进行超前校正网络设计：

```
m = 1;step = 0.5;
while (pm <= 25)
    p_m = 25 - pm + 5 + m * step;              % 计算超前校正装置最大的超前相角
    a = (1 + sin(p_m))/(1 - sin(p_m));         % 计算超前校正装置系数 a
    w = logspace( - 2,3,1000);                 % 生成 1000 个点的对数向量
    m_m = - 10 * log10(a);
    [mag,ph] = bode(s1,w);                     % 获取传递函数 s 在给定频率 w 下对应的幅值和相位
    mag_1(1:length(mag),1) = 20 * log10(mag(:,:,1:length(mag)));
    index = find(mag_1 <= m_m);
    wc_p = w(index(1));                        % 计算校正后系统的截止频率
    T = 1/(wc_p * sqrt(a));                    % 计算超前校正网络的周期 T
    sc = tf([a * T 1],[T 1]);                  % 得到超前校正网络的传递函数
    s = series(sc,s1);                         % 计算校正后系统的传递函数
    [wm,pm,wcg,wcp] = margin(s);               % 计算校正后系统的相角裕度和截止频率
    m = m + 1;
    clear mag_1;
end
[wm,pm,wcg,wcp]
figure;
subplot(121);bode(s);
subplot(122);rlocus(s);
figure(2)
bode(s1);hold on;bode(s)
```

校正后系统的相角裕度和截止频率分别是：

```
ans =
    8.4082   26.9092   33.8984   11.2535
```

校正后系统的 Bode 图的根轨迹如图 11-21 所示。

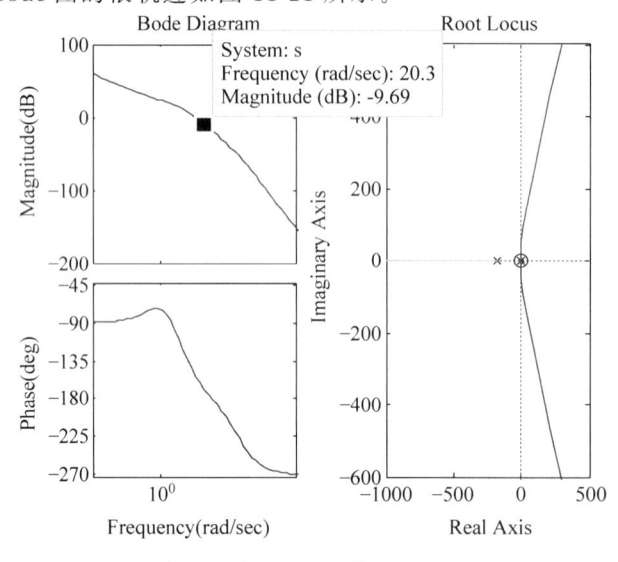

图 11-21　串联超前校正后系统的 Bode 图和根轨迹

超前校正系统前后的 Bode 图对比如图 11-22 所示。

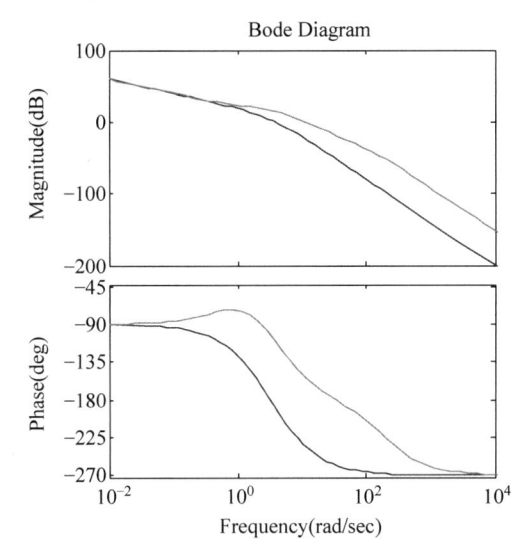

图 11-22　串联超前校正前后的 Bode 图对比

11.5.2　串联滞后校正

串联滞后校正是在开环控制系数中串联滞后校正装置 $G_c(s)$，其传递函数为：

$$G_c(s) = \frac{1+\beta Ts}{1+Ts} \ (\beta < 1)$$

串联滞后校正装置利用高频衰减特性来减小截止频率 ω_c，提高相角裕度 γ，从而减少系统的超调量，由于截止频率减小，那么可以有效地抑制高频噪声，但是不利于系统的快速性。

利用频率响应法进行串联滞后校正的一般步骤如下。

（1）根据要求的稳态误差 e_{ss} 计算开环增益 K。

（2）绘制校正前系统开环传递函数的 Bode 图，并确定校正前系统的截止频率 ω_c'、相角裕度 γ' 和幅值裕度 h(dB) 等。

（3）选择不同的截止频率 ω_c''，计算对应的相角裕度 $\gamma'(\omega_c'')$。

（4）根据相角裕度 γ'' 的要求，选择校正系统的截止频率 ω_c''。

$$\gamma'' = \gamma'(\omega_c'') + \varphi_c(\omega_c'')$$

其中 $\varphi_c(\omega_c'')$ 是考虑到滞后网络在新的截止频率 ω_c'' 处所产生的相角滞后，通常取

$$\varphi_c(\omega_c'') = -6 \sim -14$$

（5）根据以下两式计算串联滞后校正装置的系数：

$$20\lg\beta + L(\omega_c'') = 0$$

$$\frac{1}{\beta T} = (0.1 \sim 0.25)\omega_c''$$

（6）绘制校正后系统的对数幅频特性，验证相角裕度和幅值裕度是否符合要求。

接着例 11-21，设计串联滞后校正网络，使校正系统相角裕度 $\gamma \geqslant 45°$，幅值裕度 $20\lg(h) \geqslant 10\text{dB}$。代码如下：

```
m = 1;step = -0.5;pm_r = 45;
while (pm <= pm_r)
```

```
        p_c = -6 + (m-1) * step;              % 滞后网络的截止频率处所产生的相角滞后
        w = logspace(-3,4,1000);              % 生成 1000 个点的对数向量
        ga = 90 - 180 * (atan(0.2 * w) + atan(0.5 * w))/pi;
        ga_p = pm_r - p_c;
        index = find(ga <= ga_p);
        wc_p = w(index(1));                   % 计算截止频率
        [mag,pha] = bode(s1,wc_p);
        b = 10^(-log10(mag));                 % 计算系数 b
        T = 1/(wc_p * 0.1 * b);               % 计算系数 T
        sc = tf([b * T 1],[T 1]);
        s = series(sc,s1);
        [wm,pm,wcg,wcp] = margin(s);
        m = m + 1;
        clear mag_1;
    end
    [wm,pm,wcg,wcp]
    figure;
    subplot(121);bode(s);
    subplot(122);rlocus(s);
    figure(2)
    bode(s1);hold on;bode(s)
```

校正后系统的相角裕度和截止频率分别是：

```
ans =
    5.4218    45.4073    3.0586    1.0512
```

校正后系统的 Bode 图和根轨迹如图 11-23 所示。

校正前后的 Bode 图对比如图 11-24 所示。

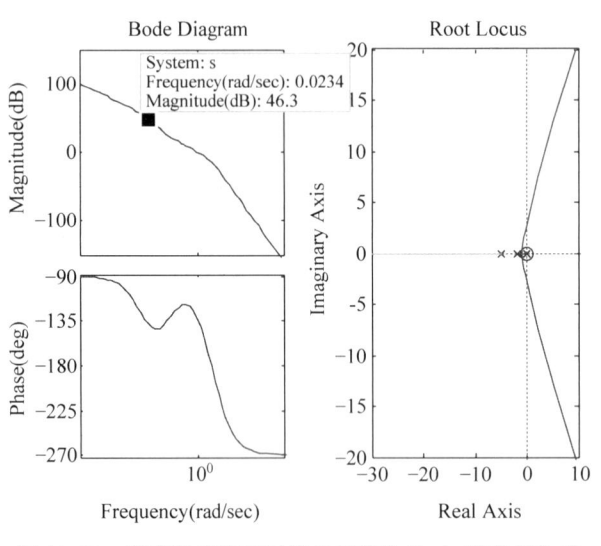

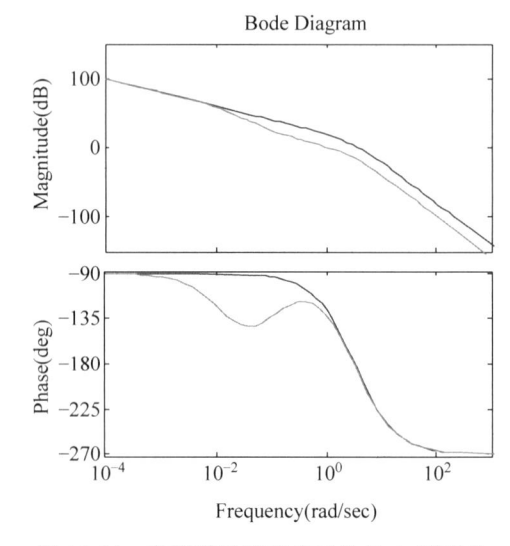

图 11-23　串联滞后校正网络后系统的 Bode 图和根轨迹　　图 11-24　串联滞后校正前后的 Bode 图对比

11.5.3　串联滞后-超前校正

滞后-超前校正网络兼有滞后校正和超前校正的特点，它利用滞后校正网络的幅值衰减特点提供系统的稳态精度，抑制高频噪声，同时用超前校正网络提高系统的相角裕度和截止频率，从而提高系统的快速性，改善系统的动态性能指标。进行串联滞后-超前校正设计的一般

步骤如下。

(1) 根据要求的稳态误差 e_{ss} 计算开环增益 K。

(2) 绘制校正前系统开环传递函数的 Bode 图,并确定校正前系统的截止频率 ω'_c、相角裕度 γ' 和幅值裕度 h(dB)等。

(3) 在校正前系统的对数幅频曲线上,选择 -20dB 线和 -40dB 线的交点频率作为网络超前部分的交点频率 ω_β。

(4) 由要求的截止频率 ω''_c,可以确定系数 α:
$$-10\lg\alpha + L(\omega''_c) + 20\lg(T_\beta\omega''_c) = 0$$

(5) 由相角裕度要求计算网络滞后部分交点频率 ω_α。

(6) 绘制校正后系统的对数频率特性,验证性能指标。

【例 11-23】 单位反馈系统开环传递函数 $G(s) = \dfrac{K}{s(0.1s+1)(0.02s+1)}$,设计串联校正装置,要求系统对单位斜坡输入信号的稳态误差 $e_{ss} \leqslant 1\%$,相角裕度 $\gamma \geqslant 40°$,截止频率 $\omega''_c = 18$rad/s。

(1) 绘制校正前系统的 Bode 图和根轨迹,计算相角裕度和截止频率。

和例 11-21 相似,首先绘制开环系统的 Bode 图和根轨迹,计算校正前系统的截止频率和相角裕度,选择合适的校正装置形式。

```
clear;
s1 = zpk([],[0 -10 -50],100*10*50);        % 建立零极点模型
[wm,pm,wcg,wcp] = margin(s1);              % 计算校正前系统的截止频率和相角裕度
[wm,pm,wcg,wcp]
subplot(121);bode(s1);
subplot(122);rlocus(a);
```

运行结果为:

```
ans =
    0.6000   -10.5320   22.3607   28.6233
```

可以看出,校正前系统的截止频率 $\omega'_c = 28.6233$rad/s,相角裕度 $\gamma' = -10.5320$,所以该系统不稳定,而且截止频率比要求的截止频率 ω''_c 要大,因此采用串联滞后-超前校正网络。校正前系统的 Bode 图和根轨迹如图 11-25 所示。

(2) 根据系统稳态误差要求,确定开环增益系数。

根据系统稳态误差的要求,可以计算得到 $K = 100$。

(3) 串联滞后-超前校正网络设计。

首先在图 11-22 中计算出校正前系统 -20dB 和 -40dB 的交接频率 $\omega_b = 10$rad/s。所以 $T_b = \dfrac{1}{\omega_b} = 0.1$。

其次根据校正后系统要求 $\omega''_c = 18$rad/s,可以得到系数 $\alpha = 6.4441$:

```
wc_p = 18;
wb = 10;
[mag,ph] = bode(s1,wc_p);         % 获取 Bode 图上 wc = 18rad/s 处的幅值和相位
T = 1/wb;
alpha = 10^(-20*log10(mag)/(10));
```

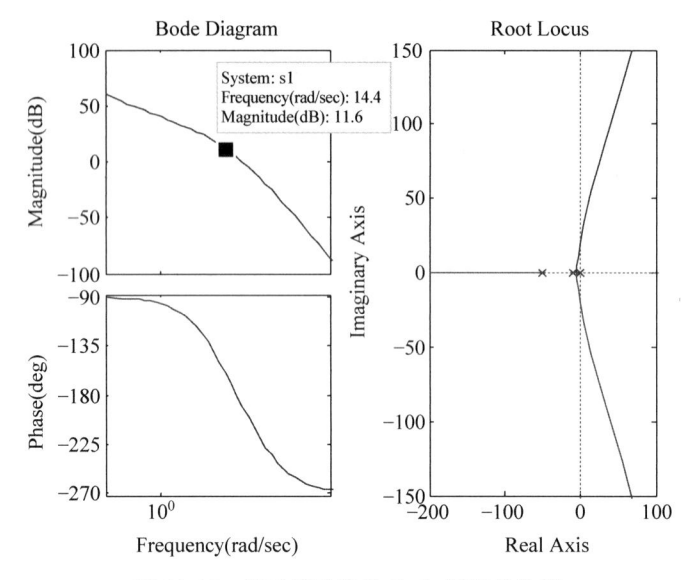

图 11-25 校正前系统的 Bode 图和根轨迹

最后确定校正系统滞后部分的交接频率 ω_a。给定的滞后-超前校正网络 $G_c(s) = \dfrac{(s+\omega_a)(s+\omega_b)}{(s+\omega_a/\alpha)(s+\alpha\omega_a)}$,其中 $\omega_b = 10, \alpha = 6.4441$,在校正后的网络传递函数中代入截止频率 $\omega_c'' = 18\text{rad/s}$ 时,由 $\gamma'' = 40°$ 可以计算得出 ω_a:

```
>> solve('90 + 180 * (atan(18/x) - atan(0.02 * 18) - atan(6.4441 * 18/x) - atan(18/6.4441))/pi = 40')
```

运行结果为

```
ans =
- 94.202485968205246790246794250531
- 22.163835471440675981693629495398
```

取 $\omega_a = 5.6301\text{rad/s}$。于是就可得到校正滞后-超前网络的传递函数,并绘制校正后系统的 Bode 图和根轨迹。代码如下:

```
wa = 5.6301;
sc = zpk([ - wa - wb],[ - wa/alpha - alpha * wb],1);
s = series(sc,s1);
[wm,pm,wcg,wcp] = margin(s);
[wm,pm,wcg,wcp]
subplot(121);bode(s);
subplot(122);rlocus(s);
figure(2)
bode(s1);hold on;bode(s)
```

运行结果为:

```
ans =
    2.5159    24.4617    38.2656    22.1419
```

校正后系统的 Bode 图和根轨迹如图 11-26 所示。

校正前后系统的 Bode 图对比如图 11-27 所示。

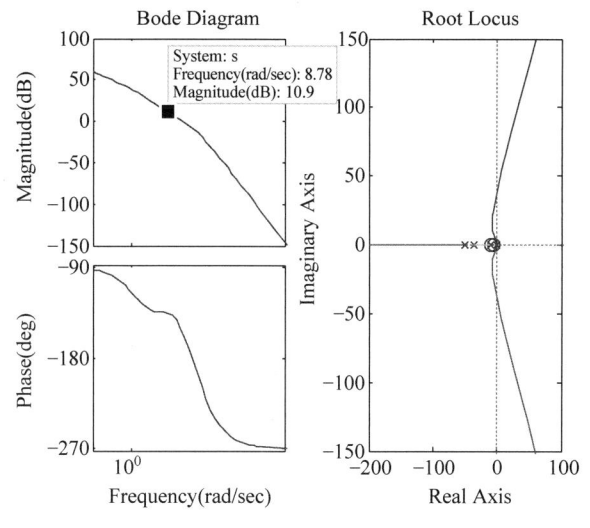

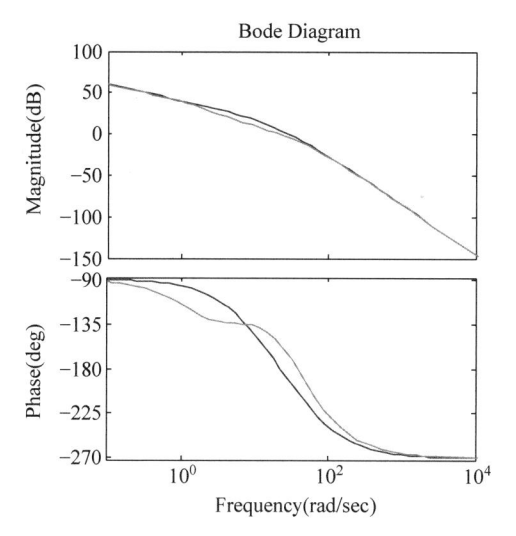

图 11-26　滞后-超前校正系统后的 Bode 图和根轨迹　　图 11-27　滞后-超前校正前后系统的 Bode 图对比

11.6　极点配置设计方法

极点配置方法是控制系统时域设计理论中最早发展起来的一种设置思想,经过在工程实际中长期的磨炼与完善,现在已经有一套完备的理论和丰富的工程设计实际经验。

给定控制系统的状态方程模型,希望引入某种控制,使得该系统闭环极点移动到指定位置,因为在很多情况下系统的极点位置决定系统的动态性能。以下只讨论单变量系统的极点配置问题。

设系统的模型如下所示:

$$\begin{cases} \dot{x} = Ax + Bu \\ y = Cx \end{cases}$$

式中,A、B、C 均已给定,当引入状态反馈后,则系统的控制信号为 $u = r + K^T x$,这里 r 为系统的外部参考输入,K 为一列矢量,此时闭环系统的状态方程模型可以写为如下形式:

$$\begin{cases} \dot{x} = (A + BK^T)x + Br \\ y = Cx \end{cases}$$

可以证明若给定系统是可控的,则可以通过状态反馈将该系统的闭环极点进行任意的配置。本书略去证明过程,有兴趣的读者请参考相关资料。

11.6.1　Gura-Bass 算法

假定期望的闭环系统极点为 μ_i,$i=1,2,\cdots,n$,则原系统的开环特征方程 $\alpha(s)$ 和闭环系统的特征方程 $\beta(s)$ 分别可以写成如下形式:

$$\alpha(s) = \det(sI - A) = s^n + \sum_{i=0}^{n-1} \alpha_i s^i$$

$$\beta(s) = \prod_{i=1}^{n}(s - \mu_i) = s^n + \sum_{i=0}^{n-1} \beta_i s^i$$

若原系统可控,则状态反馈矢量 K 可由下式求出:

式中各参量应满足

$$K^T = (\alpha - \beta)^T L^{-1} C^{-1}$$

$$(\alpha - \beta)^T = [(\alpha_0 - \beta_0), (\alpha_1 - \beta_1), \cdots, (\alpha_{n-1} - \beta_{n-1})]$$

$$C = [B, AB, \cdots, A^{n-1}B]$$

$$L = \begin{bmatrix} \alpha_1 & \alpha_2 & \cdots & \alpha_{n-1} & 1 \\ \alpha_2 & \alpha_3 & \cdots & 1 & 0 \\ \vdots & \vdots & \ddots & 0 & 0 \\ \alpha_{n-1} & 1 & \cdots & 0 & 0 \\ 1 & 0 & \cdots & 0 & 0 \end{bmatrix} \quad (L \text{ 是一个汉尔克(Hankel)矩阵})$$

可见若原系统可控,则 C^{-1} 存在。另外可证明 L 非奇异,故可以任意地配置原系统。

11.6.2 Ackermann 配置算法

问题的描述与 Gura-Bass 算法相同,但 Ackermann 配置算法如下所示:

$$K^T = -\begin{bmatrix} 0 & 0 & \cdots & 0 & 1 \end{bmatrix} C^{-1} \beta(A)$$

其中 K 为待求的状态反馈矢量。

【例 11-24】 系统的开环状态方程为

$$\dot{x} = \begin{bmatrix} -2 & -1 & 1 \\ 1 & 0 & 1 \\ -1 & 0 & 1 \end{bmatrix} x + \begin{bmatrix} 1 \\ 1 \\ 1 \end{bmatrix} u$$

容易验证,本系统是完全可控的,并且原系统有不稳定极点。为验证上面的结论,给出 MATLAB 代码如下:

```
A = [-2 -1 1;1 0 1;-1 0 1];
B = [1 1 1]';
r = rank([B A * B A * A * B])
e = eig(A)
```

运行后得到结果为:

```
r =    3
e =
  -1.0000 + 1.0000i
  -1.0000 - 1.0000i
   1.0000
```

由上面的结果可见,rank[B AB ⋯ A^{n-1}B] = n,故系统可控;另外系统有一个特征根为1,所以系统不稳定。下面进行极点配置,用 Gura-Bass 算法将闭环极点配置到 $-1, -2, -3$,代码如下:

```
ch_A = poly(A);                              % 计算 α(s)
ch_N = conv([1 1],conv([1 2],[1 3]));        % 计算 β(s)
i1 = length(ch_A): -1:2;
diff_A = ch_A(i1) - ch_N(i1);                % 计算 (α-β)
c1 = B;
b1 = B;
for i = 2:length(A)
    b1 = A * b1;
```

```
        c1 = [c1 b1];
end
L = hankel([ch_A(length(ch_A) - 1: -1:2)';1]);   % 计算汉尔克矩阵
K1 = diff_A * inv(L) * inv(c1)    % 计算 K1
```

运行结果为：

```
K1 =
    1.0000   - 2.0000   - 4.0000
```

即状态反馈矢量为

$$\boldsymbol{K} = \begin{bmatrix} 1 \\ -2 \\ -4 \end{bmatrix}$$

下面验证配置结果，执行下面代码：

```
>> eig(A + B * K1)'
ans =
   - 1.0000   - 2.0000   - 3.0000
```

可见已经将极点配置到 -1、-2、-3。

下面用 Ackermann 配置算法同样将极点配置到 -1、-2、-3，执行下面的代码：

```
>> eig(A + B * K1)'
K2 = [zeros(1,length(A) - 1),1] * inv(c1) * polyvalm(ch_N,A)
```

运行结果为：

```
K2 =
    -1    2    4
```

可见两种方法得到的结果是相同的。

MATLAB 控制工具箱中提供了极点配置函数 place() 和 acker()，其调用格式是相同的，如下所示：

```
K = place (A, B, p)
K = acker (A, B, p)
```

其中 p 是指定极点的位置列矢量。调用这两个函数可以直接得到与前面相同的结果，如下所示：

```
p = [ - 1 - 2 - 3]';
R1 = place(A,B,p)
R2 = acker(A,B,p)
```

运行结果为：

```
R1 =
   - 1.0000    2.0000    4.0000
R2 =
    -1    2    4
```

参 考 文 献

[1] 张德丰.MATLAB控制系统设计与仿真[M].北京：电子工业出版社，2009.
[2] 赵书兰.MATLAB编程及最优化设计[M].北京：电子工业出版社，2013.
[3] 张德丰.MATLAB程序设计与典型应用[M].北京：电子工业出版社，2013.
[4] 蔡尚峰.自动控制理论[M].北京：机械工业出版社，1992.
[5] 刘豹.现代控制理论[M].北京：机械工业出版社，2003.
[6] 薛定宇.控制系统计算机辅助设计：MATLAB语言与应用[M].北京：清华大学出版社，2006.
[7] 胡寿松，王执铨，胡维礼.最优控制理论与系统[M].北京：科学出版社，2005.
[8] 赵文峰.MATLAB控制系统设计与仿真[M].西安：西安电子科技大学出版社，2002.
[9] 张静，等.MATLAB在控制系统中的应用[M].北京：电子工业出版社，2007.
[10] 王丹力，邱治平，等.MATLAB控制系统设计仿真应用[M].北京：中国电力出版社，2007.
[11] 吴晓燕，张双选.MATLAB在自动控制中的应用[M].西安：西安电子科技大学出版社，2006.
[12] 王正林，王胜开，陈国顺.MATLAB/Simulink与控制系统仿真[M].北京：电子工业出版社，2005.
[13] 飞思科技产品研发中心.MATLAB 7辅助控制系统设计与仿真[M].北京：电子工业出版社，2005.
[14] 李友善.自动控制原理[M].北京：国防工业出版社，2005.
[15] 曹柱中.自动控制理论与设计[M].上海：上海交通大学出版社，1991.
[16] 任兴权.控制系统计算机仿真[M].北京：机械工业出版社，1987.
[17] 孙虎章.自动控制原理[M].北京：中央广播电视大学出版社，1994.
[18] 杨叔子.机械工程控制基础[M].武汉：华中理工大学出版社，1994.
[19] 高金源.自动控制工程基础[M].北京：中央广播电视大学出版社，1995.
[20] 符曦.自动控制理论习题集[M].北京：机械工业出版社，1982.
[21] 程鹏.自动控制原理[M].北京：高等教育出版社，2004.
[22] 于海生，等.微型计算机控制技术[M].北京：清华大学出版社，2004.
[23] 戴忠达.自动控制理论基础[M].北京：清华大学出版社，1997.
[24] 古普塔.控制系统基础[M].北京：机械工业出版社，2004.
[25] 欧阳黎明.MATLAB控制系统设计[M].北京：国防工业出版社，2001.
[26] 孙亮.MATLAB语言与控制系统仿真[M].北京：北京工业大学出版社，2001.
[27] 张晋格.控制系统CAD：基于MATLAB语言[M].北京：机械工业出版社，2004.
[28] 尤昌德.现代控制理论基础[M].北京：电子工业出版社，1996.
[29] 薛定宇.控制系统仿真与计算机辅助设计[M].北京：机械工业出版社，2005.
[30] 黄文梅，杨勇，等.系统仿真分析与设计：MATLAB语言工程应用[M].长沙：国防科技大学出版社，2001.
[31] 刘坤，等.MATLAB自动控制原理习题精解[M].北京：国防工业出版社，2004.
[32] 何衍庆.控制系统分析、设计和应用[M].北京：化学工业出版社，2003.
[33] 汪仁先.自动控制原理[M].北京：兵器工业出版社，1996.
[34] 金以慧.过程控制[M].北京：清华大学出版社，1993.
[35] 谢克明.自动控制原理[M].北京：电子工业出版社，2004.
[36] 蔡启仲.控制系统计算机辅助设计[M].重庆：重庆大学出版社，2003.
[37] 杨自厚.自动控制原理[M].北京：冶金工业出版社，1990.
[38] 何克忠.计算机控制系统[M].北京：清华大学出版社，1998.
[39] The Mathworks,Inc. MATLAB-Mathematics(Ver.7).2005.
[40] 张德丰.MATLAB神经网络仿真与应用[M].北京：电子工业出版社，2009.